CAD
Werkzeug des
Architekten

Aus der Serie
Faszination Bauen

CAD
Werkzeug des Architekten
von Markus Pflugbeil

ALLPLAN/ALLPLOT
CAD-Basis
Praktische Beispiele für Einsteiger
von Wolfgang Oswald

ALLPLAN in der Architektur
Ausführliche CAD-Anleitungen
für den professionellen Einsatz
von Christine Degenhart

ALLPLOT im Ingenieurbau
Ausführliche CAD-Anleitungen
für den professionellen Einsatz
von Udo Leischner

EUROplus
Statikprogramme nach EC2
von Peter Schweigel

Vieweg

Markus Pflugbeil

CAD
Werkzeug des Architekten

Mit zahlreichen farbigen Abbildungen

1. Umschlagseite:
Motive von Klaus Eggler, Stuttgart

Abbildung rechts:
Revitalisierung des Hauptwerks von Jenoptik in Jena, Planungsgruppe IFB, Dr. Braschl GmbH, Stuttgart

Die Deutsche Bibliothek – CIP-Einheitsaufnahme

Pflugbeil, Markus:
CAD Werkzeug des Architekten / Markus Pflugbeil. –
Braunschweig ; Wiesbaden : Vieweg, 1995
(Faszination Bauen)
ISBN 3-528-08131-7

Friedr. Vieweg & Sohn Verlagsgesellschaft mbH,
Braunschweig/Wiesbaden, 1995

Der Verlag Vieweg ist ein Unternehmen der
Bertelsmann Fachinformation GmbH.

Umschlaggestaltung & Art Direction:
Fritz Lüdtke, Antonia Graschberger,
Annegret Ehmke, Adam Volohonsky, München
Manuela Baur, München
Grafische Gestaltung: Helmut Zaglauer, München
Redaktion:
Thomas Pfeiffer, Heidemarie Lührs,
Nemetschek Programmsystem GmbH, München
DTP-Satz und Bildbearbeitung:
Christine Kummerer, Zorneding
S+R Service GmbH, München
Druck: Paderborner Druckzentrum
Gedruckt auf säurefreiem Papier
Printed in Germany

ISBN 3-528-08131-7

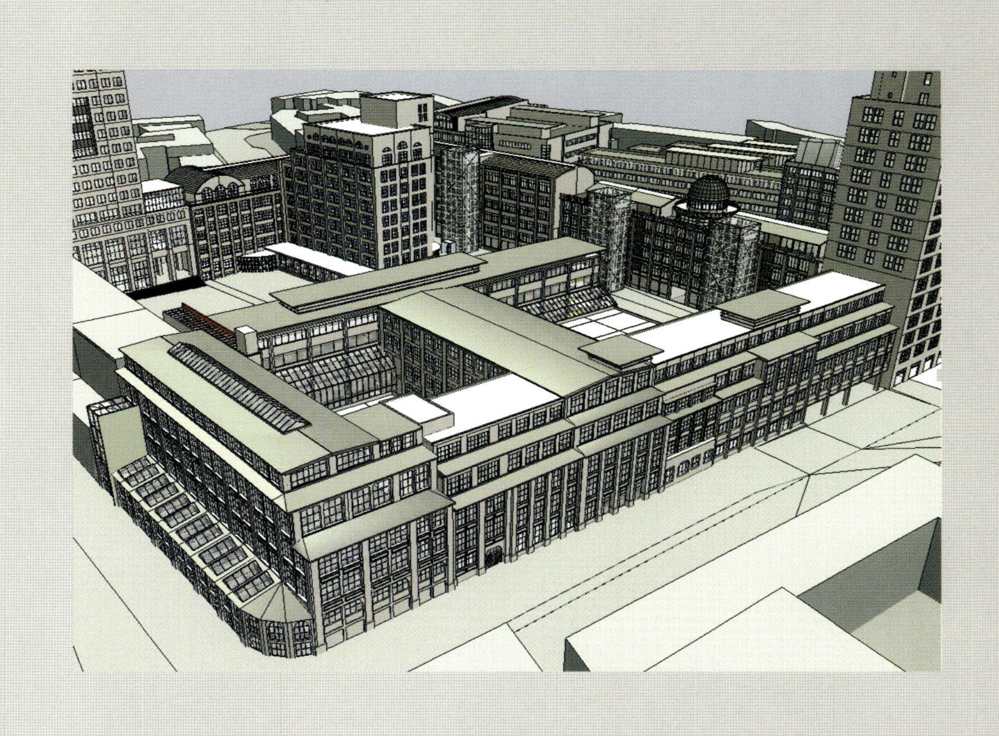

Vorwort

„Die Volumen, die sich im Raum artikulieren, werden von Oberflächen bestimmt, die sich berühren; das Licht bleibt an ihnen hängen, bricht sich an ihnen, spielt auf ihnen, es betont die Konturen, zeigt ihre Proportionen, es weckt sie zum Leben, bringt sie zum Singen. Volumen, Oberflächen, Raum, Licht. Das ist die Palette des Architekten.“
(André Lurcat, Architecture, Paris 1929)

Mit diesem Buch soll nicht das Ende des 6B-Bleistifts angekündigt werden. Nur wird der 6B immer mehr an den Beginn des Entwurfsprozesses zurückgedrängt werden – dort aber (zumindest für absehbare Zeit) auch durch nichts ersetzt werden können.

Sobald sich der Architekt auf seinen Skizzenblättern über grundlegende Geometrien des geplanten Objektes im klaren ist, macht es für ihn jedoch Sinn, sich zeitgemäßerer Werkzeuge als Reißbrett und Tuschestift zu bedienen. Das Werkzeug, das den Architekten der heutigen Zeit zur Verfügung steht, ist das CAD-System. Zeichen- und Konstruktionsprogramme für Architekten (genannt CAD-Computer Aided Design oder CAD-Computer Aided Architectural Design, meistens übersetzt mit computerunterstütztes Konstruieren) ermöglichen den Einsatz in einer frühen Phase des Planungsprozesses und zeichnen sich durch eine Vielzahl von Möglichkeiten aus, die weit über ihren bisherigen Planungseinsatz hinausgehen.

Einwände aus der Anfangszeit der elektronischen Rechenmaschinen haben im Zeitalter der bedienerfreundlichen Programmoberflächen und integrierter Lern- und Hilfesysteme keinen Bestand mehr. Jeder kann die Arbeit mit Architektur-CAD-Programmen erlernen und jeder kann sich die grundlegenden Kenntnisse für die Bedienung eines Computers aneignen.

Dabei geht es erst in zweiter Linie darum, „mit der Zeit zu gehen“. In erster Linie gibt der Computer dem Architekten bei richtigem Einsatz Freiräume zurück. Routinearbeiten werden automatisiert, notwendige Änderungen durchgängig in allen Plänen erledigt, Kontrolle und Überprüfung der Pläne erleichtert. Zusatzinformationen, die über die Geometrie eines Gebäudes hinausgehen wie Materialien und entsprechende Mengenangaben, werden verwaltet, so daß die Kostenschätzung immer früher und immer genauer möglich wird.

Die schnelle Umsetzung von geometrisch orientierten Strichzeichnungen in realitätsnahe Bilder erleichtert dem Architekten zudem seine Zusammenarbeit mit dem Bauherrn. Endlich kann sich der Bauherr, aber auch die Genehmigungsbehörde, etwas unter dem geplanten Objekt vorstellen, ohne Strichzeichnungen interpretieren zu müssen. Bisher konnte der Auftraggeber die Arbeit seines Architekten nur anhand der für den Laien schwer durchschaubaren Pläne kleinmaßstäblicher Modelle oder aber des fertig gebauten Objektes beurteilen. Nun ist das bereits in der Entwurfsphase am Bildschirm möglich.

Wer mit dem Computer und seinen Programmen richtig umgehen kann, erobert sich neue Möglichkeiten des Entwurfs und der Planung. Dabei soll dieses Buch – neben den Handbüchern mit konkreten Bedienungsanweisungen – Hilfestellung und Anregung sein. Gemäß dem vorangestellten Zitat von André Lurcat sind in dem mächtigen Werkzeug „CAD“ eine Vielzahl von „Werkzeugen“ integriert, mit denen sich „die Palette des Architekten“, nämlich Räume, Volumen, Oberflächen und Licht, darstellen und verändern läßt.

Die konkrete Anwendung dieser Werkzeuge unterscheidet sich je nach eingesetztem CAD-System und wird daher in entsprechenden Handbüchern beschrieben. Die grundlegende „Philosophie“ des Werkzeuges ist jedoch bei allen Architektur-CAD-Systemen gleich.

Dem Leser dieses Buches werden diese Werkzeuge vorgestellt, und ihr Einsatz im Planungsprozeß wird erklärt. Einfache Beispiele verdeutlichen dabei den Umgang mit den Werkzeugen. Darstellungen geplanter oder bereits fertiggestellter Projekte zeigen die nahezu unbegrenzten Möglichkeiten des CAD-Systems und sollen dazu verleiten, den Computer nicht nur als Ersatz für das Zeichenbrett einzusetzen.

Dem CAD-System sind – darin unterscheidet es sich im Grunde genommen nicht von Skizzenblock und 6B-Bleistift – keine Grenzen gesetzt. Der Computer erlaubt alles, was sich der kreative und innovative Architekt vorstellt. Die Entscheidung darüber, ob oder wie weit der Computer die unterschiedlichen Planungsphasen beeinflußt, bleibt dem Architekten überlassen.

Danken möchte ich an dieser Stelle allen Mitarbeitern der Firma Nemetschek, die dieses Projekt unterstützt haben. An erster Stelle Heidemarie Lührs und Thomas Pfeiffer für ihre geduldigen Korrekturen sowie den vielen Mitarbeitern, die Zeichnungen extra für dieses Buch angefertigt oder bereitgestellt haben und mir jederzeit mit Rat und Tat zur Seite standen.

Für das Erstellen vieler Abbildungen und für seinen unermüdlichen Einsatz bei der Recherche nach aussagekräftigen Bildern und nicht zuletzt für die gelungene grafische Umsetzung danke ich ganz besonders Helmut Zaglauer.

Dank gebührt in diesem Zusammenhang auch allen Architekten, Bauingenieuren, Fachplanern und nicht zuletzt den vielen Architekturstudenten, die ihre CAD-Daten für die Veröffentlichung bereitgestellt haben.

Für zahlreiche Anregungen und die kritische Begleitung bei der Entstehung dieses Buches danke ich Richard Junge. Dank auch an Arno Laxy, der einen Teil der Texte für dieses Buch verfaßte.

Markus Pflugbeil
München, im August 1995

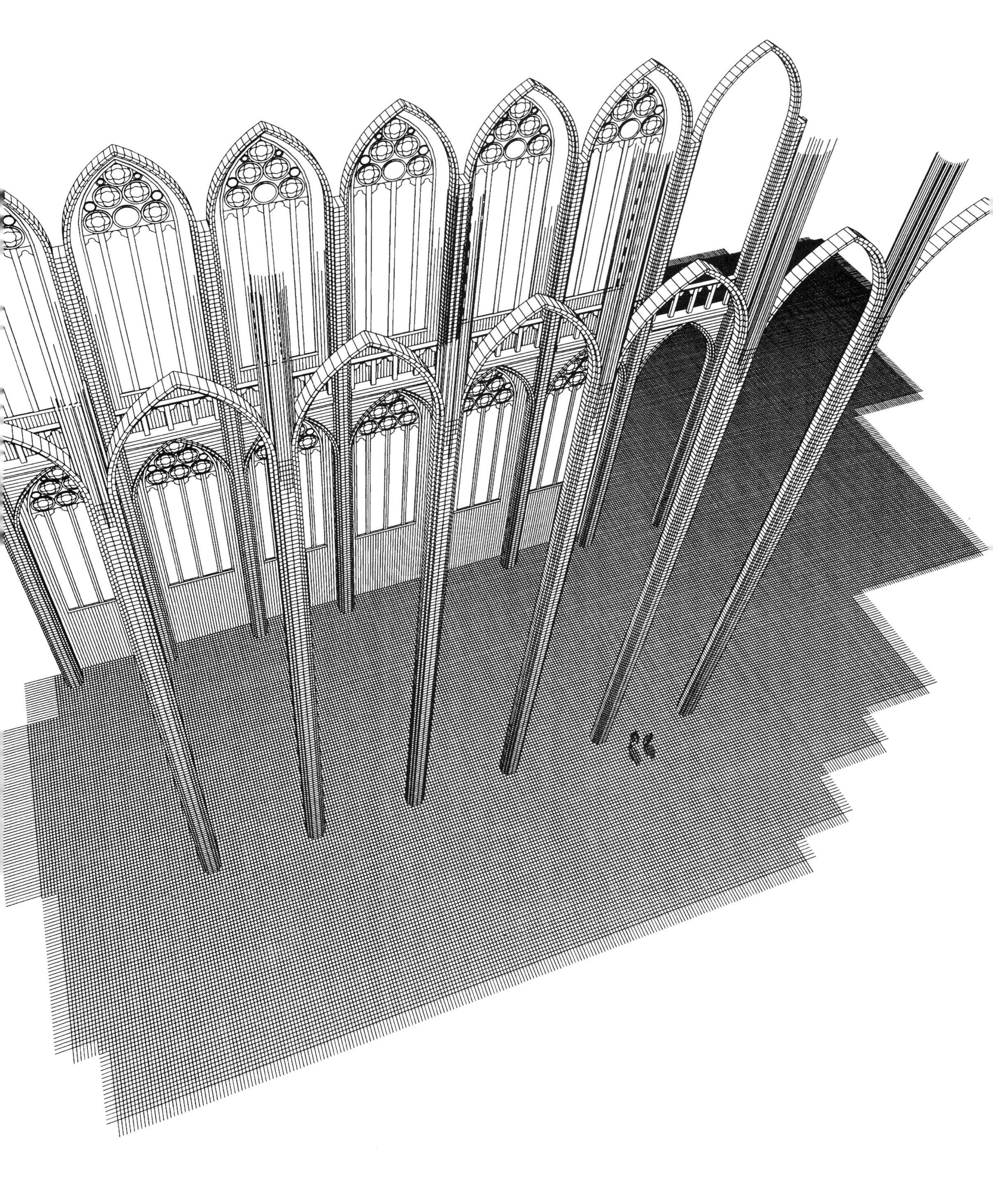

Was ist CAD?

Wo liegt der Unterschied zwischen manueller Planerstellung am Zeichenbrett und computerunterstütztem Konstruieren. Was können CAD-Systeme leisten und wie sieht die Arbeit mit ihnen aus. Diese Frage beantwortet das erste Kapitel, nicht ohne CAD als letztes Glied in die Entwicklungsgeschichte der Werkzeuge des Architekten einzureihen.

1.1 Werkzeuge des Architekten - ein Stück Architekturgeschichte

Solange Menschen Bilder und Zeichnungen anfertigen, haben sich die dafür verwendeten „Werkzeuge" zwar qualitativ, aber nicht in der grundlegenden Technik und Anwendung verändert. Immer hatten die Architekten und Bauzeichner etwas in der Hand, mit dem sie ihre Gedanken direkt auf dem benutzten Medium festhalten konnten. Für die Steinzeitmenschen waren es Keile, mit denen sie ihre Zeichnungen in den Stein ritzten. Später verwendeten sie Federn, mit denen Darstellungen auf Tierhäute, Papyrus oder Felswände aufgetragen wurden. Verfeinerungen ergaben sich im Laufe der Zeit durch Federkiel und Tusche sowie Papier als Zeichenmedium. Ein großer Schritt war die Entdeckung und Weiterentwicklung des Graphitstiftes im 16. Jahrhundert, der fälschlicherweise bis heute Bleistift genannt wird.

Ob Tusche oder Graphit, die Ausgangsmaterialien der Zeichenwerkzeuge sind bis heute die gleichen geblieben, wenn sich auch die Techniken stark verändert haben, mit denen die Materialien auf das Papier oder Transparent aufgetragen werden. Nachfüllbare, hochfeine Tuschestifte ermöglichen heutzutage sauberes und präzises Zeichnen feinster Linien. Bleistifte gibt es seit dem 19. Jahrhundert in den unterschiedlichsten Varianten, als normale Holzbleistifte oder als Druck- oder Drehbleistifte in unterschiedlichsten Härtegraden.

Natürlich haben sich im Laufe der Menschheitsgeschichte auch die benutzten Zeichnungsträger verändert, insbesondere das Papier, das heute aus lichtechtem, reißfestem und kopier- bzw. lichtpausfähigem Material besteht.

Baumeister und Architekten gehörten im Laufe der Entwicklung der Kulturen wohl immer schon zu denen, die am meisten Gebrauch von Zeichnungen gemacht haben. Die Funktionen und Aufgaben (aber auch die gesellschaftliche Stellung) dieser Berufsgruppe änderten sich jedoch in jeder Kultur, in jeder Epoche und in jeder Region. Entsprechend kamen

3D-Studie aus der Anfangszeit des CAD, Dipl. Ing. Frank Kürpiers

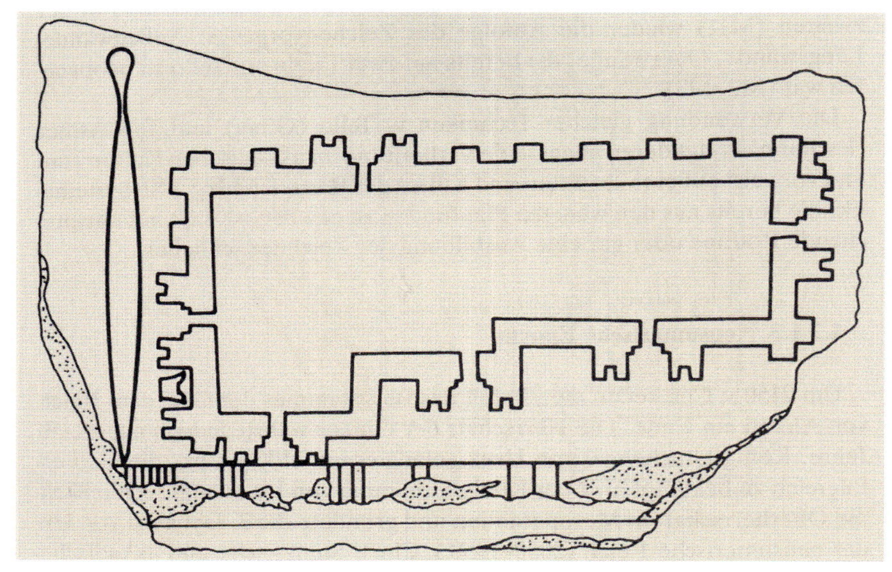

Vor rund 7000 Jahren ritzten die Sumerer die Grundrisse geplanter Tempelbauten mit Griffeln in Tontafeln. Andere Zeichnungsträger waren damals wahrscheinlich unbekannt

den von ihnen erstellten Zeichnungen und Plänen unterschiedliche Bedeutungen zu. Die Geschichte der Architekturzeichnung ist deshalb nur schwer vollständig zu rekonstruieren.

Sicher aber ist, daß bereits in den ersten Hochkulturen der Menschheit Pläne und Modelle in unterschiedlichen Detaillierungsgraden und für unterschiedliche Zwecke des Bauens hergestellt wurden. In Ägypten wurden in einigen Pharaonengräbern nicht nur Pläne, sondern auch Hinweise auf die Verwendung von Zeichengeräten gefunden. Die mehr farbigen Pläne enthalten Raster, die möglicherweise zur maßstabgerechten Übernahme der Zeichnung gedacht waren. Als Werkzeuge lassen sich auf verschiedenen Abbildungen Lineale und Dreiecke erkennen.

Wachsmodelle von griechischen Gebäuden sind seit dem 5. Jahrhundert vor Christus bekannt, wobei unklar ist, ob diese vor Baubeginn hergestellt wurden oder erst nach Fertigstellung der jeweiligen Bauten. Überhaupt schienen die Griechen nicht viel Wert auf Planung im voraus zu legen. Es wird vermutet, daß ihre Architekten die meisten Entscheidungen direkt auf der Baustelle trafen. Statt Planzeichnungen sind von griechischen Bauwerken dafür ausführliche Materialkataloge bekannt. Zu jedem Stein, der auf die Baustelle geliefert wurde, gab es genaue Angaben über seine Größe und Art, aber auch über Herkunft und Transportweg.

An diesem Plan wird deutlich, wie wenig sich die Architekturzeichnung in Jahrtausenden verändert hat. Die Darstellung der Mauern als parallele Polygonzüge und die Beschriftung der Räume wird heute nahezu unverändert angewandt

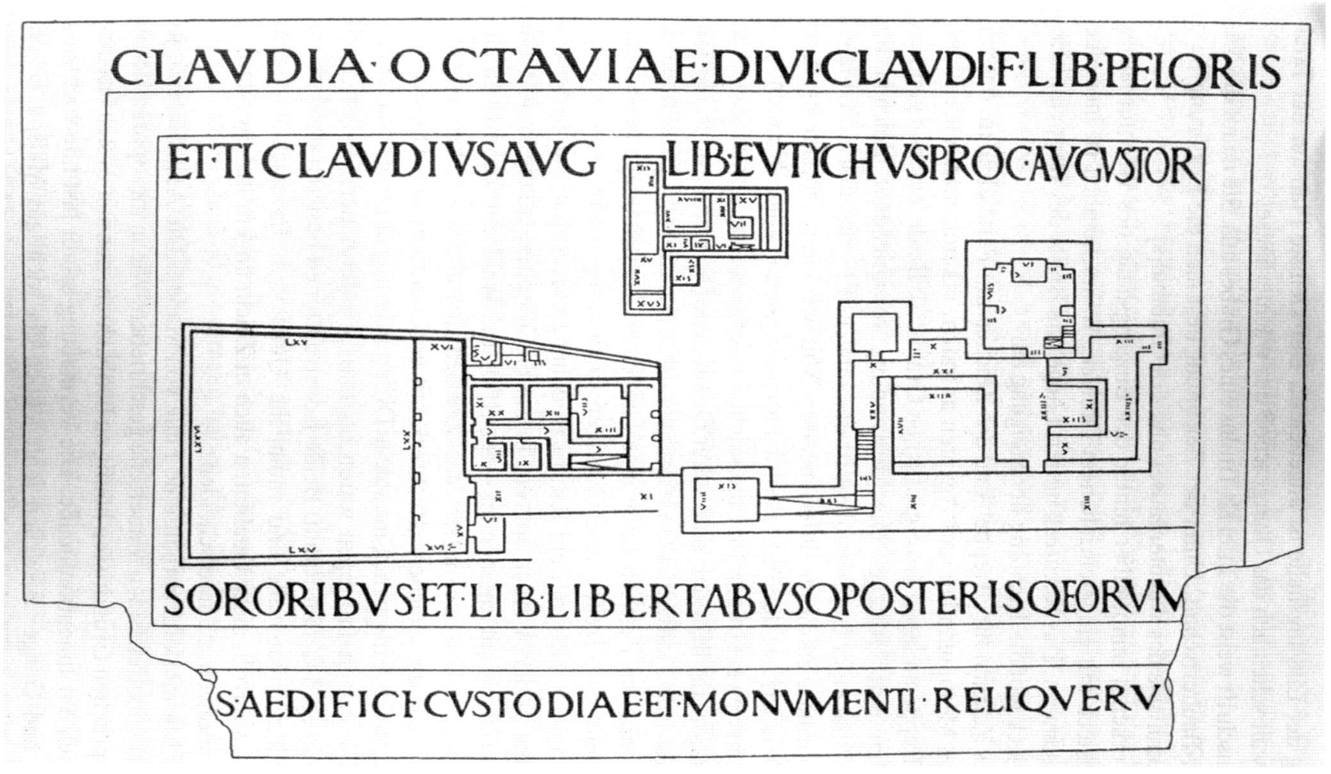

Dieser Grundriß auf einer römischen Marmortafel (Original: 55 x 77 cm) war vermutlich nicht als Bauanleitung gedacht, sondern als Art Bautafel für den laienhaften Betrachter. Im Verhältnis zu den erhaltenen römischen Bauten ist die Zahl der überlieferten Plan- oder Entwurfsdokumente äußerst gering

Mit der Entwicklung Roms zur Hochkultur und der damit einhergehenden Entfaltung der Architektur wurden die Grundlagen für Plankonventionen geschaffen, die heute noch üblich sind. In seinen 10 Büchern der Architektur beschrieb Vitruv im Jahre 25 v. Chr. ausführlich, daß vor Baubeginn Grundrisse, Schnitte und Ansichten eines Gebäudes dargestellt werden müssen. Leider sind aus der römischen Epoche keine Architekturzeichnungen und Pläne erhalten. Lediglich auf anderen Abbildungen lassen sich indirekt die Ergebnisse der Arbeit der römischen Architekten erkennen. Daher weiß man heute auch, daß die römischen Baumeister und Architekten bereits kolorierte und schattierte Ansichten von geplanten Gebäuden angefertigt haben. Im Original überliefert sind lediglich Stadtpläne und Gesamtansichten verschiedener römischer Städte. Genaueren Aufschluß geben jedoch Steine mit eingravierten Angaben zu den Bauprojekten, vergleichbar mit heutigen Bautafeln. Sie enthielten jedoch wesentlich ausführlichere Angaben wie z.B. über die Arbeitszeit auf der Baustelle, über die Finanzierung des Projektes und sogar über gegebenenfalls fällige Verzugsstrafen. Die hochentwickelte römische Zivilisation verfügte auch über das mathematische und technische Wissen zur Herstellung von exakten Vermessungs- und Zeichengeräten. Aber nicht nur im Bereich der grafischen Darstellung waren die Römer zu erstaunlichen Leistungen fähig, auch die numerischen Aufgaben eines Architekten waren im römischen Reich bereits üblich. Kostenschätzung und Kostenkontrolle gehörten wohl auch vor über 2000 Jahren schon zu den Aufgaben des Architekten.

Bereits von den Römern bekannt und in abgewandelter Form bis heute bekannt sind die Ziehfedern. Unterschiedlich gebogene Bleche ermöglichen das Zeichnen von verschieden dicken Linien. Außerdem können die Ziehfedern in Zirkeln eingesetzt werden, um damit exakte Kreise zu zeichnen

Mit dem Niedergang des römischen Reiches und dem Verfall seiner Kultur gingen auch die Kenntnisse und Fähigkeiten der römischen Architekten verloren. Die Aufgaben der Architekten im anbrechenden Mittelalter wurden andere, ihre Arbeitsmethoden und die dafür benötigten Hilfsmittel änderten sich. Während der Architekt in Rom von seinen Aufgaben und seinem gesellschaftlichen Status eher mit dem heutigen Architekten vergleichbar war, war der mitteleuropäische Architekt des Mittelalters ein Meister in verschiedenen Bereichen des Handwerks. Im frühen Mittelalter wurden keine Pläne angefertigt. Lediglich Baudetails wurden im Maßstab 1:1 vorgezeichnet. Die notwendigen Anweisungen für den Bau erteilte der „Baumeister" auf der Baustelle, während das Bauwerk errichtet wurde.

Die Freiheit der Architekten, die Gestaltung zu bestimmen oder zumindest Vorschläge dafür machen zu dürfen, ging mit dem Untergang des römischen Reiches ebenso verloren. Genau wie unter den Pharaonen oder in der griechischen Antike mußte sich der Architekt des frühen Mittelalters wieder „göttlichen" Vorstellungen beugen. Zwar entschieden nun nicht mehr Sonnenpriester, Tempelherren oder Orakel über Lage und Aussehen eines Gebäudes, dafür aber die Äbte der entstehenden christlichen Klöster.

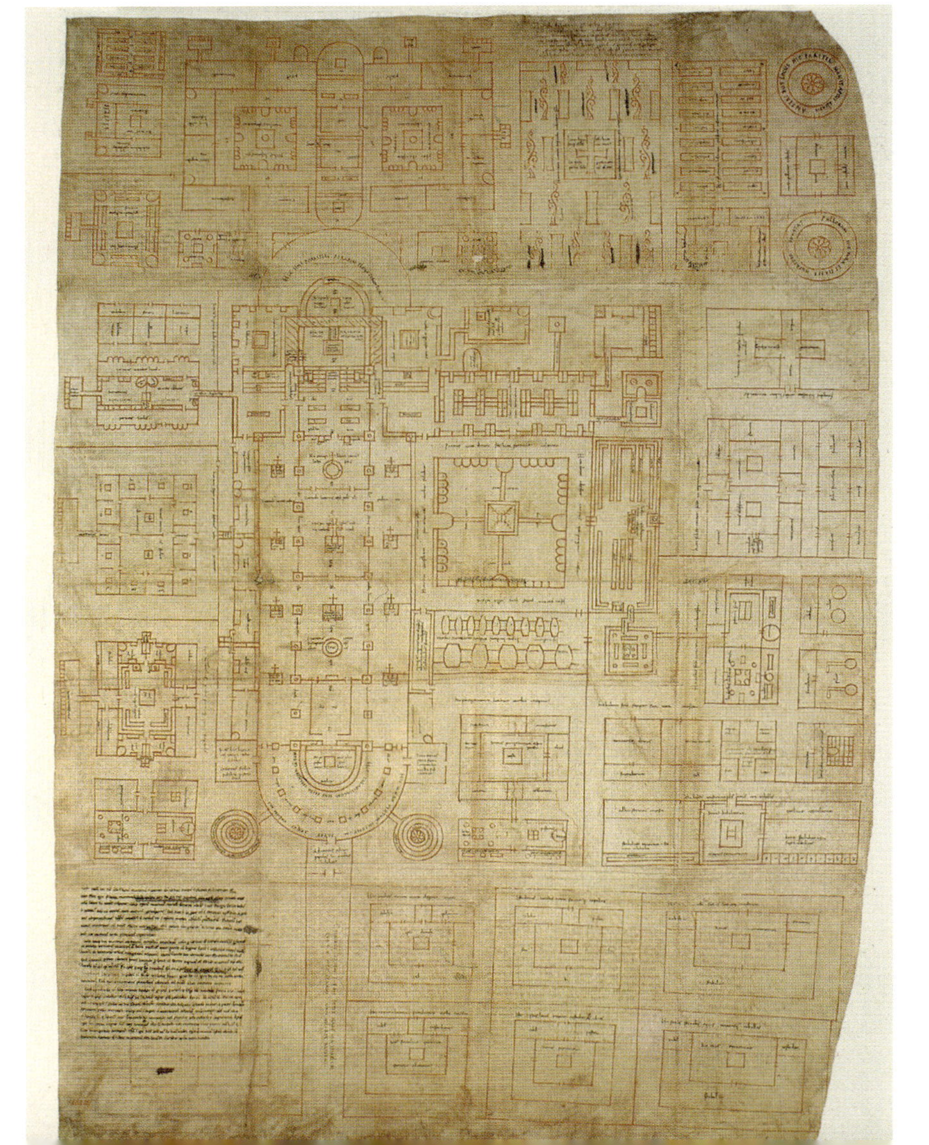

Der älteste Beweis für zeichnerische Entwürfe in Mitteleuropa ist der berühmte Klosterplan von St. Gallen aus dem Jahr 800

Ganz anders verhielt es sich in Byzanz, wo die Architektur zu den Naturwissenschaften gezählt wurde und wo zur Architektur auch Kenntnisse von Arithmetik und Geometrie gehörten. Darüber hinaus mußte der Architekt aber auch im byzantinischen Reich über handwerkliches Rüstzeug in Holzbearbeitung, Kunstmalerei und Metallkonstruktion verfügen.

In Mitteleuropa wurden Architekturzeichnungen erst wieder üblich, als komplexe Bauprojekte dies erforderten. Allerdings ist unser heutiges Wissen über die damaligen Planzeichnungen nur unvollkommen, denn - anders als in den ägyptischen Pharaonenreichen - wurden die mittelalterlichen Pläne nicht archiviert, sondern nach Baufertigstellung vernichtet. Erst in der Gotik erlangte der Architekt wieder eine herausragende Stellung im Bauprozeß. Nicht nur, daß Pläne zur Speicherung des Wissens um bestimmte Konstruktionsdetails erhalten wurden. Dem Architekten wurde nun die Verantwortung übertragen für die Kosten und - in der Zeit der großen Kathedralen fast noch wichtiger - für die Stabilität eines Gebäudes. Aus dieser Zeit sind die sogenannten Bauhüttenbücher erhalten, in denen all diese Angaben und Zeichnungen dokumentiert wurden.

Mit der Wiederentdeckung der griechischen und römischen Antike im Spätmittelalter begannen die Architekten auch das Studium der damaligen Architektur. Über tausend Jahre alte Ideale wurden wiederbelebt und durch Abzeichnen der Gebäudereste aus diesen Epochen erlernt. Pläne wurden nun auch wieder Mittel, Proportionen zu kontrollieren, Details zu veranschaulichen und Bauzier richtig zu plazieren. Zu den Bauherren zählten nunmehr nicht nur die Kirchen und Klöster, sondern - ausgehend von Italien - zunehmend weltliche Adelige oder Geschäftsleute.

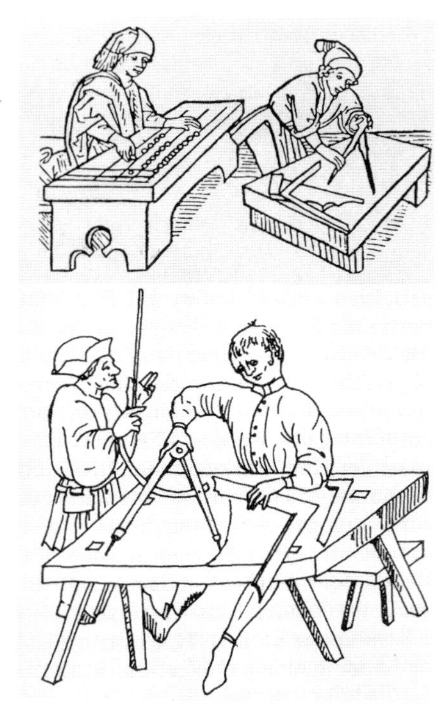

Die spätmittelalterliche Darstellung zeigt, daß Rechnen und Zeichnen im Bauwesen immer schon zusammengehört haben. Oben der Abacus, eine Rechenmaschine mit jahrtausendealter Tradition, und die Werkzeuge des Architekten: Zirkel, Winkel und Schablone.
Darunter die Benutzung von Stechzirkel und Winkel im Mittelalter. Oftmals wurden die Bauteile 1:1 auf der Baustelle in weichem Untergrund oder Holz vorgezeichnet und danach von Steinmetzen angefertigt

Die sogenanten Bauhüttenbücher wurden von den Baumeistern großer gotischer Kathedralen geführt. Sie dokumentieren Grundrisse, Details und Proportionen in einem bis zum Mittelalter nicht bekannten Umfang. Hier ein Ausschnitt aus einem Bauhüttenbuch von 1600

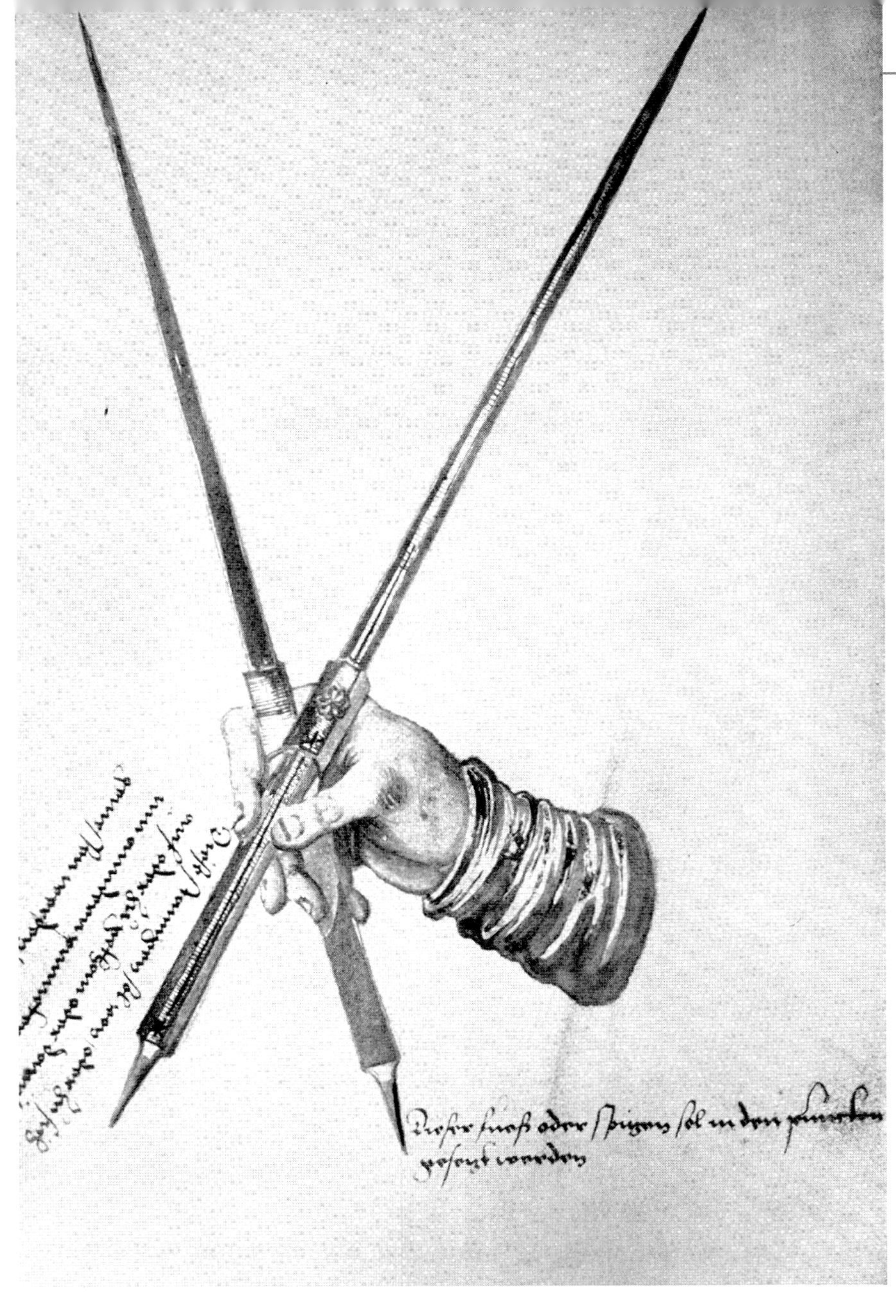

Ein Proportionalzirkel aus dem 16. Jahrhundert, den sein Erfinder, der Goldschmied Jamnitzer, auch „vierfüßigen Zirkel“ nannte

Vor allem die Entwürfe großer kirchlicher, aber auch weltlicher Bauten wurden vor Baubeginn in Form von Modellen präsentiert. Aus dieser Zeit sind deshalb nicht nur Entwurfsskizzen und Pläne, sondern auch zahlreiche großmaßstäbliche Holzmodelle erhalten. Bei vielen dieser Modelle wurde nicht nur Wert darauf gelegt, das äußere Erscheinungsbild eines geplanten Gebäudes zu zeigen, sondern auch die Innenraumarchitektur detailgetreu vorzustellen.

Die große Bedeutung der Architektur in der Renaissance ließ den Architekten zu dieser Zeit als Intellektuellen gelten. Er besaß Kenntnisse der antiken Baukunst und beherrschte die perspektivische Darstellung. Das Harmonieideal der Renaissancearchitektur machte eine genaue Planung vor Baubeginn notwendig und erforderte deshalb exakte Pläne. Diese Pläne wurden aber nicht vom Architekten selbst gezeichnet, vielmehr beschäftigte er Assistenten für diese Aufgaben.

Im 20. Jahrhundert machten die Fortschritte in der Feinmechanik die Konstruktion präziser Zeichengeräte möglich. Neben die Reißschiene und das mobile Handwerkszeug wie Lineale, Zirkel und Dreiecke traten große Zeichenbretter mit genau justierbaren Zeichenköpfen für die verschiedenen Zwecke des Zeichnens.

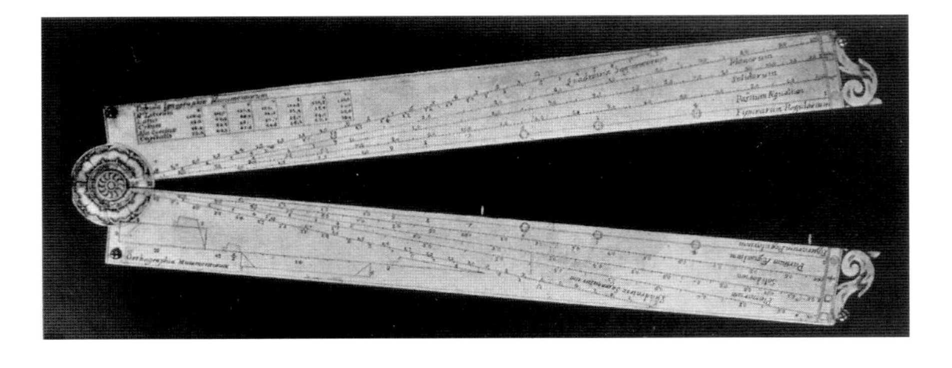

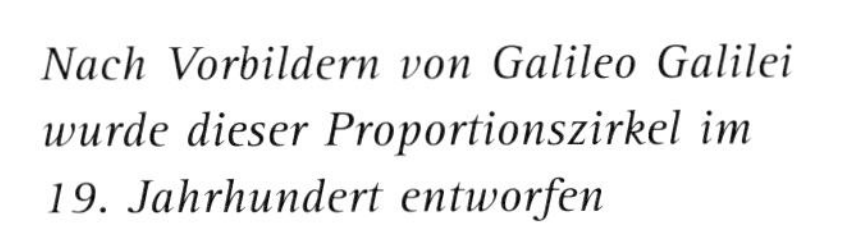

Nach Vorbildern von Galileo Galilei wurde dieser Proportionszirkel im 19. Jahrhundert entworfen

Mit der Erfindung elektronischer Rechenmaschinen (Computer) hat man sich diese für Konstruktionsaufgaben zunutze gemacht. Entwickelt wurden die teuren und komplizierten Maschinen zunächst zur Lösung von mathematischen Rechenproblemen - im Bauwesen also zur Berechnung des Tragwerks eines Gebäudes.

In den 60er Jahren gab es dann erste Versuche, nicht nur Zahlen umzusetzen, sondern Rechenergebnisse gleich grafisch darzustellen, d.h. Zeichnungen mit Hilfe des Computers zu erstellen. Erst als die Leistung der elektronischen Rechenmaschinen (Hardware) erheblich anstieg, die Kosten dafür deutlich nach unten gingen und die Programme (Software) zur Steuerung der Hardware benutzerfreundlicher wurden, wurde der Einsatz eines Computers im Architektur- oder Ingenieurbüro tatsächlich denkbar.

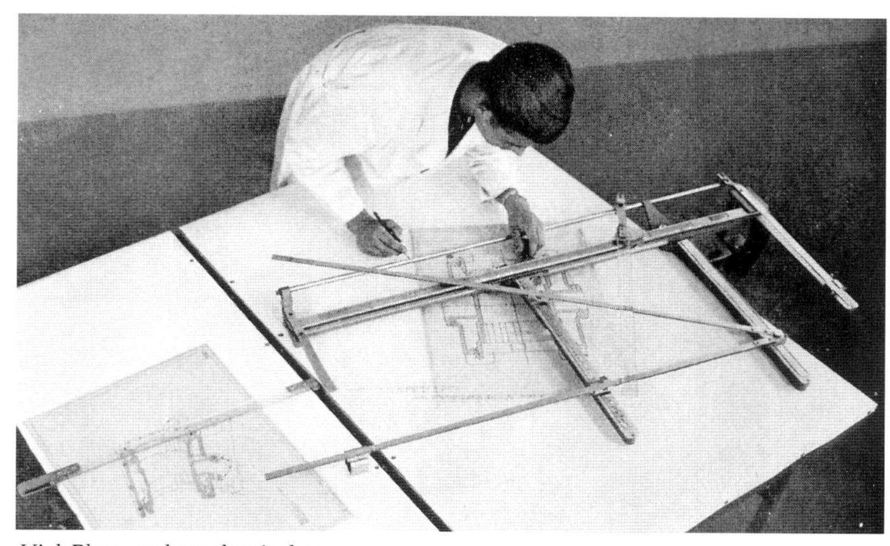

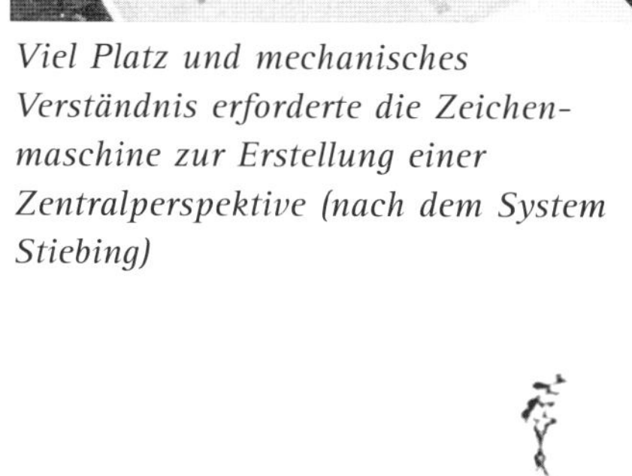

Viel Platz und mechanisches Verständnis erforderte die Zeichenmaschine zur Erstellung einer Zentralperspektive (nach dem System Stiebing)

Perspektivische Darstellung des barocken Entwurfs für eine italienische Stadt von Carlo Ranzi nach dem Entwurf von Borromini

Eine farbig aquarellierte Federzeichnung vom Anfang des 19. Jahrhunderts. Der Studienentwurf zeigt einen Querschnitt durch die Wiener Oper (Carl von Fischer)

Abgesehen von dem höheren technischen Aufwand, der für grafische Arbeiten am Computer notwendig ist, gelten die Voraussetzungen für die Verwendung von Computern auch für zahlen- und textorientierte (sogenannte alphanumerische) Anwendungen wie z.B. AVA-Programme, Projektmanagement-Software und andere.

Aber nicht nur die ständig steigende Leistungsfähigkeit der Computer war entscheidend dafür, daß diese auch in Architektur- und Ingenieurbüros wirtschaftlich eingesetzt werden konnten. Erst mit der Entwicklung hochauflösender Bildschirme (für die exakte Wiedergabe von Strichzeichnungen am Monitor), schneller Grafikkarten (für den schnellen Bildaufbau), leicht zu bedienender Eingabeinstrumente wie Maus oder Lupentaste und präziser und schneller Planausgabegeräte (Drucker, Plotter) entsprach die Computertechnik den Anforderungen in Planungsbüros. Kommt heute dem Stand der Technik entsprechende, auf Architekten und Ingenieure ausgerichtete Hard- und Software zum Einsatz, stehen nicht die Computer, sondern ganz traditionell die zu erzielenden Ergebnisse im Vordergrund.

Noch ist der Plan des Architekten auf Papier das gültige Kommunikationsmittel auf der Baustelle und

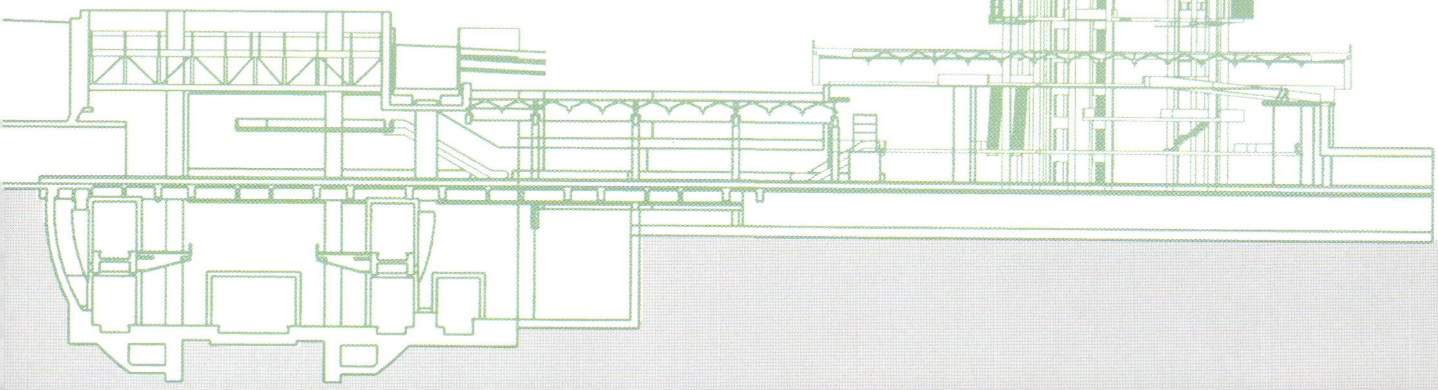

Der Hochhausschnitt wurde aus einer dreidimensionalen CAD-Zeichnung entwickelt. Der Entwurf, eine Diplomarbeit, zeigt einen möglichen ICE-Bahnhof in Stuttgart-Pragsattel (Untergeschoß), dem ein Kongreßzentrum und Hotel angegliedert sind (Entwurf: Klaus Eggler, Stuttgart)

zwischen den Fachplanern. Der Weg zum Plan und der Umgang mit Plänen hat sich jedoch entscheidend verändert. Geblieben, wenn nicht sogar gestiegen, sind im ausgehenden 20. Jahrhundert die Aufgaben und Anforderungen der Architekten sowie die Erwartungen der Bauherren. Ihnen muß ein modernes CAD-System für das Bauwesen gerecht werden.

Die Konstruktion von komplexen runden Körpern, die miteinander verschnitten sind, ist mit modernen 3D-fähigen CAD-Systemen möglich (Entwurf: Borchert und Hendel, Berlin)

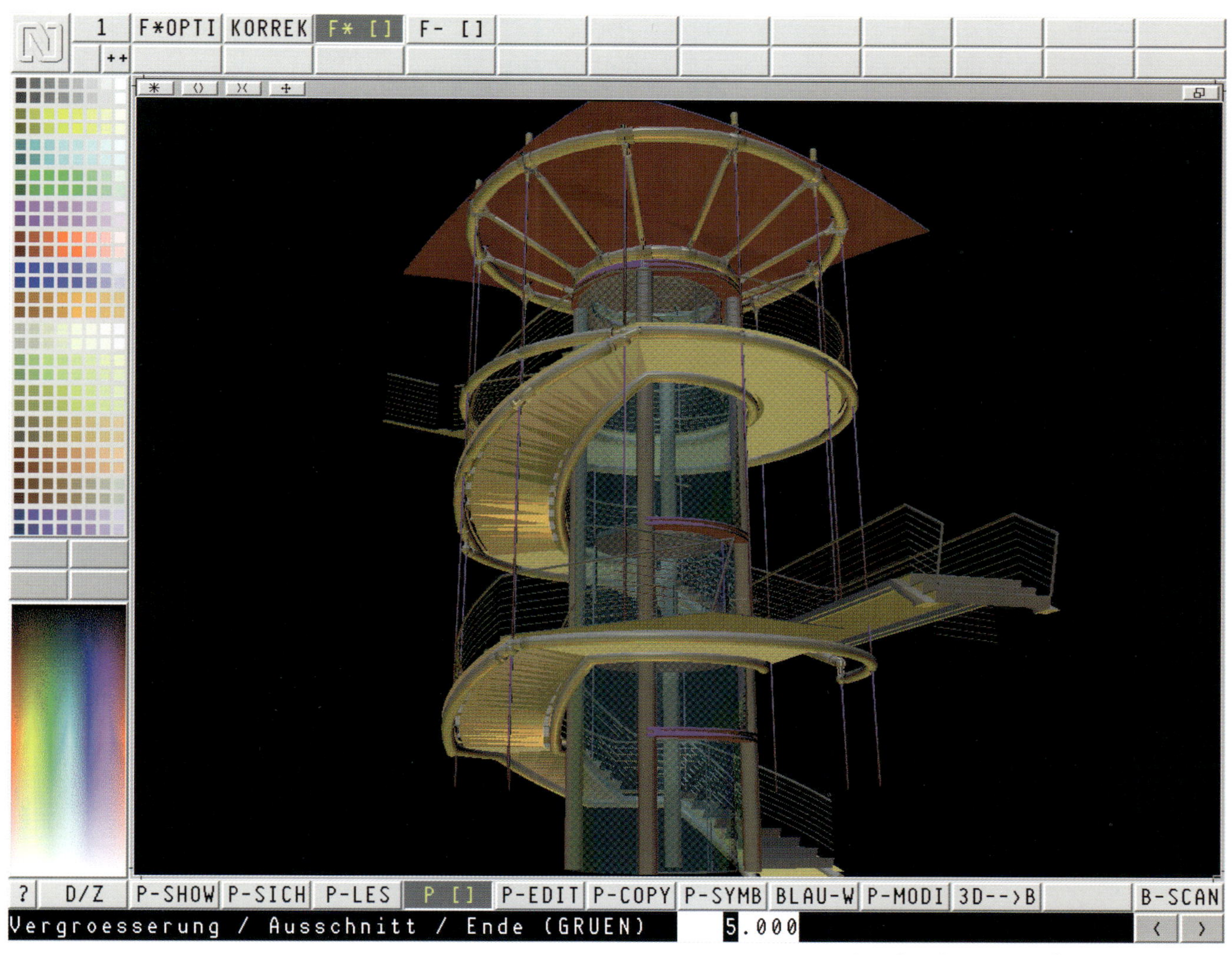

Aus den CAD-Daten können sogenannte gerenderte Bilder berechnet werden. Rendering bedeutet, daß den verschiedenen Bauteilen Farben (oder Materialien) zugeordnet werden und das Objekt von unterschiedlichen Lichtquellen aus beleuchtet wird

1.2 CAD als neues Werkzeug für den Architekten

Als CAD-System bezeichnet man alle Komponenten, die erforderlich sind, um mit Hilfe des Computers Zeichnungen und Pläne zu erstellen. Das ist einmal die Software, also die Programme, mit denen gearbeitet werden soll. Zum anderen die dafür notwendige Hardware, also der Computer an sich mit angeschlossenen Geräten, wie Digitalisiertabletts, Maus, Speicherlaufwerken, Planausgabegeräten und anderen. Vielfach wird der Begriff CAD-System aber auch nur für die CAD-Software verwendet.

Die CAD-Software besteht nicht nur aus einem Programm, sondern aus einer Kombination unterschiedlicher Programme um einen einheitlichen Programmkern herum, mit denen ganz bestimmte Aufgaben unterstützt werden können. Diese Teilprogramme werden als Module bezeichnet. Sie lassen sich dann am besten einsetzen, wenn sie miteinander verknüpft sind und ein rascher Wechsel von einem zum anderen

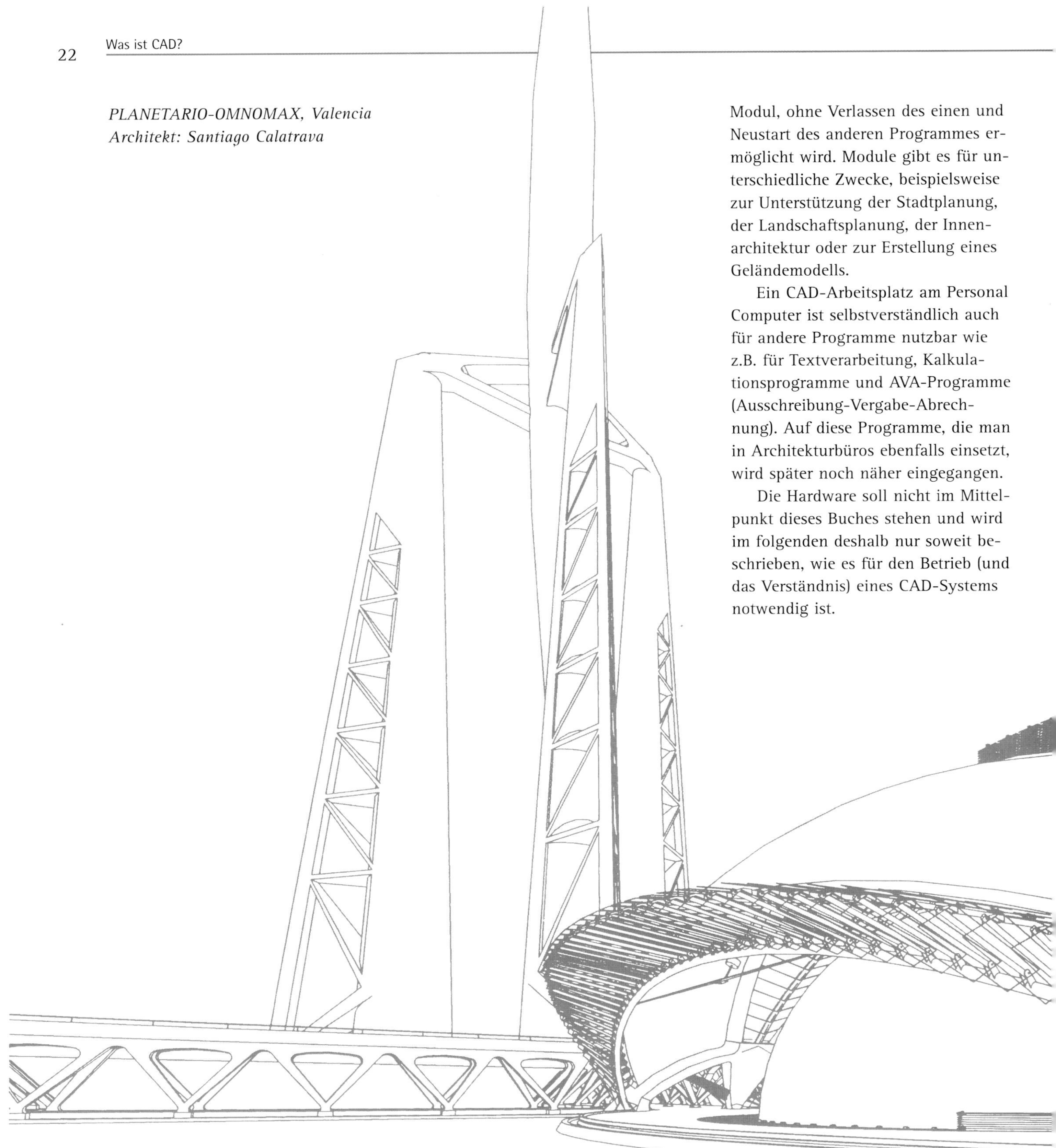

PLANETARIO-OMNOMAX, Valencia
Architekt: Santiago Calatrava

Modul, ohne Verlassen des einen und Neustart des anderen Programmes ermöglicht wird. Module gibt es für unterschiedliche Zwecke, beispielsweise zur Unterstützung der Stadtplanung, der Landschaftsplanung, der Innenarchitektur oder zur Erstellung eines Geländemodells.

Ein CAD-Arbeitsplatz am Personal Computer ist selbstverständlich auch für andere Programme nutzbar wie z.B. für Textverarbeitung, Kalkulationsprogramme und AVA-Programme (Ausschreibung-Vergabe-Abrechnung). Auf diese Programme, die man in Architekturbüros ebenfalls einsetzt, wird später noch näher eingegangen.

Die Hardware soll nicht im Mittelpunkt dieses Buches stehen und wird im folgenden deshalb nur soweit beschrieben, wie es für den Betrieb (und das Verständnis) eines CAD-Systems notwendig ist.

1.2.1 Technische Voraussetzungen für das Werkzeug CAD

In der Entwicklung des CAD-Einsatzes gab es ab Anfang der achtziger Jahre Programme für Personal Computer (PCs) und Workstations.

Die meisten CAD-Programme liefen zunächst auf Workstations, die von ihren Kapazitäten die Großrechner (sogenannte Mainframes) ersetzen konnten. Workstations wurden für professionelle Anwendungen mit rechenintensiven Arbeiten entwickelt (wissenschaftliche Simulationen, elektronische Bildverarbeitung, CAD). Die später aufkommenden Personal Computer konnten zunächst nur für weniger rechenintensive Aufgaben wie Textverarbeitung eingesetzt werden. In den letzten Jahren hat sich der Abstand zwischen beiden Systemen stark verringert, im wesentlichen wegen der Leistungszunahme der PCs.

Auch ein noch so ausgereiftes CAD-Programm hat ohne die entsprechende leistungsfähige Hardware keinen Nutzen. Die Hardware besteht aus dem Dreigespann Computer, Grafiksystem und Ausgabegerät.

Die einzelnen Komponenten der Hardware müssen so aufeinander abgestimmt sein, daß die optimale Leistung des Gesamtsystems erreicht werden kann. Nicht die schnellste Komponente bestimmt dabei die Leistung der Hardware, sondern die langsamste.

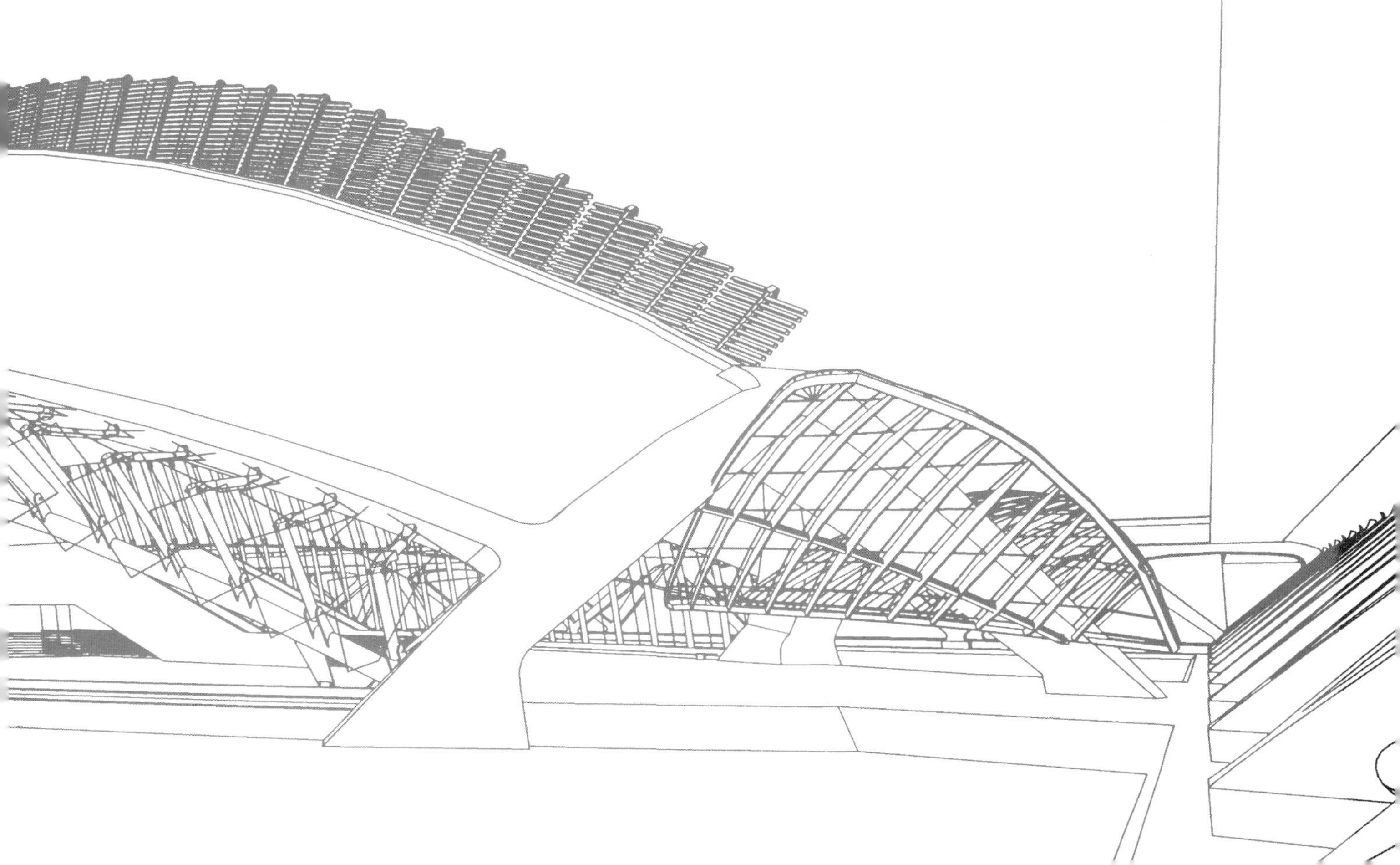

Schematische Darstellung eines Standard-CAD-Arbeitsplatzes ohne Netzwerkanbindung und zusätzliche Peripheriegeräte

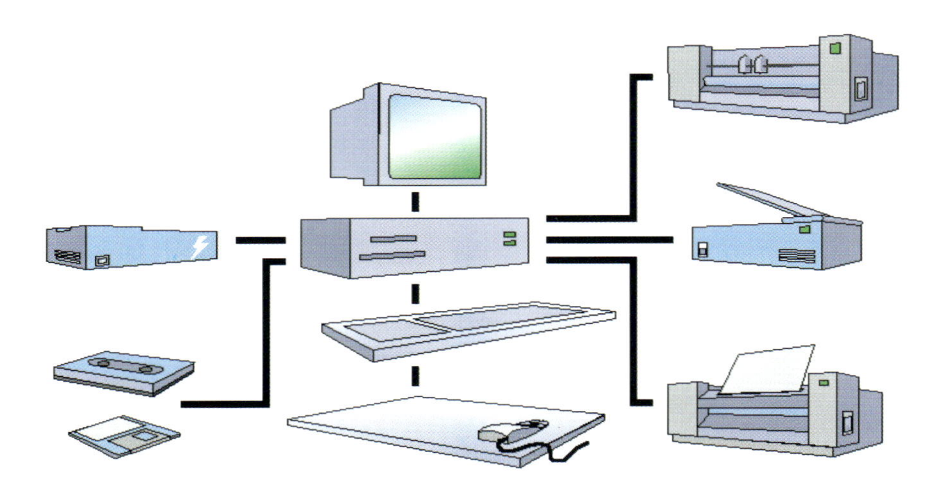

Computergestützte Zeichensysteme lösen in vielen Architekturbüros zunehmend die traditionellen Zeichenbretter ab. Pläne behalten trotzdem ihre Bedeutung, vor allem auf der Baustelle. Bei der Kommunikation zwischen Architekten und Fachplanern werden die Pläne jedoch auch schon als Dateien ausgetauscht

Insofern ist es nicht damit getan, die Leistungsfähigkeit des Computers allein über die Geschwindigkeit seines Prozessors (CPU) zu beurteilen. Der Prozessor ist das Herzstück jedes Rechners, egal ob PC oder Workstation. Über ihn laufen alle Steuerungs- und Rechenoperationen. Durch die kurzen Entwicklungszyklen in der Mikrochip-Industrie steigt die Prozessorleistung etwa alle anderthalb Jahre deutlich an, so daß als Richtwert für Prozessoren gelten kann: Je neuer, desto schneller.

Es hilft allerdings wenig, sich alle anderthalb Jahre einen schnelleren Prozessor anzuschaffen, ohne daß die Daten auch schneller übermittelt werden können. Die Datenübertragung vom Prozessor zu den anderen Komponenten wird über einen sogenannten Datenbus gewährleistet. Dieser muß breit genug sein, damit die Daten nicht durch einen Engpaß müssen. Die Busbreite gibt an, wieviel Informationen gleichzeitig, also parallel, übertragen werden können.

Alle vom Prozessor berechneten und vom Datenbus weitergeleiteten Daten müssen so gespeichert werden, daß sie jederzeit schnell wieder abrufbar sind. Gespeichert werden sie auf der Festplatte.

Neben der Festplatte gibt es noch andere sogenannte Speichermedien, z.B. Disketten. Darüber hinaus gibt es mittlerweile noch eine Vielzahl weiterer Speichermedien, auf die im Kapitel 2.7 näher eingegangen wird.

Ein Teil des Rechners ist der Hauptspeicher, auch Arbeitsspeicher genannt. Seine Aufgabe ist es, Programme und Daten aufzunehmen und für die Bearbeitung bereitzustellen. Sie werden aus Massenspeichern wie der Festplatte in den Arbeitsspeicher geladen. Für Rechenoperationen greift der Prozessor auf diese Programme und Daten zu. Die Zugriffszeit ist beim Arbeitsspeicher wesentlich kürzer als bei der Festplatte. Je mehr Daten im Arbeitsspeicher Platz finden, desto leistungsstärker wird der Rechner dadurch.

Ein bedeutsames Kriterium für die Beurteilung der Leistungsfähigkeit des Rechners ist neben der Busbreite schließlich auch die Taktrate des Datenbusses. Beim Prozessor steht sie für die Anzahl der Impulse, mit denen er in der Sekunde arbeitet. Beim Datenbus, der den Prozessor mit den anderen Komponenten verbindet, spiegelt die Taktrate die Geschwindigkeit der Datenübertragung wider. Auch hier ist die Kombination beider Taktraten für die Leistung entscheidend und nicht eine schnelle Prozessorleistung allein.

Ergänzt werden muß der Rechner jetzt mit einem genauso leistungsfähigen Grafiksystem, das sich aus Grafikkarte und Monitor zusammensetzt.

Das Grafiksystem soll eine hochauflösende, flimmerfreie und strahlungsarme Darstellung gewährleisten.

Für die grafischen Anwendungen sollte ein Monitor mit einer Bildschirmdiagonale von mindestens 17 Zoll (30 cm) gewählt werden. Doch auch hier gilt: je größer, desto besser, um möglichst viel des gezeichneten Planes auf dem Bildschirm erkennen zu können. 21-Zoll-Monitore können beispielsweise eine DIN A3-Seite 1:1 abbilden. Noch größere Bildschirme würden zwar ein noch komfortableres

Leistungsfähige 3D-CAD-Systeme bewältigen zahlreiche unterschiedliche Aufgaben. In den vier Windows („Fenster") dieses Bildschirms sind zu sehen: Links oben eine Liste aus der Mengenermittlung, rechts oben eine perspektivische Darstellung, links unten ein Schnitt und rechts unten der Grundriß

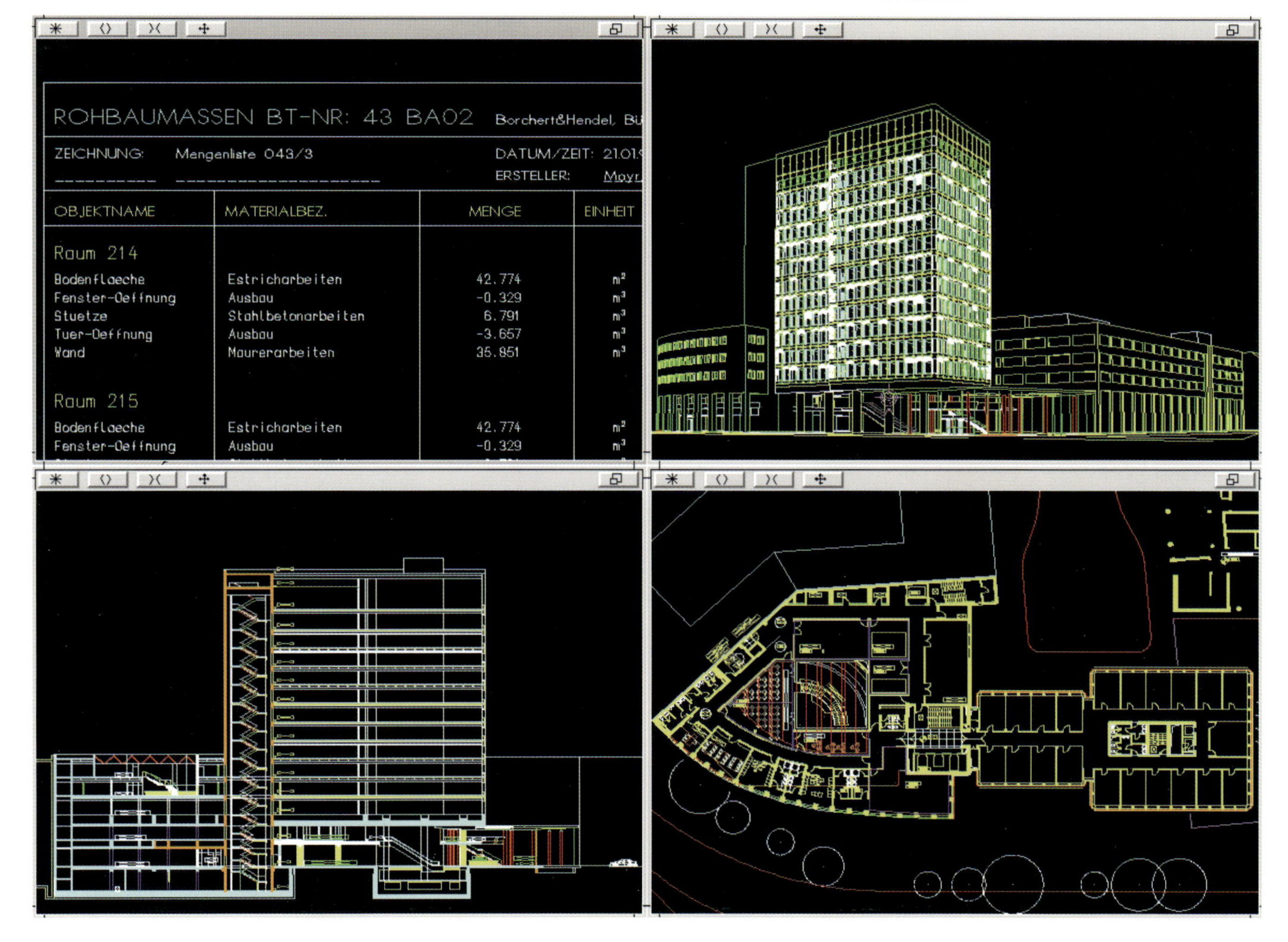

Arbeiten ermöglichen, sind technisch aber zur Zeit noch nicht realisierbar.

Bilder, Grafiken, aber auch (CAD-) Strichzeichnungen werden für die Darstellung auf dem Bildschirm aus vielen Tausend einzelnen Bildpunkten (Pixeln) zusammengesetzt. Je höher die Anzahl der Bildpunkte eines Bildschirms, desto schärfer und präziser wird die Darstellung auf dem Monitor. Für eine exakte Bildschirmwiedergabe sollte deshalb die höchste Auflösung, angegeben in Bildpunkten (Pixel), gewählt werden.

Die Flimmerfreiheit hängt mit dem Bildaufbau zusammen. Je häufiger das Bild in einer Sekunde wiederholt wird, desto ruhiger erscheint es dem Betrachter. Diese Bildwiederholfrequenz wird in Hertz (Hz) gemessen.

Für die Leistung des Systems sind gute Grafikkarten wichtig. Sie werden mit dem Monitor gekoppelt und schaffen die technische Vorraussetzung für ein farbiges, scharfes Bild mit kurzer Bildaufbauzeit. Beide müssen aufeinander abgestimmt sein, damit sie eine ideale Gesamtleistung bringen können.

Die dritte Komponente eines jeden CAD-Systems sind die Ausgabegeräte. Um einen kompletten Plan zu Papier zu bringen, wird ein Drucker oder ein Plotter (Planausgabegerät) verwendet. In den meisten Architekturbüros, die mit CAD arbeiten, wird ein A0-Plotter benutzt.

Neben dem „traditionellen“ Stiftplotter gibt es Elektrostat-, Thermodirekt- und Laserplotter.

Stiftplotter nutzen zur Zeichnungserstellung direkt die Daten des CAD-Systems. Für das Ausplotten der Zeichnungen stehen 8 oder 16 Stifte zur Verfügung, wobei die Minimalanforderung bei Architekturzeichnungen - 4 Stifte für 4 verschiedene Strichstärken - erreicht sind. Geplottet werden kann mit Tusche- oder Faserstiften, bei einigen Geräten auch mit Bleistift.

Elektrostat-, Thermodirekt-, Tintenstrahl- und Laserplotter sind dagegen erheblich flexibler. Sie bauen die Zeichnungen ähnlich wie bei der Darstellung auf dem Bildschirm aus einzelnen Punkten auf. Unter dem Mikroskop sind die Zusammensetzungen der einzelnen Punkte als Punktraster

erkennbar. Wegen dieses Verfahrens, Bilder, Grafiken und CAD-Zeichnungen in Rasterpunkte zu zerlegen, werden diese Plottertypen unter dem Oberbegriff Rasterplotter zusammengefaßt. Im Gegensatz zu den Stiftplottern können mit diesem Verfahren auch farbige Flächen und Bilder zu Papier gebracht werden. Ebenso wie beim Bildschirm entscheidet bei den Rasterplottern die Auflösung, also die Zahl der Punkte, in die eine Zeichnung aufgelöst werden kann, über die Qualität des Ausdrucks.

Tintenstrahlplotter können in punkto Qualität mit Elektrostaten- und Thermoplottern gut mithalten, brauchen heute jedoch für den A0-Plot in schwarz-weiß noch ca. 6 Minuten. Im Anschaffungspreis sind Tintenstrahlplotter dagegen wesentlich günstiger.

Thermoplotter und Elektrostatenplotter ermöglichen schnelle und zuverlässige Ausgaben komplexer A0-Plots in nur ca. einer Minute. Allerdings sind ihre Anschaffungskosten recht hoch.

Laserplotter haben eine sehr hohe Ausgabegeschwindigkeit und Auflösung. Sie sind allerdings in der Anschaffung recht teuer.

CAD-Entwurf für die Umnutzung der ehemaligen Münchner Schrannenhalle (Diplomarbeit Helmut Zaglauer, München)

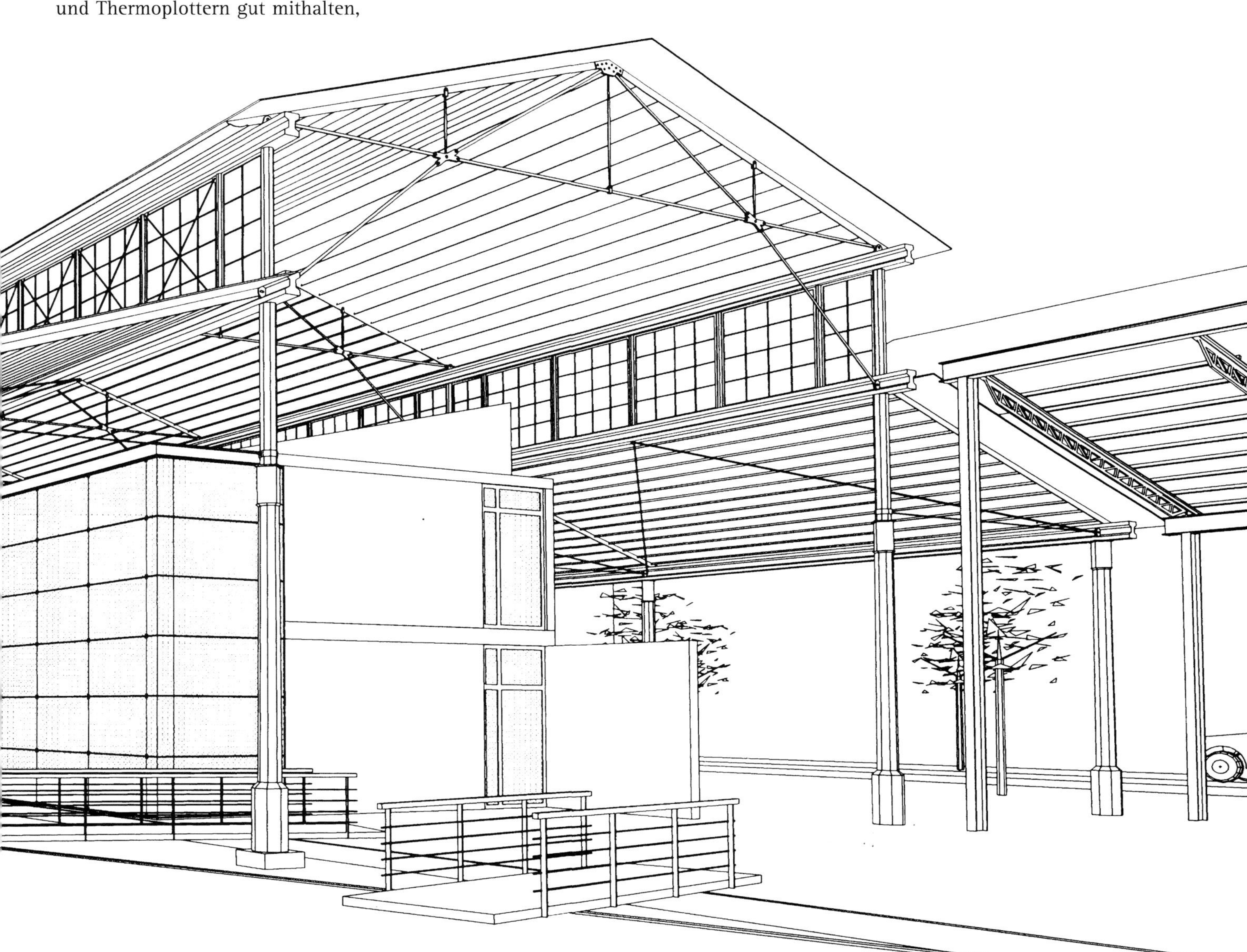

1.2.2 Der Unterschied: CAD- und Rasterdaten

Bisher war im Zusammenhang mit Plottern und Bildschirmen von Rasterdaten und CAD-Daten die Rede. Rasterdaten liegen Bildpunkte (Pixel) zugrunde, die am Bildschirm oder auf Rasterplottern abgebildet werden. Mal- und Bildverarbeitungspro-

Als architektengerechtes Ergebnis liegt nach der CAD-Bearbeitung eine Strichzeichnung vor. Dank der 3D-Fähigkeit sind Perspektiven und Schnitte bereits im frühen Planungsstadium möglich (Ideenwettbewerb Berliner Investitionsbank, Borchert und Hendel, Berlin)

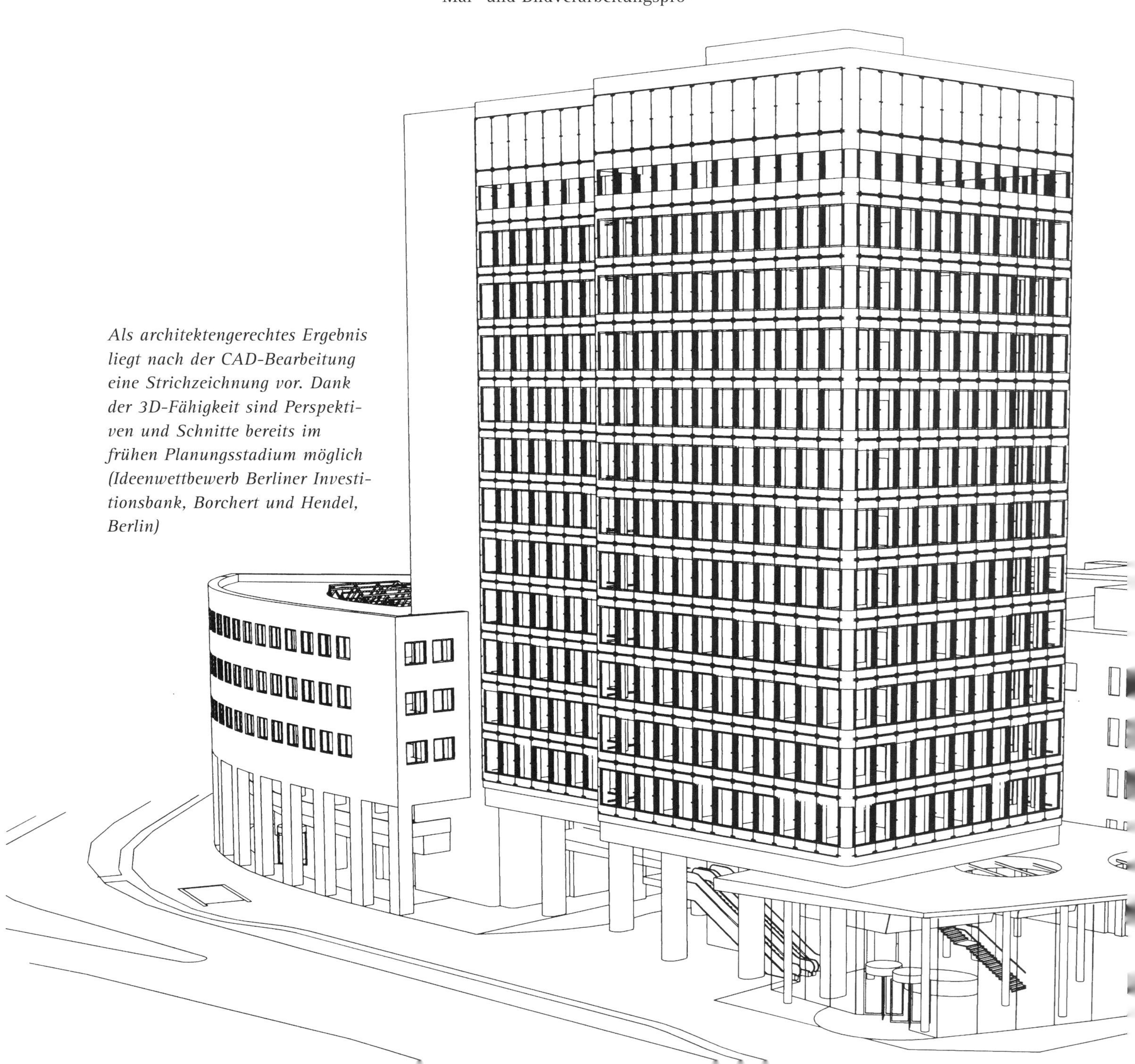

gramme speichern mit ihnen erstellte Daten auch im Rasterformat ab. Ganz anders CAD-Systeme, denen ein völlig anderes Datenformat zugrunde liegt, welches für die Ausgabe (außer am Stiftplotter) oder Darstellung erst in ein Rasterformat umgewandelt werden muß. Dies geschieht automatisch, ohne daß der Anwender eines CAD-Systems etwas davon merkt.

Für das weitere Verständnis eines CAD-Systems ist es jedoch wichtig zu wissen, wie CAD-Daten zusammengesetzt sind. Entsprechend der Zielsetzung von CAD-Systemen, exakte Bau- bzw. Konstruktionspläne zu erstellen, sind CAD-Daten geometrieorientiert. Elemente einer CAD-Zeichnung werden deshalb nicht als Bildpunkte gespeichert, sondern als Vektoren, die sich genau beschreiben und in einem CAD-Plan einzeln identifizieren lassen.

Eine Gerade ist im CAD-System demnach definiert durch Anfangs- und Endpunkt und ihre Richtung; der Kreis ergibt sich aus Angaben über seinen Mittelpunkt, seinen Radius und den Kreiswinkel. Komplexere geometrische Elemente wie z.B. Freihandlinien (in der CAD-Sprache Splines genannt) werden mit komplizierten mathematischen Formeln näherungsweise beschrieben.

Die Grafikleistungen eines professionellen CAD-Systems erlauben sogenannte Visualisierungen. In der Draufsicht wurden die Flächen mit Farben belegt, der Schattenwurf des Gebäudes ist hellgrau (Entwurf: Christian Schiebl, München)

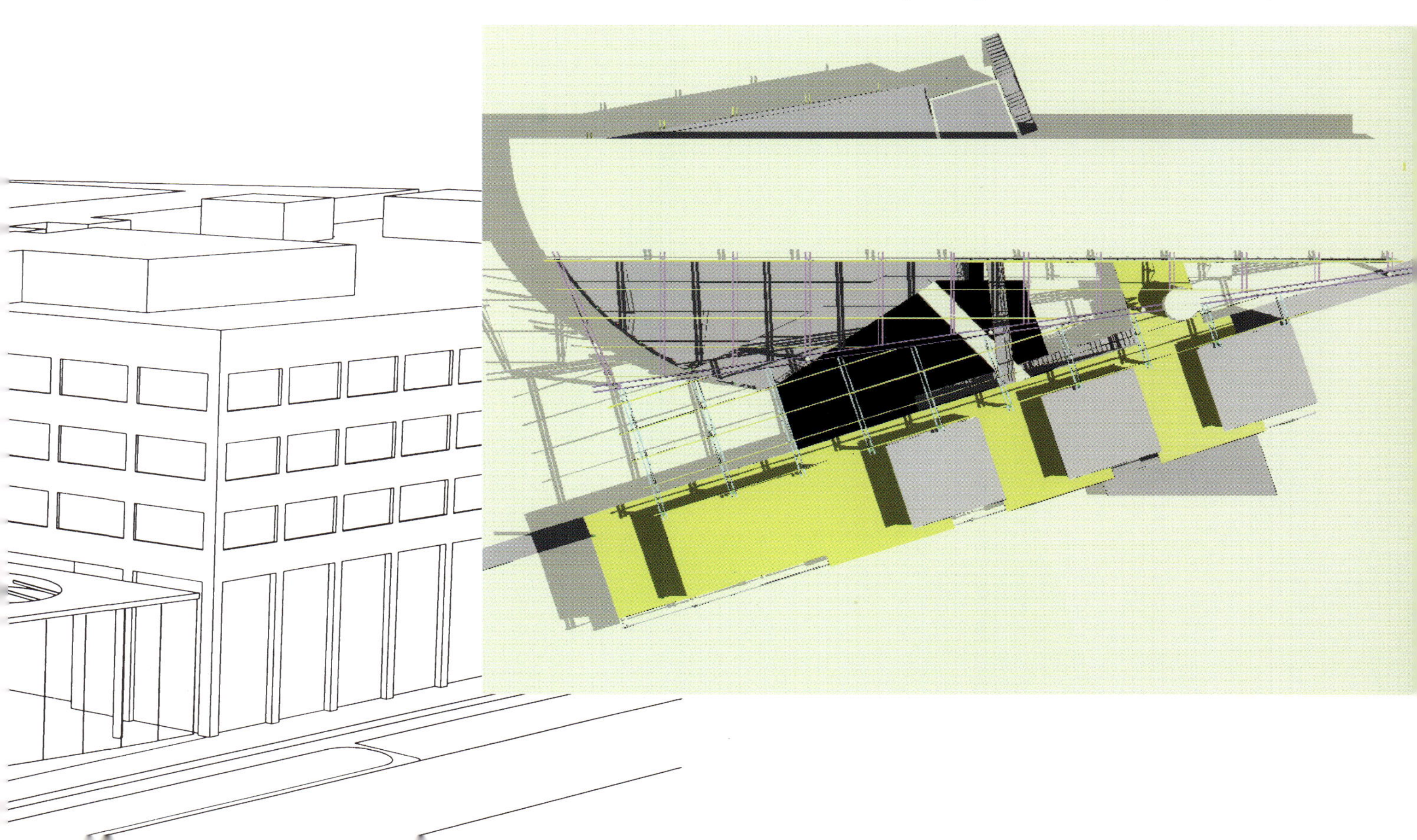

Für den Aufbau einer Zeichnung im CAD-System müssen also alle Werte für die geometrischen Elemente in den Computer eingegeben werden. Das kann entweder über die Tastatur geschehen oder durch Absetzen von Punkten am Bildschirm mittels eines Mausklicks oder mit der Lupentaste. Die aktuelle Lage der Maus oder der Lupentaste wird am Bildschirm durch ein Fadenkreuz repräsentiert. Die Werte orientieren sich dabei an einem beliebig vorgebbaren Koordinatensystem, das z.B. durch die Vermessungsdaten des Lageplans vorgegeben sein kann.

Während bei Rasterdaten für jeden Bildpunkt Informationen über die Lage des Pixels innerhalb des Punktrasters und dessen Farbe gespeichert werden müssen, reichen für CAD-Daten die oben erwähnten Angaben aus. Deshalb sind CAD-Dateien im Verhältnis zu Rasterdateien wesentlich kleiner. Im Gegensatz zu Rasterdaten, bei denen sich jeder einzelne Bildpunkt bearbeiten läßt, können im CAD-System nur ganze Elemente angesprochen werden.

Neben der reinen Beschreibung von Größe und Lage des geometrischen Elements werden ihm aber für die Darstellung am Bildschirm oder auf dem Plotter noch Attribute wie Farbe, Strichstärke und Stifttyp zugeordnet. Der Übersicht halber werden normalerweise bestimmten Farben bestimmte Stifte zugeordnet, die wiederum für bestimmte Strichstärken stehen.

Im Gegensatz zur Vektorgrafik werden in der Vergrößerung des Pixelbildes (Rasterformat) die einzelnen Bildpunkte (Pixel) deutlich sichtbar. Die meisten Programme für Bildbearbeitung und Layout arbeiten in diesem Format

Während bei CAD-Systemen, die lediglich zweidimensionales Arbeiten ermöglichen, die Angabe von x- und y-Werten innerhalb des vorgegebenen Koordinatensystems ausreicht, können bei CAD-Systemen für dreidimensionale Konstruktionen auch z-Werte eingegeben werden. Damit erhalten die geometrischen Elemente nicht nur eine Lage auf der zweidimensionalen x-y-Ebene, sondern auch im dreidimensionalen x-y-z-Raum. Selbst räumliche Körper können somit exakt beschrieben und im CAD-System von allen Seiten dargestellt und bearbeitet werden.

Da für die Konstruktion von dreidimensionalen Objekten erfahrungsgemäß viel räumliches Vorstellungsvermögen benötigt wird, bieten manche CAD-Systeme entsprechende Konstruktionsunterstützung an. Das Programm ALLPLAN der Firma Nemetschek stellt zum Beispiel einige dreidimensionale Körper zur Verfügung, die der CAD-Anwender aufrufen und dann gemäß seinen Vorstellungen modifizieren oder miteinander verknüpfen kann. Um den Anforderungen der Architekten gerecht zu werden, gibt es in dem Programm zusätzlich bautypische 3D-Elemente wie Wand, Stütze, Decke oder Treppen.

Bei der Art und Weise der Verarbeitung und Darstellung der dreidimensionalen Daten gibt es verschiedene Möglichkeiten. Das Draht- oder Kantenmodell bildet nur die Kanten der räumlichen Objekte ab. Die Ob-

Diese Detaildarstellung eines Geländerentwurfs ist eine CAD-Zeichnung (aus Vektoren), deren Flächen farbig ausgefüllt wurden. In der Vergrößerung von oben nach unten wird sichtbar, daß die Vektorgrafik immer ein gleich scharfes Bild liefert

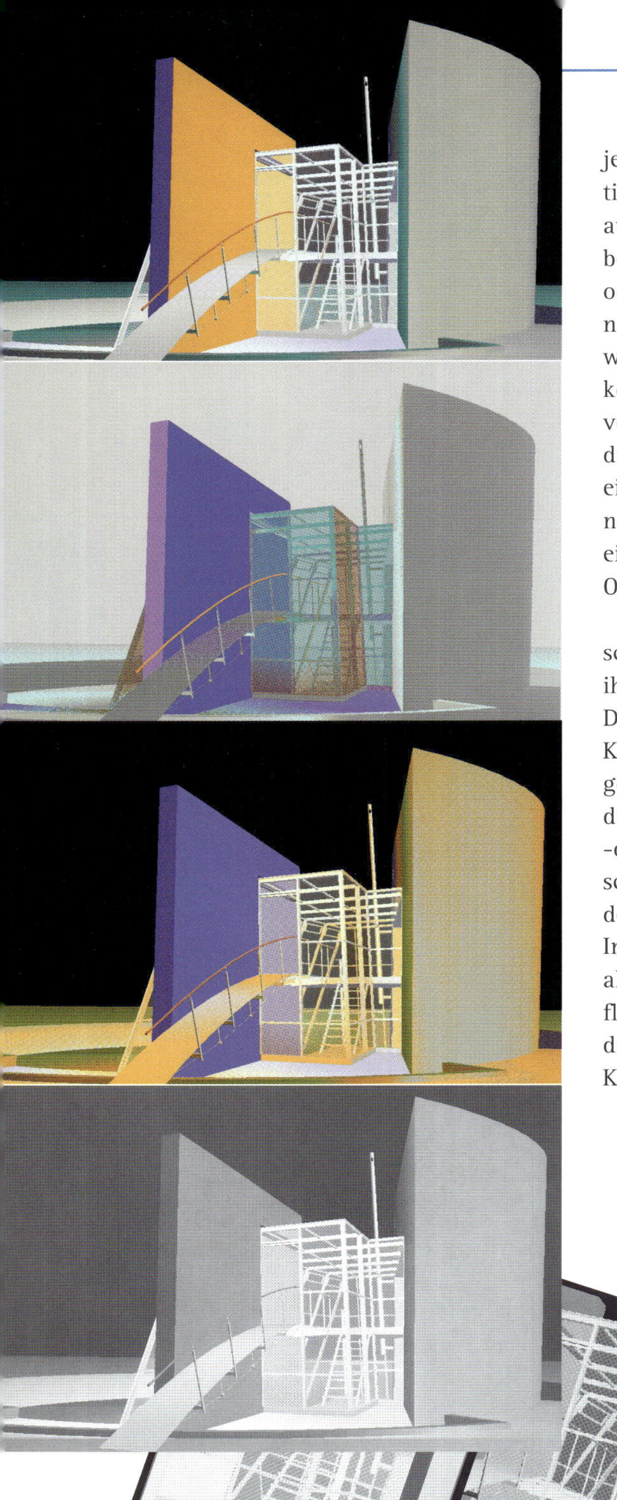

jekte erscheinen deshalb „durchsichtig“ und damit unübersichtlich, weil auch verdeckte Kanten sichtbar bleiben. Informationen über das Volumen oder die Oberfläche der Objekte können aus dem Kantenmodell nicht gewonnen werden. Auch Schnittflächen können nicht bestimmt werden. Die verdeckten Linien lassen sich allerdings in den meisten CAD-System mit einer bestimmten Funktion „wegrechnen“. Die Darstellung kann dann mit einem am Reißbrett entworfenen 3D-Objekt verglichen werden.

Das Flächenmodell hingegen beschreibt die 3D-Körper aus den von ihnen umgebenen Oberflächen. In der Darstellung entspricht es aber dem Kantenmodell, da es die Begrenzungen der Oberflächen abbildet. Weil diese bei einer Strichzeichnung und -darstellung transparent sind, erscheint auch das Flächenmodell auf dem Bildschirm als Drahtmodell. Der Informationsgehalt ist jedoch höher als beim Kantenmodell, da die Oberflächen bekannt sind. Hier lassen sich die von den Oberflächen verdeckten Kanten „wegrechnen“.

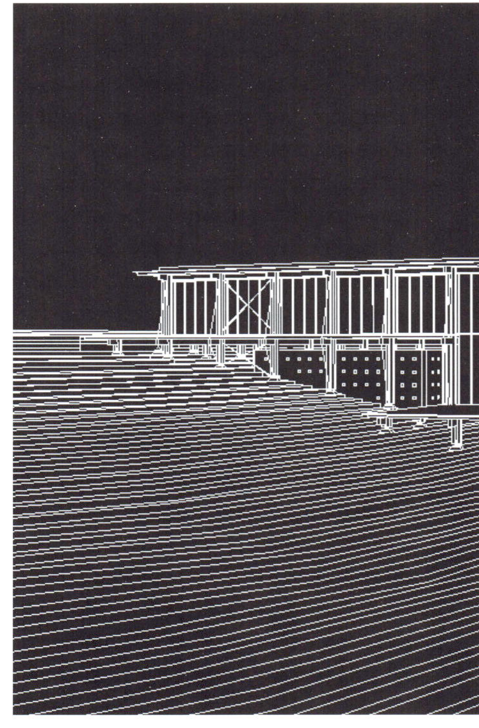

Hier sind Pixelgrafik und Vektorgrafik (CAD) in einem Bild vereint. Auf der linken Seite die Strichzeichnung aus dem CAD-System, in der rechten Bildfläche die animierte Situation als Pixelgrafik (Quelle: Uni Dortmund)

Die gesamte Farbpalette kann bei Animationen benutzt werden, entweder, um eine möglichst realitätsnahe Darstellung zu erreichen oder, um Entwürfe mit einer künstlerischen Note, in diesem Fall mit unterschiedlichen Farben, zu versehen. (Quelle: Uni Stuttgart)

Das Modell mit den größten Möglichkeiten ist das Volumenmodell, das aufgrund seines hohen Informationsgehalts auch von leistungsfähigen Bau-CAD-Systemen genutzt wird. Auf dem Bildschirm unterscheidet sich das Volumenmodell zunächst nicht von den beiden anderen. Jedoch beschreiben die sichtbaren Linien des Volumenmodells die Oberfläche des umschlossenen Volumens. Ist das Volumen bekannt, lassen sich aus dem CAD-Modell auch Aussagen über Schnittkanten und umbautes Volumen ableiten.

Die Unterschiede und die verschiedenen Möglichkeiten dieser drei Modelle lassen sich am besten verdeutlichen, wenn man sich vorstellt, was passiert, wenn ein Zylinder durch einen Quader stößt. Im Kantenmodell ändert sich der Quader nur, wenn der Zylinder zufällig durch eine oder mehrere Kanten gelegt ist. Im Flächenmodell schneidet der Zylinder an den Durchstoßstellen die Oberfläche des Quaders aus. Im Volumenmodell dagegen wird der Raum des Zylinders aus dem Raum des Körpers herausgeschnitten, der Quader bekommt sozusagen ein Loch.

Um das Volumenmodell anschaulich darzustellen, können den Oberflächen des Volumenmodells Farben zugewiesen werden. Damit erscheinen die räumlichen Objekte am Bildschirm als farbige Körper. An dieser Stelle kombiniert man nun das im CAD erstellte Volumenmodell mit den Möglichkeiten der Rasterdatenverarbeitung.

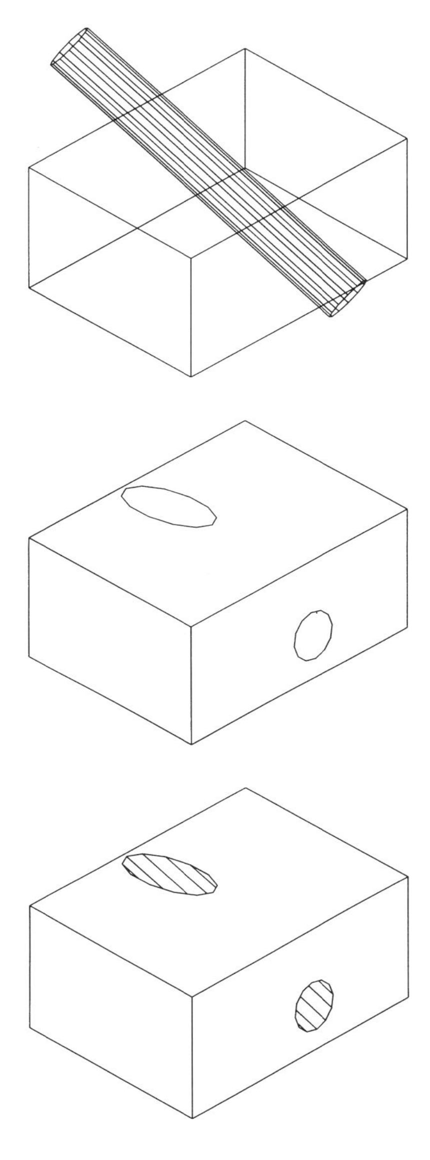

Die den Oberflächen zugeordneten Farben lassen sich, nachdem die CAD-Darstellung in ein Pixelverarbeitungsprogramm übernommen wurde, Bildpunkt für Bildpunkt bearbeiten, womit die Oberfläche der Realität bis auf Fotoqualität angenähert werden kann.

Eine heute mögliche Methode, sich der Pixelgrafik zu bedienen, ist die Bildverarbeitung, wie folgendes Beispiel zeigt: Für einen Wettbewerb soll eine bestehende Baulücke durch einen Neubau geschlossen werden. Als Auflage muß das neue Gebäude behutsam in das Stadtbild eingepaßt werden. Ein Foto der Umgebung steht zur Verfügung.

Viele CAD-Systeme werden durch Programme zur Pixelbildverarbeitung ergänzt. Diese nutzen als Hilfsmittel zur Bildverarbeitung den sogenannten Scanner. Mit ihm können, Pläne, Fotografien und Zeichnungen in den Computer übertragen werden. Sie stehen dann im CAD-System zur Weiterverarbeitung bereit. Der Vorgang des Übertragens einer Vorlage in eine computerlesbare Form mit diesem Gerät wird „Scannen" genannt.

Nachdem das zur Verfügung gestellte Foto in das CAD-System eingescannt worden ist, kann daraufhin mit Hilfe der Bildverarbeitung eine Fotomontage erstellt werden.

Durch das Einlesen in den Computer ist die Fotografie zu einem Pixelbild geworden, das bis zum kleinsten Bildpunkt verändert werden kann. Es ist nun in digitaler Form abgespeichert. Im Verlauf des Entwurfsprozesses kann man jetzt ausprobieren, wie das Gebäude im

In das Foto des Baugrundstücks (rechts) wurde der Entwurf eingearbeitet (oben). Der Neubau kann so im Zusammenhang mit der Umgebung beurteilt werden (Architekturbüro Stahr, Weimar)

Gesamtensemble des Gebäudebestandes wirkt. Dafür wird der dreidimensionale Entwurf in das digitale Foto der Baulücke hineinmontiert.

Zunächst muß aber der Gebäudeentwurf in der entsprechenden Perspektive berechnet werden, und den eingesetzten Materialien müssen naturgetreue Farben, Oberflächen, Transparenzen und Spiegeleffekte zugewiesen werden. Zur Montage wird nun der fotorealistisch gerechnete Entwurf als Pixelgrafik deckend in das gescannte Bild hineinkopiert. Das geplante Gebäude entsteht so eingebettet in die Fotografie der realen Umgebung. Selbst Schattenwurf, der durch verschiedene Lichtquellen hervorgerufen wird, kann auf diese Weise visualisiert werden.

Nicht nur für die Entwurfskontrolle, sondern auch für die Präsentation, bei Wettbewerben, beim Bauherren oder für einen Prospekt ist die Bildverarbeitung gut geeignet. Mit dem Bild vor Augen kann man sich leichter vorstellen, wie das fertiggestellteBauwerk aussieht.

Foto und fotorealistische (Rendering) im Vergleich. Die Bilder zeigen das Hauptwerk der Jenoptik in Jena (Planungsgruppe IFB Dr. Barschel GmbH, Stuttgart/Grundbau AG)

1.3 CAD-Planung im Vergleich zu bisherigen Arbeitsmethoden des Architekten

Beim Ändern von manuell erstellten Plänen werden die geänderten Ausschnitte durch Kratzen mit der Rasierklinge entfernt. Umfangreiche Änderungen mit Auswirkungen auf verschiedene Pläne sind deshalb äußerst zeitaufwendig

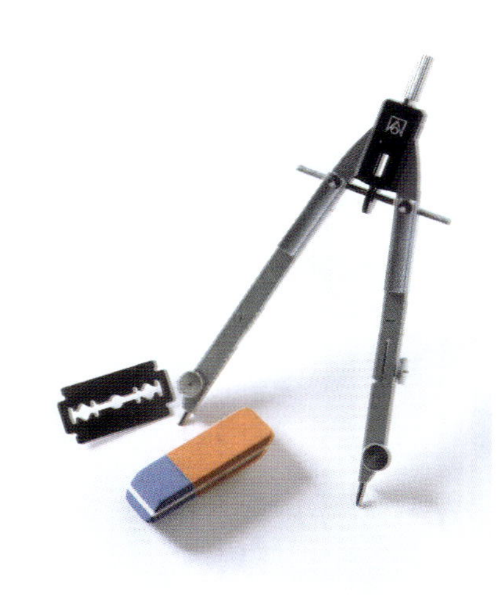

Diese traditionellen Werkzeuge des Architekten werden durch das CAD-System zwar nicht ersetzt, aber in ihrer Anwendung zurückgedrängt

Bei der Arbeit am Zeichenbrett oder -tisch auf Transparent muß man gezwungenermaßen Linie für Linie zeichnen. Dabei orientiert man sich an Maßstäben oder legt einen bereits vorhandenen Plan unter. Je mehr Erfahrung ein Zeichner einbringt, desto besser kann er die Arbeit an seinem Plan organisieren. Aufteilung der zur Verfügung stehenden Fläche auf dem Papier, Lage und Art der Beschriftung und einiges andere müssen zu Beginn der Zeichenarbeiten festgelegt und bis zur Fertigstellung des Plans durchgehalten werden.

Darüber hinaus ist es notwendig, für alle erforderlichen Maßstäbe komplett neue Pläne zu zeichnen, vom Maßstab 1:100 für die Baueingabe bis zu Detailplänen im Maßstab 1:25 oder gar 1:10. Für die Fachplaner und die verschiedenen Gewerke werden außerdem Pläne mit unterschiedlichem Informationsgehalt benötigt, die in der Regel extra angefertigt werden müssen, um sie nicht wegen zu hoher Informationsdichte unübersichtlich zu machen.

Grundlegende Änderungen während der Bauphase müssen in alle Pläne übertragen werden. Ein Aufwand, der besonders bei großen und komplexen Objekten, die unter Zeitdruck gebaut werden, oft nur schwierig zu bewältigen ist. Unvollständige oder nicht abgeglichene Pläne können aber unterschiedliche Informationen enthalten, was zu erheblichen Kommunikationsschwierigkeiten oder gar Fehlern auf der Baustelle führen kann.

Im Architekturbüro treten durch diese Notwendigkeiten während des Planungsprozesses die Lösungen architektonischer Aufgaben in den Hintergrund und werden oft von aufwendigen und weniger kreativen Konstruktions- und Zeichenaufgaben überlagert.

Auch mit dem CAD-System müssen Zeichnungen natürlich erst erstellt werden. Doch wenn man dabei den Computer lediglich als modernen Ersatz für das Zeichenbrett und die Reißschiene betrachtet, braucht man sich nicht zu wundern, wenn seine vielfach gepriesenen Vorteile nicht zum Tragen kommen. Moderne und professionelle Architektursoftware bietet deshalb weit mehr als nur elektronische Zeichenhilfe. Ihr Ziel ist zwar letztendlich auch die Erzeugung von Plänen, doch der Weg dorthin unterscheidet sich erheblich von der manuellen Zeichnungserstellung. Vor allem durch die sinnvolle Organisation der Zeichnungen und Zeichnungsteile im Computer kann der Einsatz eines CAD-Systems in der Werkplanungsphase den Architekten wirkungsvoll unterstützen.

Grundlegendster Unterschied ist, daß Bauvorhaben im CAD-System immer im Maßstab 1:1, also ihren tatsächlichen Maßen entsprechend, gezeichnet werden können. Dennoch ist eine Eingabe aller Baudetails auf einmal weder sinnvoll noch notwendig, noch entspricht sie dem Planungsprozeß. Erst bei der Ausgabe der Zeichnung wird entschieden, welchen Maßstab der jeweilige Plan erhalten soll. Ein Plan, der jedoch nur 1:100 geplottet werden soll, braucht nicht unbedingt Informationen für einen Plan im Maßstab 1:25 enthalten. Um trotzdem auf einer gemeinsamen Datenbasis arbeiten und die Vorteile des 1:1-Zeichnens nutzen zu können, werden deshalb die Informationen nach verschiedenen Maßstäben geordnet abgelegt. Diese Ordnung wird im Kapitel 1.3.4 genauer beschrieben.

Zudem muß die CAD-Zeichnung nicht zweidimensional bleiben. Entweder man erzeugt echte 3D-Körper oder man fügt dem entstehenden 2D-Grundriß Höhenangaben bei. Diese Höhenangaben werden von einigen CAD-Systemen so verwaltet, daß man sie nicht mit jedem Element neu eingeben muß, sofern man in der gleichen Höhe bleibt. Letztere Methode ermöglicht es, in der gewohnten 2D-Ebene zu arbeiten und trotzdem Massenangaben zu erhalten. Darüber hinaus können Schnitte automatisch erstellt werden, da alle geometrischen Informationen dreidimensional vorhanden sind.

Anders als beim manuellen Vorgehen wird der Plan nicht sofort zur (Original-) Zeichnung, sondern bleibt zunächst im Computer gespeichert. Dieser Plan ist jederzeit abrufbar und manipulierbar, wobei die Ausgangszeichnung natürlich erhalten bleiben kann. Sollte sich also im Laufe der Zeichnungserstellung oder des Planungsablaufs ergeben, daß Änderungen - gleich welchen Umfangs - notwendig werden, sind diese immer noch auf den gesamten Plan übertragbar, ohne daß bereits fertiggestellte Zeichnungsteile von Grund auf neu angefertigt werden müssen.

Diese beiden Bedingungen des CAD-Systems - 1:1-Konstruktion und der jederzeit mögliche Zugriff auf alle Plandaten im Computer - führen nun zu einem völlig neuen Planungsablauf. Voraussetzung dafür ist aber unter anderem, daß die Informationen im Computer richtig strukturiert abgelegt werden (siehe Kapitel 1.3.4) und daß die Eingaben exakt sind. Die Notwendigkeit exakter Eingaben erfordert es allerdings manchmal, Detailentscheidungen im Planungsprozeß früher zu treffen.

Denn mit der Eingabe des ersten Plans, sei es der Vorentwurf oder der Lageplan, ist praktisch der erste Schritt zu einem computerinternen Abbild des Bauvorhabens getan. Ausgehend von diesem ersten Plan können nun die weiteren Pläne enstehen. Werden diese Pläne, wenn sie alle räumlichen Koordinaten enthalten, im Computer kombiniert, entsteht ein sogenanntes dreidimensionales Gebäudemodell. Aus den geometrischen Angaben können jederzeit Grundrisse, Ansichten, Schnitte, Perspektiven abgeleitet und für die Planausgabe entsprechend aufbereitet werden.

Vielfältige Löschfunktionen übernehmen im CAD-System die Aufgaben von Rasierklinge und Radiergummi

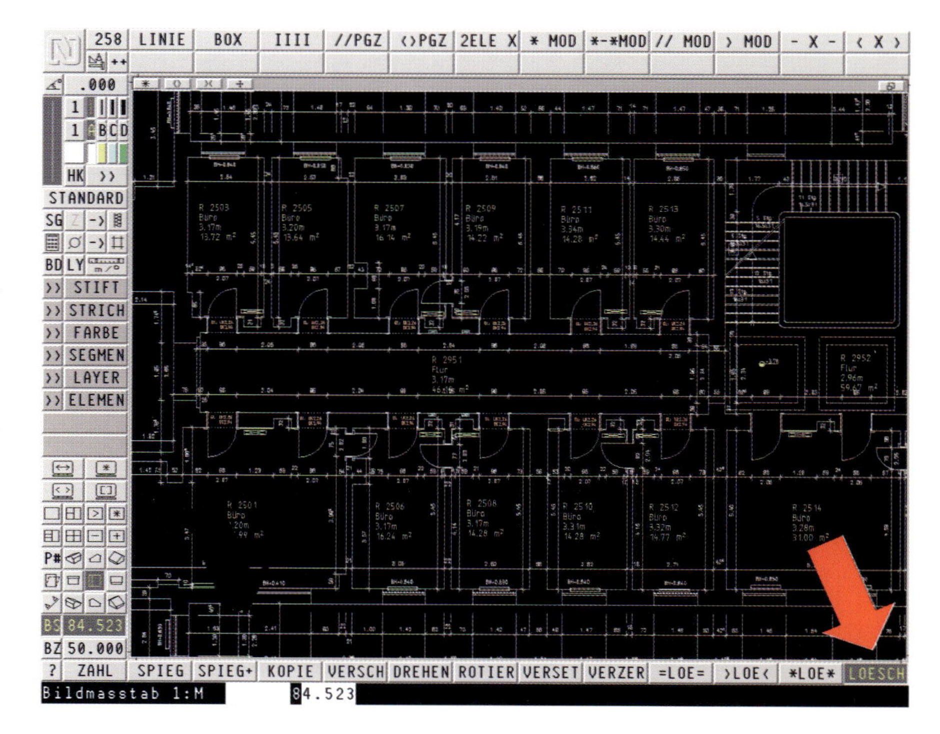

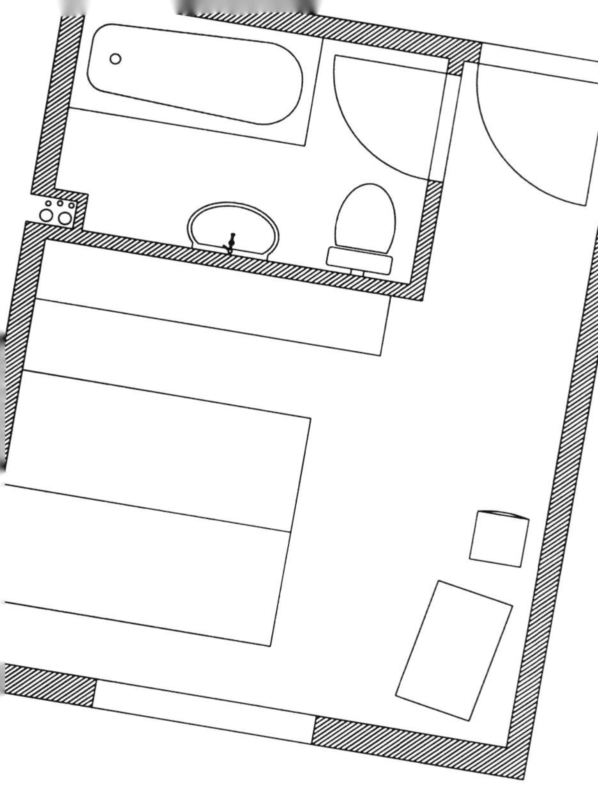

Der Grundriß setzt sich aus einer Kombination verschiedener geometrischer Elemente zusammen

Das CAD-System stellt für die Planerstellung zahlreiche Werkzeuge zur Verfügung. Im Unterschied zu Stift und Lineal wird mit diesem das strichweise Vorgehen durch Konstruktionshilfen auf Basis geometrischer Elemente ersetzt. Da ein Plan eigentlich nichts anderes ist als die Kombination solcher geometrischen Elemente, entsteht die Zeichnung nun ohne mühsame Berechnung und Linealbewegungen einfach durch Eingabe von Werten über die Tastatur, meist jedoch mit Hilfe des Digitizers (Fadenkreuzlupe oder Maus).

1.3.1 Strukturierung von CAD-Zeichnungen in Elemente

Der herkömmliche Weg des Architekten zur Erstellung eines Planes geht über den Einsatz von Zeichenbrett, Zeichenschiene, Winkeln und Schablone. Bei komplexen Konstruktionen sind oft aufwendige Meß- und Hilfskonstruktionen, teilweise unter Zuhilfenahme des Taschenrechners, nötig.

Auch im CAD-System läßt sich ein Plan auf ähnliche Weise erstellen: Die Oberfläche des Bildschirmbildes ist dem Reißbrett nachempfunden und ermöglicht die Konstruktion mit der Fadenkreuzlupe oder der Tastenmaus (fast) wie am Zeichenbrett. Die Lupe erfüllt dabei die Aufgabe der Zeichenschiene; durch ihre Bewegung nach rechts, links, oben oder unten wird ein Fadenkreuz entsprechend am Bildschirm verschoben. Linien werden erzeugt. Durch die einfache Bedienung des Fadenkreuzes ist damit ein schnelles „Strichzeichnen" schon möglich, wobei aber die eigentliche Stärke des CAD-Systems noch nicht genutzt wird.

Die Stärke des CAD-Systems liegt in der Verwendbarkeit von geometrischen Grundformen oder Elementen. Aus ihnen setzt sich im Grunde jede Zeichnung zusammen - egal ob sie mit CAD oder auf die herkömmliche Weise entworfen wurde. Jede Entwurfszeichnung, jeder Grundriß oder auch jede Ansicht kann aus Rechtecken, Kreisen, Halbkreisen, Polygonen, Linien und Doppellinien aufgebaut werden.

Das CAD-System bedient sich nun dieser Tatsache, um mit den Elementen als Grundlage und Werkzeug die Planbearbeitung zu verändern und entscheidend zu erleichtern.

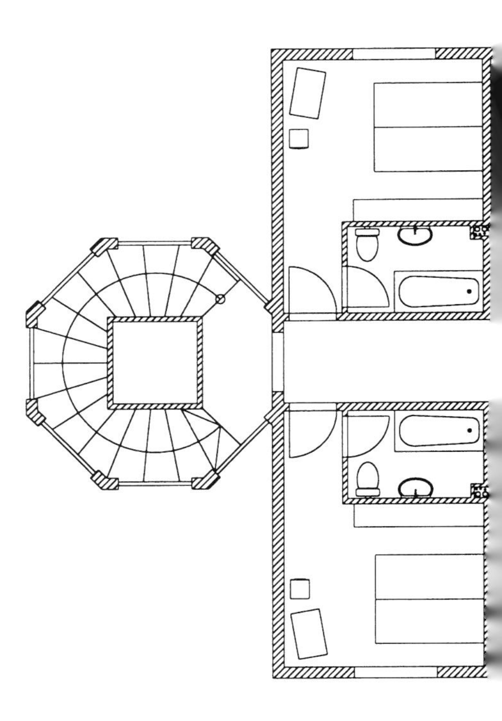

Ein Element kann aus einer oder mehreren geometrischen Grundformen bestehen. Ein Rechteck zum Beispiel wird manuell per Stift aus vier Linien zusammengesetzt. Im CAD-System hingegen kann man die Funktion „Rechteck" aktivieren, und man erhält nach Eingabe von Länge und Breite das fertige Rechteck. Diese bestehen aus vier Linien, brauchen jedoch nicht gezeichnet zu werden.

Für jedes Element sind verschiedene Angaben notwendig, damit das gewünschte geometrische Gebilde im Rechner entstehen kann. Neben geometrischen Informationen benötigen Elemente auch solche über die Farbe, die Strichstärke und die Art ihrer Linien. Abhängig von den Anforderungen der Anwendung sind diese Angaben bereits dem jeweiligen Element zugeordnet oder können individuell gestaltet werden.

Das Rechteck läßt sich nicht nur über die Eingabe von Werten erzeugen, sondern auch mit der Fadenkreuzlupe oder der Maus. Statt mit Zeichenlineal und Winkel entsteht jetzt ein Rechteck über die Aktivierung der Funktion „Rechteck" des CAD-Systems und die Festlegung von beispielsweise zwei Diagonalpunkten mit dem Fadenkreuz. Es kann durch Ändern der Zahlenangaben oder einfach durch Manipulation über das Verschieben des Fadenkreuzes vergrößert oder verkleinert werden.

Nach dem gleichen Prinzip werden auch andere Elemente erzeugt. Um das Rechteck soll ein zu ihm paralleler Linienzug gezeichnet werden. Hierfür verwendet man entweder das Element „Geschlossener Polygonzug" oder das Element „Paralleler Polygonzug". Bei letzterem werden nach der Angabe des gewünschten Abstandes der parallelen Linien über die Tastatur die vier Eckpunkte des Rechtecks mit dem Fadenkreuz markiert. Mit dem nochmaligen Antippen des ersten Punktes erfährt der Rechner, daß der Polygonzug geschlossen ist und gebildet werden kann. Das System schließt nun den Polygonzug im gewünschten Abstand zum Ausgangspolygonzug, in dem Fall des Rechtecks.

Kreise können entweder durch Angabe des Mittelpunktes und des Radius (sogenannter Mittelpunktkreis) oder durch die Angabe von drei Bezugspunkten (allgemeiner Kreis) ge-

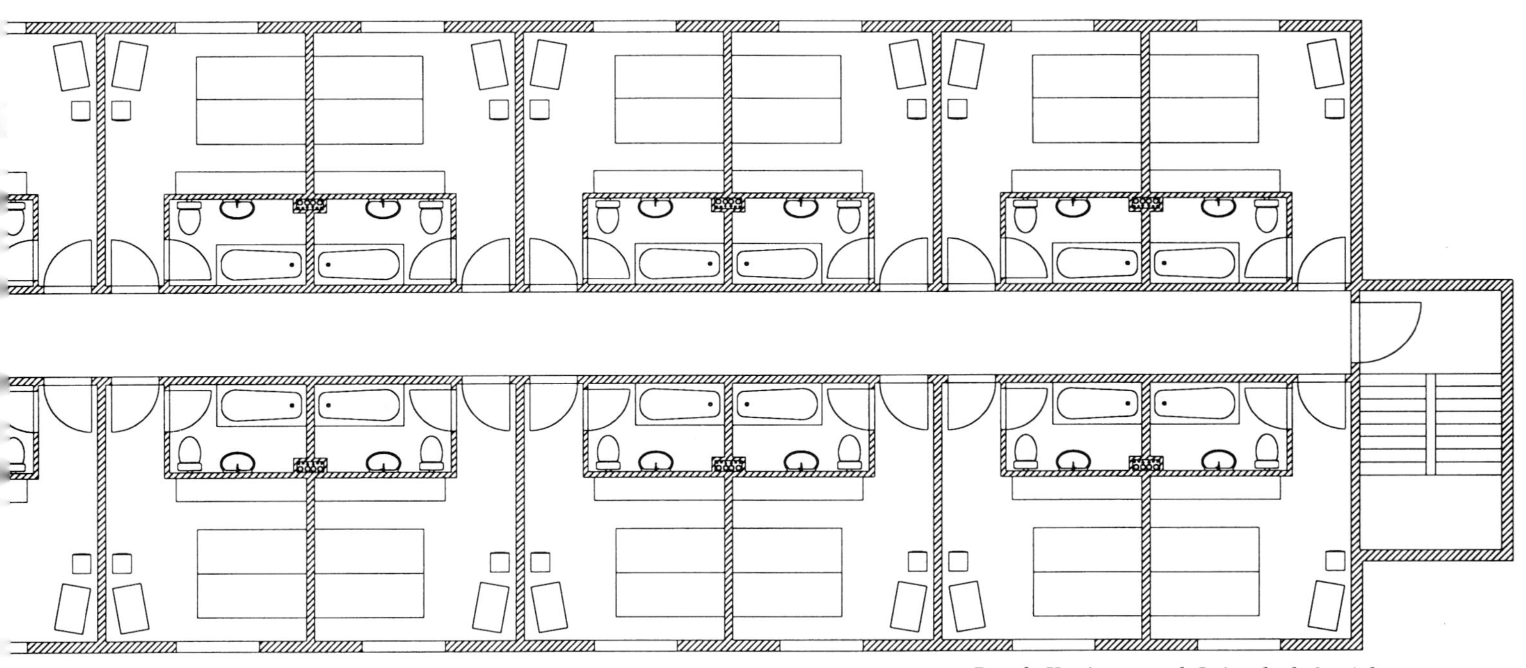

Durch Kopieren und Spiegeln läßt sich eine Vielzahl gleicher Elemente beliebig vervielfältigen. Dabei können alle Elemente nach dem Ausführen der Funktionen weiterhin individuell nachbearbeitet werden

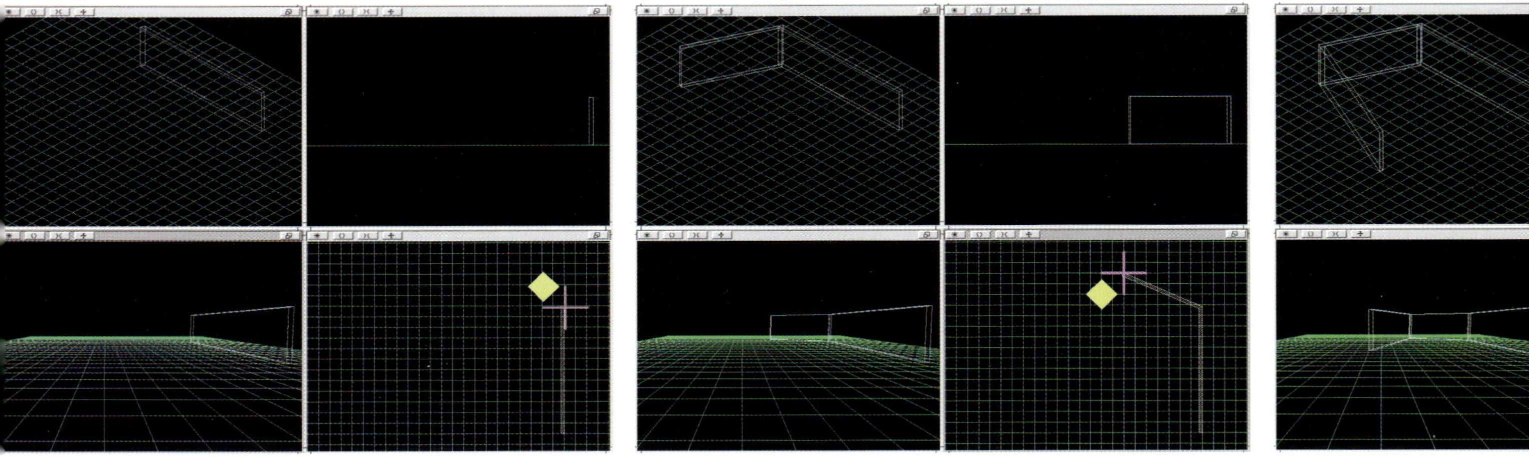

Mit dem Architekturmodul wird ein 3D-Gebäudemodell erstellt. Die Zeichnungserstellung kann im Grundriß erfolgen (Bildschirmfenster unten rechts). Damit wird einfaches 2D-Zeichnen mit den Funktionalitäten des 3D-CAD-Systems verknüpft. Durch die Zuordnung von Höhe und Stärke der Wand, entwickelt sich die Wand mit jedem Absetzen des Fadenkreuzes mit. In der perspektivischen Ansicht ist die Dreidimensionalität deutlich zu erkennen

bildet werden. Der Mittelpunktkreis kann beispielsweise über das Markieren eines Mittelpunktes mit dem Fadenkreuz und die Eingabe des Radius über die Tastatur gebildet werden.

Ein Kreissegment (sogenannter Teilkreis) wird über die gleichen Funktionen erzeugt, entweder mit Fadenkreuz oder mit der Tastatur. Eingegeben werden muß hier mit dem Fadenkreuz Teilkreisanfangs- und -endwinkel bzw. mit der Tastatur Teilkreisanfangs und -öffnungswinkel. Damit konstruiert der Rechner den Teilkreis selbst.

Um einen sogenannten allgemeinen Kreis zu konstruieren, benötigt man lediglich den Ort, wo der Kreis gezeichnet werden soll. Die Größe des Kreises ermittelt das System nach Angabe eines oder mehrerer Bezugselemente automatisch.

Eigenständiges Element und Grundbestandteil anderer Elemente ist die Linie, die sich über die Entfernung von einem Punkt A zu einem Punkt B definiert. Anstatt sie mit der Tastatur einzugeben, kann man die geometrischen Angaben wie Längen und Winkel auch direkt aus der Konstruktion am Bildschirm abgreifen und übernehmen.

Mehrere (Zeichnungs-) Elemente können zu einer schematischen Darstellung kombiniert werden, die als Segment bezeichnet wird. Die Grundrißdarstellung eines Hotelzimmers mit Badezimmer kann leicht durch Segmente vereinfacht werden. Für das Badezimmer kann ein Segment Badewanne aus dem Element Rechteck und der sogenannten Ausrundung gebildet werden. Durch das Ansetzen von je zwei Punkten an den Ecken eines Rechtecks kann man diese problemlos abrunden. Um dieses Element herum kann nun wiederum ein Rechteck konstruiert werden, so daß das entstandene Segment die schematische Darstellung einer Badewanne zeigt.

Neben den geometrischen Grundformen gelten auch Texte, die zur Beschriftung von Zeichnungen benutzt werden, als Elemente.

Komplexe Darstellungen wie Ansichten oder Grundrisse lassen sich also aus den Elementen zusammenstellen. Wichtig ist, daß jedes Element durch Befehle wie Kopieren, Drehen, Spiegeln, Versetzen oder auch Verzerren in seiner Position und Form verändert werden kann. Diese Möglichkeiten werden im 2. Kapitel ausführlich beschrieben.

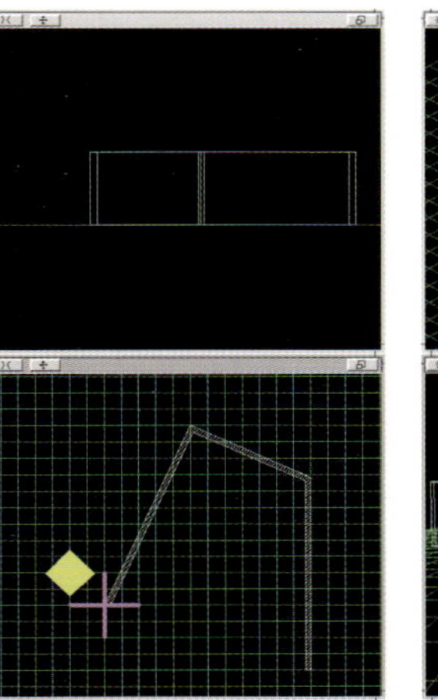

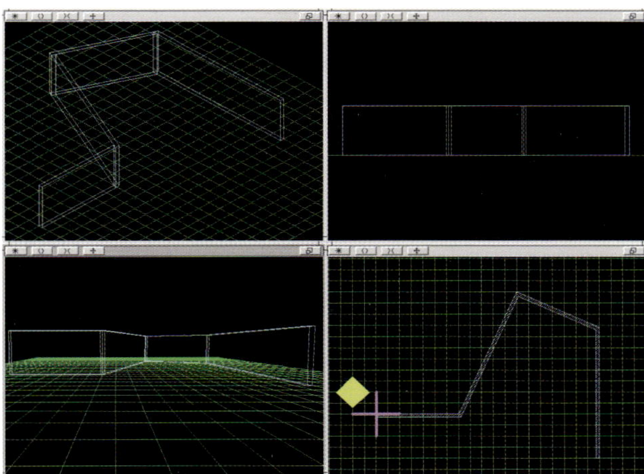

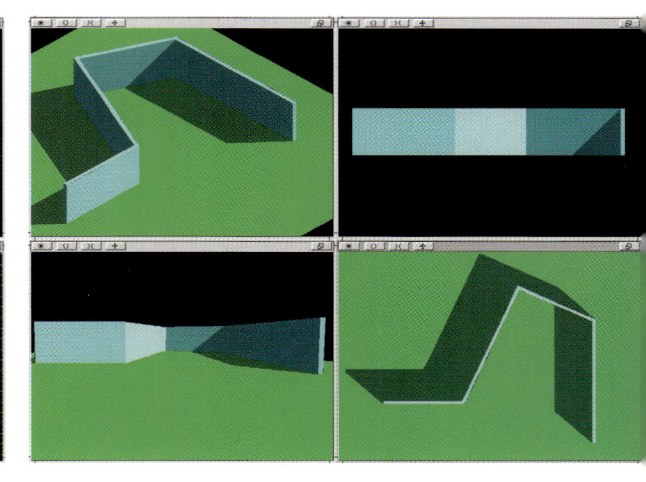

Ein Grundriß könnte also ganz einfach zweidimensional nur über die Elemente wie Linie, Rechteck, Polygonzug, Kreis oder parallele Linie erzeugt werden.

Das eingangs gezeichnete Rechteck mit dem Polygonzug wird herangezogen, um die Außenwände darzustellen.

Aus weiteren Rechtecken könnten Räume gebildet werden; Tür - und Fensteröffnungen lassen sich durch Löschoperationen an den Wandlinien einfügen.

Zum Zeichnen der Türen reicht es aus, Teilkreise einmalig zu erzeugen und an die entsprechenden Stellen zu kopieren.

Aus der Kombination von Rechteck und Parallelen könnte sich eine einfache Treppe ergeben.

Um in diesem Grundriß bereits erste Einrichtungsgegenstände einzuzeichnen, könnten im nächsten Schritt die Segmente Möbel und Sanitärobjekte an die entsprechenden Stellen kopiert werden.

Schließlich könnten die Räume mit Textelementen beschriftet werden.

Im Architekturmodul werden dagegen direkt Elemente wie Wände, Stützen, Decken, Fenster, Türen, Nischen und Räume verwendet.

Die Planerstellung kann mit diesen Elementen, die speziell für die Arbeit des Architekten entwickelt worden sind, noch einmal erheblich vereinfacht werden.

Die Arbeitstechnik beim 2D-Konstruieren ähnelt weiterhin der am Reißbrett, wenn im Grundriß gearbeitet wird. Im Unterschied zum Reißbrett kann mit Architekturelementen auch vom ersten „Strich“ an räumlich konstruiert werden. Die Elemente sind hier bereits als Bauteile definiert, enthalten mehr Informationen und bedienen sich grundsätzlich eines 3D-Volumenmodells. So können Wände beispielsweise aus mehreren Wandschichten zusammengesetzt sein. Die Formen können gerade, rund oder polygonal sein.

1.3.2 Andere Gruppierungen als Elemente

Bei jeder Planbearbeitung gibt es auch routinemäßig wiederkehrende Zeichnungsteile oder ganze Bereiche einer Zeichnung, die immer wieder verwendet werden. Manche dieser Zeichnungsteile oder Symbole finden sich in der herkömmlichen Planerstellung mit Reißschiene und Zeichenlineal auf Schablonen ober Klebefolien.

Einer der großen Vorteile leistungsfähiger CAD-Systeme ist hier, daß sie solche Symbole in sogenannten Symbolbibliotheken zur Verfügung stellen. Dabei handelt es sich um Sammlungen verschiedener Symbole zu unterschiedlichen Bereichen wie Möblierung, Pflanzkataloge, Nordpfeile, Planköpfe oder Personendarstellungen. Die Symbole können jederzeit aus den entsprechend gegliederten Symbolbibliotheken direkt in die aktuelle Zeichnung eingefügt werden.

Diese Bibliotheken enthalten einerseits von vornherein vorhandene Symbole und können andererseits je nach System vom Anwender neugeschaffene Symbole aufnehmen. Diese

Symbole sind vorgefertigte Zeichnungsteile, die in sogenannten Bibliotheken abgelegt sind. Diese Bibliotheken können individuell mit oft wiederkehrenden Symbolen bestückt werden

können auch aus den existierenden Symbolen kreiert und anschließend unter einem neuen Namen in der entsprechenden Symbolbibliothek abgespeichert werden.

Jedes Symbol ist vollkommen variabel einsetzbar, d.h. es ist an keinen Maßstab gebunden und kann deswegen in jeder Größe manipuliert werden. Wie bei den Elementen können Spiegelungen, Drehungen, Verzerrungen oder Verschiebungen durchgeführt werden.

Eine weitere Technik stellt die Arbeitsweise mit Makros dar. Makros führen - vereinfacht ausgedrückt - mehrere Funktionen hintereinander aus. Ihre Besonderheit ist, daß sie in unterschiedlichen Darstellungstiefen definiert werden können. Je nachdem, in welchem Maßstab gearbeitet wird, ändert sich automatisch die Detailtiefe des Makros. Zum Beispiel wird ein Fenster im Maßstab 1:100 nur mit drei Linien dargestellt, während es im Maßstab 1:10 alle Einzelheiten wie Fensterprofile, Abdichtungen, Scheiben usw. enthält. Weiterhin gibt es die sogenannten Variantenmakros, die nach Eingabe bestimmter Parameter vorher entwickelte Bauteile an diese Werte anpassen. Ihre Funktion und Arbeitsweise wird im Kapitel 2.3 genauer beschrieben.

Zur Vereinfachung der Konstruktion in allen Planungsphasen enthalten die Bibliotheken zahlreiche Makros, eine Vielzahl davon für die Darstellung von Fenstern und Türen.

Vom Hersteller lieferbare Symbole enthalten eine Vielzahl von 2D- und 3D-Zeichnungsteilen aus den verschiedensten Bereichen, beispielsweise für Inneneinrichtung oder Grünanlagen

Vom Vorentwurf bis zur Ausführungsplanung werden mit ihnen verschiedenste in der Praxis verwendete Fenster- und Türtypen abgedeckt. Sie sind nach dem Baukastenprinzip konstruiert, um die Zahl der Makros überschaubar zu halten und um Änderungen leicht durchführen zu können. Wenn also Änderungen an den in der Bibliothek enthaltenen Makros notwendig werden, können sie nach eigenen Ideen ergänzt oder verändert werden. Darüber hinaus passen sich bei leistungsstarken CAD-Systemen die Makros automatisch an unterschiedlich große Tür- und Fensteröffnungen an.

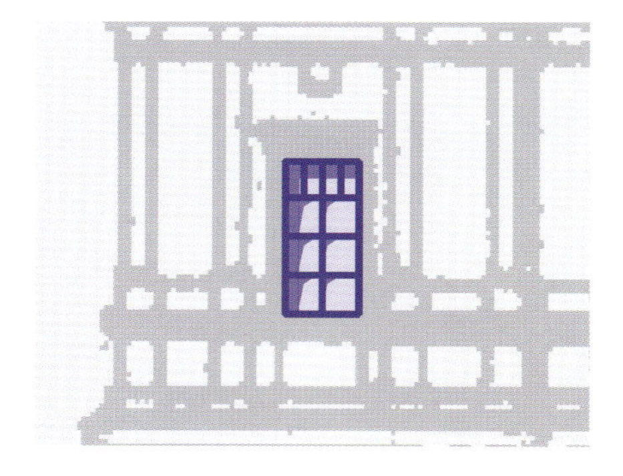

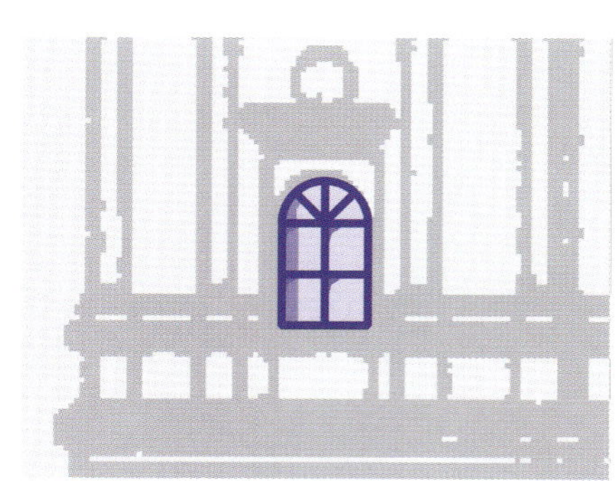

Das Makro dient unter anderem dazu, daß Bauteile gleicher Abmessungen in unterschiedlichen Typen dargestellt werden können.
Über den Scanner wurde hier ein Plan mit einer Fassadenansicht eingelesen. In die Fenster wurden die Makros der beiden Fenstertypen für den Bezugsmaßstab bis 1:200 eingesetzt

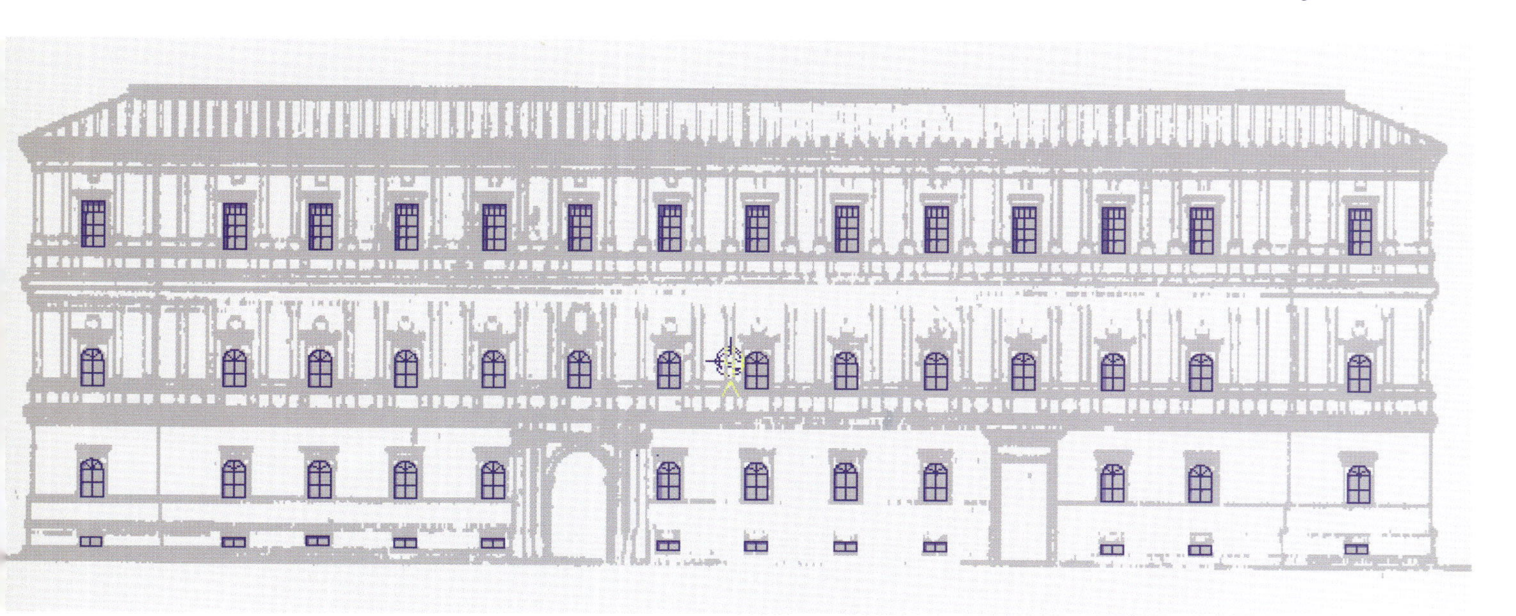

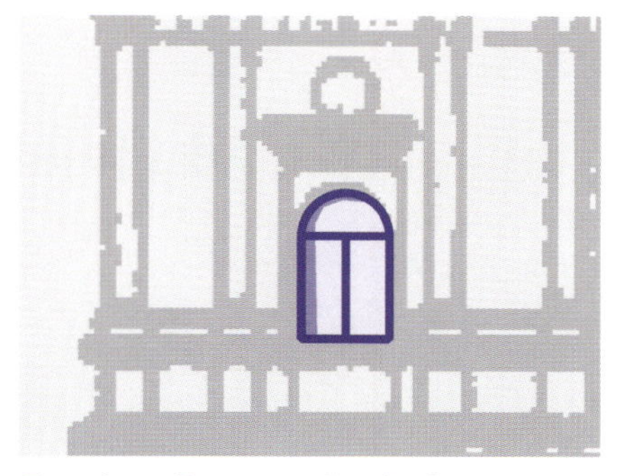

Für einen Bezugsmaßstab ab 1:200 wurden die beiden Fenster so geändert, daß die Details reduziert sind und die Darstellung damit übersichtlich bleibt.
Ändert sich der Bezugsmaßstab, so werden automatisch die Makros ausgetauscht

1.3.3 Zeichnungsorganisation

Neben den Konstruktionshilfen für die Erstellung von Plänen unterstützen ausgereifte CAD-Systeme auch die Organisation der Pläne und der in ihnen enthaltenen Informationen. Die Pläne und ihre Darstellung auf dem Bildschirm wären unübersichtlich und fehlerhaft, wenn alle für ein vollständiges Gebäudemodell und die unterschiedlichen Maßstäbe benötigten Informationen ständig sichtbar und veränderbar blieben. Deshalb stellt das CAD-System zur Gliederung sogenannte Folien (auch Layer genannt) zur Verfügung.

In die Folien werden jeweils nur Teile der für einen kompletten Plan notwendigen Informationen gezeichnet. Je nach Aufgabenstellung lassen sich die für die jeweiligen Konstruktionen benötigten Folien auf dem Bildschirm einblenden, jedoch nicht bearbeiten. Oder sie werden so aktiviert, daß sie sichtbar sind und bearbeitet werden können.

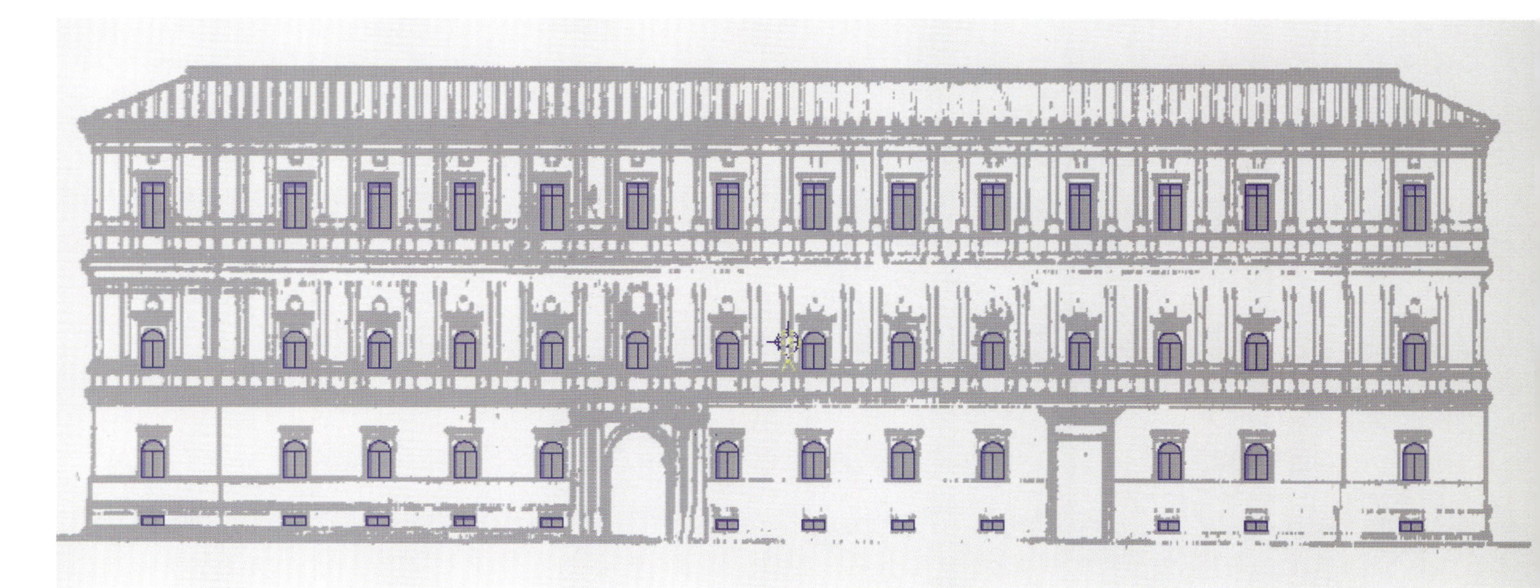

Die einzelnen Folien werden im CAD-System unter dem Namen des Projekts abgelegt und dort zu Zeichnungen zusammengefaßt. Diese Zeichnungen entsprechen den üblichen Architekturplänen mit allen für die Baustelle aktuellen oder die jeweiligen Fachplaner relevanten Informationen. Für die Planausgabe über einen Plotter oder Drucker lassen sich die Folien beliebig kombinieren. So werden Pläne mit unterschiedlichem Informationsgehalt, in verschiedenen Maßstäben je nach Anforderung des Empfängers erstellt.

Die Werkzeuge, die das bauspezifische CAD-System Allplan für die Zeichnungsorganisation anbietet, passen sich der in Architekturbüros üblichen Ordnung an und können deshalb in vorhandene Bürostrukturen übernommen werden. Die Aufteilung der Informationen in Gebäude, Gebäudeabschnitte und Geschosse erfolgt durch die Zuordnung einer bestimmten Anzahl von Teilbildern zu Zeichnungen. Die Teilbilder können so zum Beispiel nach gleichem Informationsgehalt wie tragenden Wänden, nicht tragenden Wänden, Vermaßung und Beschriftung aufgeteilt werden. Innerhalb eines Teilbildes kann noch einmal eine Untergliederung nach Folien (in ALLPLAN Layer genannt) möglich sein, um eine weitere Unterteilung, z.B. nach Materialarten, vorzunehmen.

Für den Tragwerksplaner können so zum Beispiel nur die Teilbilder zusammengestellt werden, die er für die Berechnung des Tragwerks braucht, also der Grundriß mit den tragenden Wänden und die entsprechende Bemaßung. Für den Haustechniker hingegen werden die Teilbilder des Grundrisses ergänzt mit den Teilbildern, welche die Trennwände und die Lage der sanitären Einrichtungen enthalten.

Aber nicht nur für die Darstellung unterschiedlicher Planinhalte kann die Teilbildtechnik genutzt werden. Es bietet sich an, auf den Teilbildern auch unterschiedliche Detaillierungsgrade einer Situation abzulegen. So kann ein Teilbild eine Darstellung für die Planausgabe im Maßstab 1:50 enthalten, während ein zweites Teilbild jedoch bereits aus Detailinformationen für die Ausgabe von Werkplänen im Maßstab 1:25 bestehen kann. Da im CAD-System normalerweise immer 1:1 konstruiert wird, kann auch das weniger detaillierte Teilbild als Grundlage für die Detailkonstruktion im nächsten Teilbild verwendet werden.

Die verschiedenen Folien enthalten verschiedene Informationen, die je nach Bedarf unterschiedlich kombiniert und bearbeitet werden können

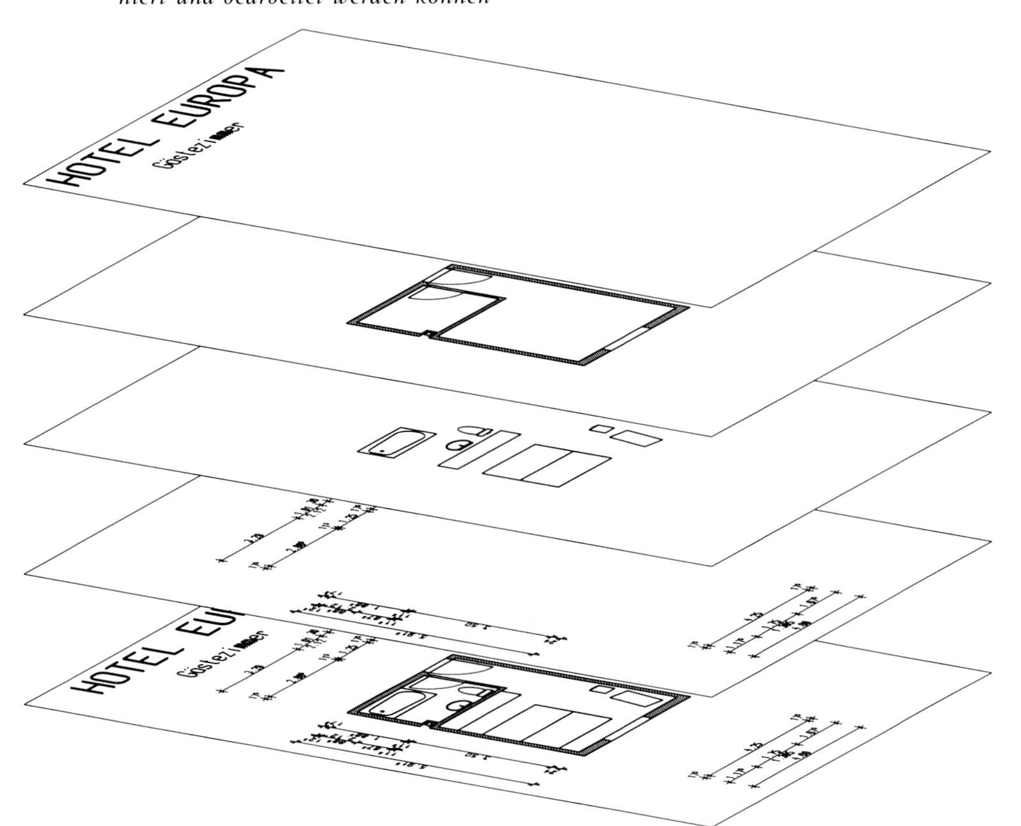

Noch optimaler genutzt werden kann das CAD-System, wenn auch die Fachplaner über ein CAD-System verfügen, das den relevanten Datenbestand des Architekten direkt einlesen kann. So hat beispielsweise der Haustechniker die Möglichkeit, Planungsdaten zu erhalten und eventuelle Überschneidungen mit den Planungen des Architekten frühzeitig zu erkennen. Die Informationen des Haustechnikers werden auf neuen Teilbildern gezeichnet und abgelegt. Im weiteren Planungsprozeß kann sich der Architekt nun wiederum die Pläne des Haustechnikers ansehen und in seinen nächsten Planungsschritten berücksichtigen. Das Gebäudemodell wird in diesem Fall also um die Planungen des Haustechnikers ergänzt und ermöglicht so die Koordination und Kontrolle seiner und weiterer Fachpläne.

Ziel sollte es sein, das Gebäudemodell in der Geometrie weiter zu detaillieren, um weitere Daten, die den technischen Bereich (Gebäudeausstattung/Inneneinrichtung) betreffen, zu ergänzen. Je mehr Gebäudedaten im Computer strukturiert abgelegt sind und aktualisiert werden, desto geringer ist die Wahrscheinlichkeit von Fehlplanungen und Kommunikationsschwierigkeiten mit anderen Planungsbeteiligten, da im besten Fall alle auf die dem aktuellen Planungsstand entsprechenden Pläne zurückgreifen können.

Neben diesen Vorteilen im Alltag des Planungsablaufes, ist es auch aus Gründen der Rechenkapazität sinnvoll, nicht alle Informationen in einem Teilbild unterzubringen. Werden nur die benötigten Teilbilder geladen, müssen weniger Elemente am Bildschirm dargestellt und weniger Informationen in den Arbeitsspeicher geladen werden. Um so schneller erfolgt der Bildaufbau am Monitor und um so weniger Zeit braucht der Computer, den Bildinhalt nach Änderungen wieder vollständig zu aktualisieren. Ein Grund, warum besonders bei komplexen und großen Projekten die Teilbildtechnik unverzichtbar ist.

Die Teilbildtechnik (auch Layer- oder Folientechnik genannt) hilft, die Arbeit an Projekten besser zu organisieren und übersichtlich zu halten. Die Grafik veranschaulicht die Zusammenhänge der Zeichnungsorganisation

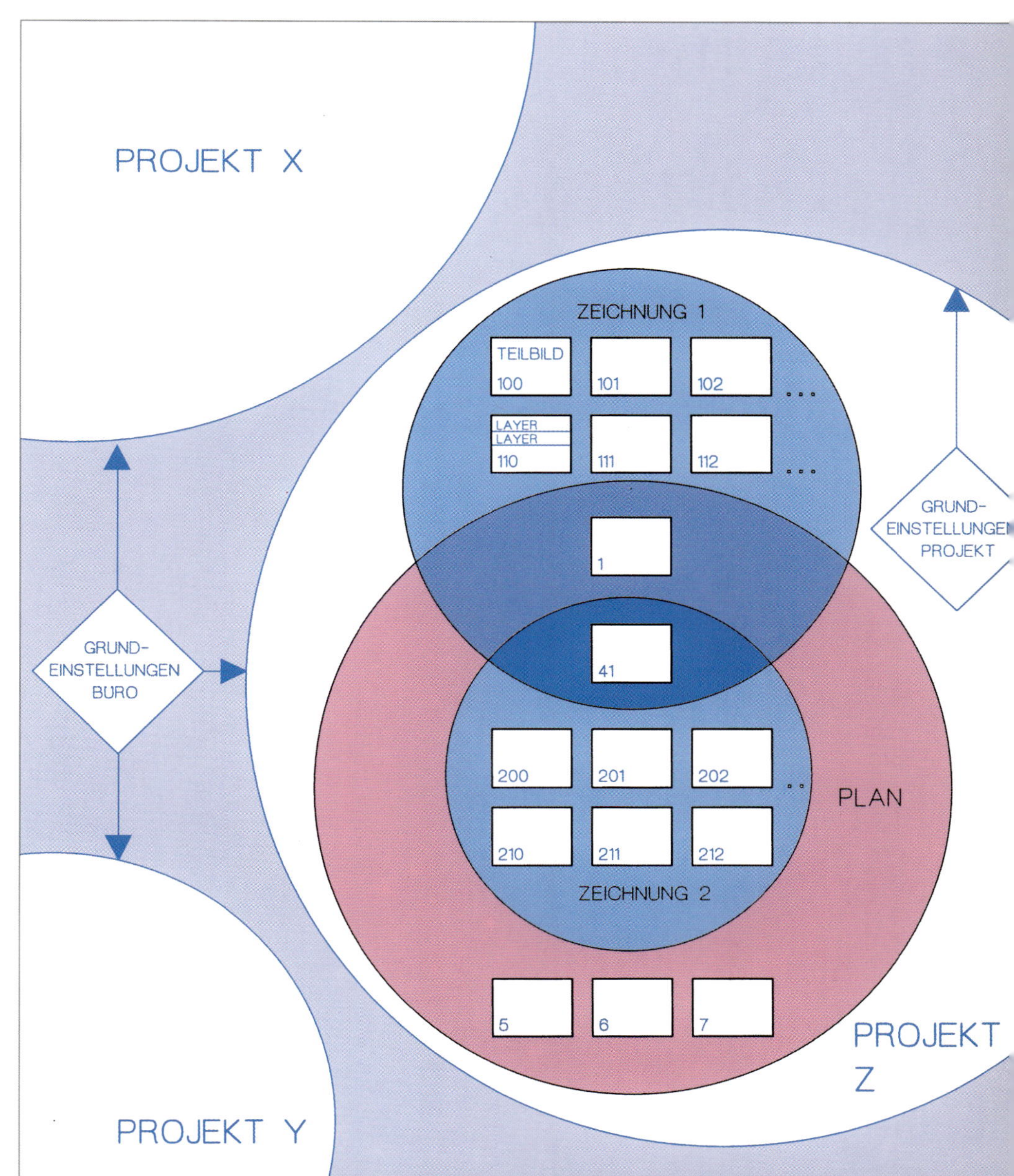

1.3.4. Vorgehensweise im Planungszyklus

Aufgrund der Leistungsfähigkeit und der Flexibilität ihrer Werkzeuge sind CAD-Programme dafür geschaffen, in allen Leistungsphasen der HOAI, von der Entwurfsphase bis hin zur Objektnutzung, eingesetzt zu werden. Nicht zuletzt deshalb, weil die Fähigkeiten mancher CAD-Programme die Verwaltung der kompletten Gebäudeinformationen ermöglichen. Werden statt dessen einzelne Planungsphasen nicht oder nur teilweise im Rechner durchgeführt, wird die Umsetzung in vollständige CAD-Pläne meistens vernachlässigt oder Aktualisierungen und Archivierungen gar nicht mehr im Computer durchgeführt. Damit ist das Gebäudemodell unvollständig oder nicht mehr aktuell und für die weitere Planung nicht ohne aufwendige Nacharbeiten einzusetzen. Erst durch den durchgängigen und konsequenten CAD-Einsatz kommen die Vorteile des Computers im Architekturbüro richtig zum Tragen.

Überprüfung von Kubaturen und räumlichen Wirkungen im städtebaulichen Entwurfsprozeß

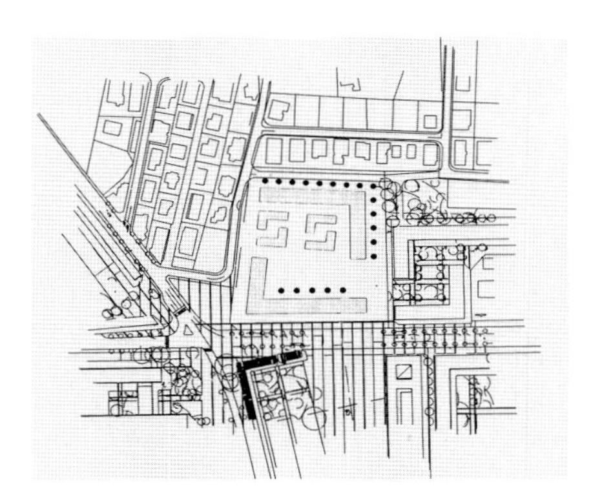

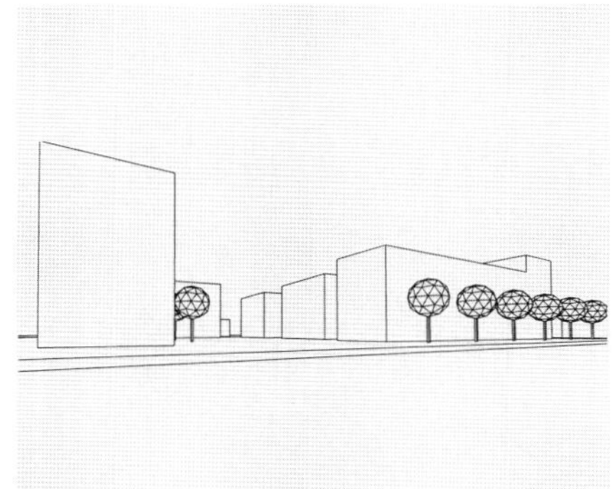

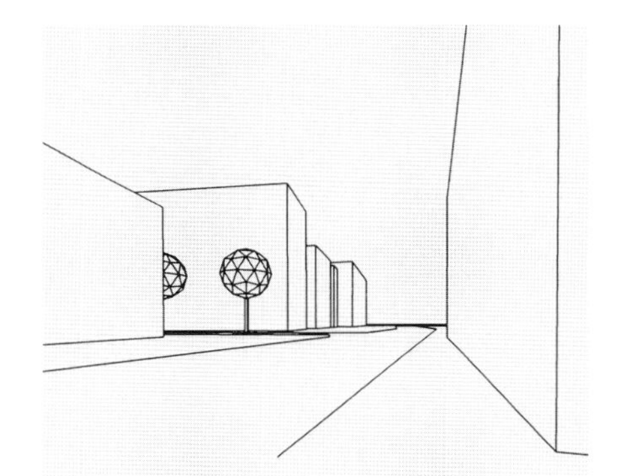

Entwurfsphase

Das umstrittenste Thema unter Architekten ist der Softwareeinsatz bei der ursprünglichsten Aufgabe des Architekten, dem Entwurf. Während die eine Fraktion den Computereinsatz in der Entwurfsphase für kreativitätshemmend hält und ihn deshalb ablehnt, beruft sich die andere Seite auf die neuen Möglichkeiten der Entwurfsfindung und -darstellung mit dem Computer und der damit einhergehenden Kreativitätserweiterung. Sicher ist nur, daß heutige CAD-Systeme (noch) nicht die Skizzenrolle ersetzen können.

Sobald aber die Handskizze Aufschluß über die räumliche Aufteilung gibt, kann das CAD-System bereits zur überschlagsmäßigen Ermittlung des Volumens eingesetzt werden. In dieser Phase bietet sich für die ersten Grundlinien zum einen das zweidimensionale Konstruktionsmodul an, das einem herkömlichen Zeichenbrett entspricht, zum anderen für die Darstellung von Volumen der 3D-Modellierer. Aus der Manipulation von im CAD-System bereitgestellten 3D-Körpern können beliebige Volumenmodelle erstellt werden. Diese sind nicht nur aus allen Richtungen zu betrachten, sondern können mit bestimmten

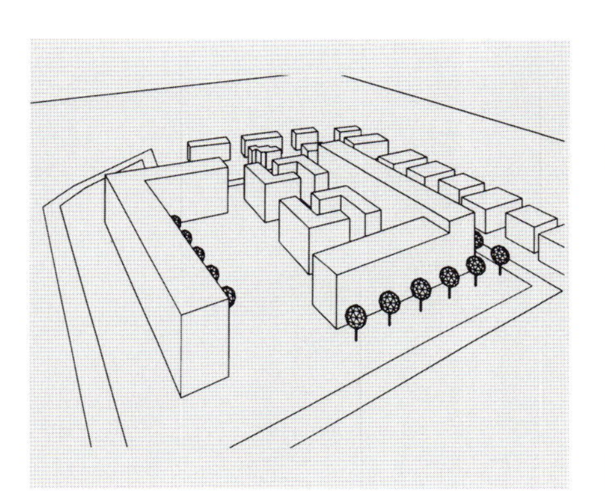

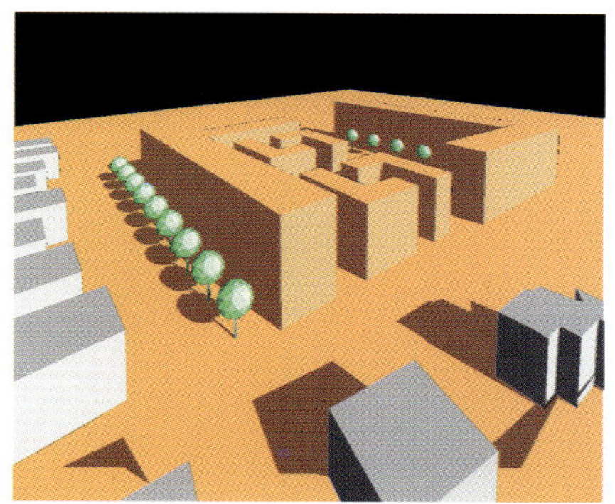

Nach wie vor steht am Beginn des Entwurfsprozesses die Ideenfindung. Dazu gehört nach wie vor die Handskizze mit dem 6B-Bleistift. Auch bei der Stadtvilla in Weimar stand zu Anfang die Handskizze. Wie die nächsten Seiten zeigen, begann das Architekturbüro Stahr jedoch sehr bald mit der CAD-Bearbeitung

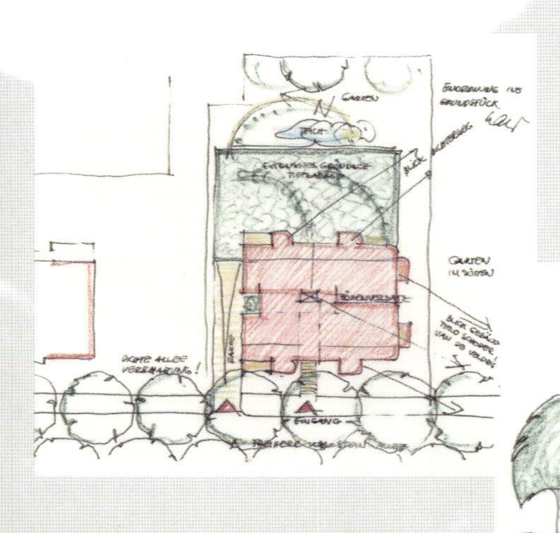

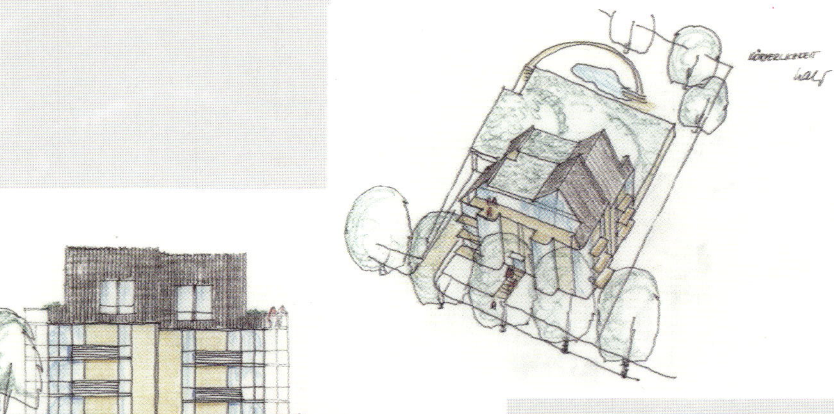

Oberflächen versehen und aus verschiedenen Richtungen beleuchtet werden. Räume und Kubaturen der Entwurfsidee können also bereits frühzeitig studiert und in Perspektiven umgesetzt werden. Damit geht das CAD-System weit über die Möglichkeiten des ebenen Zeichenpapiers hinaus, das eigentlich das räumliche Entwurfsdenken eher einschränkt. Das CAD-System macht also ein Modell in einer frühen Phase des Entwurfs ohne aufwendige physische Modellbauten möglich und läßt dabei jederzeit Veränderungen zu.

Noch weitere Vorteile bieten sich dem entwerfenden Architekten, wenn er seine Vorstellungen nicht mehr unabhängig von der tatsächlichen Umgebung eines geplanten Objektes darstellen muß. Die Übernahme von Daten, welche die Umgebung des geplanten Objektes repräsentieren, ermöglichen einen wirklichkeitsnäheren Entwurf. So können z.B. Daten aus der Geländevermessung übernommen werden, so daß die tatsächliche Lage eines Gebäudes bereits im Entwurf berücksichtigt werden kann. Weiterhin ist das Einlesen von Ansichten und Fotos möglich, so daß während

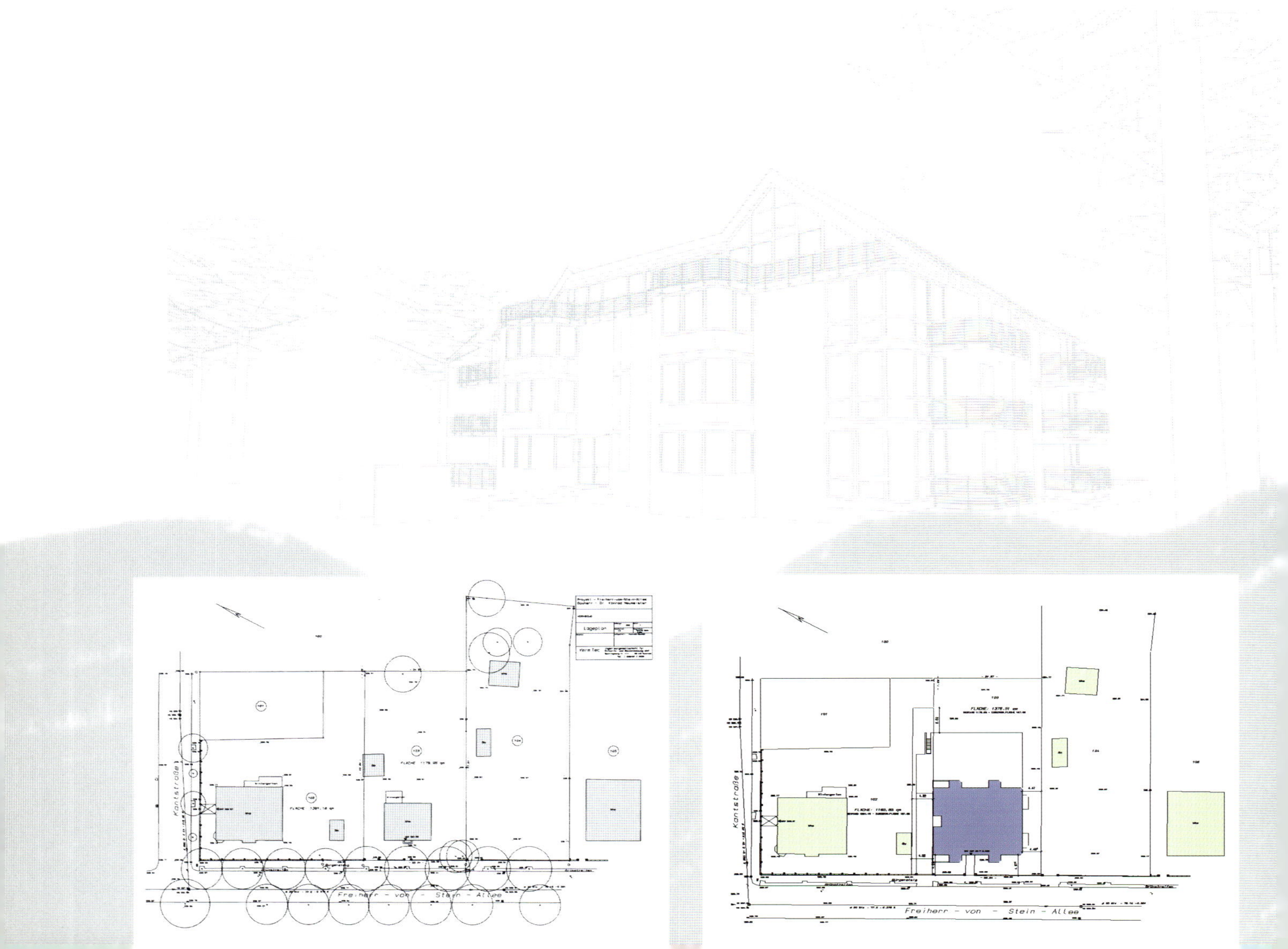

Als Grundlage für die CAD-Planung der Stadtvilla Weimar diente der digitale Lageplan, der in das CAD-System eingelesen werden konnte.
In den Lageplan wurde das geplante Objekt gelegt, so daß sich die Abstände zu den Nachbargrundstücken ergaben. Daraus ließen sich die Abstandsflächen berechnen und eintragen

Städtebauliches Konzept für den ehemaligen Flughafen München Riem (Entwurf: Architekten Röpke und Weber, München)

PLAN 1

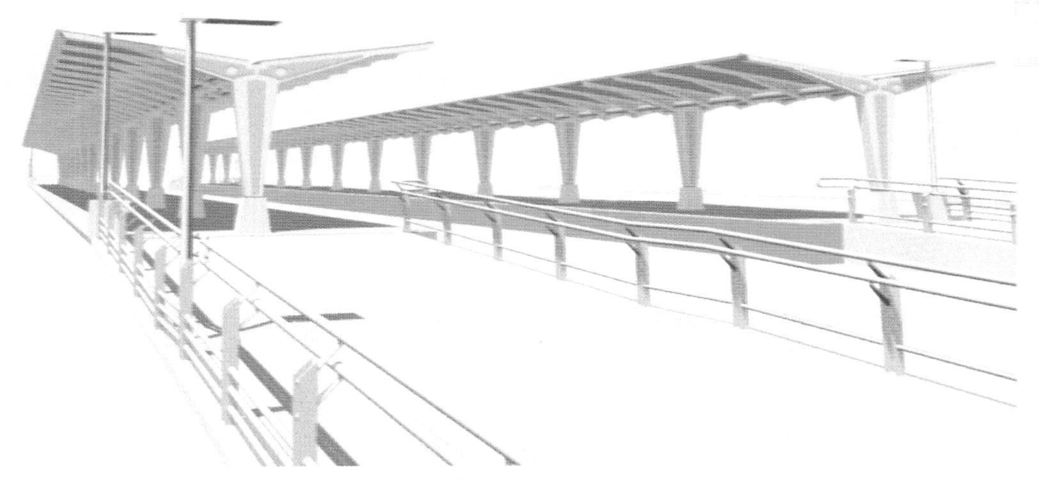

Die Entwürfe für die Stadtbahnverlängerung in Hannover in Grundriß, Ansicht und Animation (Architekturbüro Bertram - Bühnemann - Partner GmbH, Hannover)

des Entwurfs bereits die Wirkung auf die Nachbargebäude überprüft werden kann. Oder es läßt sich die angrenzende Bebauung durch vereinfachte Volumenmodelle darstellen, um ein räumliches Gefühl für die Gesamtsituation zu bekommen.

Genehmigungs- und Ausführungsplanung

Haben sich Architekt und Bauherr für einen Entwurf entschieden, kann im Computer mit dem Aufbau des Gebäudemodells begonnen werden. Dieses ergibt sich aus der konsequenten und durchgängigen CAD-Bearbeitung im Laufe des Planungsprozesses und aus der Kombination und Detaillierung aller entstehenden Pläne.

Pläne auf Papier, die vom Gebäudemodell erstellt werden müssen, gleichen lediglich einer Projektion des dreidimensionalen Geometriemodells auf die Zeichenebene, wobei Art und Standpunkt der Betrachtung beliebig sind. Hat man eine Darstellung ausgewählt, kann diese zu einem Plan weiterentwickelt werden, indem ihr Schraffuren, Vermaßung, Beschriftung und anderes hinzugefügt werden.

Unten v.l.n.r.:
Auf Grundlage des Architektenentwurfs und des Lageplans wurde die Freiflächenplanung für die Stadtvilla in Weimar durchgeführt.
Daneben die Eingabeplanung für das Erdgeschoß und ein Obergeschoß

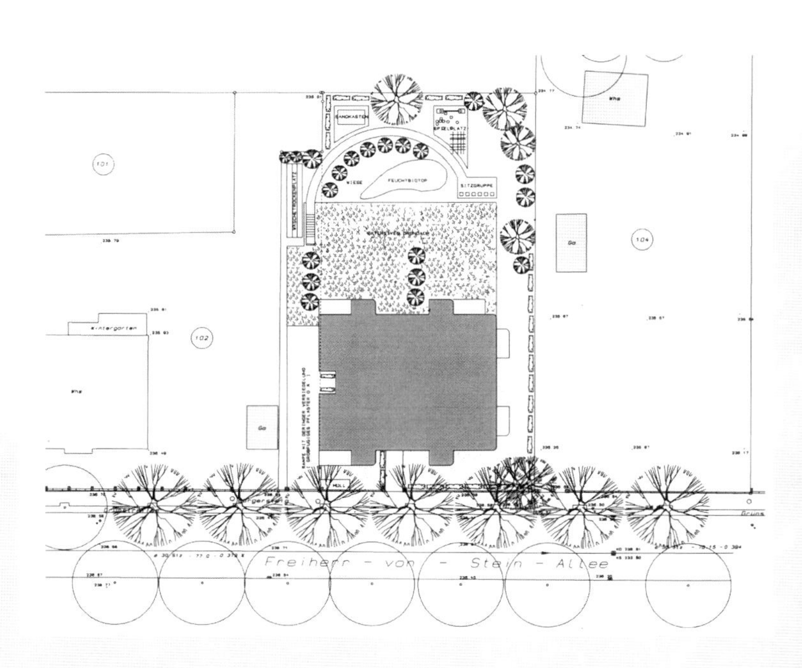

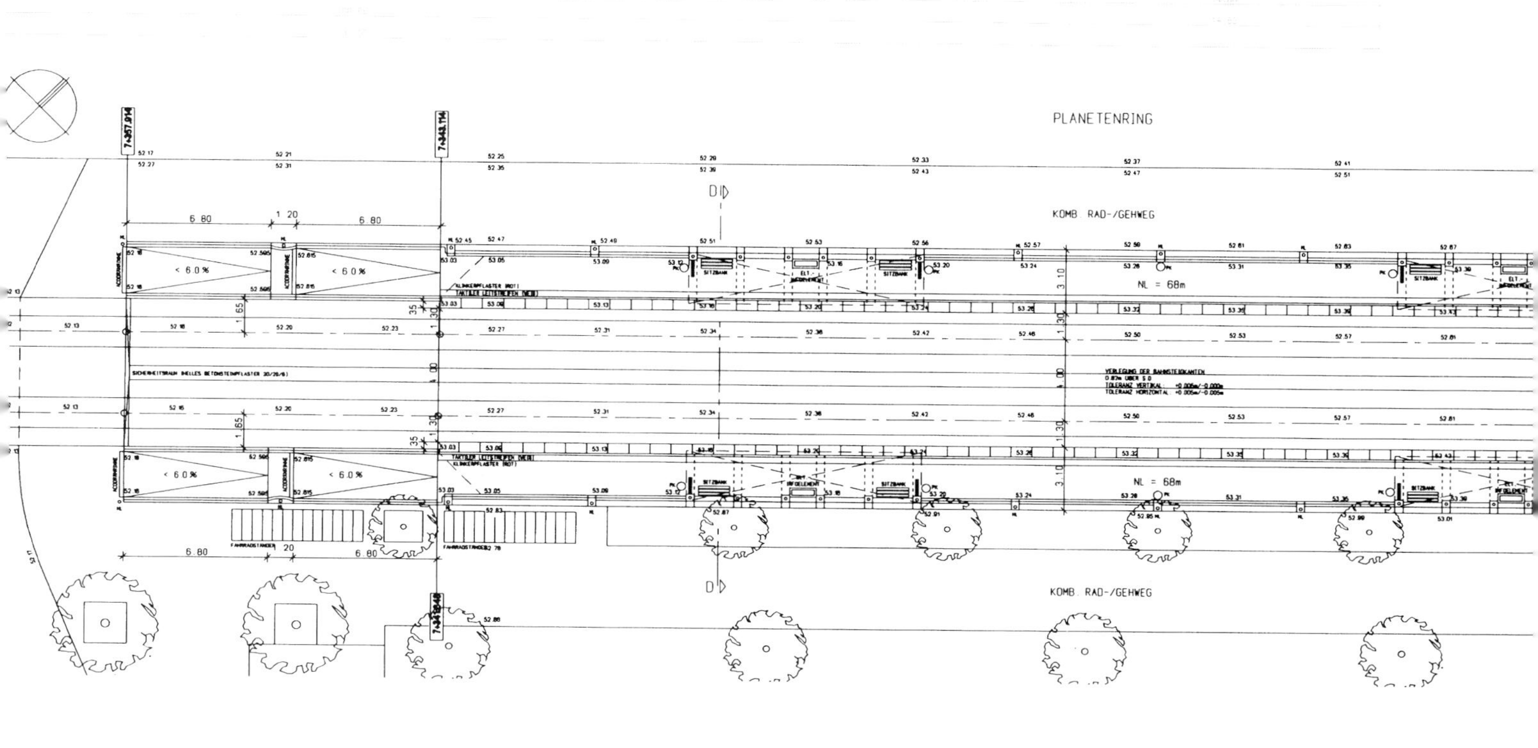
PLANETENRING
KOMB. RAD-/GEHWEG
NL = 68m
NL = 68m
KOMB. RAD-/GEHWEG

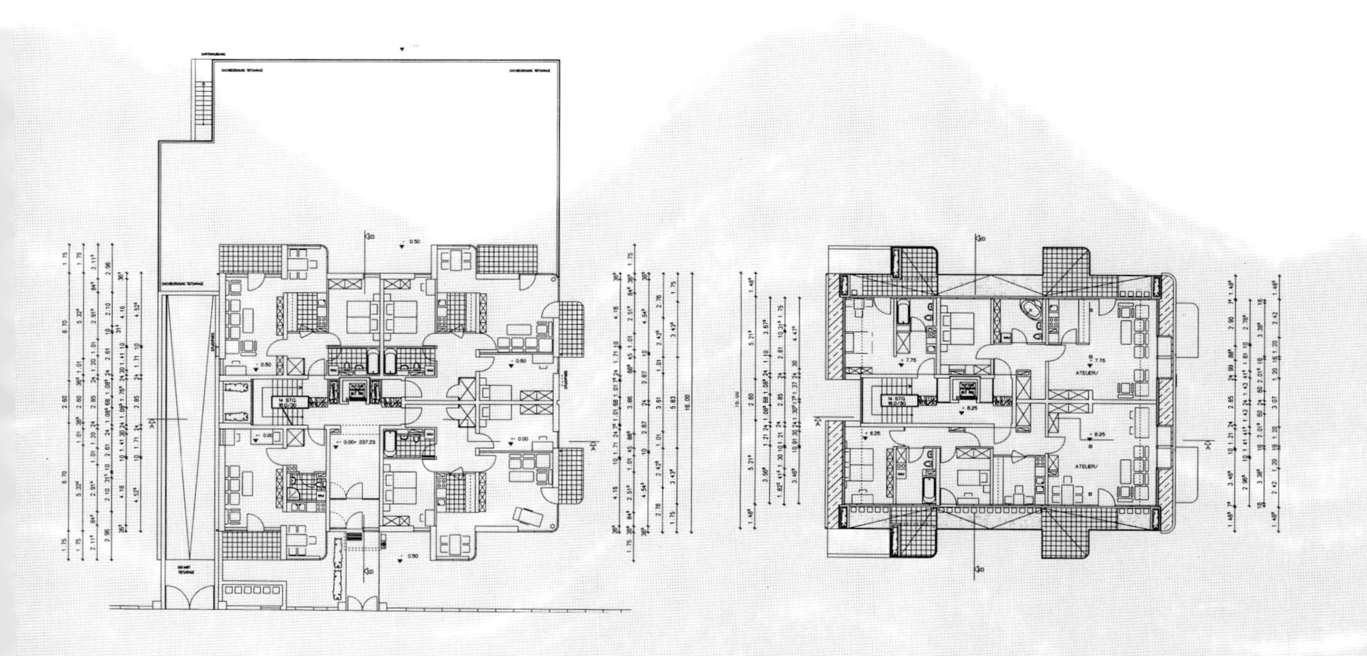

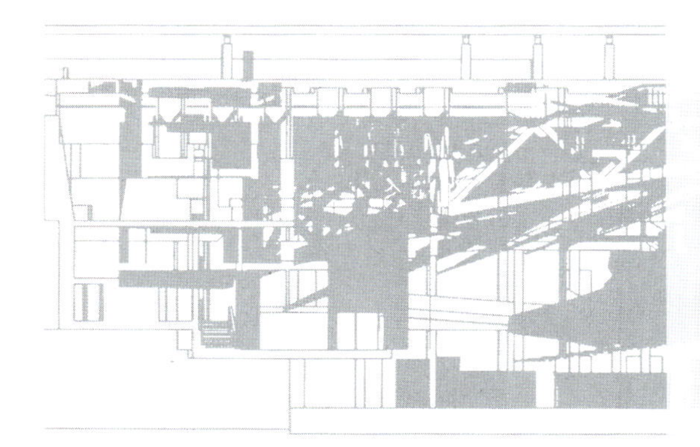

Obwohl die Eingaben in das CAD-Programm von Beginn an mit realen Werten erfolgen, muß eine Detaillierung nur soweit erfolgen, daß sie dem vorgesehenen Planmaßstab entspricht. Diese erfolgt entsprechend dem Planungsverlauf in Schritten vom Maßstab 1:100 über 1:50 bis 1:20 und orientiert sich dabei immer an den realen Abmessungen des entstehenden Gebäudemodells. Zeichnungen für unterschiedliche Maßstäbe werden entsprechend dem Kapitel 1.3.4 auf unterschiedlichen Folien abgelegt. Auch eine Differenzierung nach Wandarten oder Materialien ist durch die Folientechnik möglich. Darüber hinaus verfügen manche CAD-Systeme noch über die Möglichkeit, bestimmte Bauteile wie z.B. Fenster als Makros einzusetzen, die je nach gewähltem Maßstab automatisch in unterschiedlicher Detailierungstiefe dargestellt werden (siehe auch Kapitel 2.3).

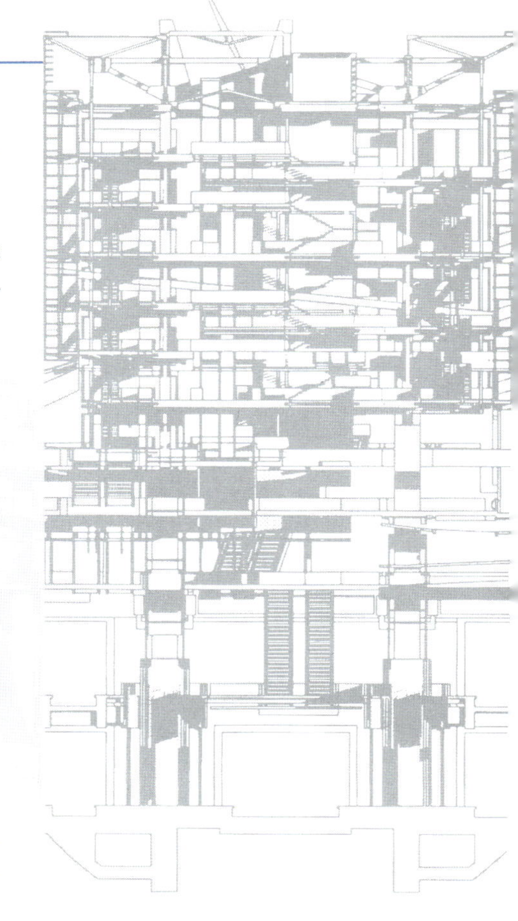

In der Genehmigungs- und Ausführungsplanung liegen die unbestritten großen Vorzüge der CAD-Bearbeitung. Wichtige Zeichnungselemente wie Vermaßung, Beschriftung, Schraffuren und Muster, die in dieser Planungsphase auf manuellem Wege zeitraubend erstellt werden, stellt das CAD-System ebenfalls zur Verfügung. Auch wenn diese Elemente mit dem CAD-System nach wie vor manuell plaziert und eingestellt werden müs-

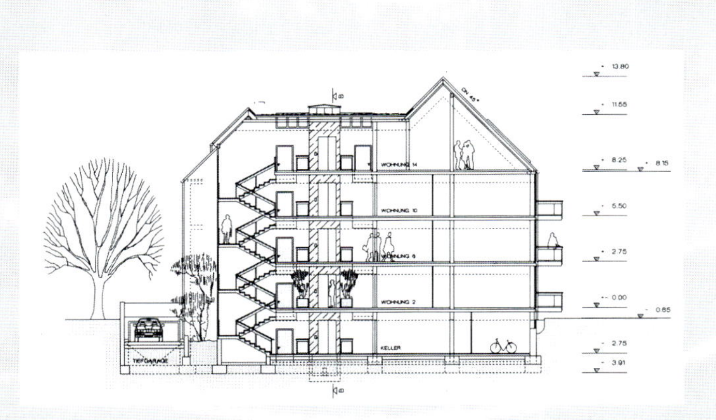

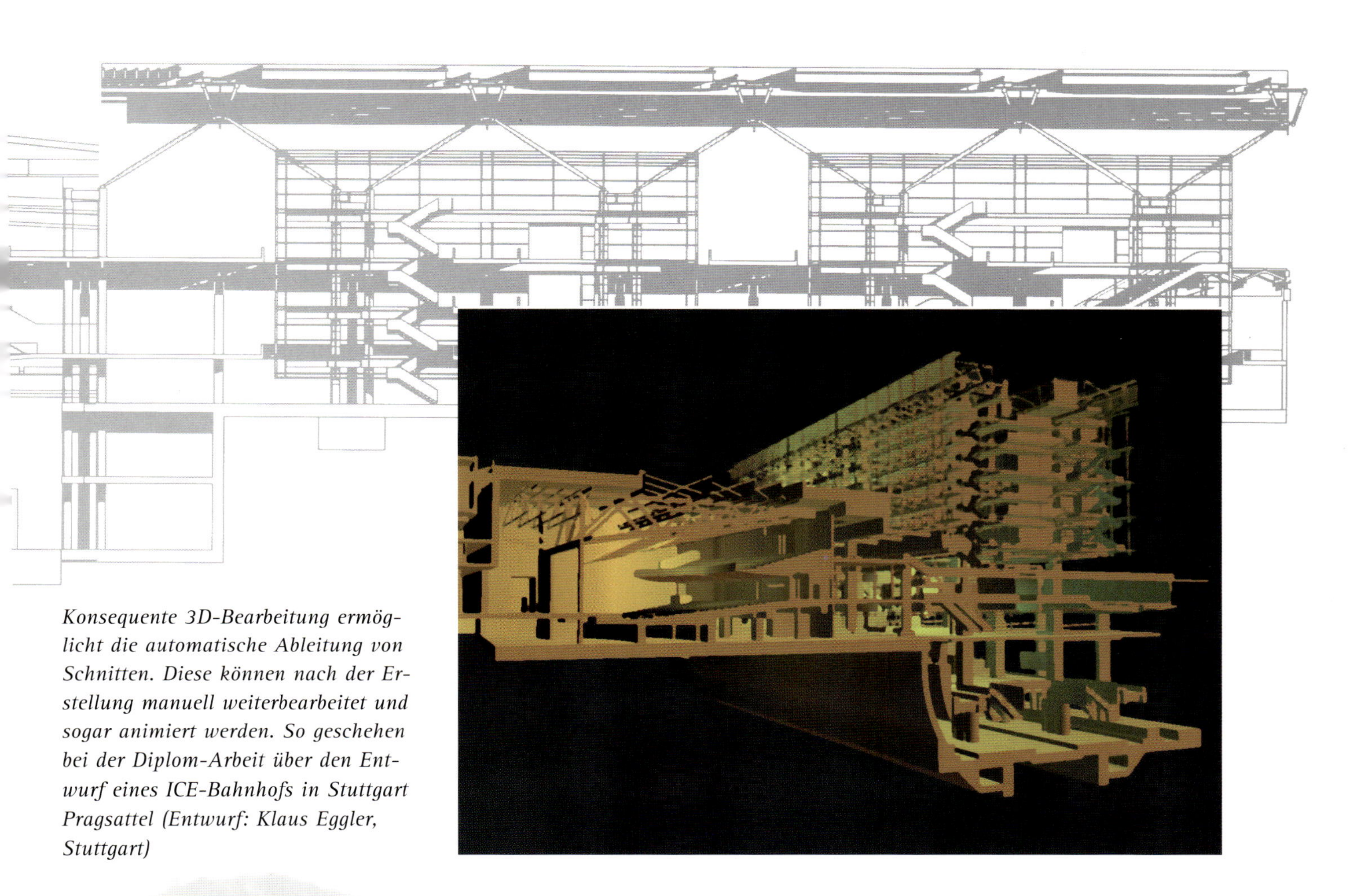

Konsequente 3D-Bearbeitung ermöglicht die automatische Ableitung von Schnitten. Diese können nach der Erstellung manuell weiterbearbeitet und sogar animiert werden. So geschehen bei der Diplom-Arbeit über den Entwurf eines ICE-Bahnhofs in Stuttgart Pragsattel (Entwurf: Klaus Eggler, Stuttgart)

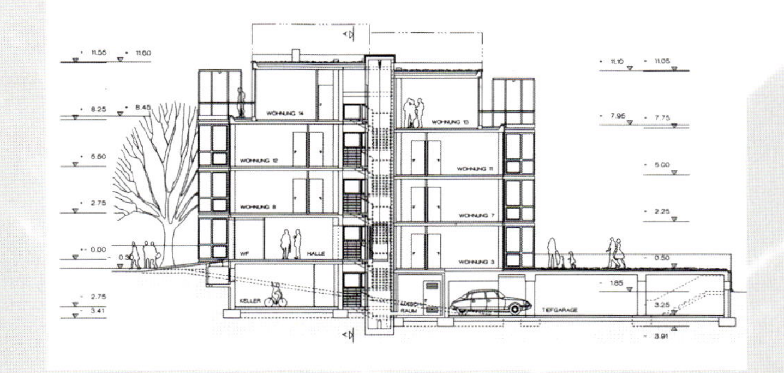

Verschiedene Ansichten und Schnitte der Stadtvilla in Weimar, die direkt aus dem 3D-CAD-System abgeleitet wurden

Perspektive und Detailplanung Fassade: Schnitt, Grundriß und Ansicht
Ideenwettbewerb Investitionsbank Berlin, Architekten Borchert und Hendel

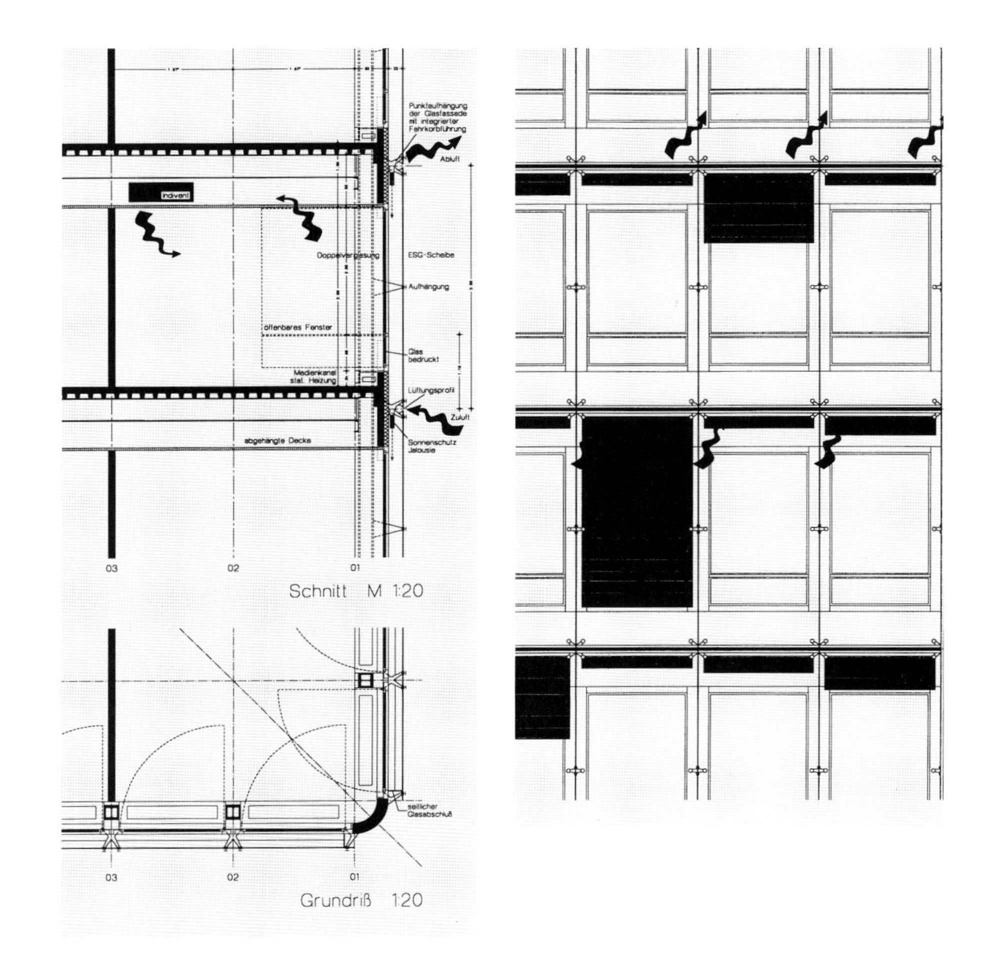

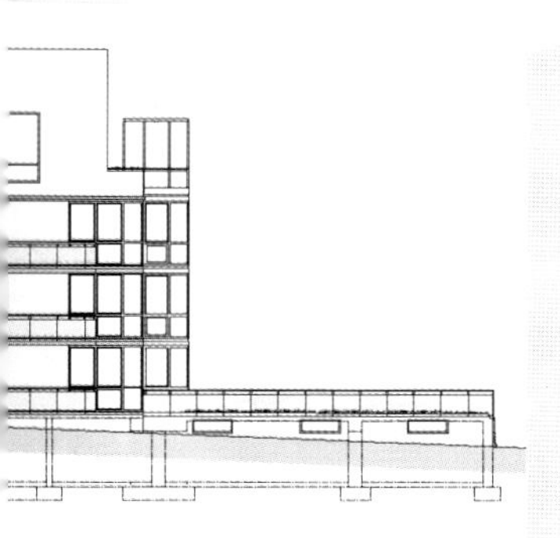

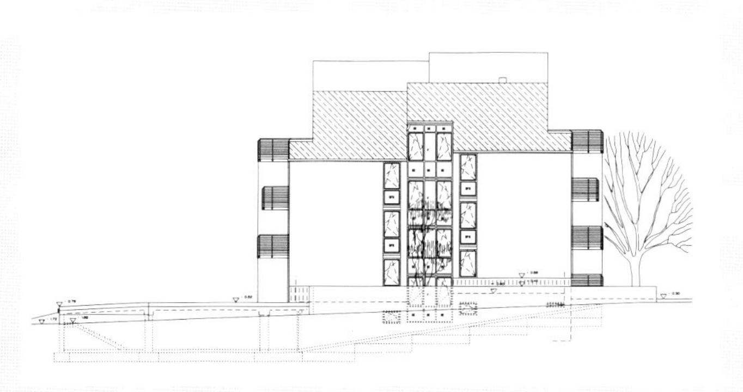

Rechts: Gesamtansicht mit Tiefgarage der Weimarer Stadtvilla. Ganz rechts: Ansicht des Dachgeschosses mit entsprechendem Grundriß der Werkplanung. Kleines Bild: Fensterdetail der Stadtvilla

sen, so sind sie doch leichter und schneller zu verändern. CAD-Systeme bieten eine Palette von verschiedenen Schraffuren, Mustern und Schriftarten an, auf die zurückgegriffen werden kann oder die durch selbst geschaffene Elemente ergänzt werden können.

So werden Pläne den im Bauwesen üblichen Plankonventionen angepaßt oder aber entsprechend einem Bürostandard gestaltet.

Werkplanung

Detailzeichnungen, die bisher als neue Pläne unabhängig und ohne direkten Vergleich mit 1:50 oder 1:100 Plänen erstellt werden mußten, werden im CAD-System ebenfalls vom Gebäudemodell abgeleitet und stimmen so mit allen vorangegangenen Planungen überein.

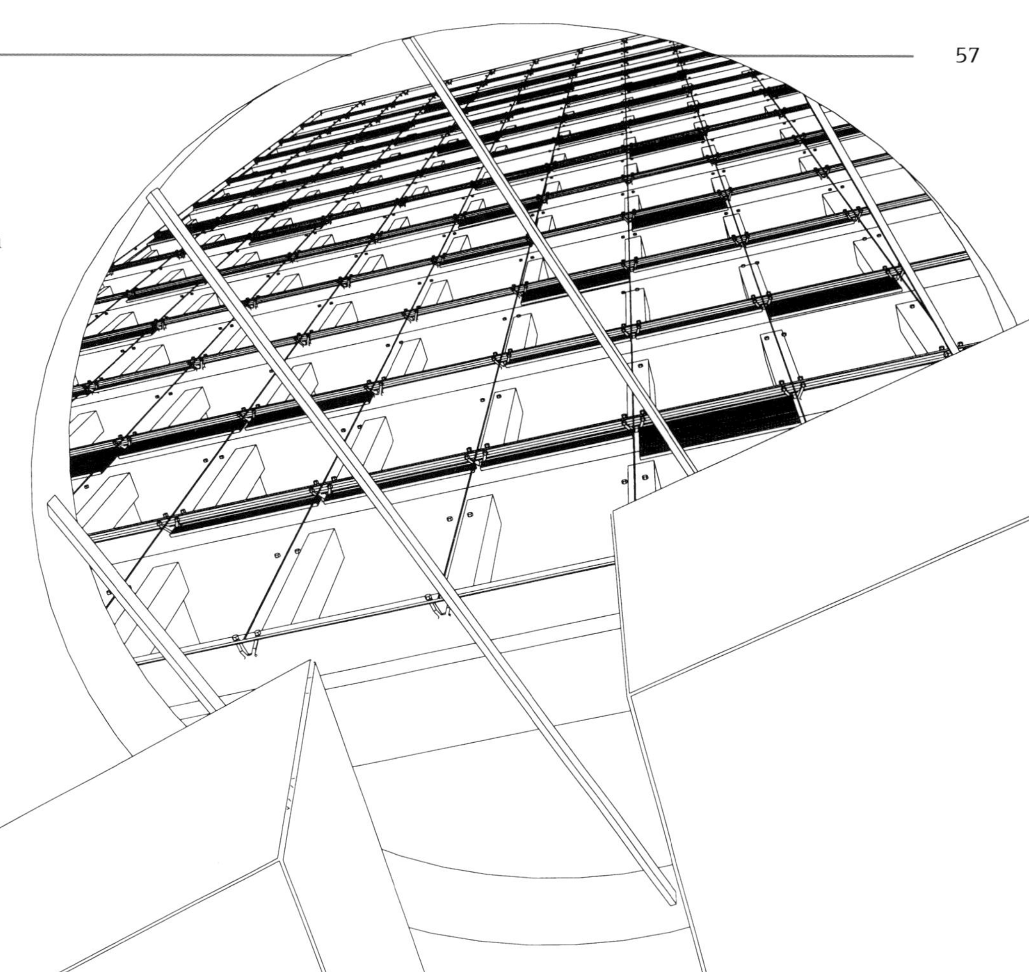

Entwürfe für die Berliner Investitionsbank: Fassadenansicht aus der Froschperspektive und Fassadendetails in Grundriß, Schnitt und Ansicht aus der Werkplanung

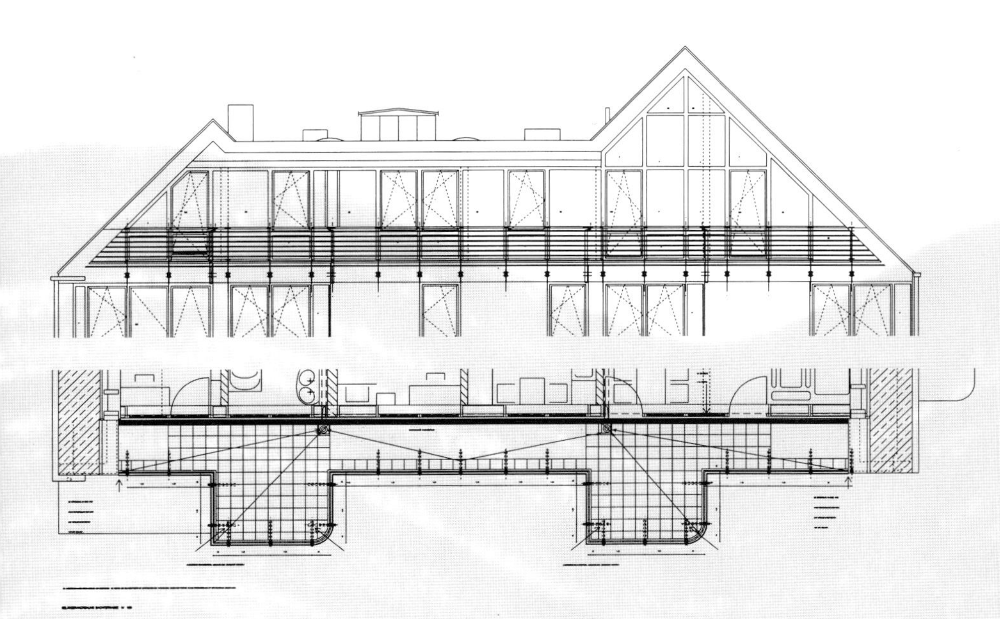

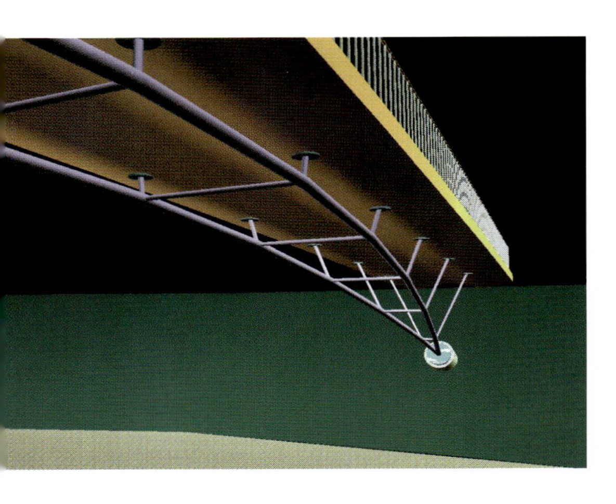

Da von Planungsbeginn an alle Eingaben dem entstehenden Gebäude entsprechen, können Planungsfehler frühzeitig erkannt und vermieden werden. Kollisionen und Überschneidungen, die häufig erst auf der Baustelle bemerkt werden konnten, deckt das Gebäudemodell auf.

Für die Zeichnungserstellung in der Werk- und Detailplanung gelten dabei die gleichen Bedingungen, wie sie oben erwähnt wurden.

Visualisierung, Animation und Simulation

Bevor der Computer die Architekturbüros eroberte, war für das Verständnis von Architektenentwürfen oftmals viel Einfühlungsvermögen vonnöten. Handkolorierte und -retuschierte, künstlerisch gestaltete Grundrisse, Ansichten und Perspektiven überzeugten den Bauherrn manchmal mehr als die Architektur, um die es eigentlich gehen sollte. Aufwendige Modellbauten konnten zwar berührt und von unterschiedlichen Standpunkten beleuchtet werden, dennoch blieb der Betrachter immer über oder vor dem Modell sozusagen „draußen". Auch mit Spezialkameras aufgenommene Bilder aus der Froschperspektive gaben die Modellbauten meist nur unzureichend wieder, was der Architekt eigentlich gemeint hatte.

Mit den 3D-Funktionen des CAD-Systems entworfen: Fußgängersteg und Pragsattel, Stuttgart (Ingenieurbüro Schlaich, Bergermann und Partner, Stuttgart)

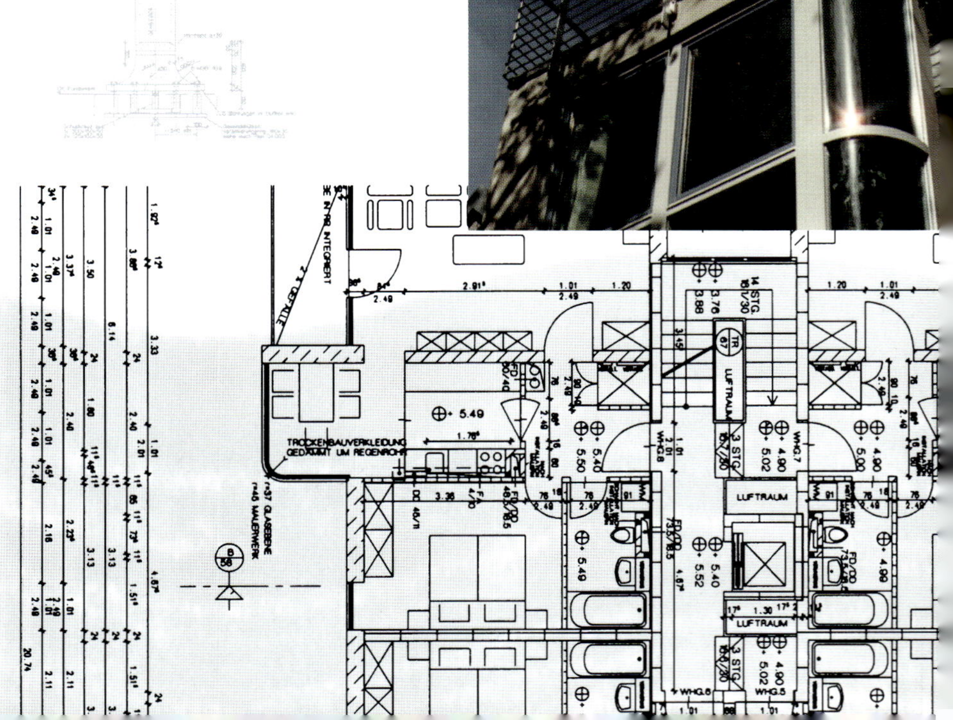

Ausführungs- und Detailplan der Stadtvilla

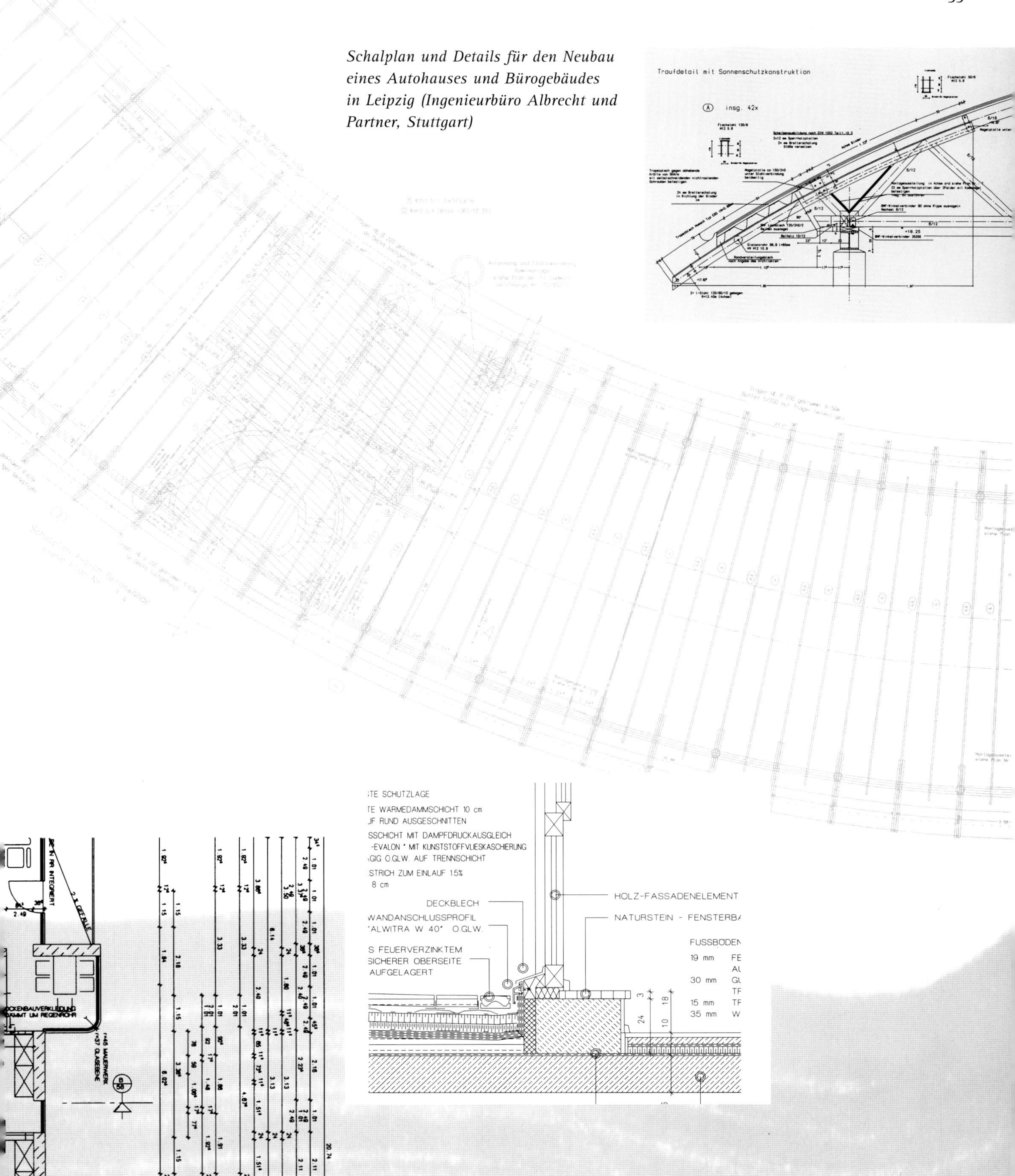

Schalplan und Details für den Neubau eines Autohauses und Bürogebäudes in Leipzig (Ingenieurbüro Albrecht und Partner, Stuttgart)

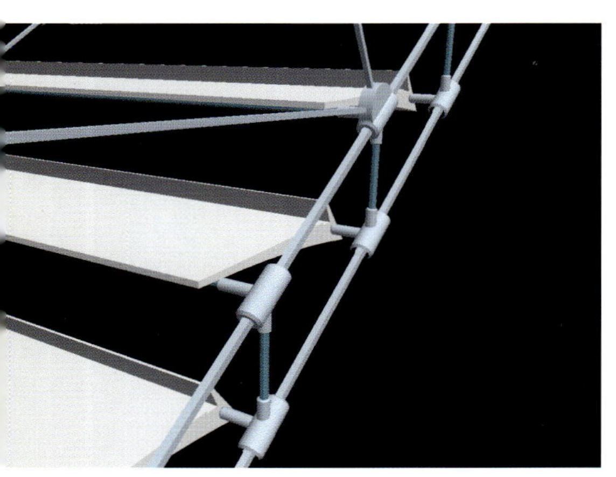

Umnutzung einer ehem. Reithalle in Verkaufs- und Präsentationräume für ein Fahrradgeschäft: Innenraumansicht, Treppendetails und Treppenperspektive aus einem 3D-CAD-Datensatz erstellt (Entwurf: Martin Rodemers/Helmut Zaglauer)

Mit der heutigen Generation von Computern können die Entwürfe, die der Architekt im CAD-System entwickelt hat, annähernd wie in Wirklichkeit dargestellt werden. Zum einen basieren die sogenannten Visualisierungen auf den CAD-Daten, die auch für die weitere Bauplanung eingesetzt werden können. Zum anderen werden die Techniken, mit deren Hilfe die Realität nachgebildet wird, immer leistungsfähiger. So gibt es verschiedene Verfahren, die unterschiedlich aufwendige Visualisierungen ermöglichen: vom einfachen Schattenwurf des Objektes über die präzise Materialzuordnung bis hin zur Positionierung von mehreren Lichtquellen.

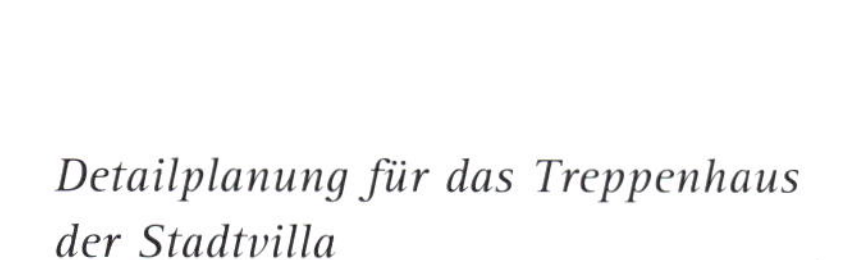

Detailplanung für das Treppenhaus der Stadtvilla

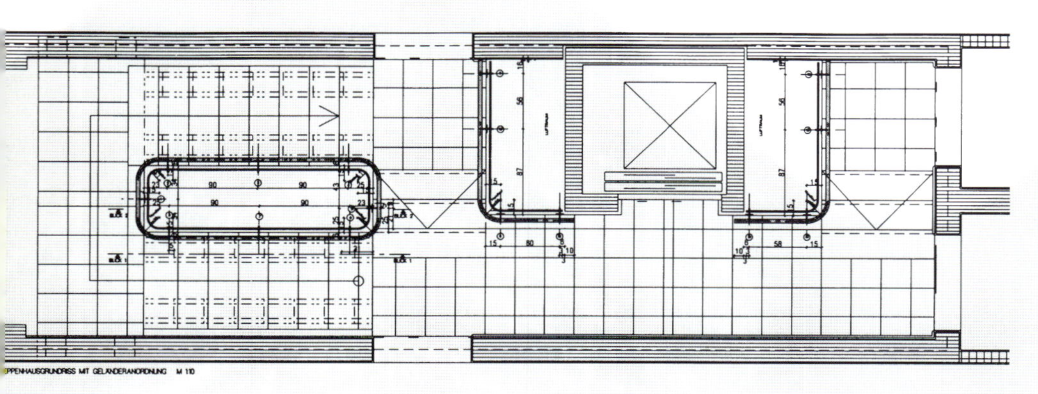

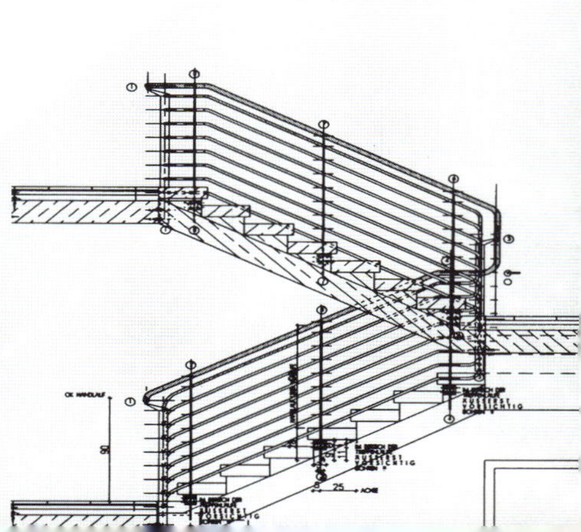

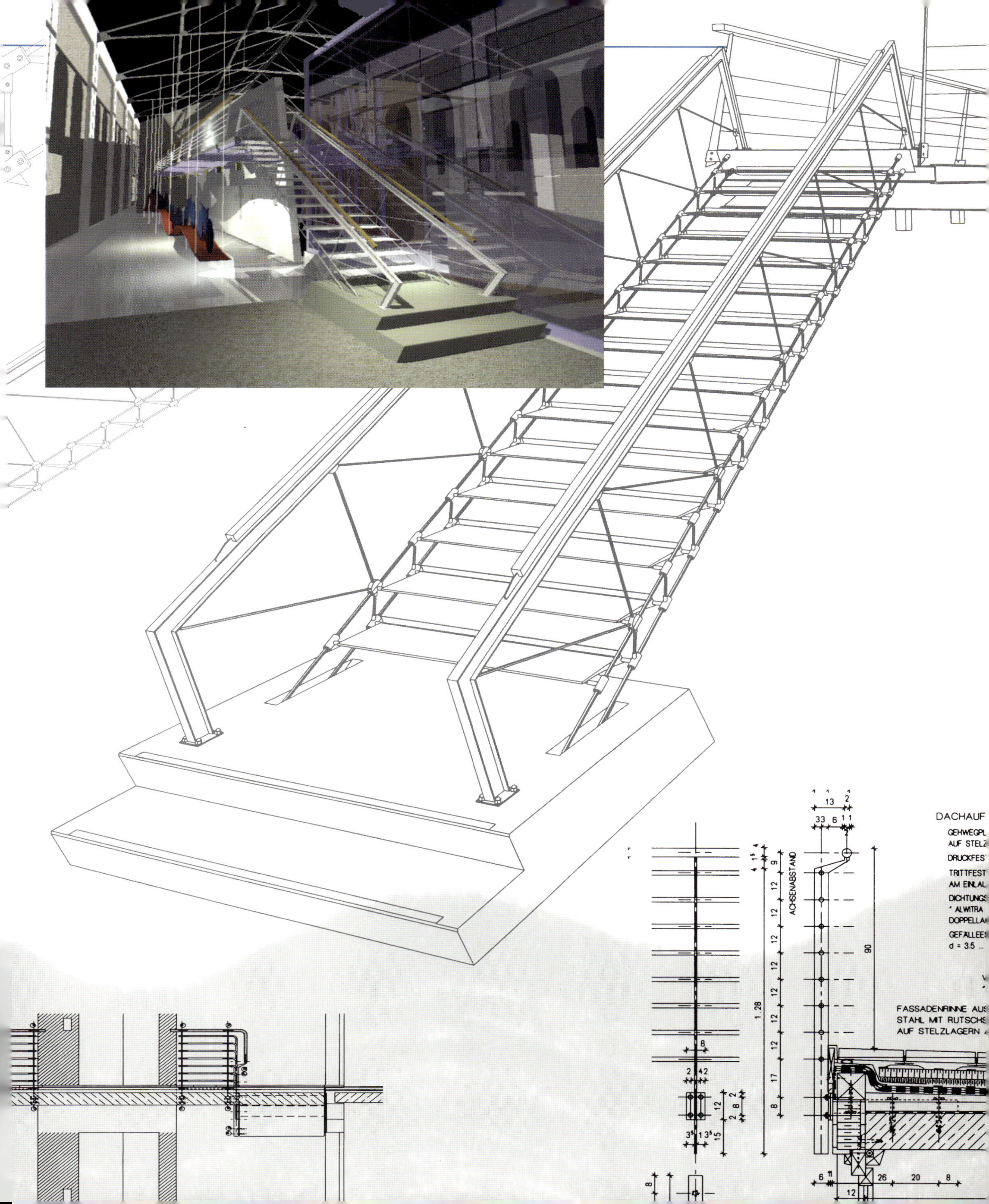

DACHAUF
GEHWEGPL
AUF STELZ
DRUCKFES
TRITTFEST
AM EINLAU
DICHTUNGS
' ALWITRA
DOPPELLA
GEFÄLLEES
d = 3.5 ...
FASSADENRINNE AUS
STAHL MIT RUTSCHS
AUF STELZLAGERN
ACHSENABSTAND

Die Visualisierung eines Entwurfs wurde in ein Foto der Baulücke einmontiert.
Borchert und Hendel, Berlin

Steht ein leistungsfähiger Computer zur Verfügung, kann der Betrachter sogar seinen eigenen Weg durch das Computermodell des Gebäudes gehen. Mit der Bewegung der Lupentaste am Digitalisierbrett läßt sich der Betrachtungsstandpunkt vor oder innerhalb des Objektes verändern. Nicht nur für Präsentationen läßt sich dieses Werkzeug optimal einsetzen, sondern auch zur Veranschaulichung von Baudetails und Überprüfung eigener Entwürfe. Der Computer wird so zur Ergänzung der Modellbauwerkstatt.

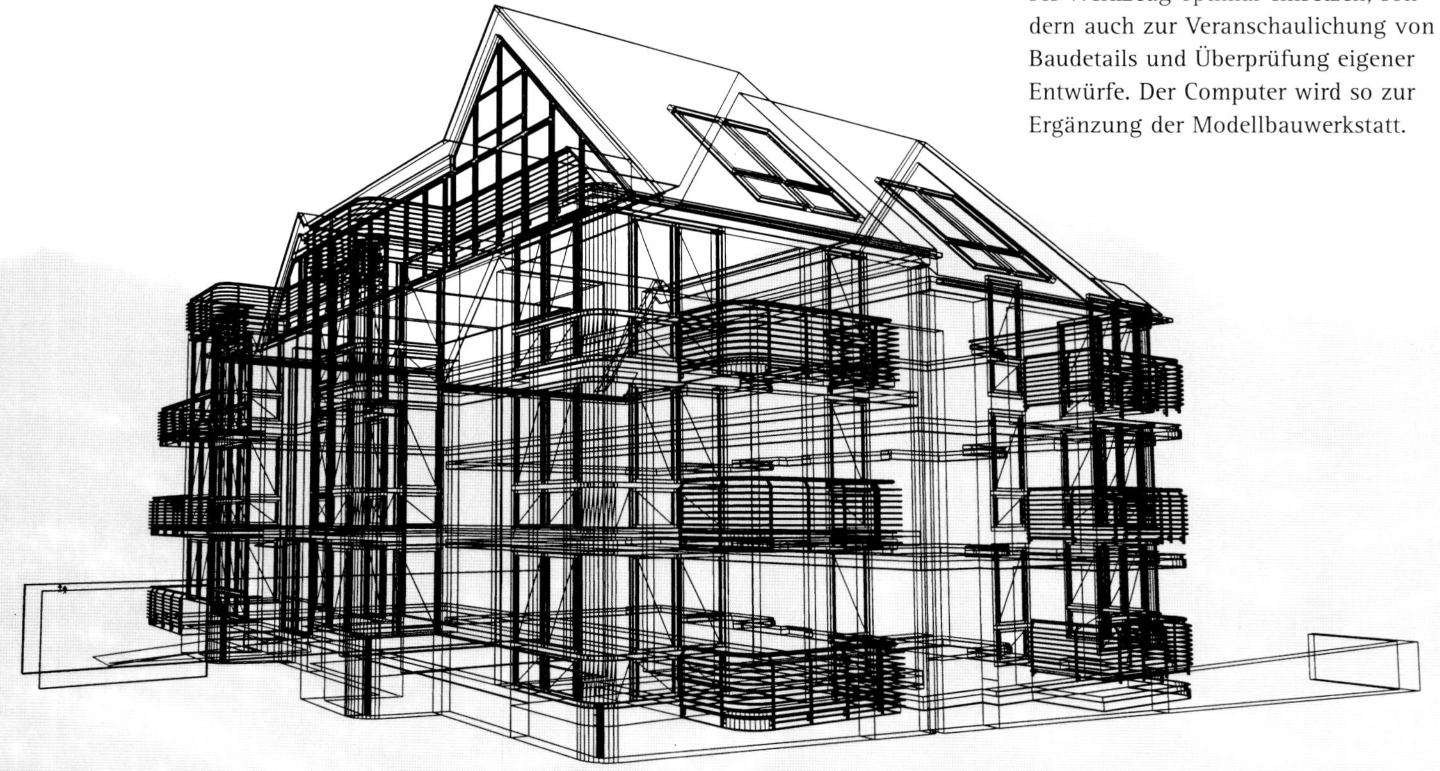

Drahtmodell und Visualisierung mit anschließender Bildberarbeitung der Stadtvilla in Weimar

1.3.5 Die „intelligente" CAD-Zeichnung

Ein CAD-System bietet gegenüber der manuellen Zeichnungserstellung den Vorteil der nahezu unbegrenzten Definierbarkeit und Veränderbarkeit von Zeichnungen. Gleichzeitig werden alle zeichenabhängigen Eingaben, wie Maße, Mengen und Schraffuren mitgepflegt. Dadurch wird z.B. vermieden, daß ganze Pläne bei Änderungsbedarf neu erstellt werden müssen.

Neben den bereits bekannten Anwendungsmöglichkeiten von Makros können ihnen Eigenschaften mitgegeben werden. Diese geometrieunabhängigen Attribute sind modifizierbar und werden in Listen ausgewertet.

So lassen sich beispielsweise Stücklisten mit genauen Spezifikationen aller Sanitärobjekte eines Gebäudes ausgeben.

Ähnlich verhalten sich Beschriftungen, die quasi „mitdenken". Bei Wechsel des Plotmaßstabes können Größe und Strichstärke der Planbeschriftung automatisch angepaßt werden. So lassen sich leicht Pläne mit verschiedenen Maßstäben ausgeben, ohne daß die Textgröße umständlich von Hand geändert werden muß. Ergebnis ist eine sehr rationelle Planbearbeitung.

Das Gebäudemodell mit seinen möglichst vollständigen geometrischen Daten eines Bauobjektes bietet sicher an, auch Angaben über Flächen, Volumen und Bauteile zu ermitteln. Dafür können jedem Bauteil Materialien aus verschiedenen Katalogen zugeordnet werden. Die entsprechenden Massen und Mengen werden in Listen ausgegeben oder an AVA-Systeme übergeben.

In dem Programm ALLPLAN kann auf der Basis des CAD-Gebäudemodells eine Kostenschätzung für die Baukonstruktion nach der Kostengruppe 300 der DIN 276 durchgeführt werden. Schon in der Entwurfsphase erhalten Architekten oder auch Bauunternehmen damit ein Mittel an die Hand, um die Baukosten in einer umfangreichen Aufstellung in mehreren Alternativen vergleichen zu können.

Automatisches Ausschneiden aus einem dreischaligen Mauerwerk beim Einfügen eines Makros

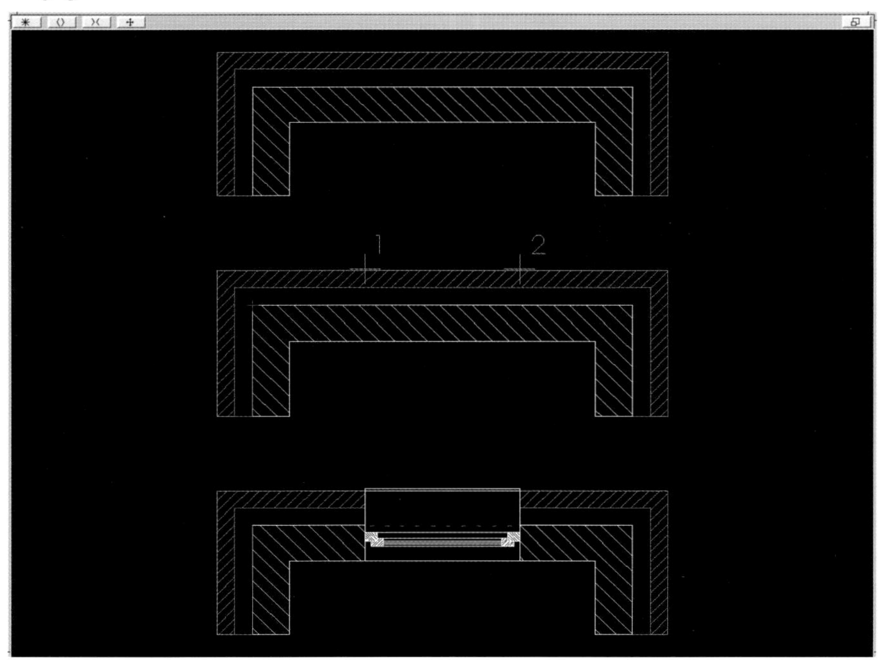

Zu Beginn müssen allerdings Informationen wie z.B. Einheitspreise eingegeben und Kostengruppen an Bauteilen des Gebäudes festgelegt werden, um daraufhin die Kosten zu verfolgen.

Die Anforderungen der DIN 277 - Erfassung der Grundflächen und Volumina von Räumen und Geschossen - können von dem CAD-System ebenso erfüllt werden. Die Bestimmungen für den Bauantrag verlangen die präzise Flächendifferenzierung inklusive besonderer Räumlichkeiten, z.B. unzugängliche Flächen von Dachschrägen. Auch hier nutzt das entsprechende Modul des CAD-Systems das Gebäudemodell zur Ermittlung der entsprechenden Informationen.

So können mit diesen Angaben auch Wirtschaftlichkeitsberechnungen durchgeführt und Raumnutzungskonzepte erstellt und verändert werden. Weitere Zuordnungen, z.B. über beheizte und unbeheizte Räume, sind möglich. Je nach Bedarf können so die Informationen, die mit einem Raum verbunden sind, variiert werden.

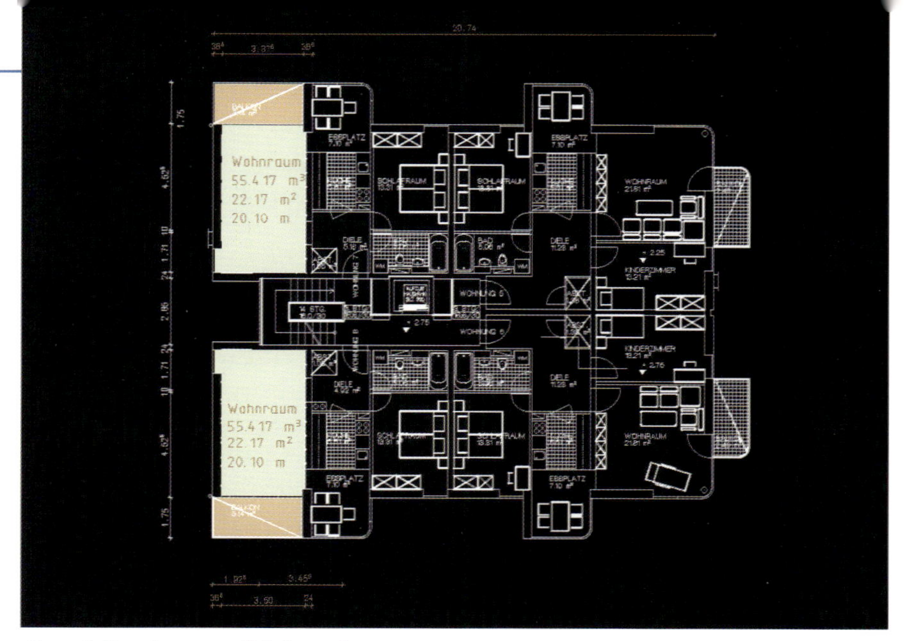

Grundriß mit zu modifizierendem Raum, Stadtvilla Weimar

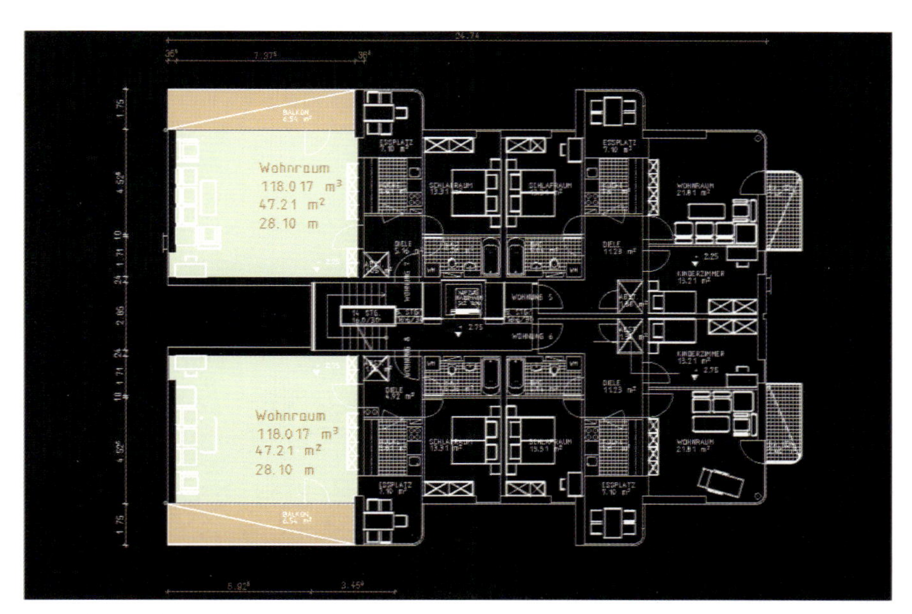

Grundriß mit modifiziertem Raum. Automatische Änderung von Volumen, Fläche und Maßkette, Stadtvilla Weimar

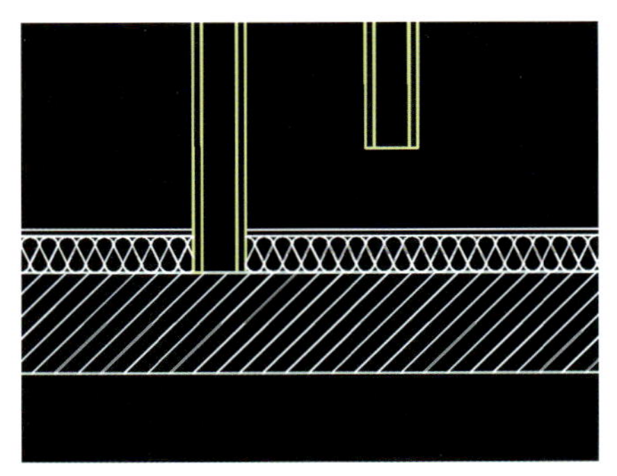

Anschluß der mehrschaligen Wand aufgrund von Prioritätsvorgaben

Völlige Wahlfreiheit herrscht bei der Beschriftung des Raumes. Angefangen bei der Größe und Art der Schrift und über die Plazierung der Angaben im Raum bis hin zur Auswahl der Informationen, die im Plan erscheinen sollen, reicht die Bandbreite der Entscheidungsmöglichkeiten. Ganz nach seinen Anforderungen kann der Architekt aus den Attributen des Raumes wie zum Beispiel Nutzart und Quadratmeterzahl gezielt auswählen und beschriften.

Alle Änderungen in der Geometrie werden automatisch durch Aktualisierungen des Textes berücksichtigt, so daß die Beschriftung und die ermittelten Massen immer auf dem neuesten Stand sind.

Nicht zuletzt kann eine Layerstruktur die genaue Verteilung der Zugriffsrechte regeln. Ein Sanitärplaner muß zwar die Anschlüsse und Leitungen einzeichnen können, darf aber keine Wände versetzen, was ja versehentlich vorkommen könnte. Unerlaubter Zugriff kann auf diese Weise praktisch ausgeschlossen werden.

1.3.6 3D-Zeichnungen und Modelle

Wie bereits erwähnt, unterscheidet man zwei Arten der CAD-Zeichnungserstellung: Die konventionelle planorientierte 2D-Darstellung und die 3D-Konstruktion, die zu räumlichen Objekten führt. Um effektiv dreidimensional arbeiten zu können, ist es nicht erforderlich, ständig in der oftmals unübersichtlichen 3D-Darstellung am Bildschirm zu konstruieren. Statt dessen kann in der gewohnten 2D-Darstellung gearbeitet werden, wobei die Höhenangaben aber ebenfalls eingegeben werden müssen. So entsteht trotz 2D-Zeichnen ein 3D-Datenmodell. Darüber hinaus ist natürlich die „echte" 3D-Konstruktion mit 3D-Körpern und Flächen möglich.

Auswertungen, die auf räumlichen Informationen beruhen, sind erst durchführbar, wenn der 2D-Zeichnung von vornherein auch Höhenangaben mitgegeben werden. So ist zu dem Grundriß nicht nur die ebene

Automatische Mengen- und Massenermittlung durch intelligentes CAD

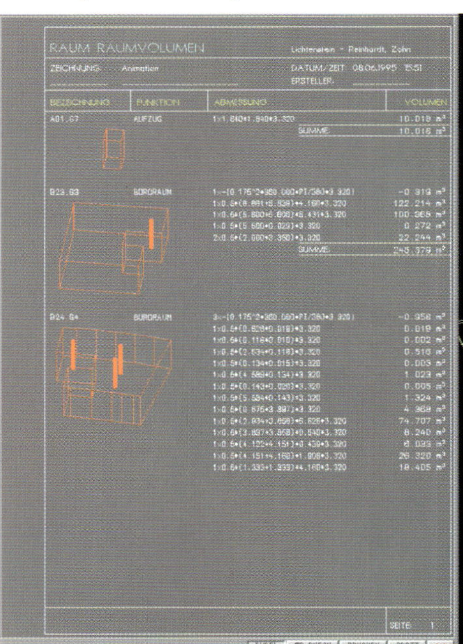

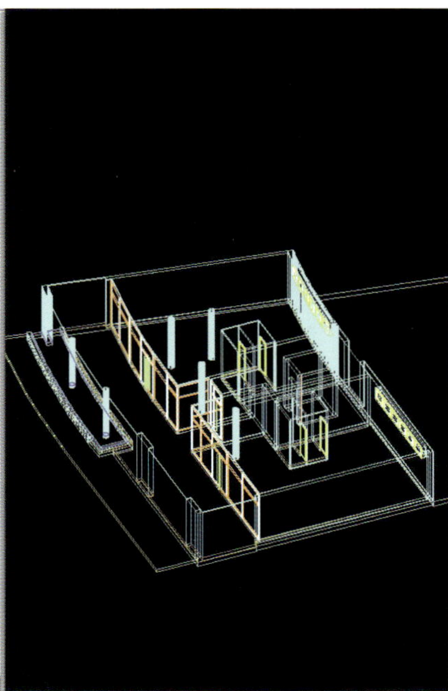

flächenhafte Ausdehnung bekannt, sondern auch die Höhe eines Geschosses. Die Arbeit am Bildschirm bleibt dabei grundrißorientiert, was die Planerstellung erleichtert. Leistungsfähige CAD-Systeme lassen durchaus das Manipulieren in der Ansicht oder Perspektive zu, wobei die Grundrißdarstellung sofort mit aktualisiert wird.

Die herkömmliche Zeichnungserstellung in der zweidimensionalen Ebene ohne Höhenangaben läßt die räumliche Komponente völlig außer Acht, so daß wichtige architekturspezifische Informationen wie Massen- und Volumenermittlung, manuell abgearbeitet werden müssen, da dem CAD-System keine räumlichen Angaben bekannt sind.

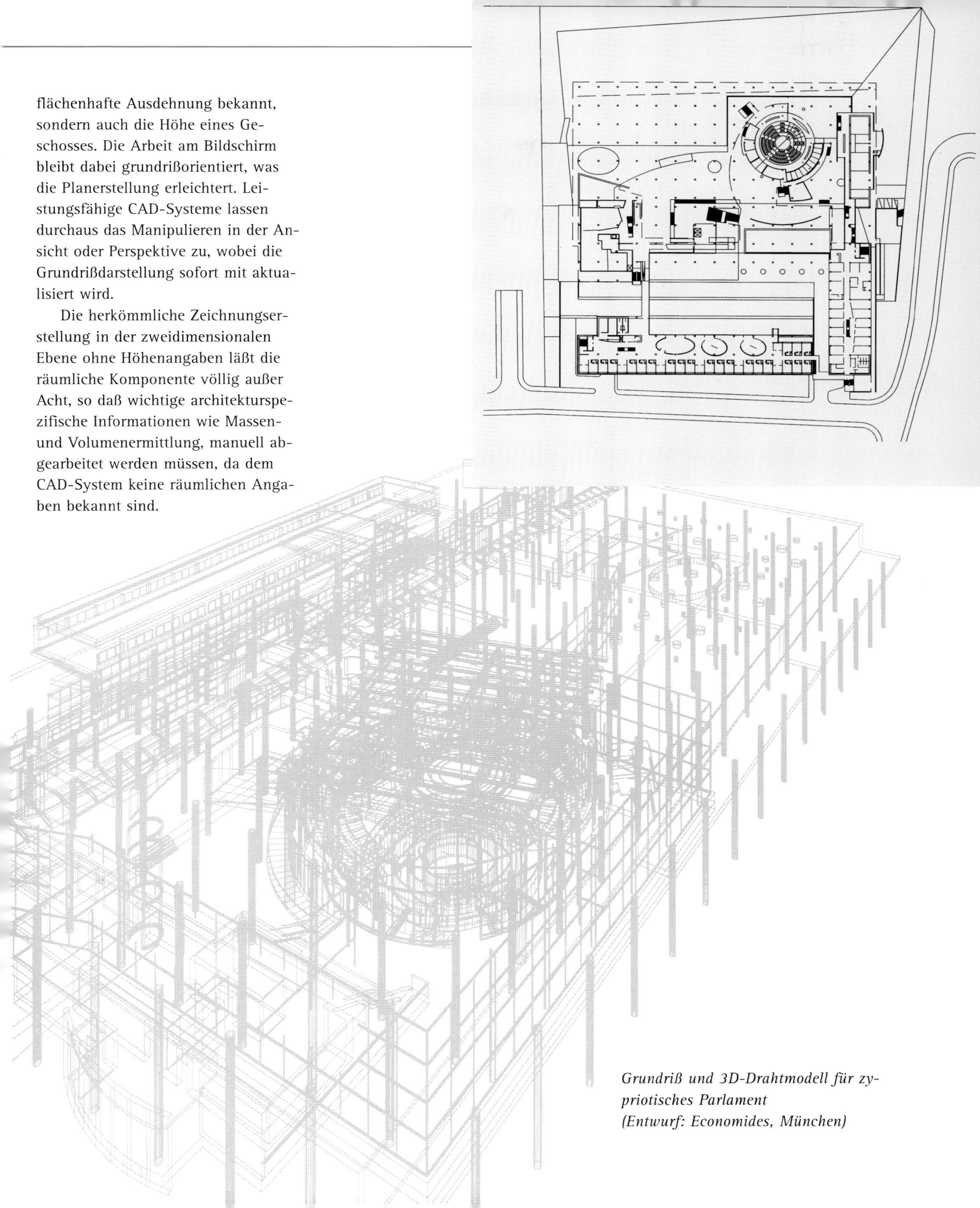

Grundriß und 3D-Drahtmodell für zypriotisches Parlament (Entwurf: Economides, München)

Perspektive Zypriotisches Parlament, vier Ansichten (Entwurf: Architekten Economides und Schierepeklis, München)

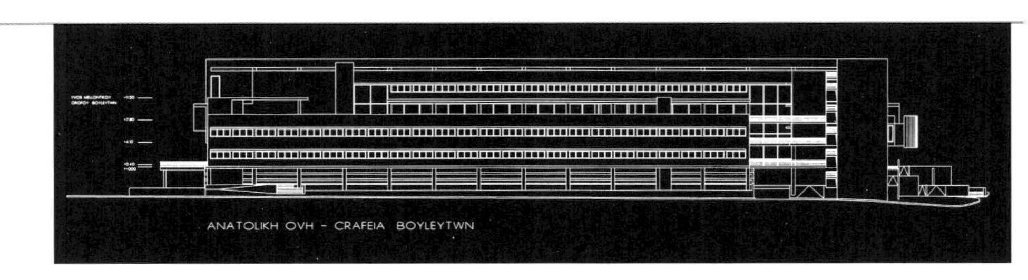

Während die Konstruktion zweidimensional am Grundriß durchgeführt wird und Höhen über die Tastatur bestimmt werden, wird das Gebäudemodell im Computer mit den dreidimensionalen Informationen abgelegt. Im CAD-System ALLPLAN werden die Höhen dabei so verwaltet, daß eine ständige Neueingabe bei der Arbeit in einem Geschoß nicht notwendig ist. Durch Umschalten von der 2D-Zeichnungsansicht in die 3D-Darstellung erhält man sofort die räumliche Abbildung des zuvor in 2D konstruierten Grundrisses. Dies ist in jeder Planungsphase vom Entwurf bis zur Detailplanung jederzeit möglich. Änderungen im Grundriß werden sofort auf das dreidimensionale Gebäudemodell übertragen und ermöglichen die räumliche Kontrolle jedes einzelnen

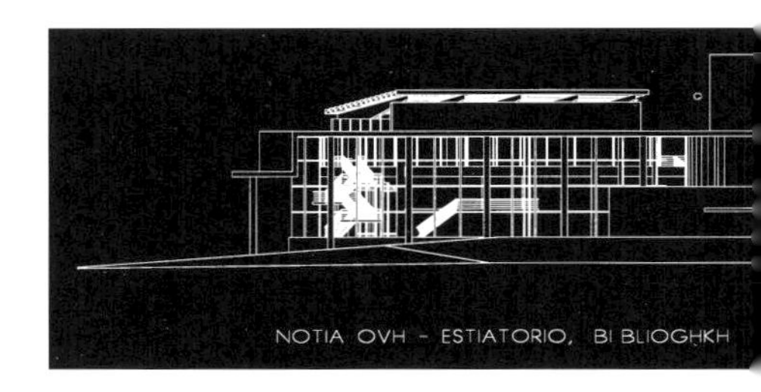

Arbeitsschrittes. Dementsprechend können in allen Planungsphasen Perspektiven und Isometrien abgeleitetet werden, die wiederum als 2D-Zeichnung zur Verfügung stehen und mit den entsprechenden 2D-Konstruktionswerkzeugen bearbeitet werden können.

Zusätzlich lassen sich die Perspektiven mit sogenannten Präsentationsmodulen weiter überarbeiten, indem man den Oberflächen des 3D-Modells Farben zuweist und Beleuchtungs-

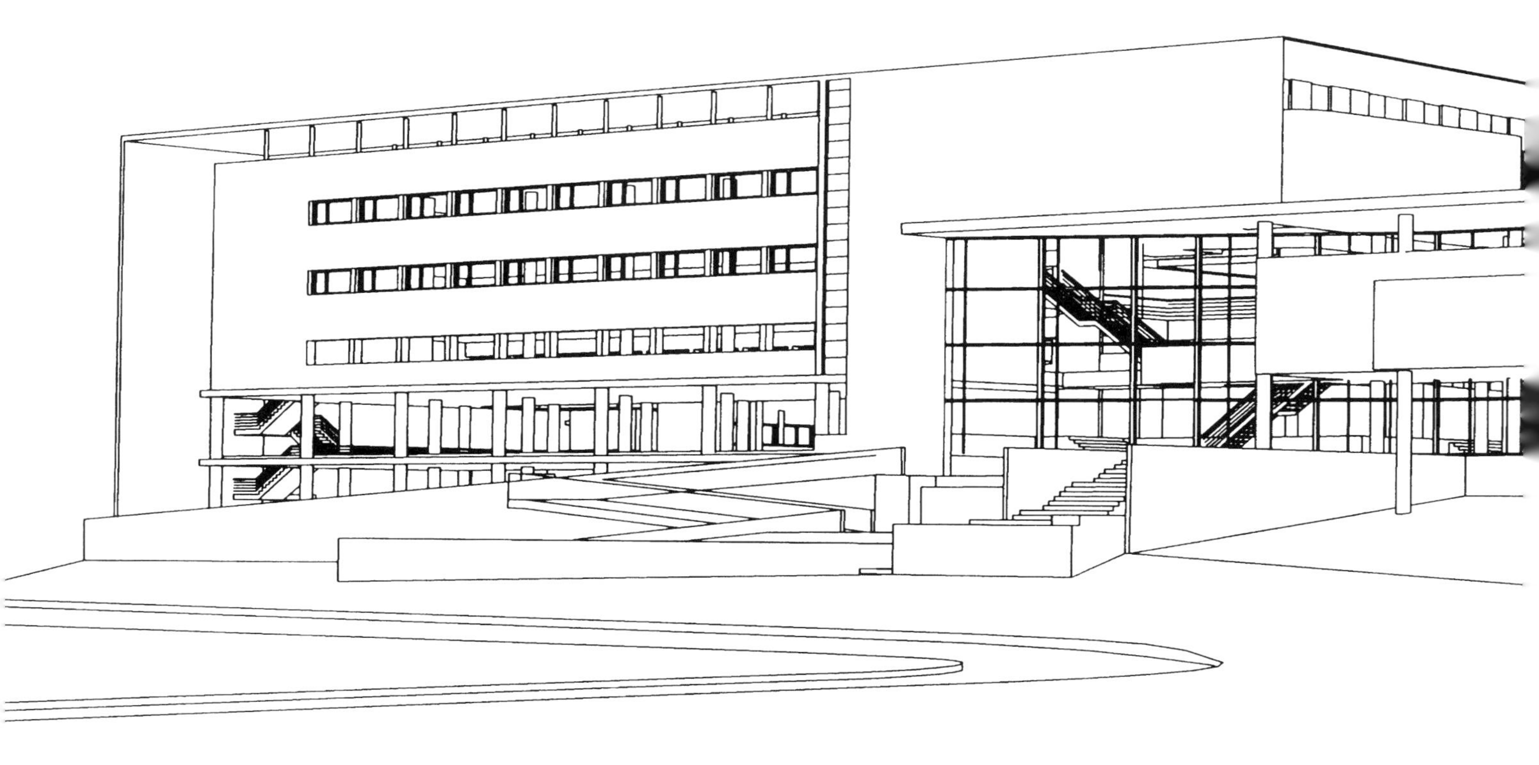

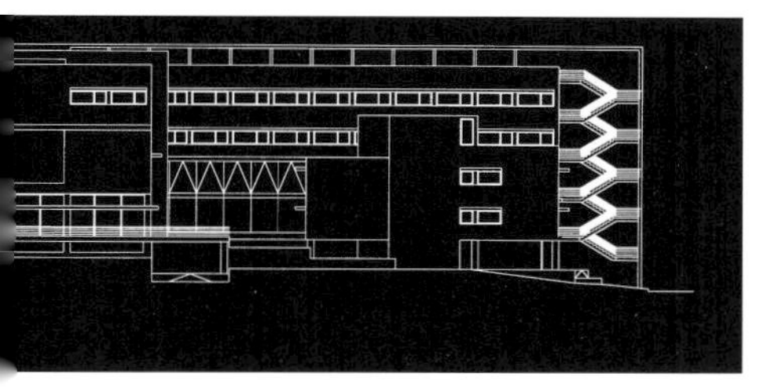

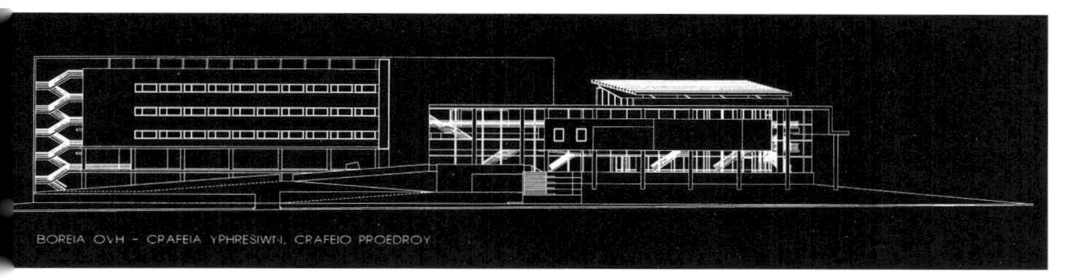
BOREIA OVH - CRAFEIA YPHRESIWN, CRAFEIO PROEDROY

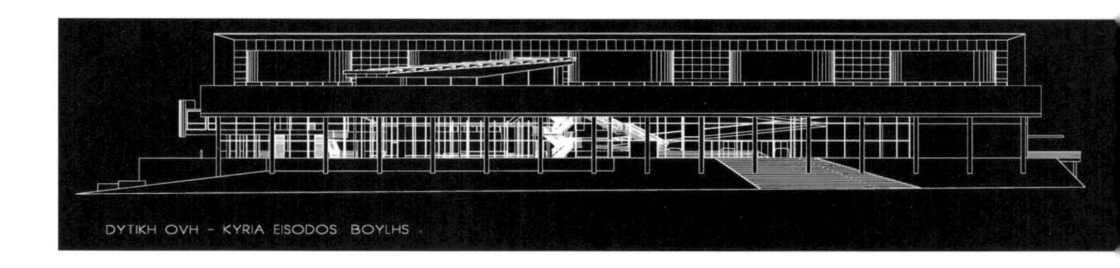
DYTIKH OVH - KYRIA EISODOS BOYLHS

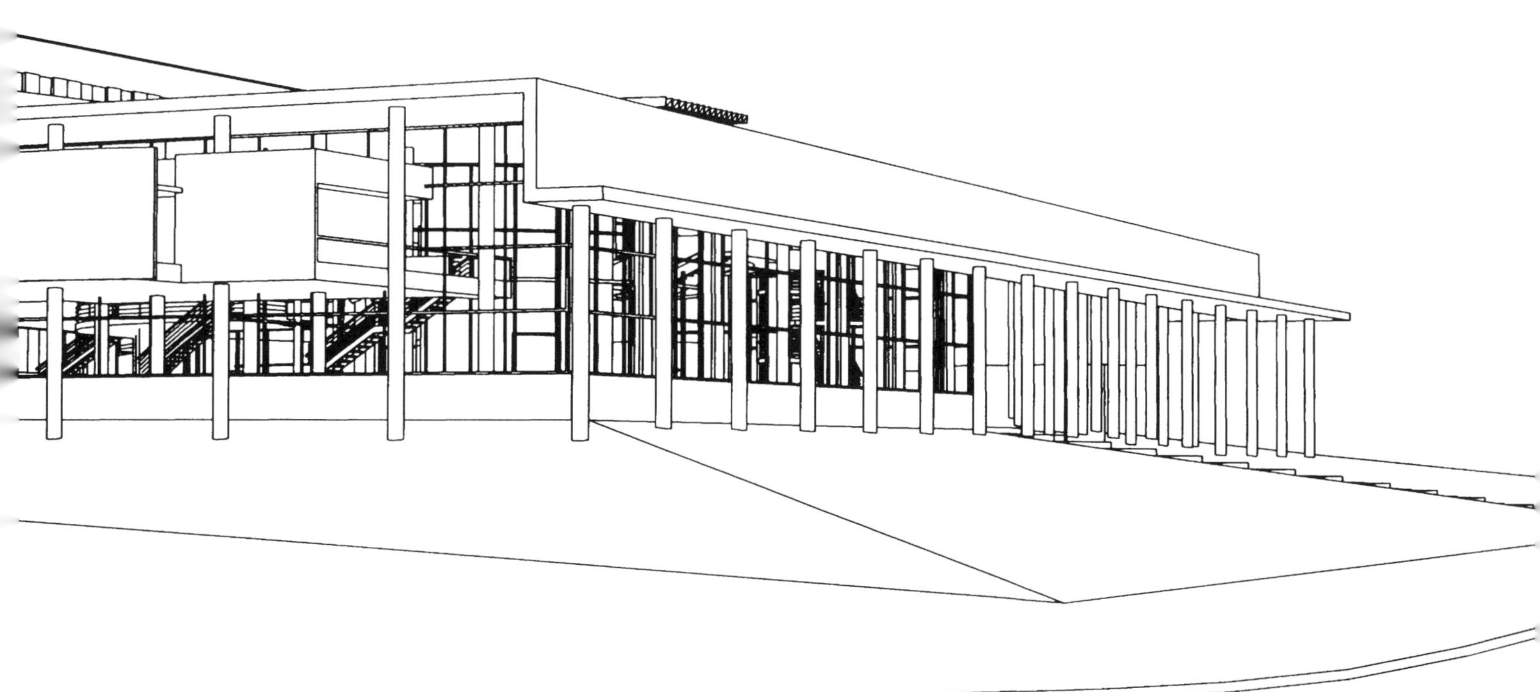

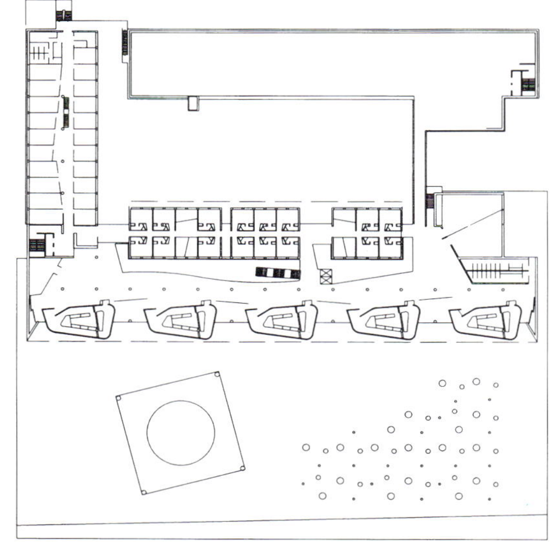

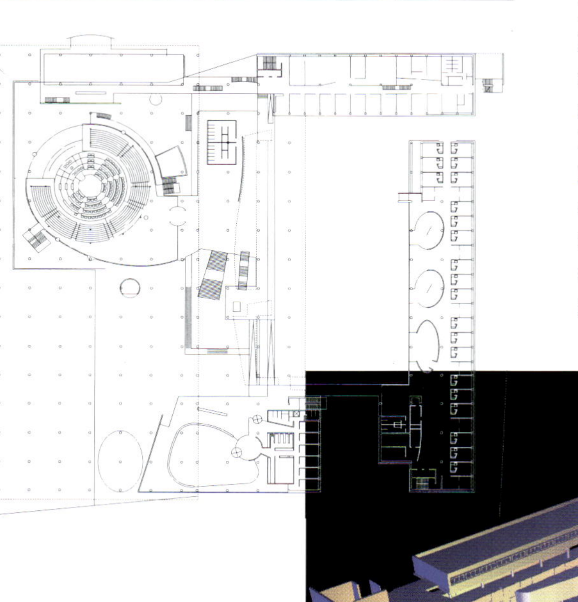

situationen simuliert. Neben der besseren visuellen Kontrolle für den Fachmann kann nun auch dem im Lesen von Plänen ungeübten Laien ein optischer Eindruck des zu errichtenden Gebäudes vermittelt werden (Siehe dazu auch Kapitel 1.2.2).

Insbesondere für Wettbewerbe ist die mögliche frühzeitige Ableitung von Perspektiven, unterstützt durch eine repräsentative Darstellung, ein wichtiger Aspekt, der von manchen 3D-CAD-Systemen erfüllt werden kann. Im weiteren Planungsablauf unterstützen professionelle CAD-Systeme auch die automatische Erstellung von Gebäudeschnitten. Ist die Lage der Schnittlinie eingegeben, so errechnet das CAD-System umgehend aus dem 3D-Modell den Gebäudeschnitt. Dieser ist ebenso wie eine abgeleitete Perspektive als 2D-Zeichnung gespeichert und kann auch mit den entsprechenden 2D-Werkzeugen weiterbearbeitet und als Plan ausgegeben werden.

Doch nicht nur für die Umsetzung in Pläne erfüllt die volle Dreidimensionalität des Gebäudemodells wichtige Aufgaben.

Die durch den Grundriß festgelegten Wandstärken ergeben zusammen mit den Höhenangaben dann Mengenangaben, die wiederum in Ausschreibungsprogramme übernommen werden können. Ebenso bekannt sind in einem 3D-Modell deshalb nicht nur die Flächen der Räume, sondern auch ihr Volumen, das damit automatisch ermittelt werden kann. Auch diese Funktionen erfordern noch keinen bis ins Detail ausgereiften Plan, so daß sich z.B. die Einhaltung der Vorgaben des Bauherrn in punkto Raumaufteilung und eingesetzter Mittel jederzeit überprüfen läßt.

Ein CAD-System ist also ein Werkzeug für die durchgängige Planung vom Entwurf bis zur Objektübergabe (und sogar darüberhinaus). In allen Planungsphasen kann es den Architekten nicht nur bei seiner Arbeit unterstützen, sondern auch neue, bisher nicht oder nicht so schnell mögliche Hilfen anbieten.

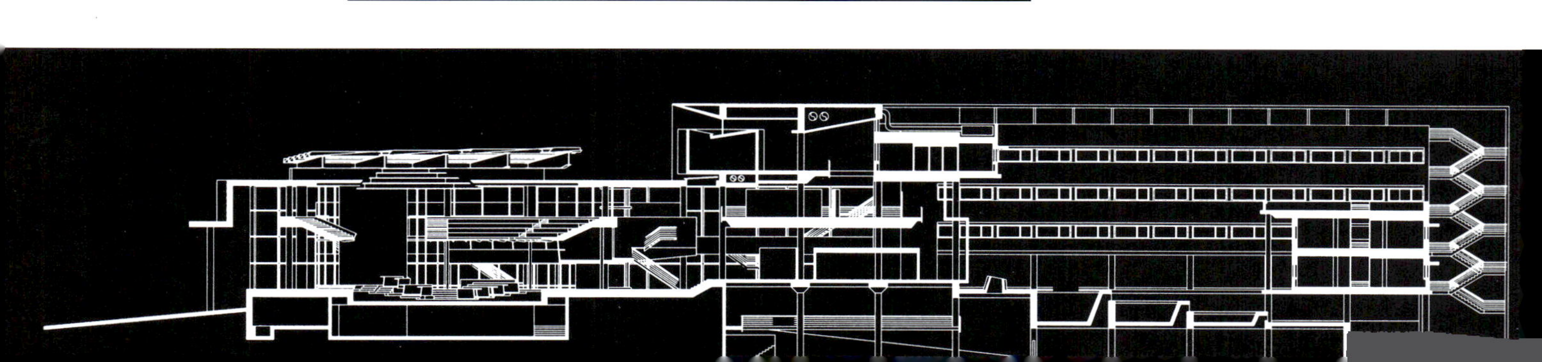

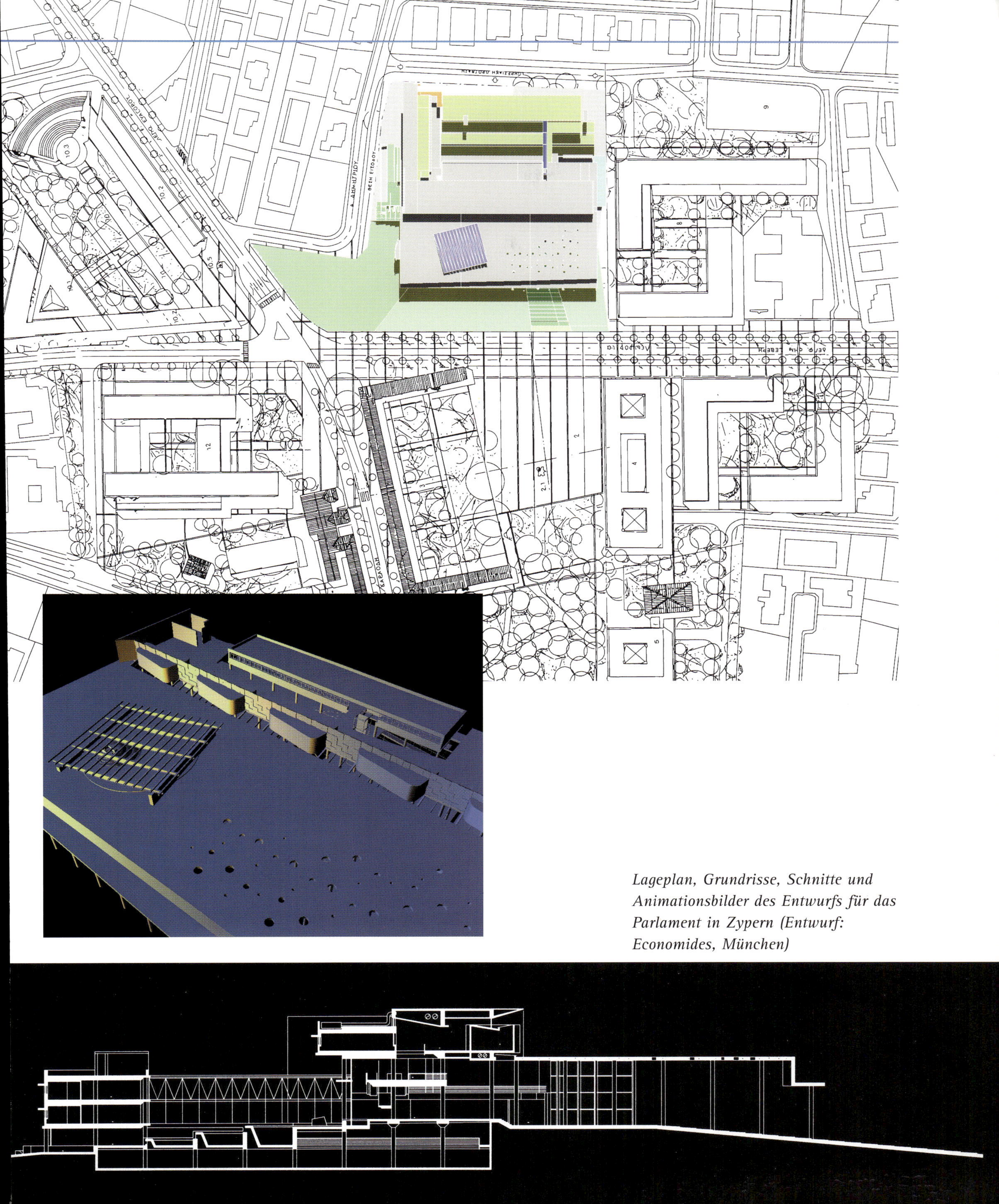

Lageplan, Grundrisse, Schnitte und Animationsbilder des Entwurfs für das Parlament in Zypern (Entwurf: Economides, München)

„CAD ist umgeben von Mythen, übertriebenen Ängsten und unrealistischen Erwartungen. Entspannen Sie sich und werden Sie vertraut mit dem Biest.“
Quelle: Progressive Architecture, Mai 1984

1.3.7 Ist CAD schwierig zu lernen?

Die Hardware und die dazugehörige Software hat sich im Laufe der technischen Entwicklung vor allem in den letzten 5 bis 10 Jahren wesentlich verändert. War der Betrieb von Computern und die Anwendung von Programmen bis dahin lediglich Spezialisten oder engagierten Laien vorbehalten, so können diese heute praktisch von jedermann bedient werden.

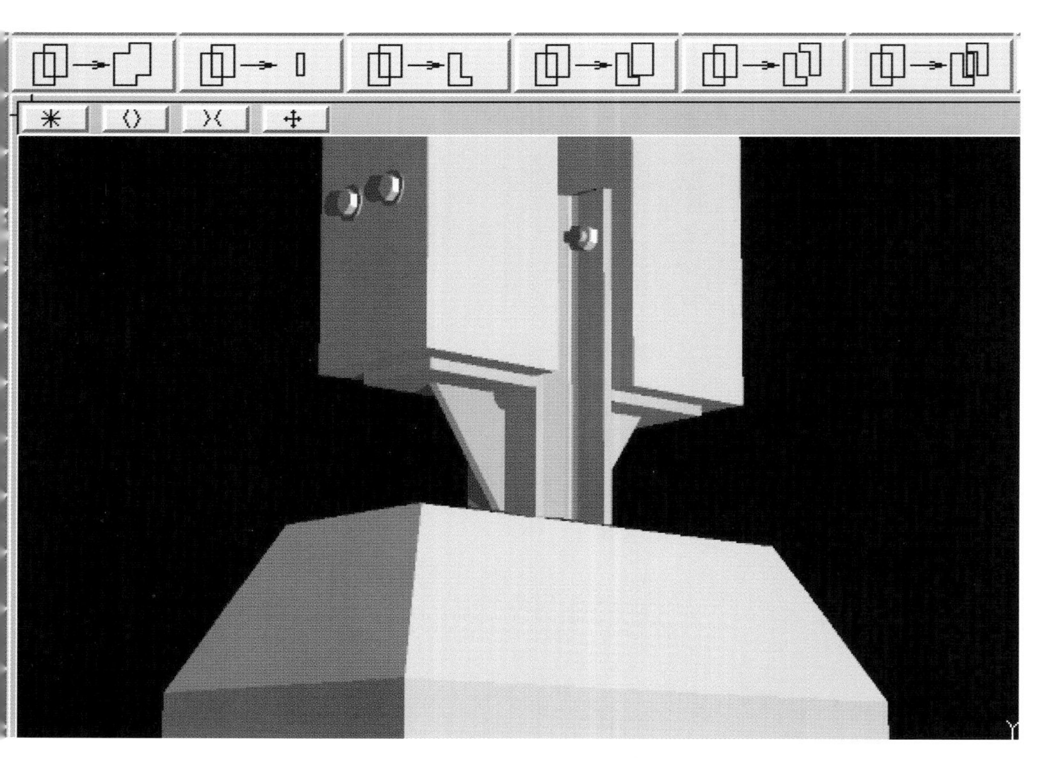

Fußpunkt Stütze
Einfaches Auswählen von aussagekräftigen Icons

Die Zeiten, als Kenntnisse von Programmiersprachen notwendig waren, um die gewünschten Ergebnisse zu erzielen sind vorbei. Übersichtlich gegliederte und aussagekräftige Programmoberflächen mit unterstützenden Hilfefunktionen erleichtern das Erlernen und die Benutzung von Programmen. Funktionen müssen nicht mehr über umständliche Tastaturkürzel aktiviert werden, sondern werden mit dem Fadenkreuz angefahren und ausgelöst. Dazu erscheinen kurze Erklärungen, die am Fadenkreuz „hängen“, sobald es das entsprechende Symbol (auch Icon oder Knopf genannt) am Bildschirm erreicht.

Benötigt die Software zur Ausführung von Funktionen weitere Angaben, werden diese üblicherweise in der untersten Bildschirmzeile abgefragt. Sind ausführlichere Eingaben notwendig, erscheinen oftmals weiterführende Angaben, die die Abfrage genauer erläutern. Mit sogenannten Online-Hilfen können zusätzlich ganze Handbuchseiten zur Erklärung von Funktionen auf dem Monitor aufgerufen werden.

Kurzum: die früher durchaus berechtigte Hemmschwelle, das CAD-System nicht (aus-) zu nutzen, hat heute bei vielen Programmen keine Berechtigung mehr.

Mit dem CAD-System ist es letztendlich wie mit der Reißschiene. Wer noch nie damit gearbeitet hat, wird mit beiden keine architektengerechten Pläne zu Papier bringen. Wer mit beiden nur ein wenig umgeht, wird zwar etwas zu Papier bringen, das wird aber den Anforderungen, die an Architekturpläne gestellt werden, nicht gerecht. Erst wer viel mit seinen Werkzeugen umgeht, bekommt Übung und erreicht schließlich das gewünschte Ergebnis.

Zu den gewünschten Ergebnissen zählt bei CAD-Systemen - im Gegensatz zur Reißschiene - nicht nur die Erstellung eines Planes, sondern auch, daß diese Planerstellung rationeller und effektiver vonstatten geht. Doch dafür ist es nicht ausreichend, im CAD-System lediglich Linien zu einem Grundriß zu kombinieren. Vielmehr müssen die speziellen Möglichkeiten des CAD-Systems dafür ausgenutzt werden.

den Grundfunktionen in der täglichen Zeichenarbeit wird eine rationelle, architektengerechte Planerstellung möglich. Diese wird im folgenden Kapitel ausführlich beschrieben.

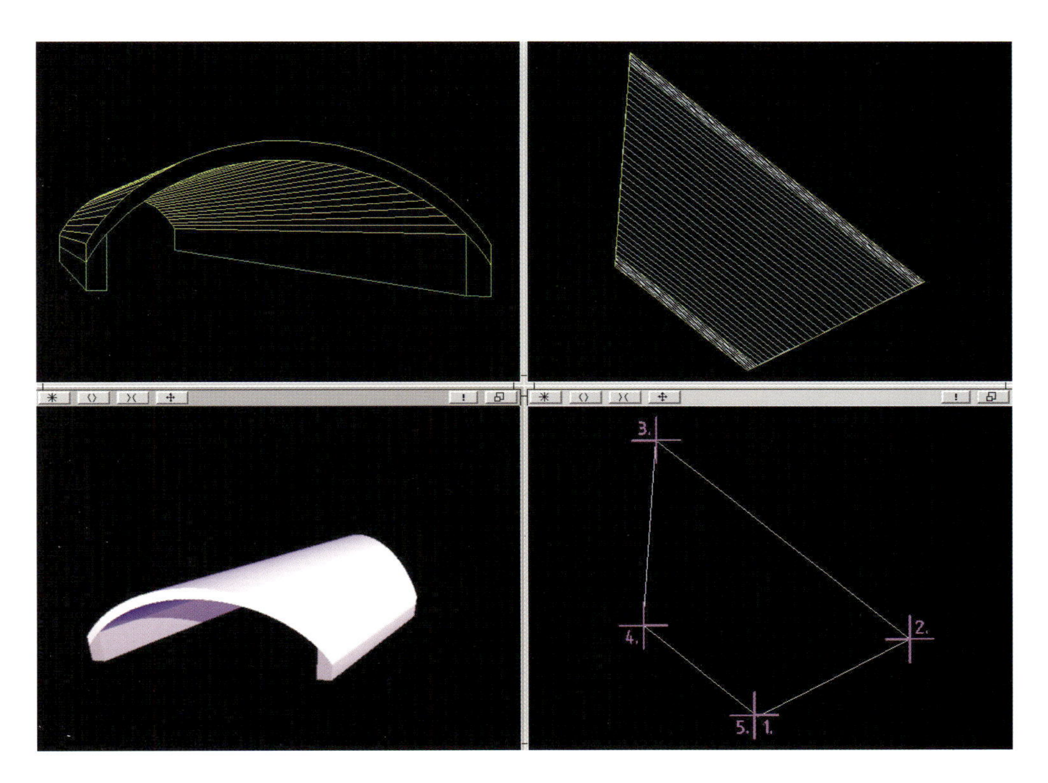

Die strichweise Vorgehensweise für die Handzeichnung wird abgelöst durch die beiden Grundbestandtteile des CAD-Systems: das Angebot an geometrischen Grundelementen, aus denen sich beliebige Formen konstruieren lassen, und die Werkzeuge, mit denen diese Formen manipuliert werden können, z.B. Kopieren, Spiegeln, Drehen usw. Erst durch die sinnvolle Nutzung und Kombination dieser bei-

Das Dachmodul, einfache Eingabe für eine kompliziertere Aufgabe

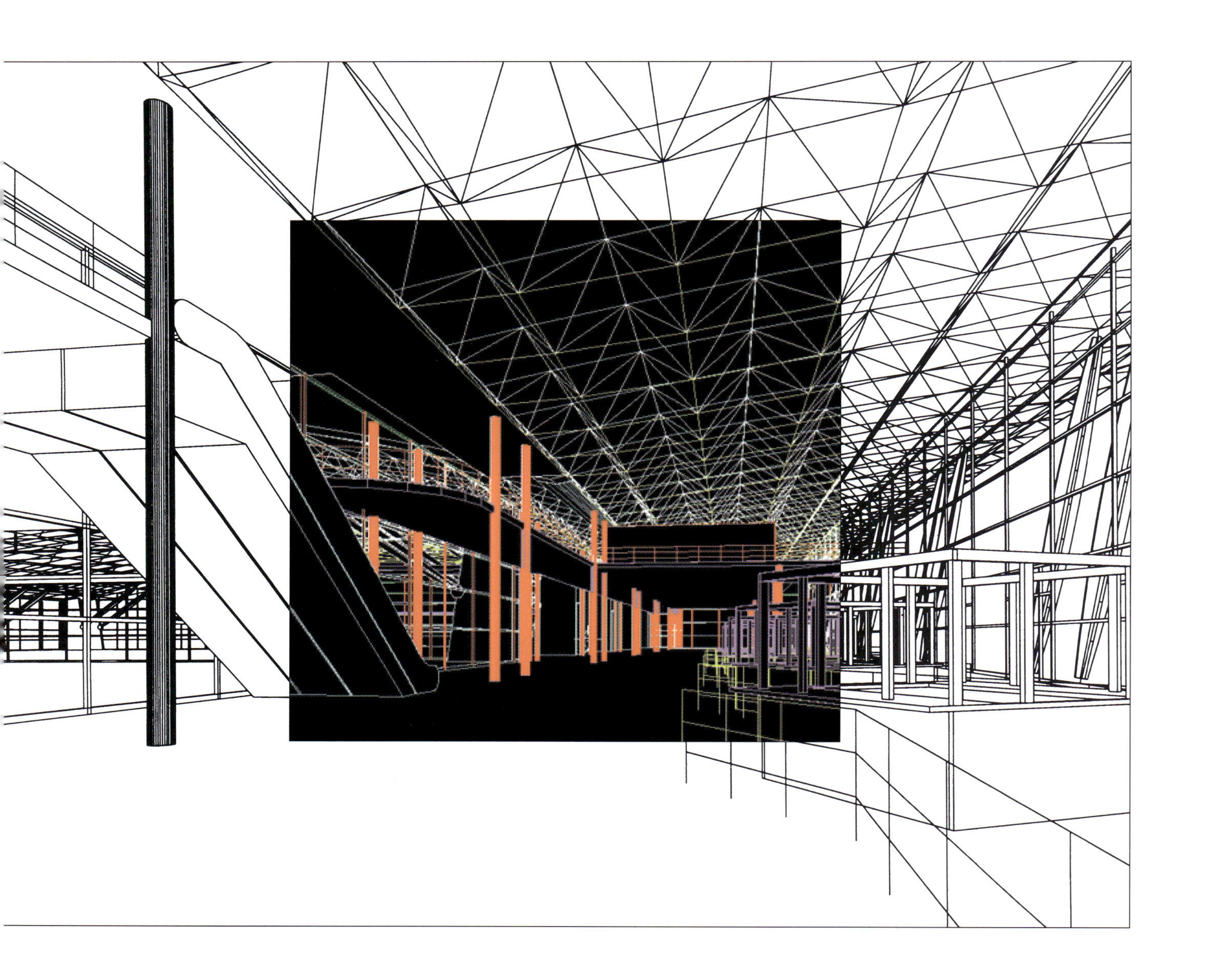

Wie arbeitet man mit CAD?

Obwohl die CAD-Software eine der konventionellen Zeichnungserstellung ähnliche Arbeitsweise – „Strich für Strich" – zuläßt, ist für den effektiveren, rationelleren und zielgerichteteren Planungsablauf eine andere Herangehensweise an CAD-Pläne notwendig. Abgesehen vom Werkzeug unterscheidet sich die Art und Weise der „Planmontage", die aus vielen unterschiedlichen Plankomponenten besteht und schließlich zu dem Produkt Plan führt.

Der Unterschied zum handgezeichneten Plan liegt darin, daß dieser immer ein Original darstellt, weshalb er bei Änderungen immer auf den neuesten Stand gebracht werden muß. Dies geschieht durch Radieren, Kratzen, Kleben oder gar Neuzeichnen des Plans oder bestimmter Teile. Dieser Ablauf wiederholt sich unzählbare Male, womit natürlich die Übertragung der Korrekturen in alle Pläne zu einer Sisyphusarbeit wird und Kommunikationsschwierigkeiten zwischen den Planungspartnern sowie Fehler im Bauablauf absehbar werden. Bei der Arbeit mit einem CAD-System dagegen wird bei Änderungen das Datenmodell geändert, womit die daraus abgeleiteten Pläne sofort dem neuesten Stand entsprechen.

Jede im CAD-System abgelegte Zeichnung wird Teil des kompletten Datenmodells, das über die gesamte Planungsphase (und darüber hinaus) genutzt wird. Änderungen in Zeichnungen führen damit zu Änderungen im Datenmodell, die sich dann natürlich auf alle weiteren, daraus abgeleiteten Pläne niederschlagen. Das führt dazu, daß immer nur im „letzten Stand" gearbeitet wird und damit durch alle Leistungsphasen vom Fachplaner bis hin zu den Bauausführenden immer die aktuellsten Pläne zur Verfügung stehen.

Strichzeichnung und Pixelbild der neuen Messehalle 2 in Hannover (Architekten Bertram, Bühnemann + Partner)

2.1 CAD als durchgängiges Werkzeug für den gesamten Planungsprozeß

Die kontinuierliche Weiterentwicklung des Datenmodells in jeder Planungsphase – von den Vorermittlungen bis zur Detailplanung – läßt das CAD-System zum idealen Werkzeug für die durchgängige Planung werden. Dazu trägt zum einen die zwangsläufige Stimmigkeit eines Datenmodells bei, das im Maßstab 1:1 entsteht. Zum anderen wird diese Durchgängigkeit zusätzlich unterstützt von der Möglichkeit, Änderungen sofort in alle Pläne zu übernehmen und für alle Planungsbeteiligten zugänglich zu machen.

Es sollte immer im Maßstab 1:1 gezeichnet werden, da der Planmaßstab erst bei der Planausgabe festgelegt wird. Der vorgesehene Planmaßstab entscheidet jedoch über die notwendige Detaillierung eines Plans, in Abhängigkeit von der notwendigen bzw. noch sinnvollen Informationsdichte.

Der Architekt behält die Verantwortlichkeit für Baupläne, doch kann er den beauftragten Planungsbeteiligten nun speziell die Pläne anbieten, die für ihre Arbeiten wichtig sind. Dazu bedient sich der CAD-Benutzer der Folienstruktur, die es ermöglicht, aus dem Datenmodell Pläne mit unterschiedlichem Informationsgehalt abzuleiten (siehe 1.3.4). Im Idealfall gibt der Architekt keine Pläne mehr außer Haus, sondern lediglich einen Datenträger, auf dem der Plan abgespeichert ist (oder er gibt den Plan frei zum Abruf per Datenfernübertragung, also über Modem oder ISDN).

Änderungen, die für andere Planungsbeteiligte relevant sind, können jederzeit wieder in das Datenmodell eingespielt werden und dieses damit an den aktuellen Stand des Planungsprozesses anpassen. Der schnelle Zugriff auf aktuelle Daten und die verkürzten Übermittlungszeiten für Plandaten, ermöglichen insgesamt einen zügigeren Planungsprozeß, was bei immer kürzer werdenden Planungszyklen besonders von Bedeutung ist.

Ist ein Bauprojekt einmal fertiggestellt, müßte im besten Fall das entwickelte Datenmodell nahezu identisch mit dem gebauten Projekt sein. Dieser Umstand eröffnet dann wiederum Möglichkeiten für die weitere Nutzung des Datenmodells in der computergestützten Gebäudeverwaltung (auch häufig als Facility Management bezeichnet und in Kapitel 2.7. ausführlicher beschrieben).

Mit dieser Maske wird beim Anlegen eines neuen Projektes festgelegt, ob man auf bürospezifische Standards zugreifen oder mit projektspezifischen Einstellungen arbeiten will

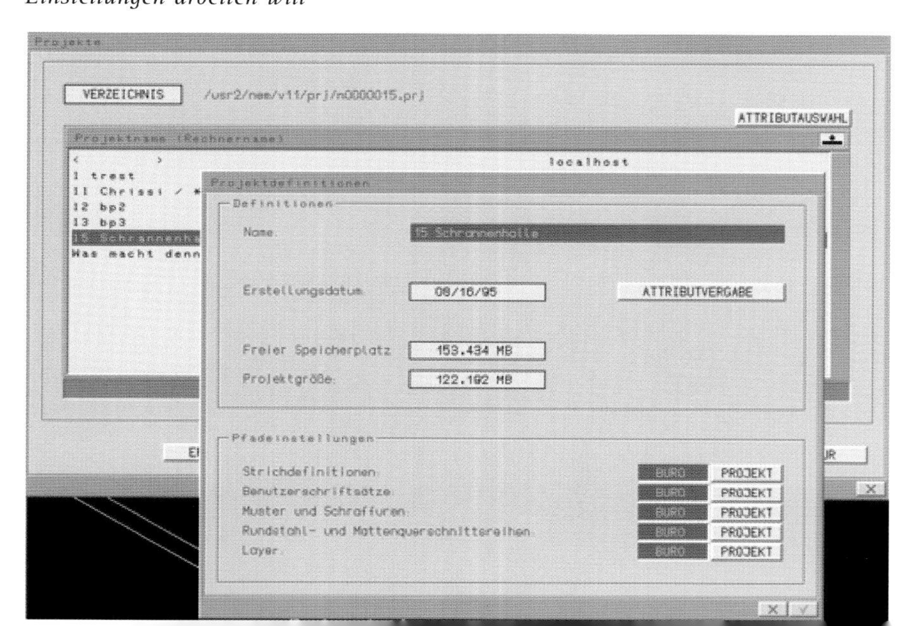

2.2 Anforderungen an CAD-Zeichnungen

2.2.1 Anforderungen an die Büroorganisation

Bei der herkömmlichen Zeichnungserstellung dient ein von Hand erstellter Plan als Vorlage für andere Planungsbeteiligte und liefert damit gleichzeitig die Standards für die Planüberarbeitung. Im CAD-System kann sich eine solche Herangehensweise ausschließen, da verschiedene Planungsbeteiligte zu unterschiedlichen Zeitpunkten auf eine gemeinsame Datenbasis zugreifen und diese verändern. Es muß daher von vornherein gewährleistet sein, daß immer mit denselben Zeichenkonventionen gearbeitet wird, wie Schraffuren, Strichstärken oder Linienarten.

Zum effektiven Einsatz eines CAD-Systems über alle Leistungsphasen der HOAI hinweg, müssen also arbeitsorganisatorische und zeichnungstechnische Anforderungen erfüllt werden.

Zunächst einmal sollten zeichnungstechnische Standards, wie beispielsweise die für Strichstärke, Beschriftung, Vermaßung und Schraffur definiert werden. Diese werden in einem vernetzten System vom Systemadministrator (der für die CAD-Anlage verantwortlich ist) eingestellt, so daß an jedem Arbeitsplatz darauf zugegriffen werden kann. Am Einzelarbeitsplatz kann der Anwender selbst diese Vorgaben einstellen und diese anschließend immer verwenden. In vielen CAD-Systemen können solche Standards entsprechend der (DIN)-Konventionen oder auch einer eigenen Büroordnung festgelegt werden. Auf diese müssen alle CAD-Bearbeiter entweder über das Computer-Netzwerk oder über einen schriftlich fixierten Katalog Zugang haben.

Ist ein CAD-System in einem mittleren oder großen Planungsbüro über ein Netzwerk mit weiteren CAD-Arbeitsplätzen verbunden, können solche Standards einmalig zentral in einem Netzwerk abgespeichert werden. Voraussetzung dafür ist jedoch ein Programm, daß diese Einstellungen verwaltet. Entsprechende Programme regeln außerdem die Zugriffsrechte auf Daten und können zur Bürokommunikation eingesetzt werden. Von jeder Arbeitsstation aus kann jeder Benutzer dann auf die gleichen Bürostandards zugreifen, wobei alle Daten nur einmal abgelegt werden müssen.

Eine klare logische Gliederung der einzelnen Detailkomponenten auf unterschiedlichen Folien ist dabei genauso wichtig wie die zeichentechnischen Standards.

Geschosse können so beispielsweise gegliedert werden nach Zeichnungen für das Untergeschoß, das Erdgeschoß, das erste Obergeschoß, usw. Zeichnungen bestehen aus mehreren Folien, die die Geometrie der Außenwände, der Innenwände oder weitere Informationen wie Bemaßung, Texte oder Angaben über die Nutzung enthalten. Weitere Angaben über die Materialien der Bauteile lassen sich im CAD-System ALLPLAN gewerkweise untergliedert auf den Layern, der weitergehenden Differenzierung innerhalb der Teilbilder, ablegen.

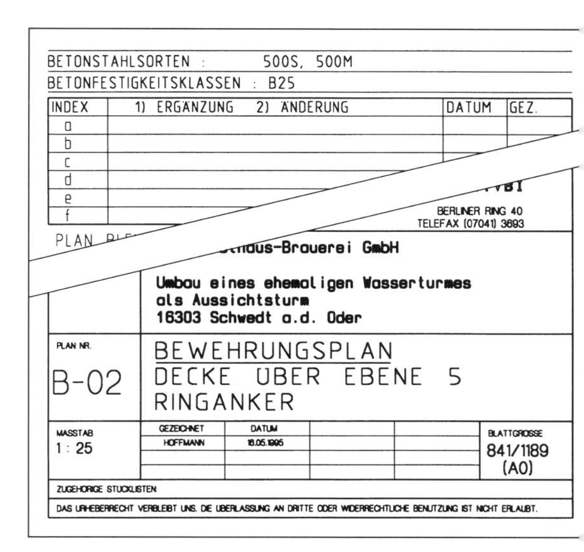

Auch bei der CAD-Bearbeitung bleibt das Mitführen von Änderungshinweisen im Plankopf wichtig

Mit Notizzetteln können Hinweise in elektronischer Form bestimmten Folien zugeordnet werden

Notizzettel für Zeichnung

Projekt: trest

Zeichnung: cad-buch kap2

Datum: 16.08.1995 Uhrzeit: 13:05

Notizen

Mitteilung an Bearbeiter: Hr. Allmann & Co
Der abgeänderte Grundriss im Planschnittbereich C01
wurde am 15.08.95 an die betroffenen Firmen und Büros weitergeleitet
evtl. Rücksprche halten

Das Ingenieurbüro ALL soll ein FAX bis Ende August schicken

DRUCKEN

Mitteilung an Bearbeiter: Hr. Allmann & Co
Der abgeänderte Grundriss im Planschnittbereich C01
wurde am 15.08.95 an die betroffenen Firmen und Büros weitergeleitet
evtl. Rücksprche halten

Das Ingenieurbüro ALL soll ein FAX bis Ende August schicken

Die Systematik sollte dann auch bei der Numerierung der einzelnen Folien eingehalten werden, etwa durch die Ablage der Außenwände für das Erdgeschoß auf der Folie Nr. 101, der Außenwände für das erste Obergeschoß auf Folie Nr. 201, der Außenwände für das dritte Obergeschoß auf Folie Nr. 301 usw. Somit ist für jeden Benutzer durch die Grundziffer und durch eine sinnvolle Beschriftung der Inhalt der Folien bekannt. Zunächst frei bleibende Teilbildnummern können im Bedarfsfall jederzeit genutzt werden, beispielsweise für Planungsvarianten, die bei Planungsbeginn noch nicht absehbar waren. Die Ordnung im System bleibt jedoch auf jeden Fall erhalten. Die Ablage der Folien ist jedoch von CAD-System zu CAD-System unterschiedlich und darf nicht verwechselt werden mit der Ablage einzelner Dateien bei Standardanwendungen.

Eine durchgängige Planung vom Entwurf bis zur Objektübergabe mit einem CAD-System verlangt auch die transparente Dokumentation von Änderungen. Änderungen müssen nachvollziehbar sein, Aktualisierungen und Archivierungen müssen leicht möglich sein. Es muß, etwa aus dem Plankopf über einen Index, sofort ersichtlich sein, wer wann Änderungen durchgeführt hat. So läßt sich nachprüfen, ob eine Änderung noch in der Eingabeplanung oder erst in der Ausführungsplanung eingegeben wurde. Einige CAD-Hersteller bieten für diese Zwecke, vor allem für den Netzwerkbetrieb, sogenannte Planmanager- oder Archivierungsprogramme an. Diese verfügen über komfortable Dokumentations-, Archivierungs- und Suchfunktionen.

Sehr praktisch ist die Möglichkeit bei einigen CAD-Programmen, den Zeichnungen einen Notizzettel zuzuordnen. Interne Hinweise auf Besonderheiten der Zeichnung und Anmerkungen können darauf vermerkt werden. In einem schnellen Überblick sind so aktuelle Informationen zu der Zeichnung verfügbar. Änderungen können aber auch über verschiedene Farben in einer Zeichnung kenntlich gemacht werden. Mit Kommentaren in extra Teilbildern können Änderungen zusätzlich erklärt werden.

Wird die Dokumentation konsequent mitgeführt, also Änderungen aufgezeichnet, wird das CAD-System auch zum Mittel der Projektüberwachung. Es kann jederzeit festgestellt werden, auf welchem Stand die aktuellen Planungen sind und welche Mitarbeiter damit betraut sind. Zusätzlich ergibt sich auch eine Qualitätskontrolle, wenn man weiß, wer welche Änderungen durchgeführt hat. Diese Angaben sind zwar auch bei der manuellen Zeichnungserstellung üblich, das CAD-System bietet jedoch darüber hinausgehende Übersichtlichkeit und Auswertungsmöglichkeiten.

Bei richtiger Organisation lassen sich einmal erstellte Makros und Symbole leicht wiederfinden

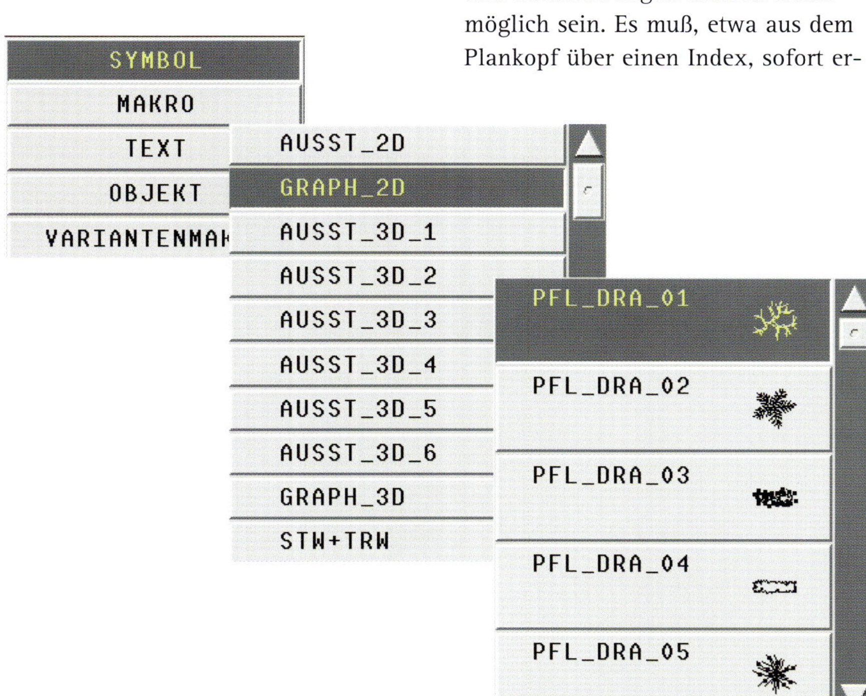

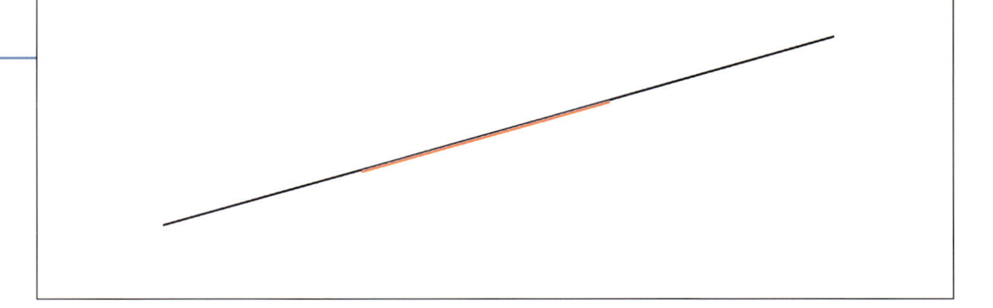

Eine genaue Dokumentation ist auch notwendig, wenn Folien, Zeichnungen oder Elemente daraus wiederverwendet werden sollen. Das kann entweder innerhalb eines Projektes geschehen oder projektübergreifend. Zeichnungen können deshalb als Symbole oder Makros abgespeichert und später für andere Teilbilder oder Pläne wiederverwendet werden. Makros und Symbole können innerhalb des CAD-Systems nach verschiedenen Kriterien sortiert und abgelegt und beschriftet werden, damit sie bei Bedarf schnell wieder auffindbar sind.

Das grundsätzliche Problem einer Büroordnung erledigt sich jedoch nicht allein durch Anschaffung einer EDV-Anlage. Erst wenn die Ordnung innerhalb des CAD-Systems durchgängig gestaltet ist und konsequent geführt wird, arbeitet man mit EDV effektiver.

2.2.2 Bei der Zeichnungserstellung zu beachten

Neben diesen organisatorischen Vorgaben, die konsistente Pläne gewährleisten sollen, gibt es noch andere Regeln, die bei der CAD-Bearbeitung eingehalten werden sollten. So kann die Zeichnungserstellung am CAD-Arbeitsplatz zu ungenauem Arbeiten verführen. Die Bildschirmdarstellung kann täuschen, etwa wenn zwei Linien übereinander liegen. Hilfe bietet dann eine Funktion, mit der sich die Strichstärken in ihrer realen Breite anzeigen lassen, womit verdeckte Linien erkannt werden können. Oder man wandelt mit einer entsprechenden Funktion Mehrfachlinien in eine einzige Linie um.

Bei CAD-Programmen arbeitet man deshalb ständig mit der Zoom- oder Ausschnittfunktion. Mit ihr kann man beliebige Teile einer Zeichnung auswählen und vergrößern, so lassen sich auch mögliche Ungenauigkeiten rasch überprüfen. Zeichnet man z. B. zwei Linien, die sich an einem (Eck-)Punkt treffen sollen, am CAD-System per Absetzen mit dem Fadenkreuz, kann man leicht den Eindruck haben, daß sie sich genau treffen. Um zu überprüfen, ob sie wirklich auf den Punkt genau zusammentreffen, sollte der Eckpunkt angezoomt werden. Geht nun eine Linie, wenn auch nur geringfügig, über den Eckpunkt hinaus, so muß diese gekürzt werden, damit nicht falsche Längenangaben für die Vermaßung entstehen.

Trotz der Möglichkeit, die Eingaben in realen Maßen vorzunehmen, sollte man sich vor einer zu großen Detaillierung von Plänen hüten. Achtet man nicht darauf, in welchem Maßstab die Planausgabe erfolgen soll, besteht leicht die Gefahr, zu „überzeichneten" Plänen zu kommen. Durch die Eingabe der Konstruktion in realen Maßen und die Benutzung der Zoomfunktion kann leicht das

Zur präzisen Konstruktion müssen mehrere Geraden, die exakt übereinanderliegen, oftmals in eine einzelne Linie umgewandelt werden

Um Folgefehler zu vermeiden, ist es sinnvoll, darauf zu achten, wo genau eine Linie beginnt oder endet. So können beispielsweise Fehler in der Bemaßung verhindert werden

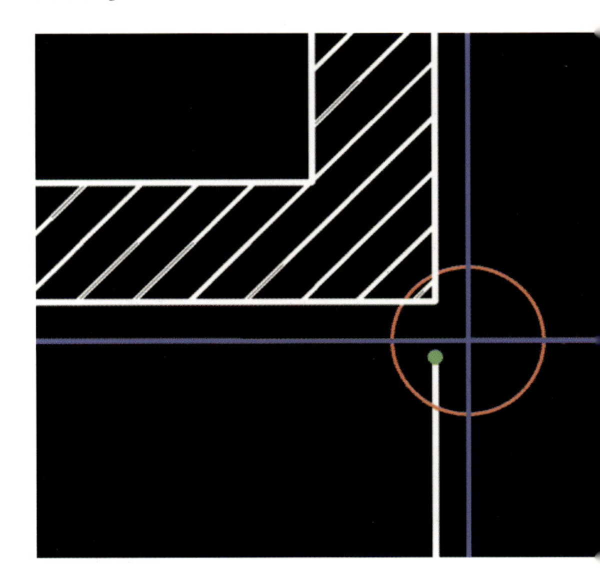

Gefühl für die bei der Planausgabe entstehende Informationsdichte verlorengehen.

Exaktes Konstruieren wird im CAD-System möglich, da Vektoren, auf denen CAD-Programme basieren, immer exakte Anfangs-, End-, Mittel- und Schnittpunkte haben. Durch sie werden alle Punkte eindeutig festgelegt. Das Fadenkreuz unterstützt diese eindeutige Konstruktion dadurch, daß es so eingestellt ist, daß immer nur eindeutige Punkte „gefangen" werden. Die Fangfunktion des Fadenkreuzes wird im Kapitel 2.4.1 näher beschrieben. Auch freies Konstruieren ist natürlich möglich, birgt jedoch die Gefahr in sich, daß sich Ungenauigkeiten einschleichen, wenn nicht eindeutige Punkte als Ausgangsbasis für weitere Konstruktionen genutzt werden.

Das schnelle Wechseln vom Grundriß zur Ansicht oder Perspektive im CAD-System erleichtert das Überprüfen von Konstruktionen. Fehler können so erkannt und vermieden werden

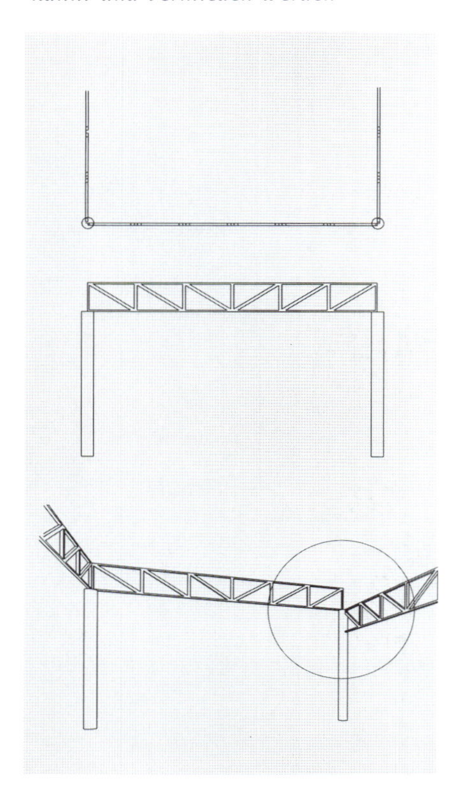

2.3. Möglichkeiten der 3. Dimension

Die Vorteile des 3D-Datenmodells, automatisch Schnitte, Perspektiven oder Ansichten zu berechnen, können auch direkt während der Zeichnungserstellung genutzt werden. Parallel zur Grundrißbearbeitung kann man die Entwicklung des 3D-Modells verfolgen.

Die sogenannte Windows(Fenster)-Technik baut auf dem Bildschirm mehrere Fenster auf, in denen verschiedene Projektionen des 3D-Modells sichtbar sind. Modifikationen lassen sich so beispielsweise gleich in der Isometrie verfolgen. Außerdem läßt sich mit der Windowtechnik eine Gesamtdarstellung der Zeichnung betrachten, während man in einem anderen Fenster gleichzeitig in einem vergrößerten Ausschnitt arbeiten kann. So wird ein genaues Arbeiten mit dem CAD-System auch bei komplexen Projekten erst möglich.

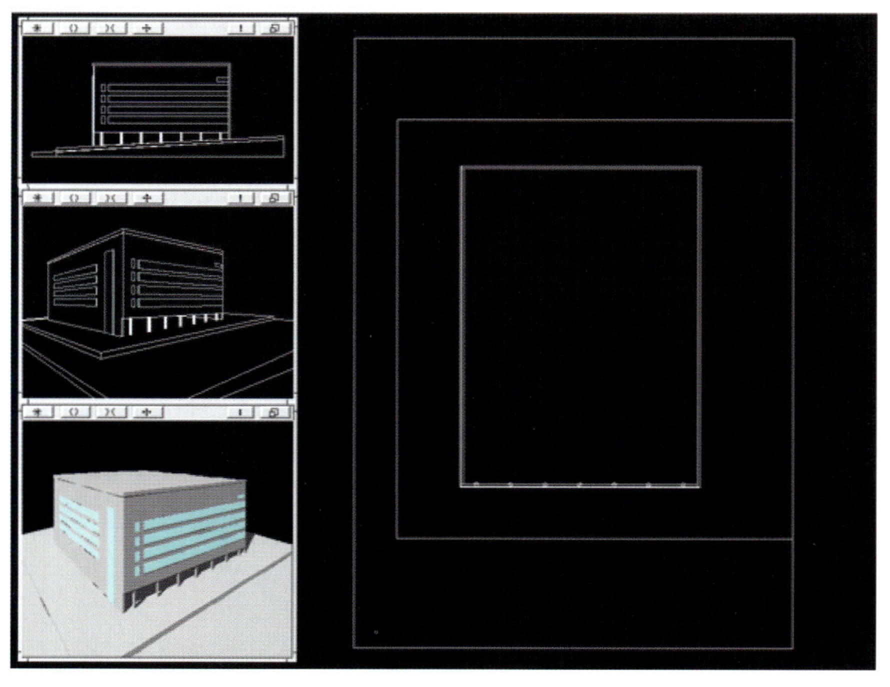

3D-Modellierung im Grundriß. Die Entwicklung des Modells kann mit der Fenstertechnik bereits dreidimensional begutachtet werden

Plausibilitätsprüfung

Die Erfahrung der Architekten in der Interpretation von zweidimensionalen Plänen wird vom Computer noch durch das 3D-Modell unterstützt. Besonders bei Skelettkonstruktionen und aufwendigen Tragwerken ist die Hilfestellung durch die schnelle Visualisierung nicht zu unterschätzen. Kollisionen von Balken oder Trägern werden frühzeitig absehbar und können vermieden werden. Die bei richtigem Einsatz erreichbare Qualitätsverbesserung der Pläne wirkt so auch auf die Baustelle und damit den gesamten Bauprozeß. So wird das CAD-System zum geeigneten Werkzeug bei immer kürzer werdenden Planungszyklen und immer knapper kalkulierten Kosten.

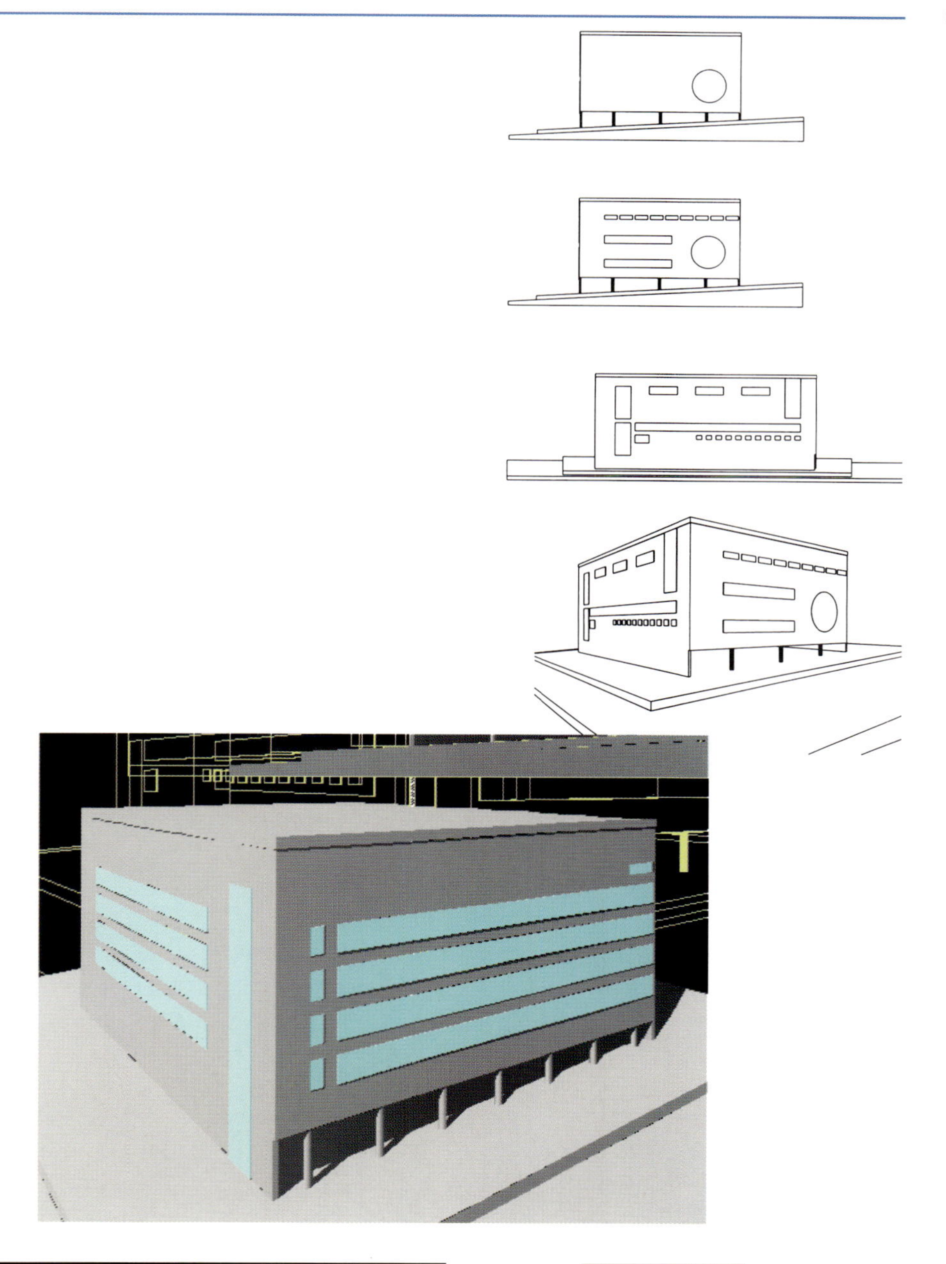

Verschiedene Entwurfsstudien, die aus dem Modell abgeleitet wurden. Die Farbbilder zeigen die kolorierten Entwurfsergebnisse

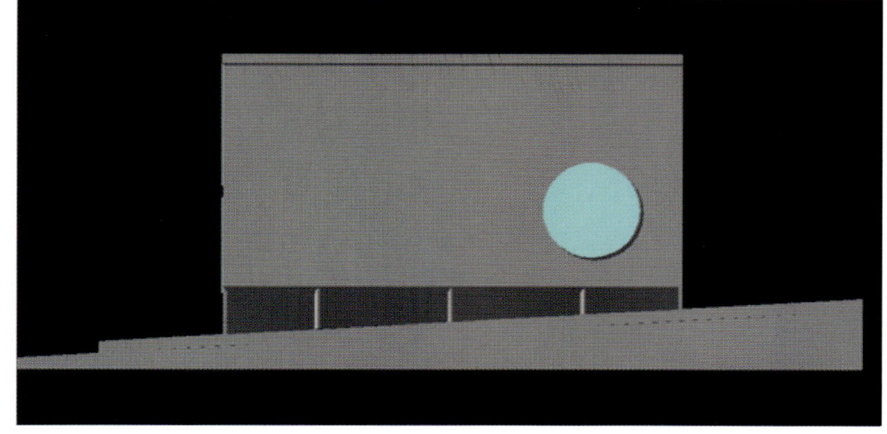

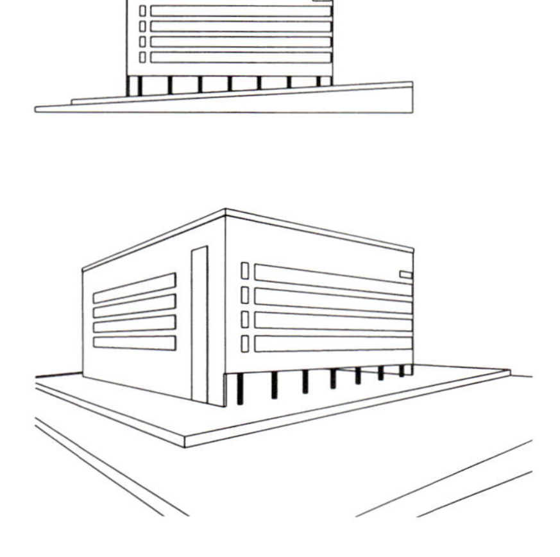

Entwurf für die Anordnung der Sitzreihen

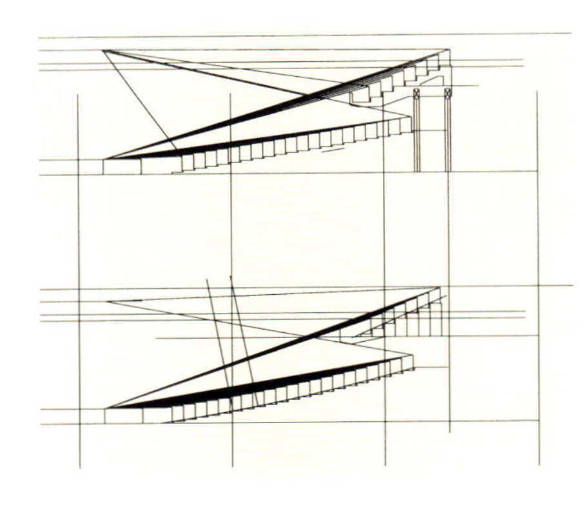

Entwurf des Grundrisses für die Umnutzung von ehemaligen Fabrikhallen in ein Theaterzentrum (alle Abbildungen dazu: +plus, Professor Hübner, Neckartenzlingen)

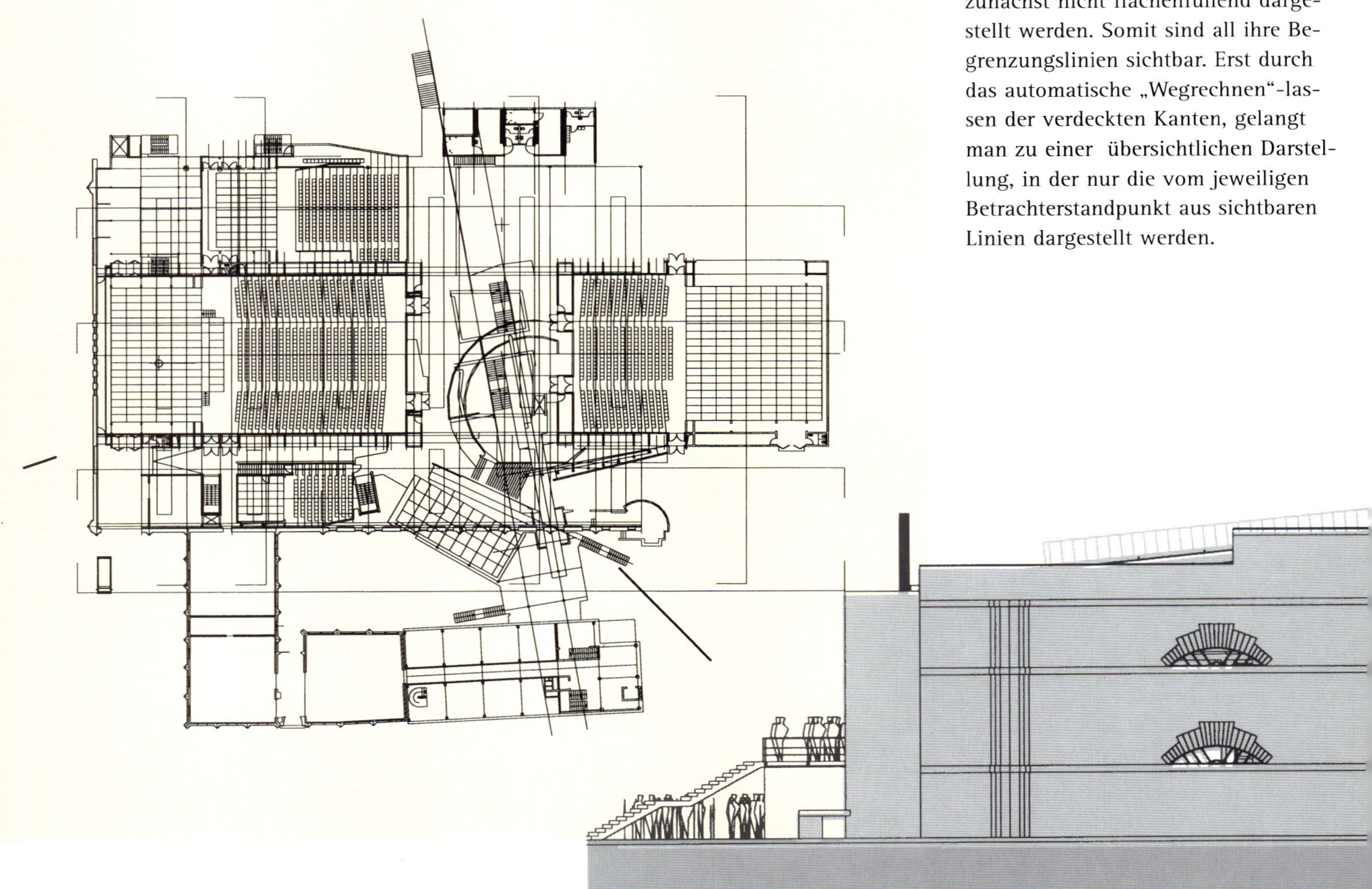

Schnitte, Ansichten, Perspektiven

Ist ein Gebäude durchgehend dreidimensional erfaßt, läßt sich auch die automatische Erstellung von Schnitten verwirklichen. Nehmen wir an, Fassade, Wände, Decken und Dächer sind 1:1 gezeichnet. All diese Elemente werden an beliebig zu legenden Schnittkanten durchtrennt und in einen Gebäudeschnitt umgewandelt.

In der 3D-Darstellung ist auf dem Bildschirm zunächst jedoch, besonders bei komplexen Bauvorhaben, ein unübersichtliches Drahtmodell zu sehen. Die Linien stellen die Außenkanten der entstehenden 3D-Körper dar, aus denen sich das dreidimensionale Gebäudemodell zusammensetzt. Die Unübersichtlichkeit entsteht dadurch, daß Volumenkörper normalerweise zunächst nicht flächenfüllend dargestellt werden. Somit sind all ihre Begrenzungslinien sichtbar. Erst durch das automatische „Wegrechnen"-lassen der verdeckten Kanten, gelangt man zu einer übersichtlichen Darstellung, in der nur die vom jeweiligen Betrachterstandpunkt aus sichtbaren Linien dargestellt werden.

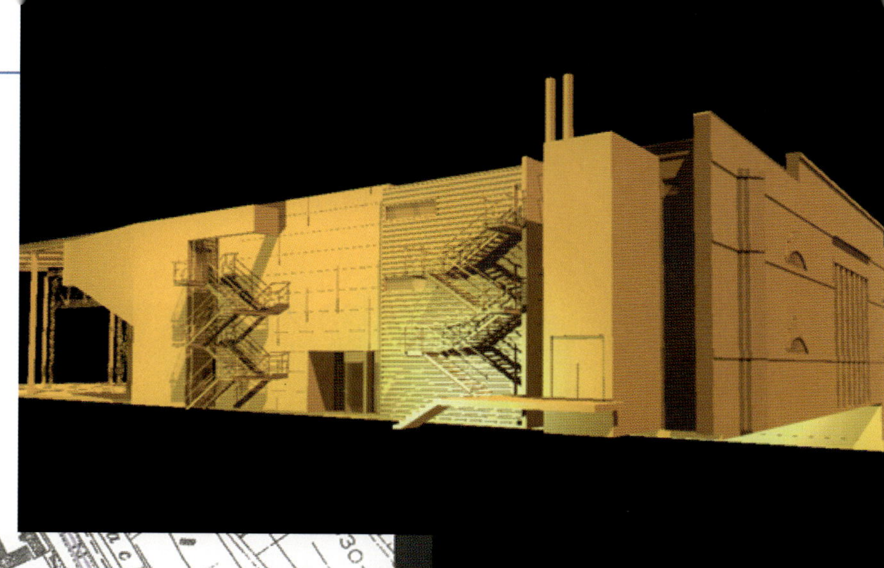

Seitenansicht des Entwurfs für das Theaterhaus in der CAD-Animation

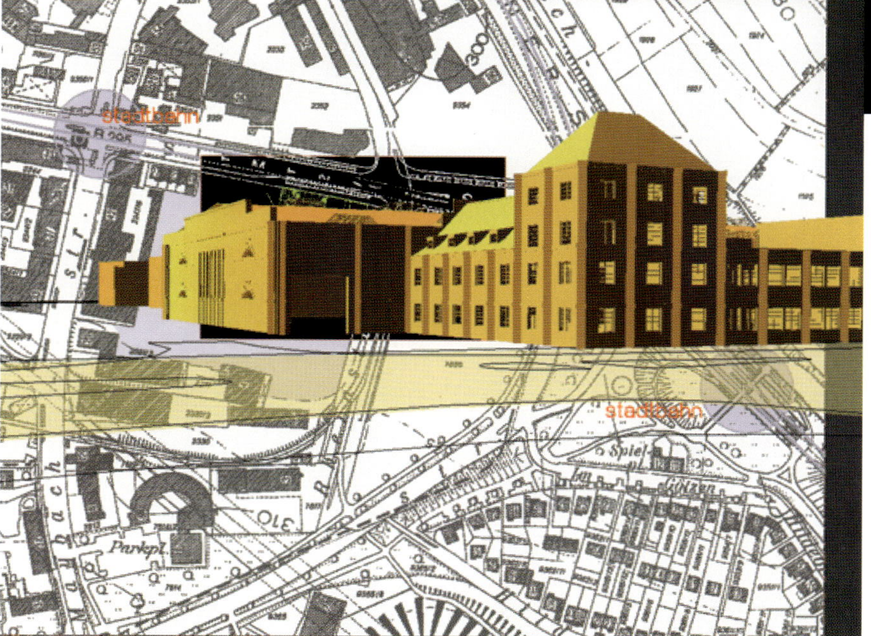

Die ehemaligen Fabrikhallen sollen in ein Kultur- und Veranstaltungsgelände umgenutzt werden. Collage aus dem Animationsbild und dem Lageplan des Geländes

Ansicht des Entwurfs mit Einbeziehung der bestehenden Bauten

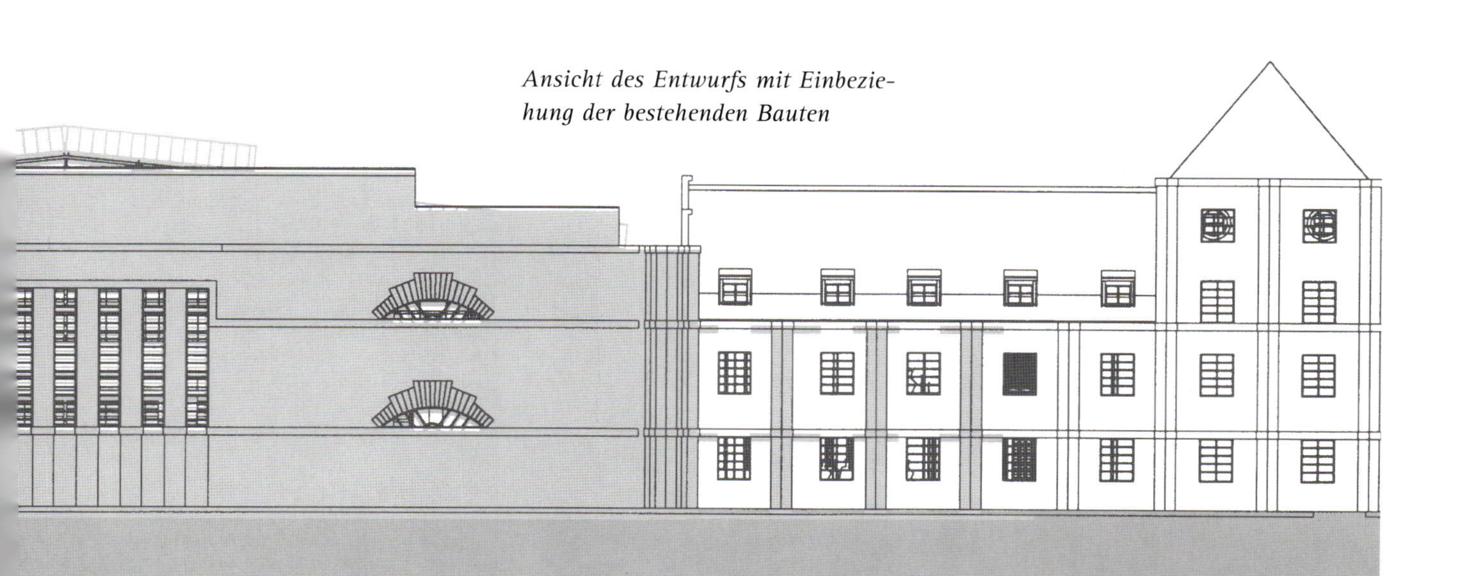

Oben: Schnitt durch den Bestand
Rechts: Visualisierung der großen Veranstaltungshalle

Unten: Schnitt durch den Bestand und den Entwurf für die Umbauten

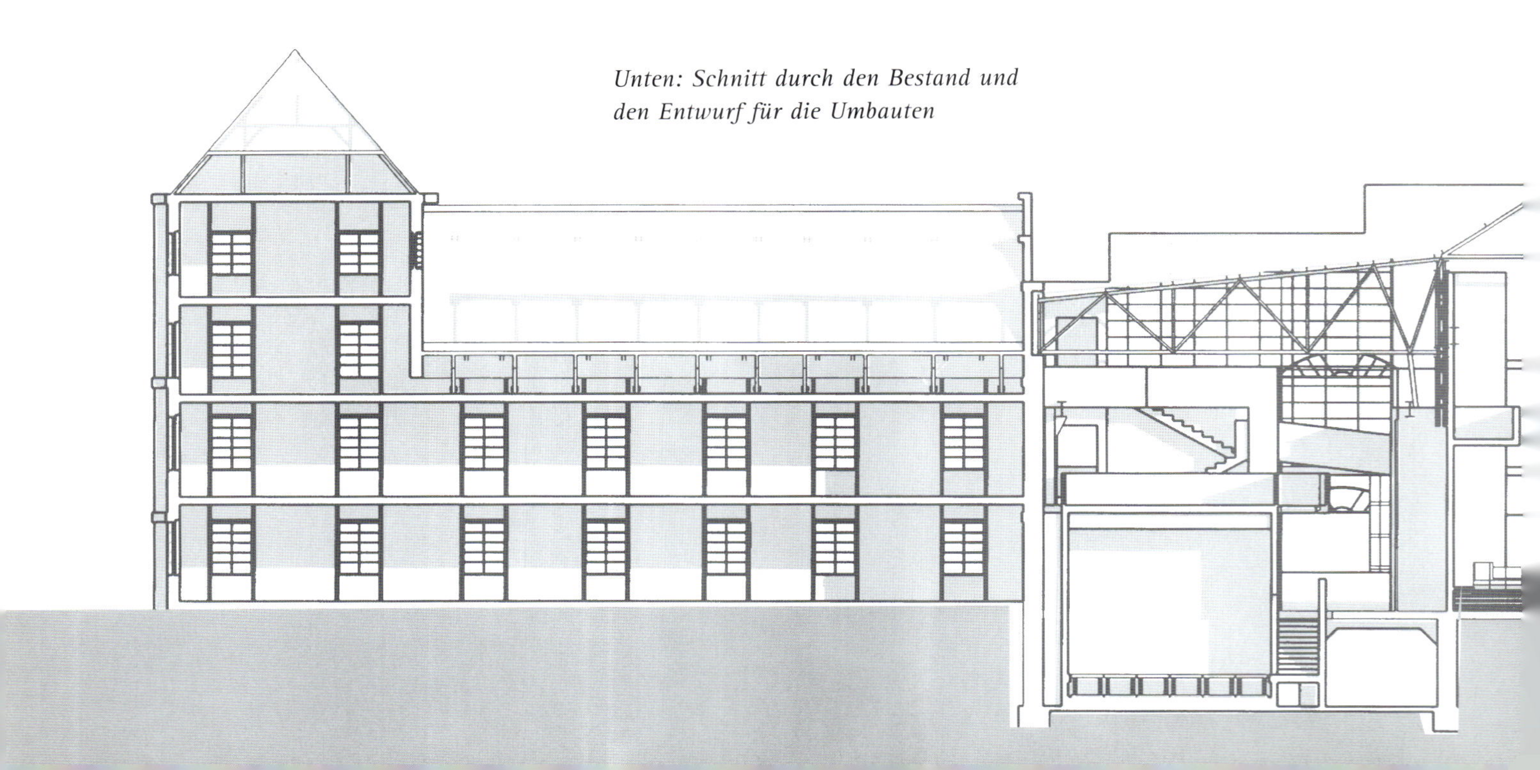

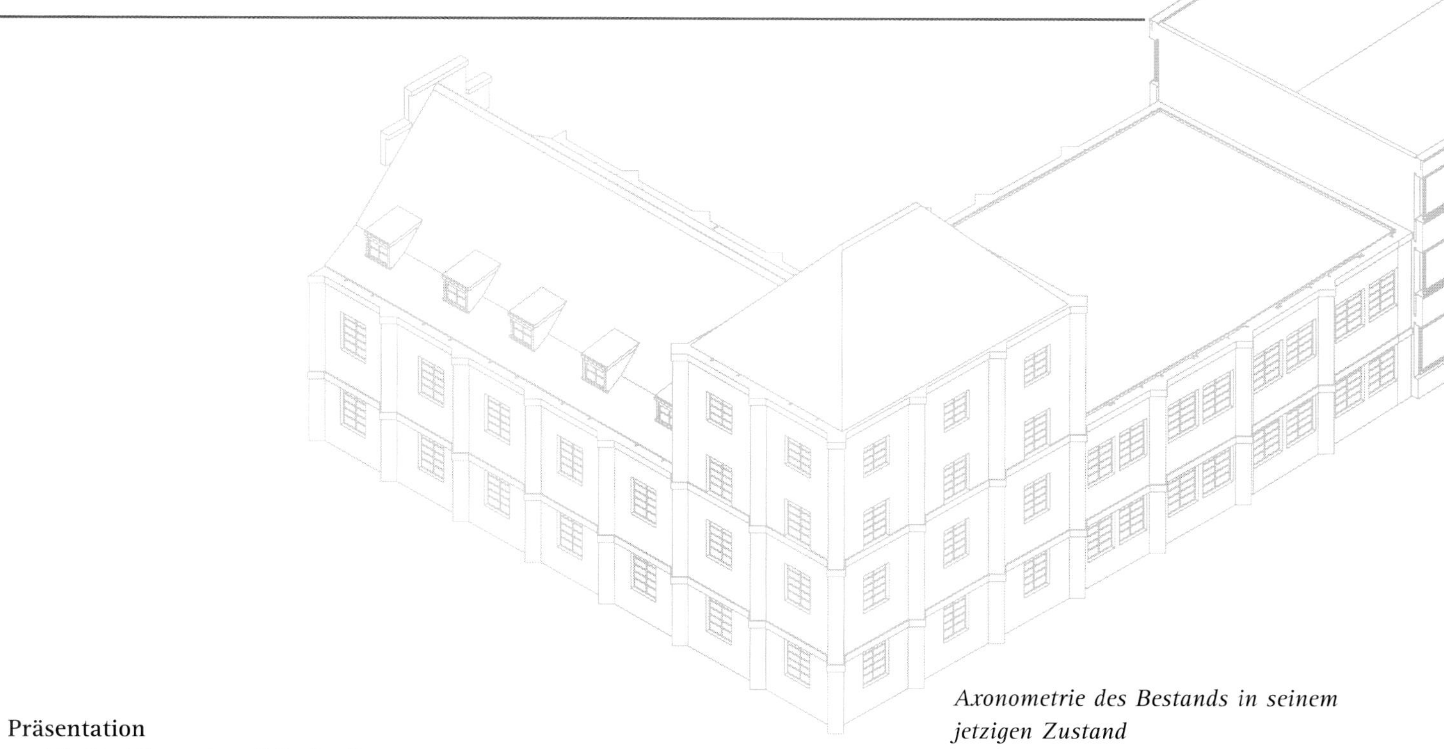

Axonometrie des Bestands in seinem jetzigen Zustand

Präsentation

Die Dreidimensionalität des Datenmodells, das die Räumlichkeit des zu bauenden Objektes annähernd originalgetreu wiedergibt, ist natürlich bestens zur Präsentation beim Bauherrn geeignet. Bauherren müssen sich nicht mehr ausschließlich von kleinmaßstäblichen Modellbauten davon überzeugen, wie ihr Projekt einmal aussehen wird. Statt dessen kann der Architekt nun beliebige Ansichten und Perspektiven berechnen lassen und dabei die interessierenden Betrachtungsstandpunkte vorgeben. So können auch Ansichten des Erdgeschosses aus der Ebene des gleichhohen Betrachters begutachtet werden, der nun nicht mehr in der Vogelperspektive über einem 1:25-Modell steht.

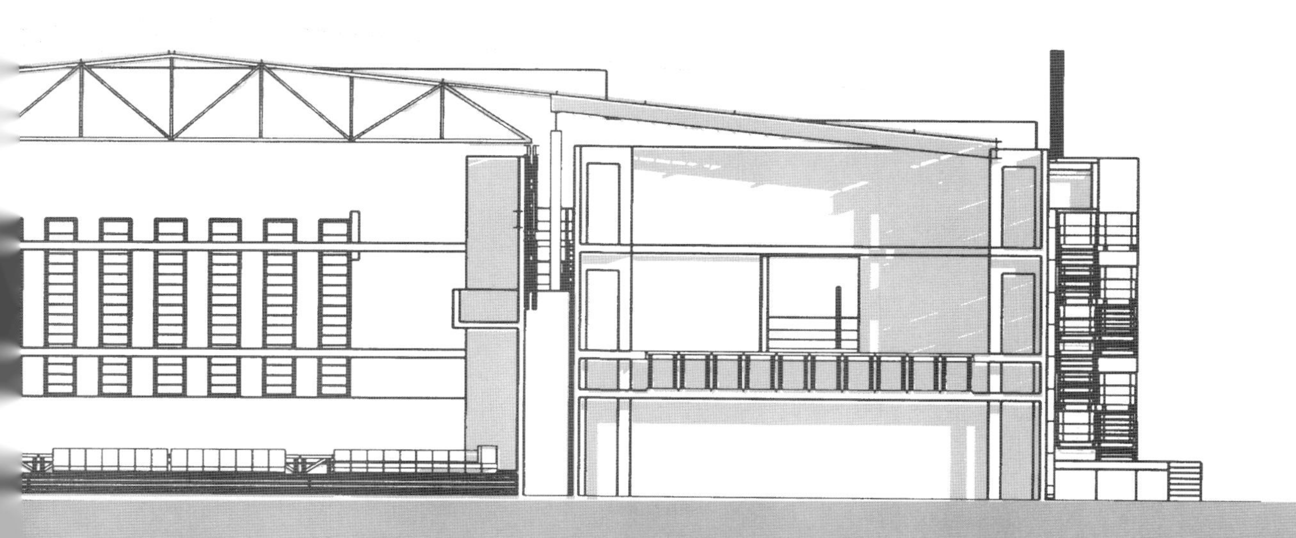

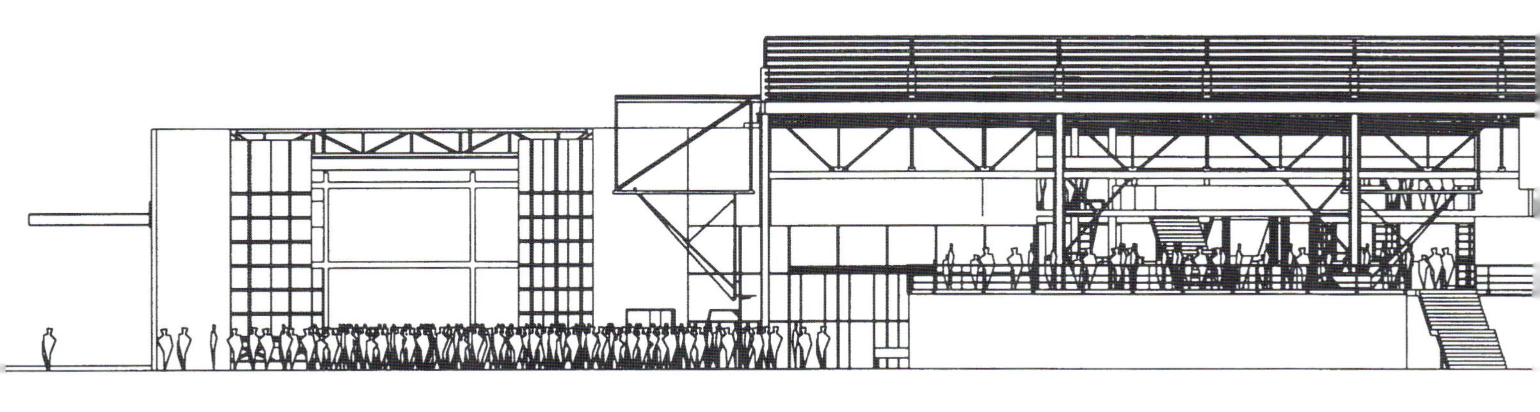

Die Oberflächen der 3D-Darstellung können zusätzlich noch mit sogenannten Materialien oder Texturen belegt werden, die eine realitätsnahe Wiedergabe verschiedenster Baustoffe ermöglichen. Dazu kann noch die reale Beleuchtungssituation, also der Sonnenstand, im Computer simuliert werden. So lassen sich bereits frühzeitig verschattete Bereiche erkennen oder geplante Sonnenschutzvorrichtungen auf ihre Wirkung hin überprüfen. Selbst die Transparenz von Glasflächen und die Spiegelung von poliertem Mamor kann sichtbar gemacht werden. Das Bild am Bildschirm wird so immer mehr an die geplante Wirklichkeit angenähert. Es wird also so real, wie die Photographie eines bereits bestehenden Gebäudes sein könnte, eben „photorealistisch".

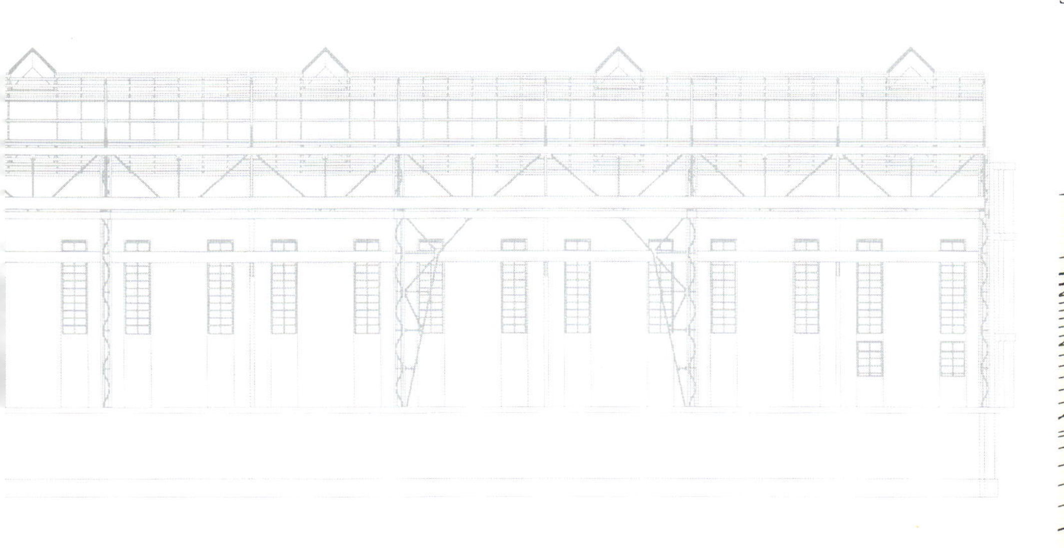

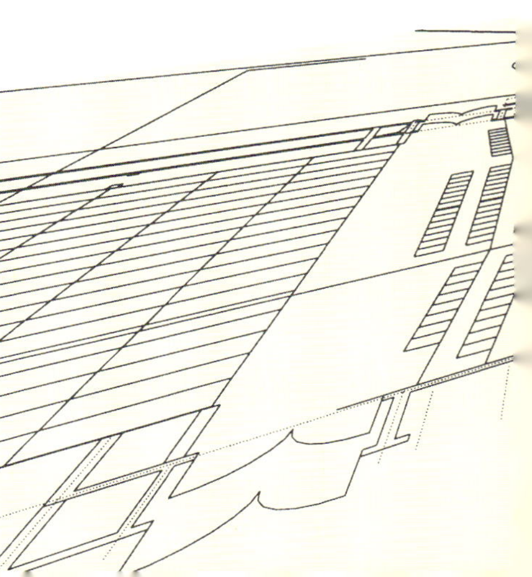

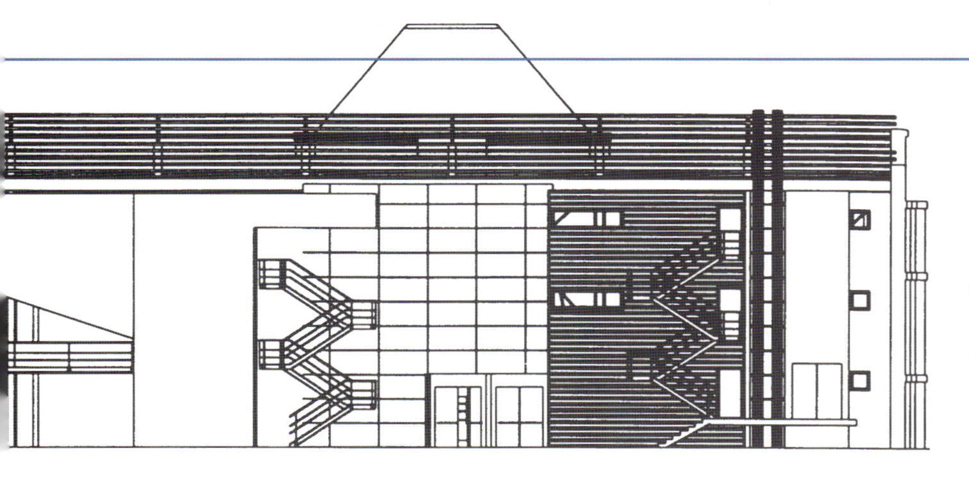

Weitere Darstellungen des Entwurfs für das Theaterhaus in Stuttgart-Pragsattel. Im Fall der Verwirklichung finden in den Theater- und Veranstaltungsräumen über tausend Personen Platz. Das Industriedenkmal bleibt somit erhalten

Werden diese photorealistischen Ansichten nun in nur leicht veränderten Betrachtungsstandpunkten hintereinandergereiht, ergibt sich ein Film, die sogenannte (Computer-) Animation. Mit der Animation werden also nicht nur Standbilder einer Ansicht erzeugt, sondern tatsächlich eine filmische Darstellung des geplanten Objektes aus verschiedenen Blickwinkeln, von außen und von innen, erzeugt.

Aber auch für den Planungsprozeß kann die Animation ein hilfreiches Instrument sein. Änderungen im Entwurf können vom Architekten umgehend im Hinblick auf das veränderte Aussehen, auch in der Farbigkeit, und die räumliche Wirkung untersucht werden.

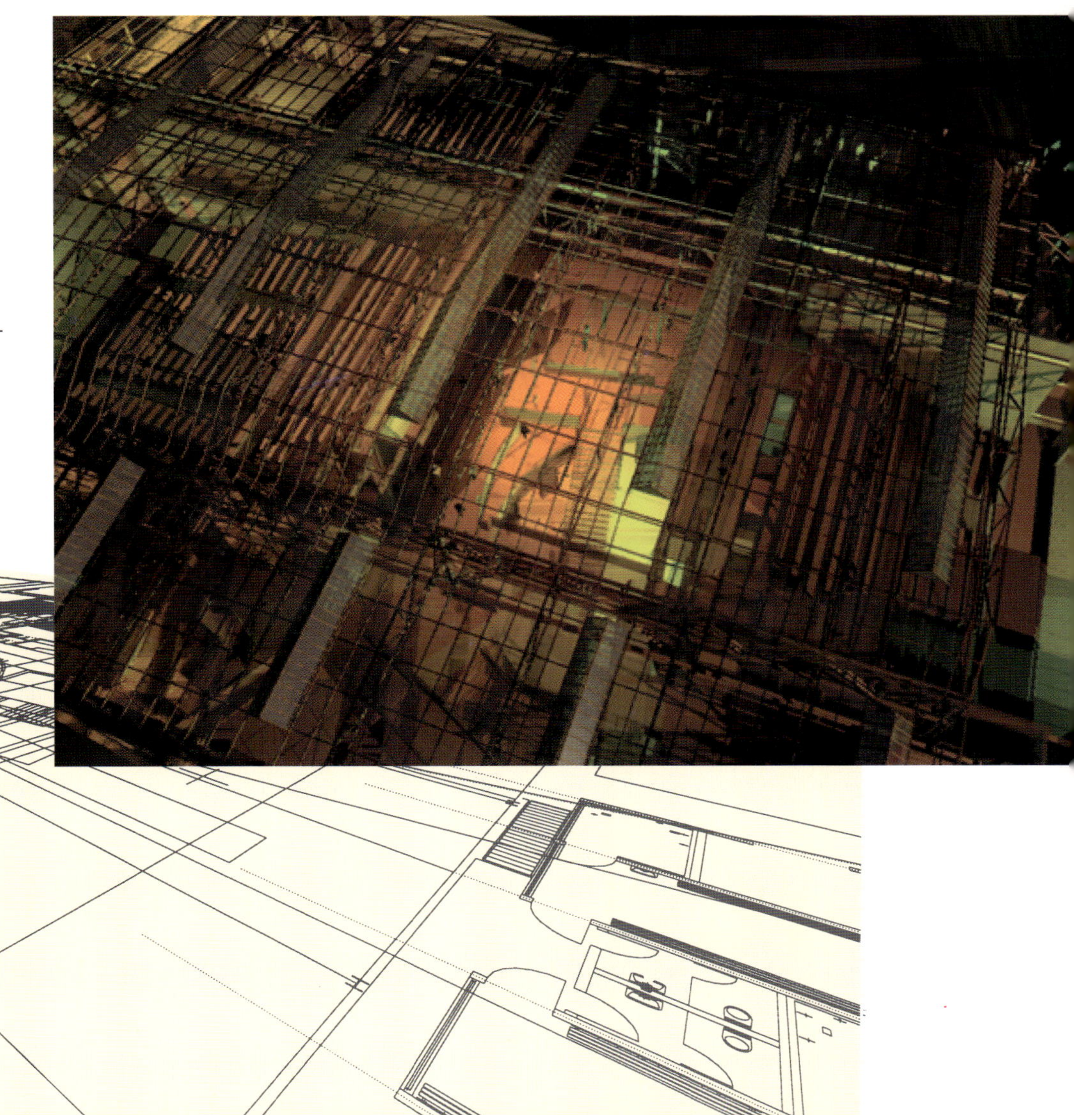

Auswertung der 3D-Informationen

Nicht nur zur Unterstützung des Modellbaus und zur visuellen Präsentation wird das 3D-Modell herangezogen. Es können auch die, durch das Volumenmodell vorhandenen, geometrischen Informationen noch weiter genutzt werden. Zu den aus der Geometrie bekannten Daten gehören Angaben über die Grund- und Deckenflächen, die Seitenflächen und das Volumen des umbauten Raumes. So lassen sich entsprechende Listen automatisch erstellen, ohne die Berechnungen von Hand durchführen zu müssen. Werden die Rauminformationen mit den Attributen verknüpft, die den Bauteilen zugeordnet werden, so lassen sich nicht nur Raumbücher erstellen, sondern auch Stücklisten ermitteln und Massenberechnungen durchführen.

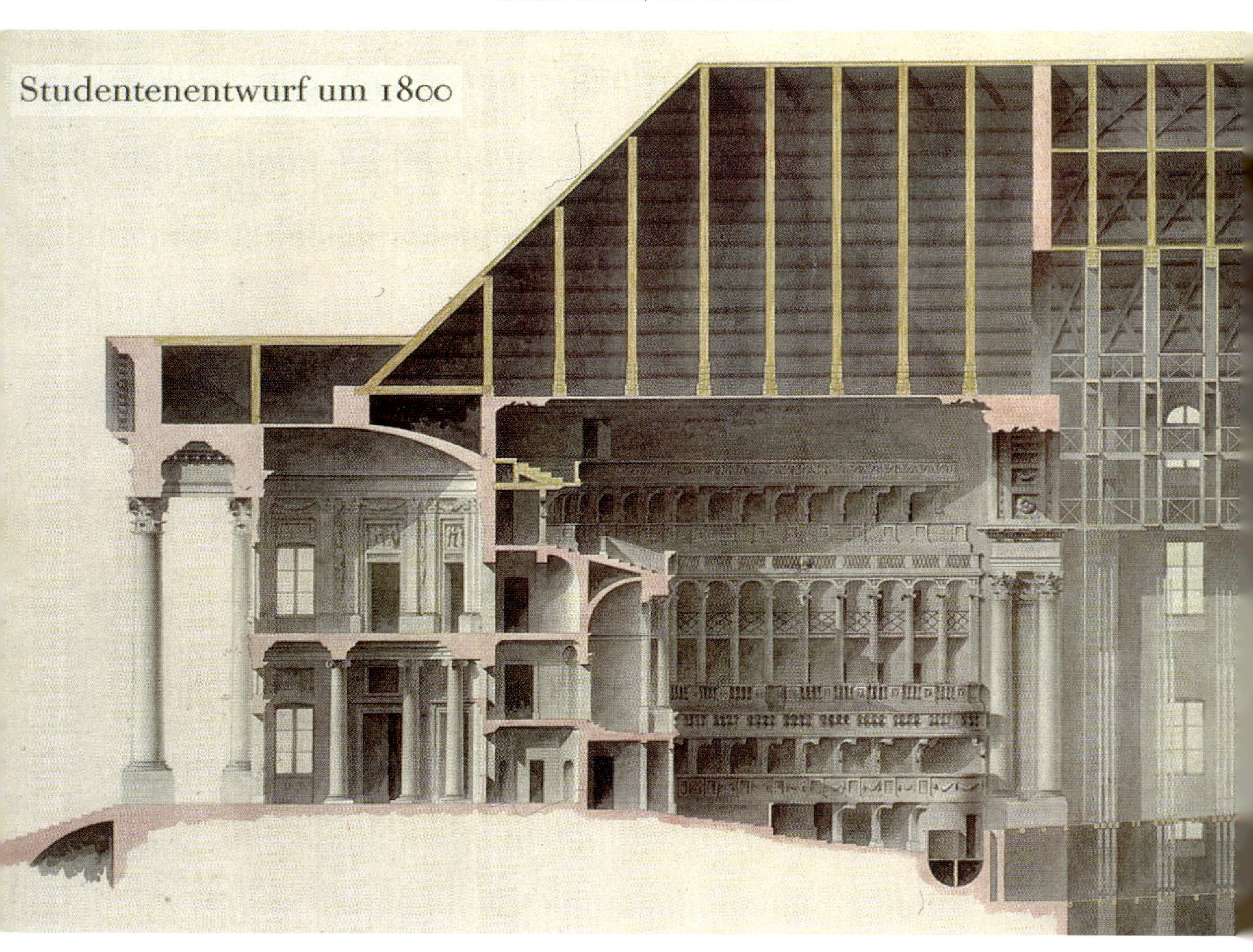

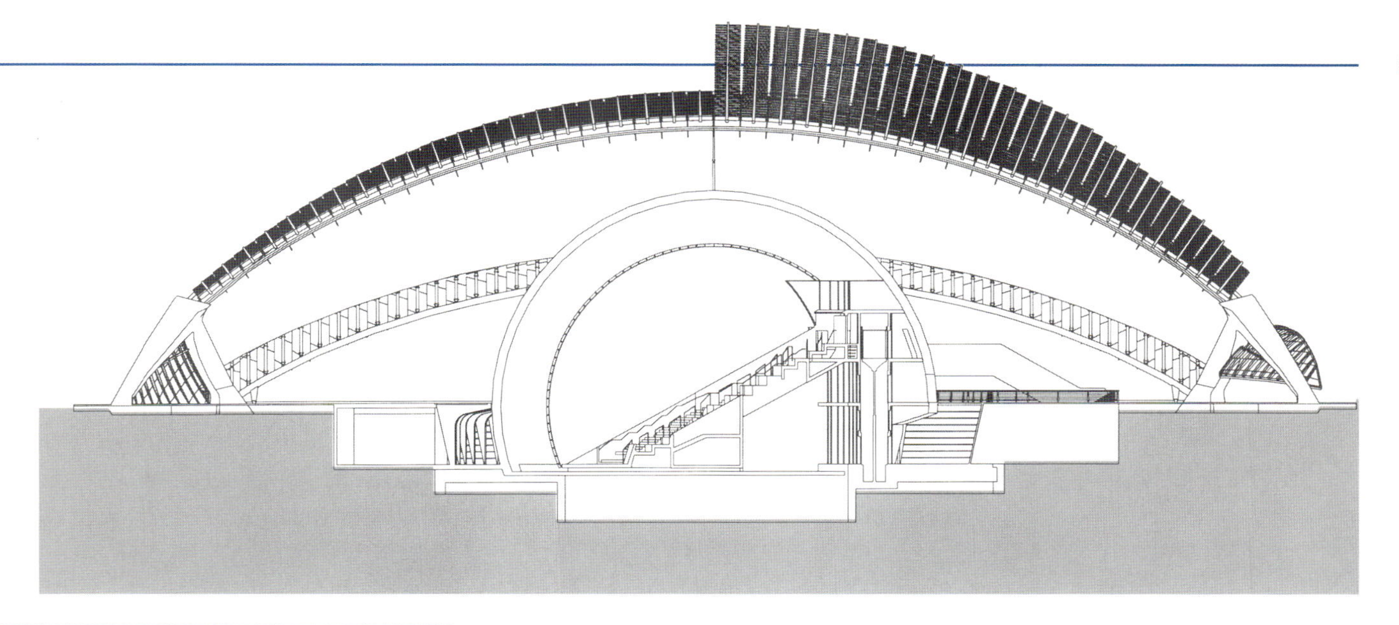

Planetarium in Sevilla (Entwurf: Santiago Calatrava, Valls S. A., Valencia)

Der Grundriß aus dem Studienentwurf für die Wiener Oper (Carl von Fischer)

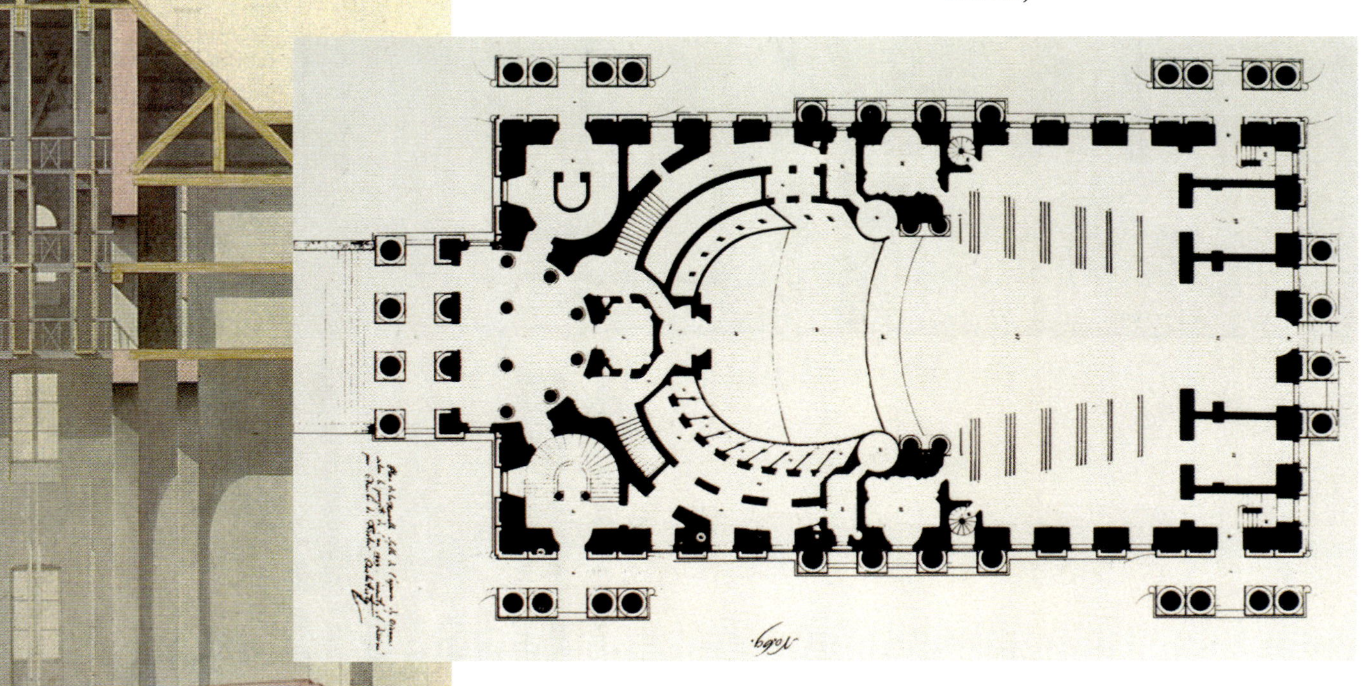

Studienentwurf für die Wiener Oper, Längsschnitt (Carl von Fischer, 1803. Feder, farbig auf Zeichenpapier, aquarelliert)

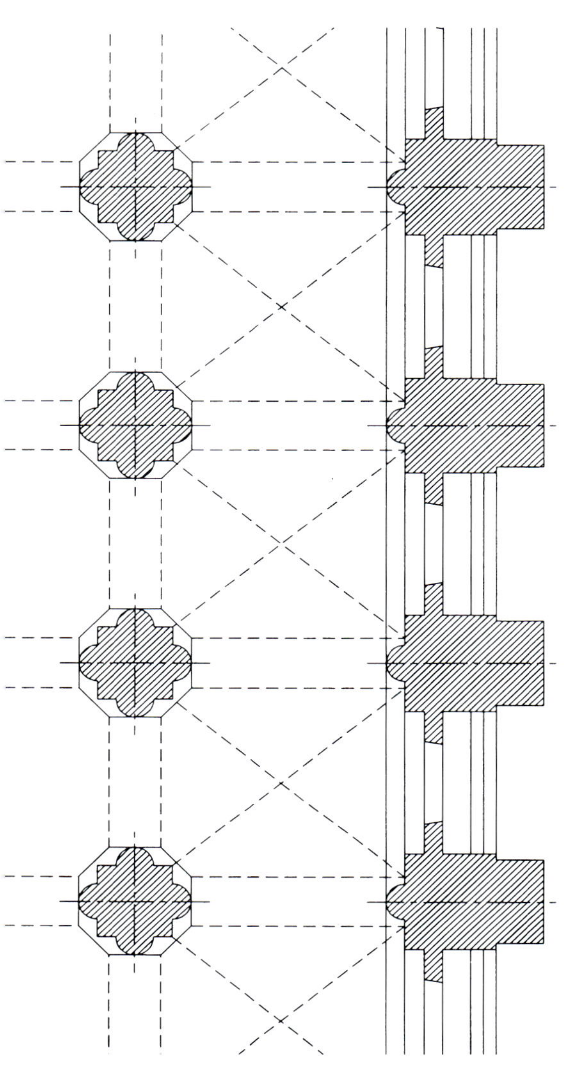

Grundrißausschnitt Santiago de Compostela

2.4 Die Werkzeuge der CAD-Software

In diesem Abschnitt werden die Grundfunktionalitäten eines zweidimensionalen CAD-Systems anhand von zahlreichen Beispielen beschrieben. Üblicherweise sind moderne CAD-Systeme für den Architektureinsatz sowohl mit dem kompletten Umfang eines 2D-CAD-Programmes als auch den vollständigen dreidimensionalen Bearbeitungsmöglichkeiten ausgestattet.

Wie bereits beschrieben, wird es erst bei CAD-Systemen, die mit einem vollständigen 3D-Volumenmodell arbeiten, möglich, die meisten im Architekturbereich anfallenden Zeichenarbeiten effektiv zu erstellen und darüber hinaus noch weitere Auswertungen vorzunehmen. Dennoch ist die Verbindung mit den 2D-Funktionalitäten unverzichtbar, da nur so notwendige Nacharbeiten in Plänen, die aus dem 3D-Modul abgeleitet wurden, durchführbar sind. Außerdem lassen sich Konstruktionen aus dem 2D-System in das 3D-System überführen, wie zu Beginn des Kapitels 2.4.2 gezeigt werden wird. Zudem ist es für das Verständnis eines 3D-Systems sinnvoll, sich zunächst mit der Arbeitsweise eines 2D-Systems vertraut gemacht zu haben.

Ansicht der Westfassade der Kathedrale von Santiago de Compostela. Hinter der barocken Eingangsfront verbirgt sich ein romanischer Bau aus dem 12. Jahrhundert

2.4.1 Die Basiswerkzeuge für die 2D-Bearbeitung

Als Basiswerkzeuge des CAD-Systems kann man die verschiedenen **Zeichenfunktionen**, wie Linie, Rechteck und Kreis bezeichnen. Die Dimension der geometrischen Elemente kann dabei durch Eingabe exakter numerischer Werte, üblicherweise in Metern oder Zentimetern, erfolgen oder durch Absetzen mit dem Fadenkreuz. Die Eingabe der numerischen Werte kann dabei als absolute oder relative kartesische Koordinaten in einem x-y-System erfolgen oder durch Eingabe als Polarkoordinaten, bestimmt durch Winkel und Länge. Die Eingaben können sich dabei relativ auf ein anderes bereits gezeichnetes Element beziehen oder absolut in Bezug auf einen Nullpunkt eingegeben werden.

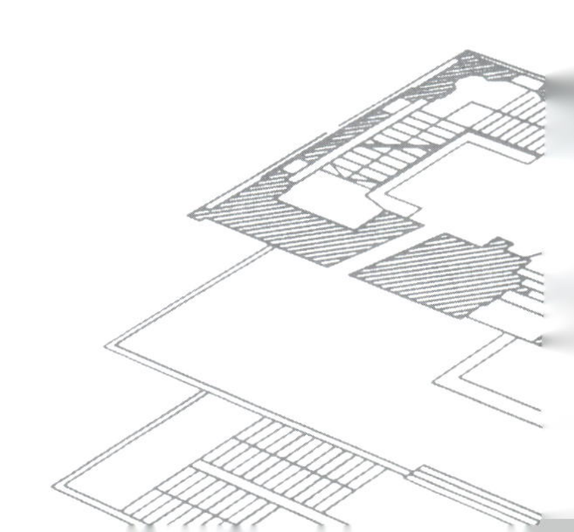

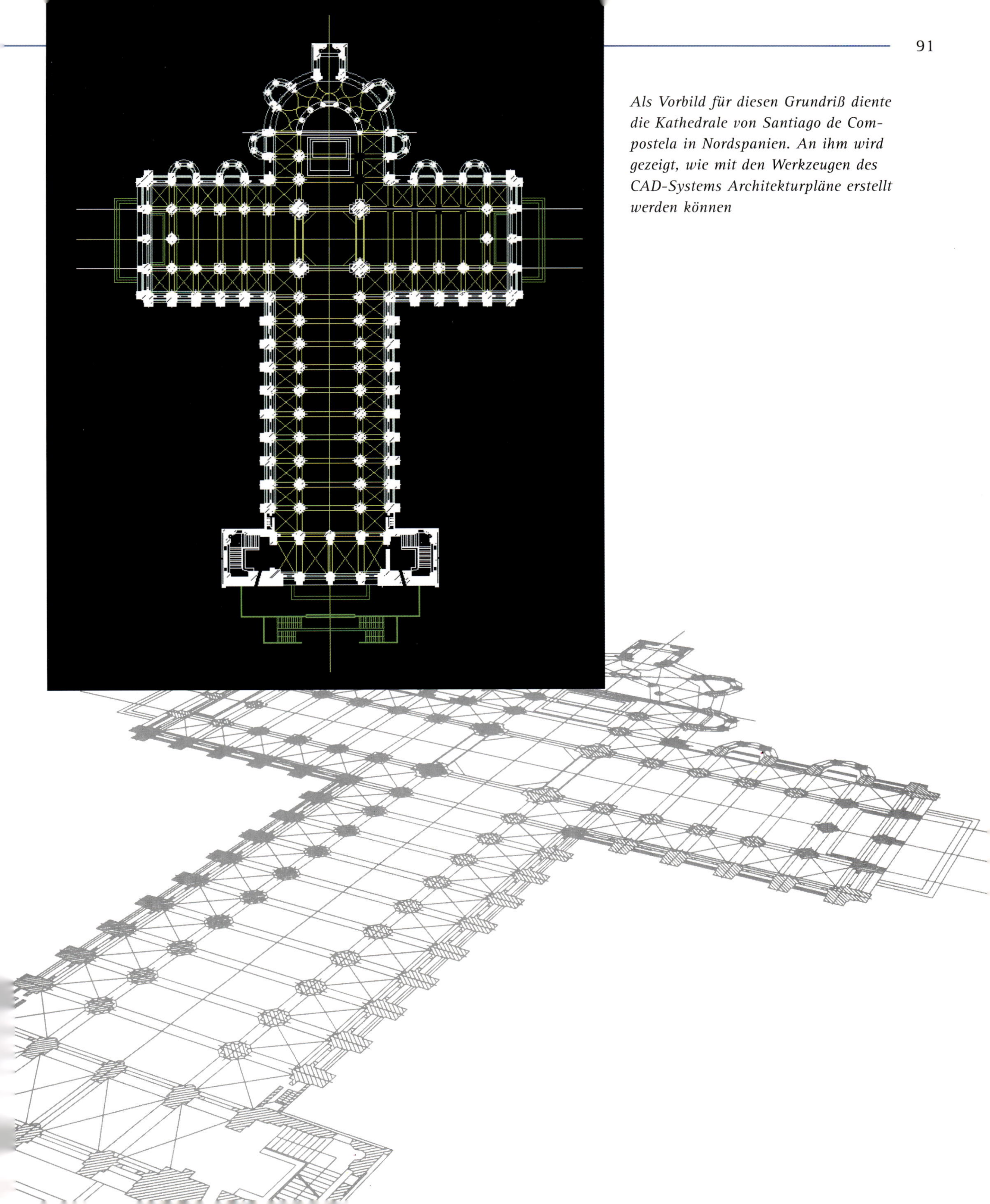

Als Vorbild für diesen Grundriß diente die Kathedrale von Santiago de Compostela in Nordspanien. An ihm wird gezeigt, wie mit den Werkzeugen des CAD-Systems Architekturpläne erstellt werden können

Linien werden im CAD-System durch Vektoren repräsentiert, die einen eindeutigen Anfangs- und Endpunkt haben. Die Eingabe erfolgt entweder durch Absetzen des Fadenkreuzes an zwei Punkten oder durch Eingabe von Anfangs- und Endpunkt oder Winkel und Länge

Ein Polygonzug wird durch Absetzen mit Fadenkreuz am Endpunkt einer Linie, der damit gleichzeitig Anfangspunkt einer neuen Linie ist, erreicht. Durch die Funktion paralleler Polygonzug wird in einem beliebigen Abstand automatisch ein zweiter Polygonzug parallel zu dem ersten erstellt. Obwohl der Polygonzug zusammenhängend eingegeben wird, bleiben die Geraden als einzelne Vektoren erhalten

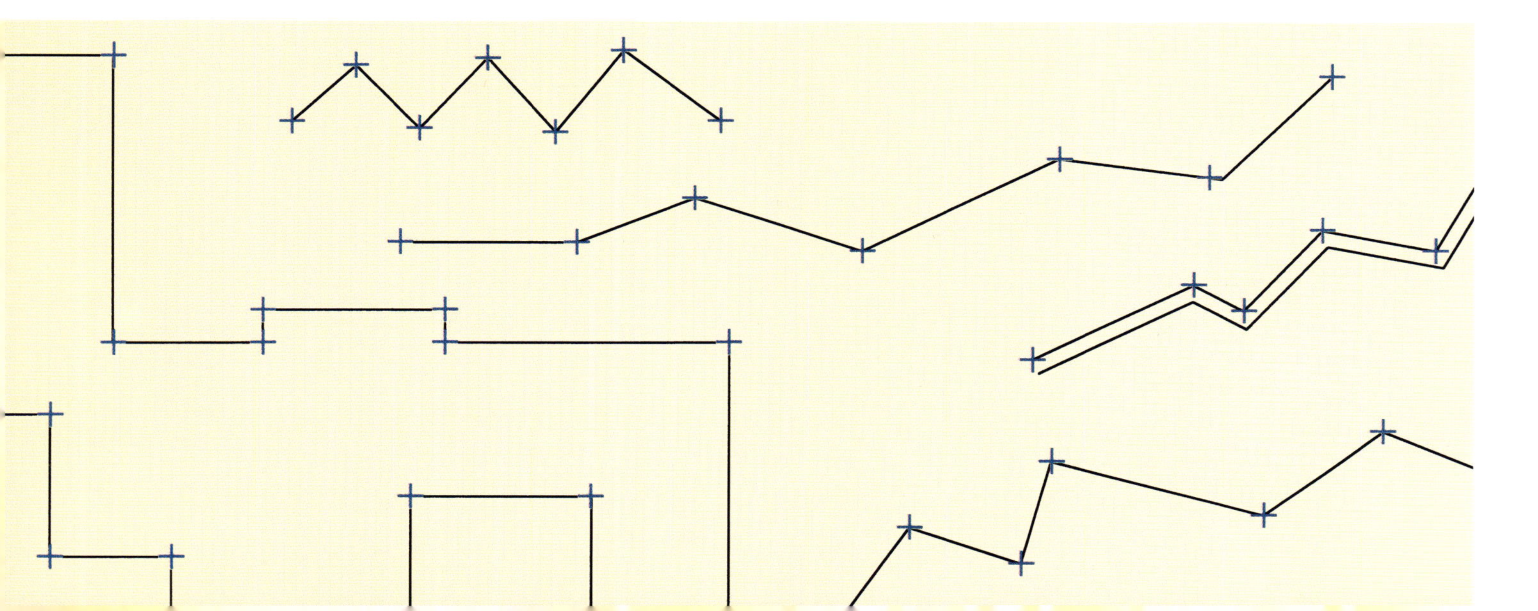

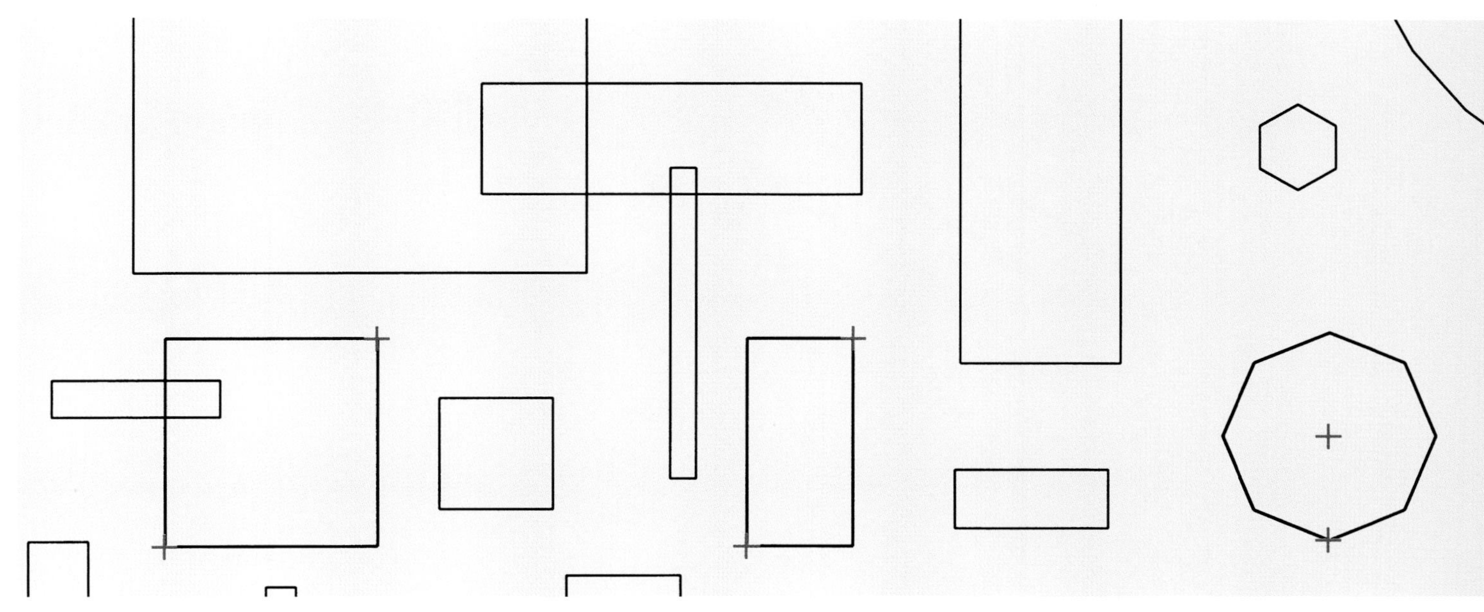

Eine wesentliche Unterstützung der Zeichenarbeit leisten die Funktionen Rechteck und regelmäßiges Vieleck. Die Definition eines Rechtecks erfolgt über Länge und Breite, über seine Diagonale oder seine Ausdehnung entlang der Mittelachse. Das regelmäßige Vieleck wird über die Eingabe seines Mittelpunktes und den Abstand der Parallelen definiert, bei einem ungeraden n-Eck über den Abstand der Ecken zum Mittelpunkt

Die Eingabe eines Kreises erfolgt über das Fadenkreuz durch Anklicken des Mittelpunktes und Absetzen in einem beliebigen Radius. Hilfestellung leistet das CAD-System, indem Radius und Kreislinie dabei mitgeführt werden. Mittelpunkte der Kreise bleiben sichtbar und als Konstruktionshilfen erhalten, werden aber nicht ausgeplottet. Über Tastatur kann die Definition über die Eingabe des Mittelpunktes und des Radius, über die Angabe von drei Bezugspunkten und andere Werte erfolgen

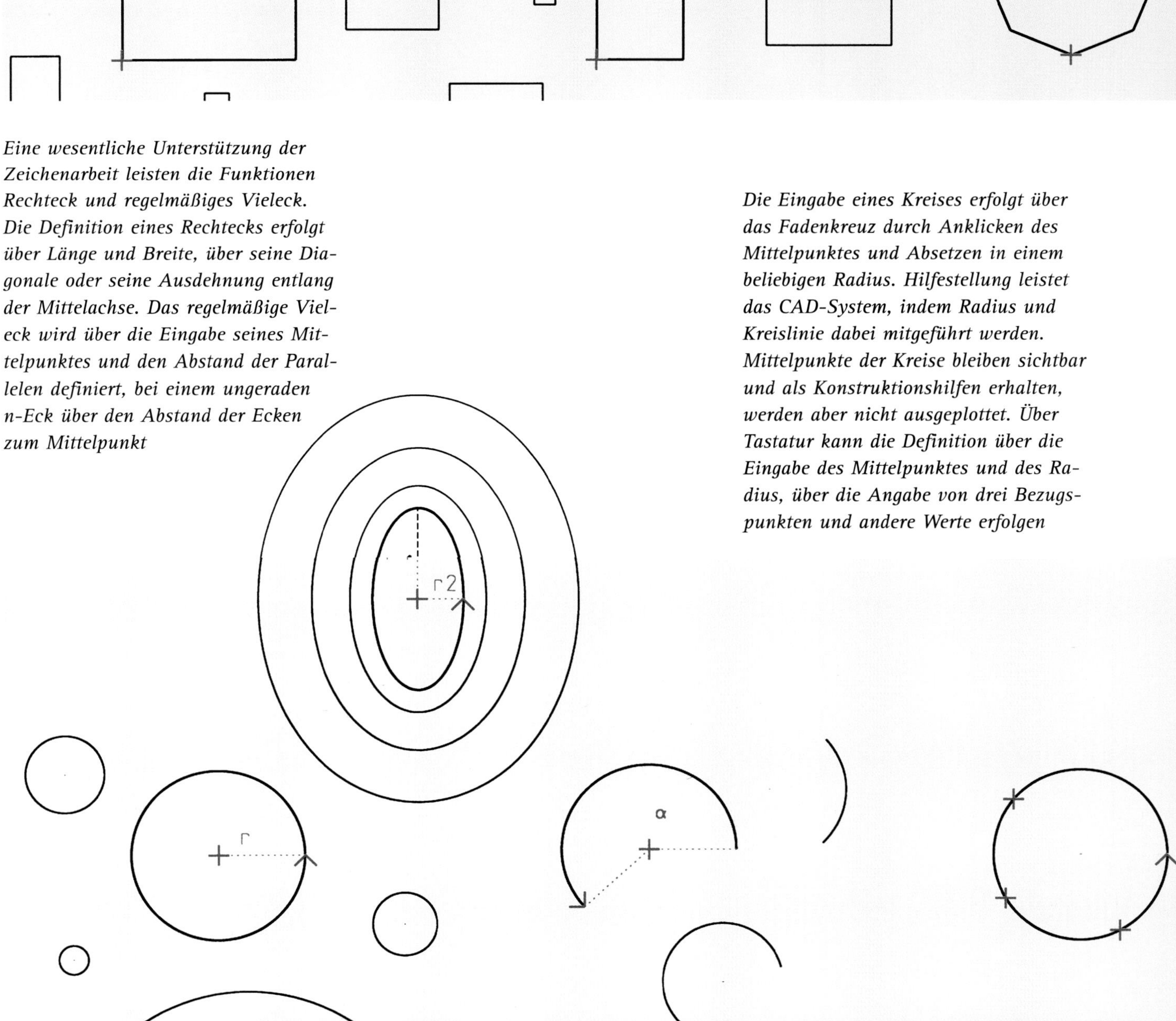

Um die Anforderungen an Architekturpläne zu erfüllen, lassen sich im CAD-System zahlreiche Einstellungen für die Definition von Linien vornehmen. Neben Linienstilen und Strichstärken können auch die Strichfarben vorgegeben werden. Üblicherweise orientiert sich die Einstellung dabei an den in Architekturbüros üblichen Zuordnungen von Strichstärken zu Farben

Der Lageplan oder andere Vermessungdaten können im CAD-System so verschoben werden, daß man bei der weiteren Konstruktion vom Nullpunkt des CAD-Systems davon ausgehen kann. Dieser **Nullpunkt** ist der Ursprung des kartesischen Koordinatensystems, auf das sich alle numerischen Eingaben beziehen.

Zu den wichtigsten Gestaltungselementen zählen natürlich **Strichstärken** und **Linienarten**. Diese werden über sogenannte Menüs, die sich beim Aktivieren der Funktion mit dem Fadenkreuz aufklappen, ausgewählt. Linienarten werden dabei so dargestellt, wie sie bei der Plotausgabe erscheinen. Strichstärken können dagegen durch verschiedene Farben repräsentiert werden. Einige CAD-Systeme ermöglichen, die Darstellung der Linien in ihrer „echten" Stärke.

Genauso wichtig wie Linienarten und Strichstärken sind für Architekturpläne **Schraffuren** und **Muster**. Leistungsstarke CAD-Systeme halten eine größere Palette an vordefinierten, praxisorientierten Schraffuren und Mustern vor. Zusätzlich kann der Anwender eigene Einstellungen und Definitionen vornehmen. Schraffierte Flächen orientieren sich in der Regel an klar geometrisch definierbaren Elementen wie etwa geschlossenen Polygonzügen. Es gibt jedoch auch CAD-Systeme, die es gestatten, auch Freiflächen mit Mustern oder Schraffuren zu füllen, indem die zu belegende Fläche einfach über einen Polygonzug definiert wird, ohne daß ein entsprechendes geometrisches Element vorhanden sein muß. So können Schraffuren und Muster auch als gestalterische Elemente genutzt werden.

Während eine Schraffur nur aus maximal zwei Linien mit unterschiedlichen Linienarten bestehen kann, die in verschiedenen Winkeln angeordnet sind, kann sich ein Muster aus belie-

Besonders bei komplexen Details ist eine Differenzierung durch Schraffuren und Linienarten notwendig

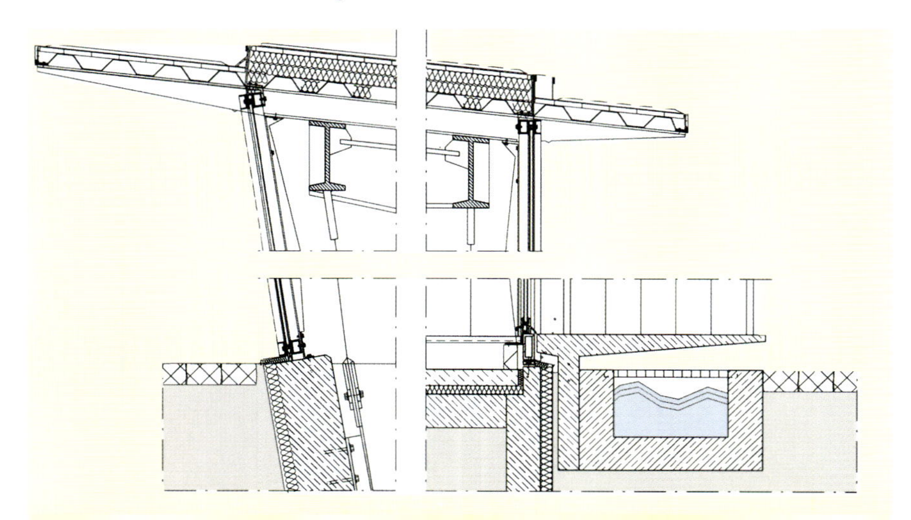

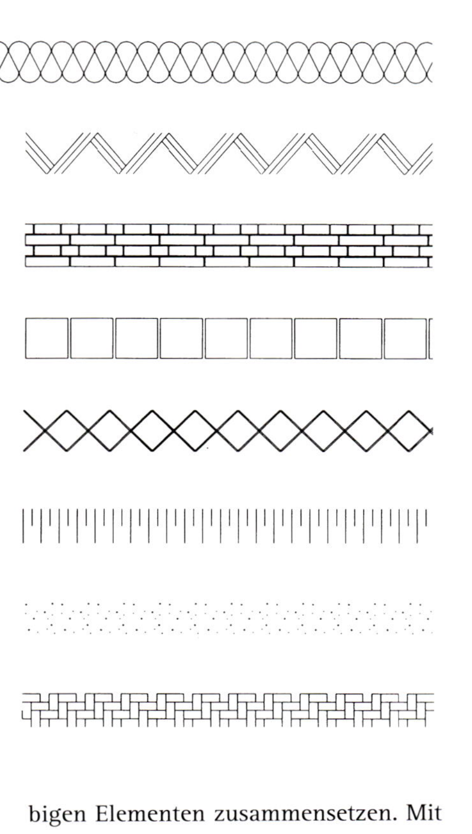

bigen Elementen zusammensetzen. Mit dem Muster kann eine Fläche dann genauso wie eine Schraffur aufgefüllt werden.

Mit der zunehmenden Verbreitung von Rasterplottern ist nun auch die **Füllflächen**funktion interessant. Damit können bestimmte Flächen mit einer bestimmten Farbe angelegt werden. Das kann entweder für die Definition von Raumnutzungen interessant sein oder für bestimmte Arten von Schnitt- oder Grundrißdarstellungen.

Eine wichtige Funktion der Zeichenarbeit stellt die **Musterlinie** dar. Eine Musterlinie wird genauso wie normale Linien oder Kreise gezeichnet. Der Einsatz der Musterlinie erleichtert die symbolische Darstellung von Dämmungen, Dampfsperren oder ähnlichen Baustoffen. Dies geschieht maßstäblich, wobei im Bedarfsfall sogar die entsprechende Gehrung eingestellt werden kann.

Ebenso wie die Definition von Linienarten ist die Definition von Schraffuren, Mustern und Musterlinien sowie Füllflächen möglich. Auch dabei kann der Anwender entweder die voreingestellten Werte übernehmen oder eigene Schraffuren und Muster entwerfen. Musterlinien werden dabei konstruiert wie normale Linien. Farbige Füllflächen können über einen Polygonzug bestimmt werden

Für das Verschieben eines Elements muß ein Bezugspunkt am Element ausgewählt werden. Über die Eingabe von numerischen Werten per Tastatur, die sich auf den Bezugspunkt beziehen, kann das Element dann exakt neu plaziert werden

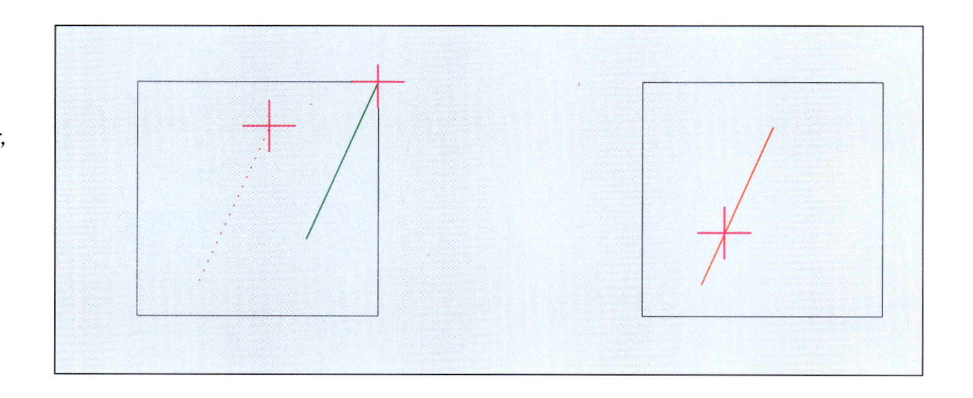

Grundsätzlich können alle Elemente parallel kopiert werden. Das neu entstehende Element kann dabei entweder über die Eingabe von Werten exakt positioniert werden oder aber mit dem Fadenkreuz abgesetzt werden. Um weitere parallele Elemente zu erzeugen wird der erste Abstand als Vorschlagswert übernommen, kann aber verändert werden

Sobald mehrere Elemente gezeichnet sind, kommen nun die Konstruktionshilfen und Manipulations- und Modifikationsfunktionen des CAD-Systems zum Tragen.

Dazu können bereits gezeichnete Elemente als Unterstützung für die Konstruktion neuer Elemente dienen. Zum einen, um von ihnen die numerischen Werte für neue Konstruktionen abzugreifen, zum anderen, um die Elemente selbst entweder in ihren Dimensionen oder aber ihrer Lage zu verändern. Oder auch, um aus ihnen neue Elemente abzuleiten.

Die genaue Vorgehensweise unterscheidet sich dabei je nach Programm. Grundsätzlich ist es aber so, daß der erste Schritt die **Aktivierung** der Elemente ist, auf die man bei der folgenden Konstruktion Bezug nehmen will. Das kann entweder über das direkte Anwählen des Elements geschehen oder durch Aufziehen eines Fensters mit dem **Fadenkreuz**, womit alle vollständig innerhalb des Fensters liegenden Elemente aktiviert werden können. Komfortable CAD-Systeme bieten darüber hinaus die Möglichkeit über sogenannte Filterfunktionen gesuchte Elemente nach bestimmten Kriterien wie z. B. Strichfarbe, Strichstärke oder ähnlichem auszuwählen.

ARCHITEKT DIPL.ING.
士築建級一
TAICHI MUKAI

Die einfachste, aber mit die wichtigste Funktion, eines CAD-Systems ist die Funktion **Verschieben.** Mit ihr lassen sich Elemente präzise in ihrer Lage bewegen, ohne daß ihre Abmessungen verändert werden. So müssen beispielsweise falsch positionierte Fenster nicht wie bei der händischen Zeichnung mühsam durch Wegkratzen oder Ausschneiden entfernt werden, sondern können mit der Funktion Verschieben einfach in ihrer neuen Position maßgenau abgesetzt werden. Das Neuzeichnen des Fensters entfällt damit.

Genauso zur Unterstützung der Konstruktionsarbeit dient die Funktion **Spiegeln.** Nach Angabe der Spiegelachse wird das Original im gewünschten Abstand zur Achse vervielfältigt, wobei der Anwender vorher entscheiden kann, ob das Original des Elements erhalten bleiben soll.

Ebenso nützlich ist die Funktion **Parallele.** Mit ihr läßt sich etwa ein Achssystem mit unterschiedlichen Abständen der einzelnen parallelen Achsen in einem Schritt mühelos erstellen. Das CAD-System benötigt vom Anwender nur die Eingabe des Abstands und der Anzahl der zu zeichnenden Linien. Doch nicht nur Linien lassen sich damit parallel kopieren, sondern auch **Kreise** und **Ellipsen**, womit schnell die benötigte Anzahl konzentrischer Kreise und

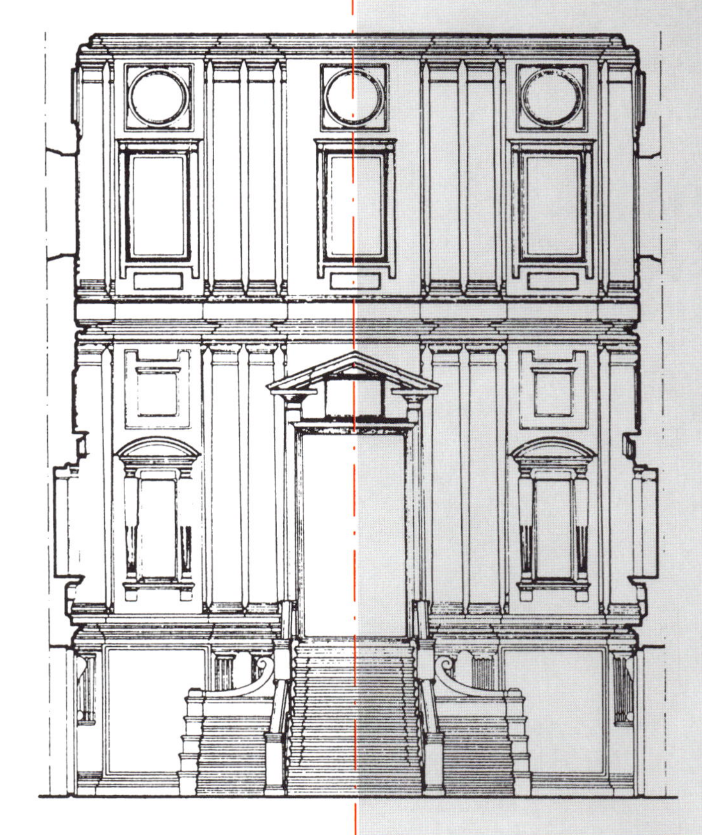

Nach dem das zu spiegelnde Objekt ausgewählt und die Spiegelachse gelegt wurde, erfolgt das Spiegeln über die Eingabe des neuen Abstands zur Spiegelachse. Einige CAD-Systeme schließen dabei die Beschriftung vom Spiegeln aus. (Logo: Architekturbüro Mukai, München)

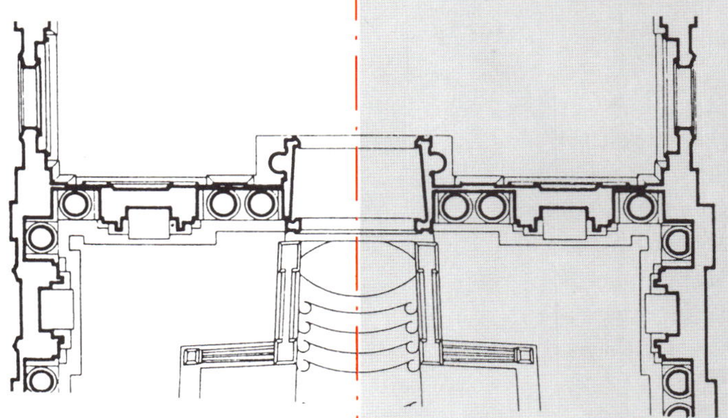

Eine Erweiterung der Spiegelfunktion ist die in ALLPLAN Spiegeln + genannte Möglichkeit, daß das ursprüngliche Element nach dem Spiegelvorgang erhalten bleibt. Ideal für Renaissancefassaden, denen das Symmetrieideal zugrunde liegt

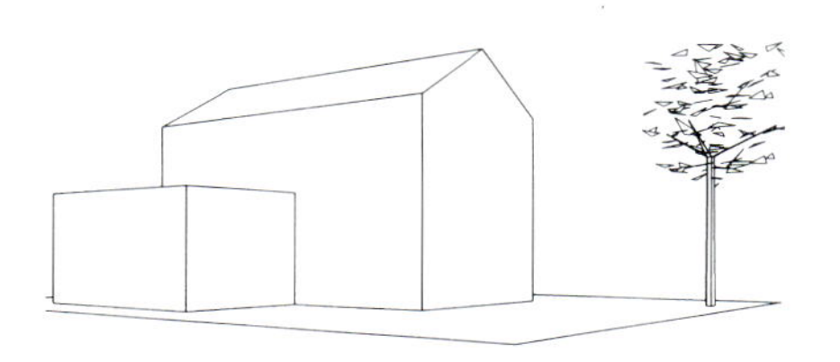

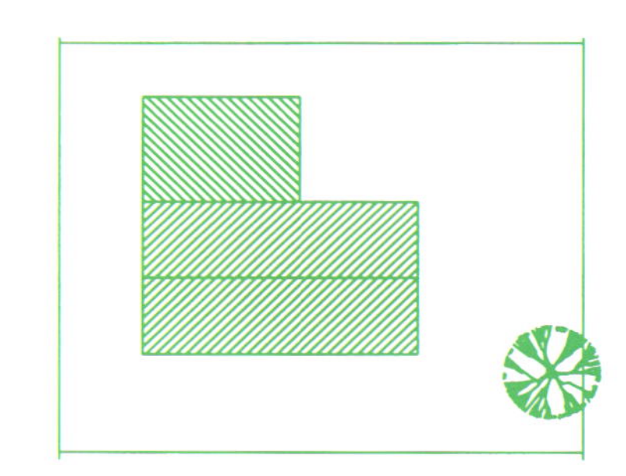

Lageplan eines Hauses mit Grundstücksgrenze, daneben Perspektive

Ellipsen mit unterschiedlichen Radien erstellt ist. Mit dieser Funktion wird der Konstruktionsaufwand erheblich reduziert.

Ein weiteres Basiswerkzeug des CAD-Systems ist die Funktion **Kopieren.** Vervielfältigte Elemente lassen sich damit einfach in ihrer Lage und Anzahl verändern oder auch nur in Teilbereichen wiederverwenden. Varianten des Originals sind auf diese Art und Weise schnell erstellt und stellen für den Architekten eine wertvolle Konstruktionshilfe dar.

CAD-Systeme bieten die Möglichkeit, eine Linie zwischen zwei genau angegebenen Punkten zu **löschen,** eine Linie zwischen den beiden nächstliegenden Schnittpunkten zu löschen oder auch Doppellinien zu entfernen.

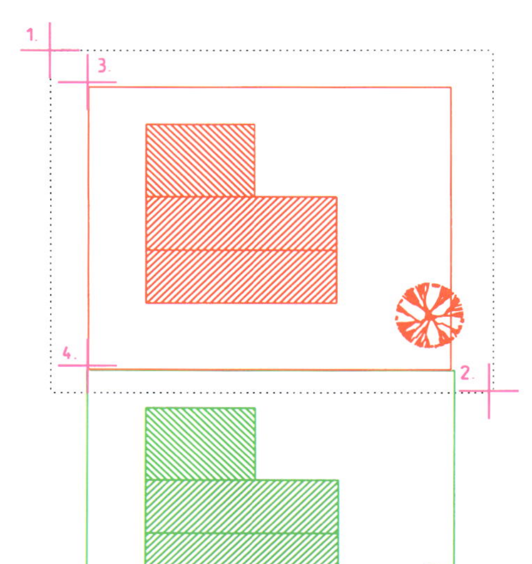

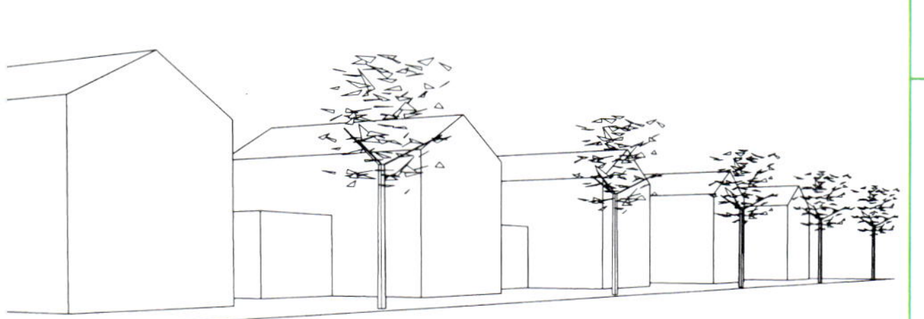

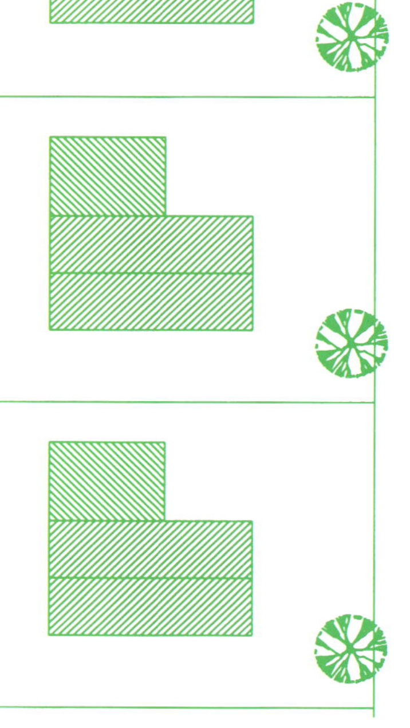

Durch Eingabe von numerischen Werten wird das Original mehrfach in bestimmten Abständen in eine bestimmte Richtung kopiert. Das CAD-System benötigt dabei die Angabe eines Bezugspunktes oder Winkels sowie Angaben darüber, wie oft das Original kopiert werden soll

Der Lageplan wird so gedreht, daß die Grundstücksgrenze parallel zur Straße liegt. Straße und Grundstücksgrenze wurden als Bezugsgerade ausgewählt, um den Lageplan zu drehen

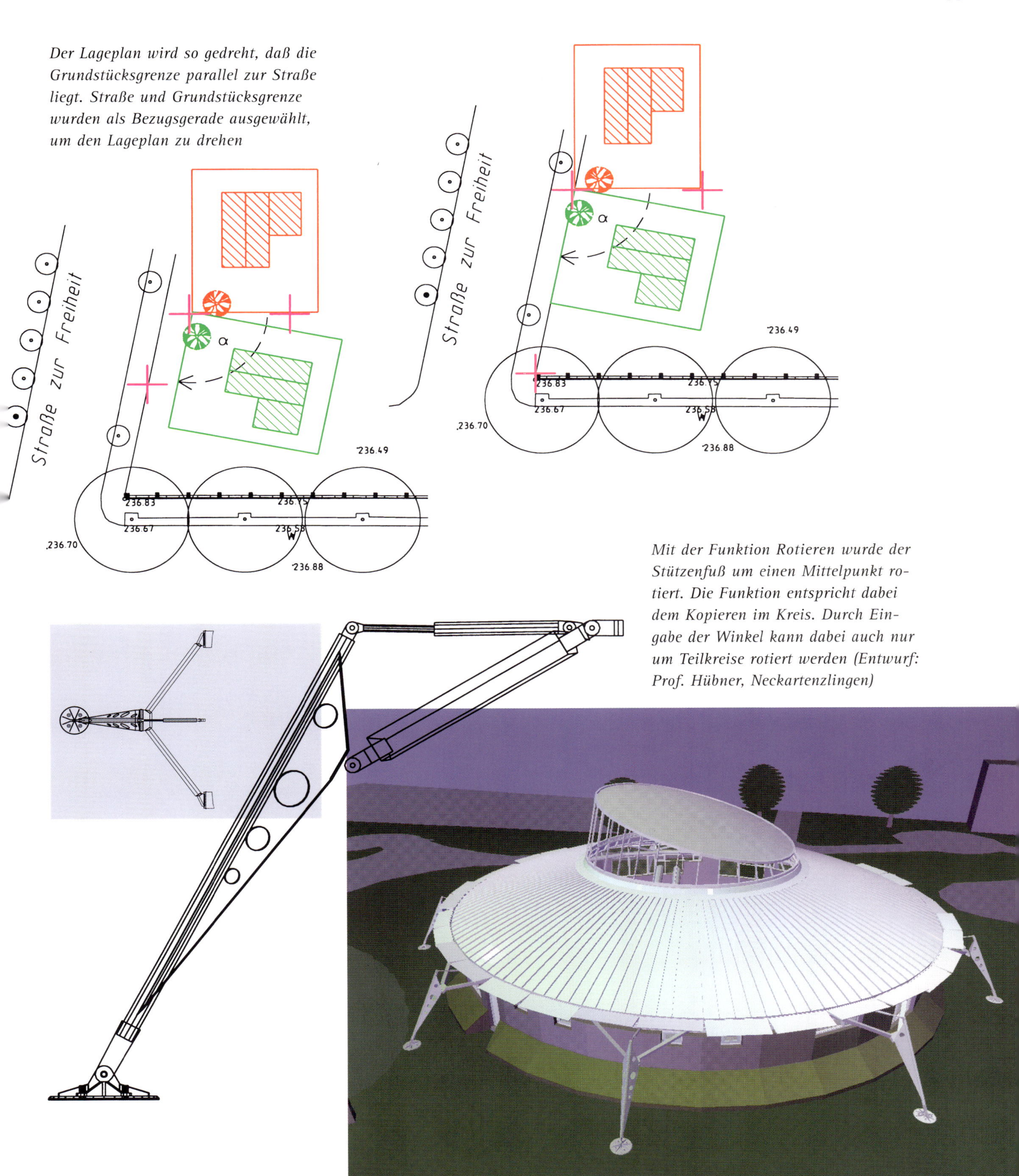

Mit der Funktion Rotieren wurde der Stützenfuß um einen Mittelpunkt rotiert. Die Funktion entspricht dabei dem Kopieren im Kreis. Durch Eingabe der Winkel kann dabei auch nur um Teilkreise rotiert werden (Entwurf: Prof. Hübner, Neckartenzlingen)

Die Löschmöglichkeiten sind vielfältig. Die Verlängerung des Seiles wurde durch die Funktion Löschen „von – nach“ entfernt. Die Punkte zwischen denen gelöscht werden soll, werden dabei über das Fadenkreuz eingegeben

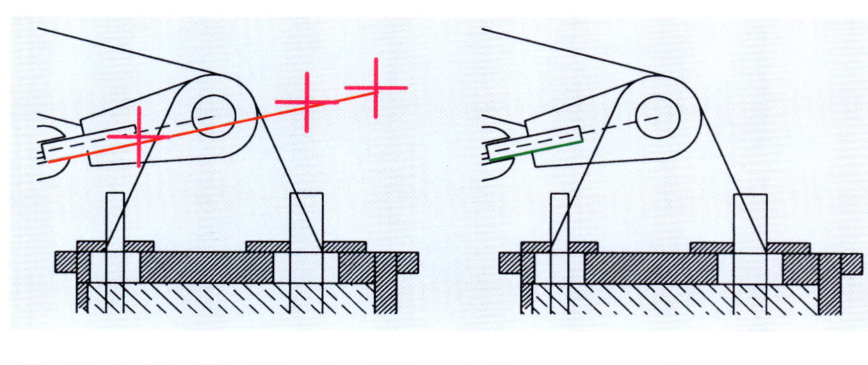

Mit der Funktion Löschen zwischen zwei Punkten wurden weitere Elemente entfernt. Gelöscht wird nach Angabe des Elements zwischen den nächsten eindeutig identifizierbaren Punkten automatisch

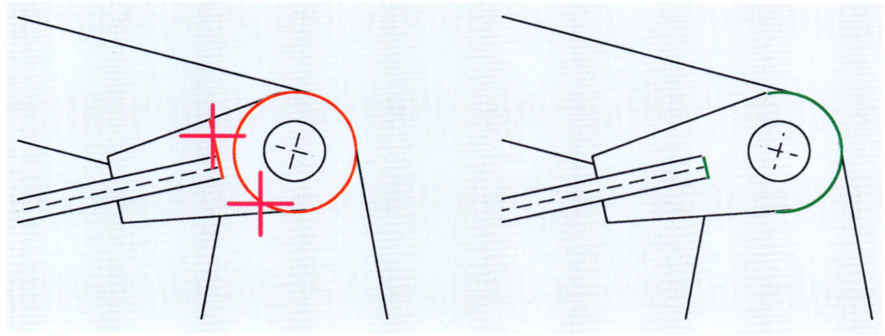

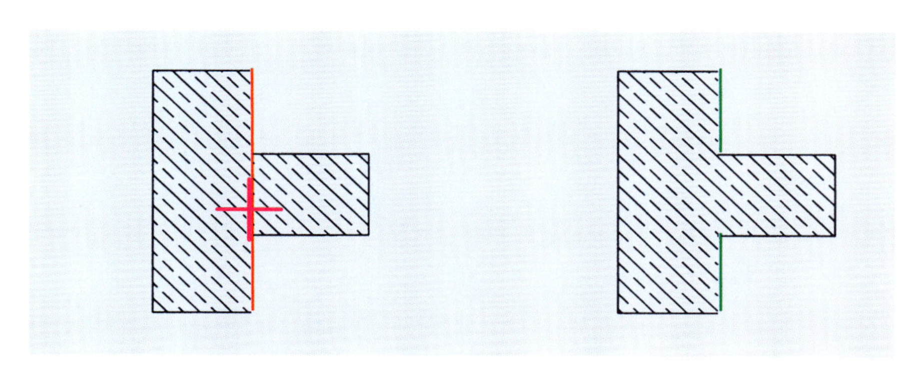

Werden zwei Rechtecke direkt aneinander gelegt, entsteht eine unerwünschte Doppellinie. Mit der Funktion Mehrfachlinie löschen kann sie entfernt werden

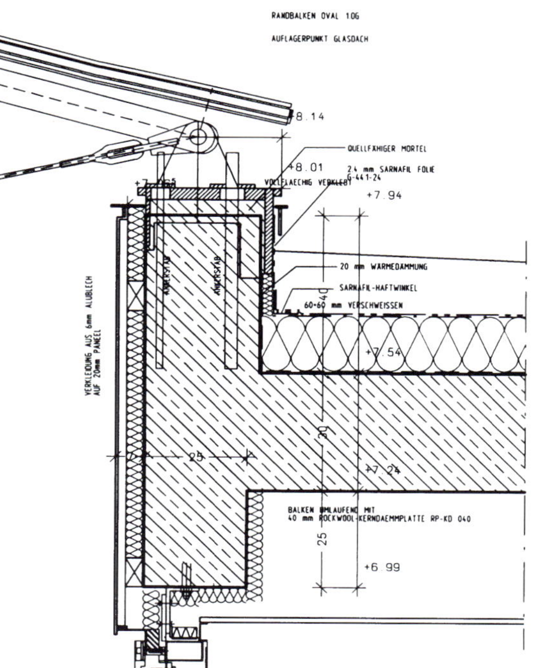

Die bei der Konstruktion dieses Zugstahlanschlusses entstandenen überflüssigen Linien werden durch die Löschfunktionen entfernt

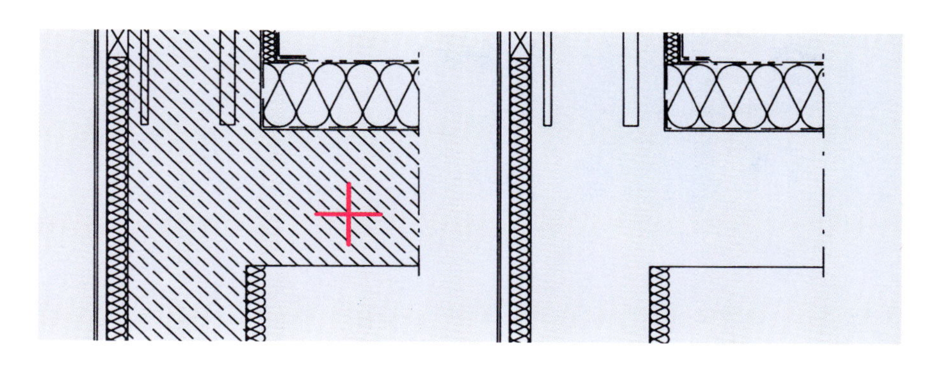

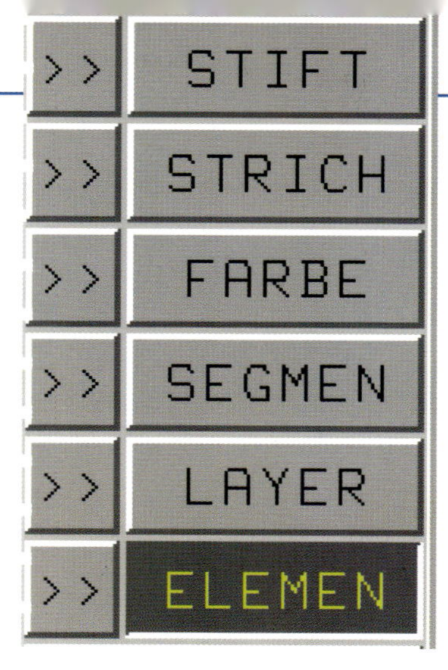

Löschfunktionen unterscheiden sich dadurch, daß sie jeweils eine ganz bestimmte Aufgabe erfüllen. Die umfassendste Löschfunktion entfernt ganze Elemente, also nicht nur Linien, Kreise und Rechtecke, sondern auch Schraffuren und Muster, die durch Anklicken mit dem Fadenkreuz ausgewählt werden. Außerdem ist auch hier wieder eine gezielte Auswahl der zu löschenden Zeichnungsteile über die bereits erwähnte Filterfunktion möglich.

CAD-Systeme bieten die Möglichkeit, eine Linie zwischen zwei genau angegebenen Punkten zu löschen, eine Linie zwischen den beiden nächstliegenden Schnittpunkten zu löschen oder auch Doppellinien zu entfernen.

Mit der allgemeinen Löschfunktion wird durch Aufziehen eines Fensters mit dem Fadenkreuz jedes Element, das vollständig innerhalb des Fensters liegt, gelöscht

Gezieltes Löschen auch bei komplexen Plänen ermöglicht eine sogenannte Filterfunktion. Der Filter sucht dabei alle Elemente nach bestimmten Vorgaben wie z. B. Farbe, Elementtyp, Stiftart und einiges mehr heraus

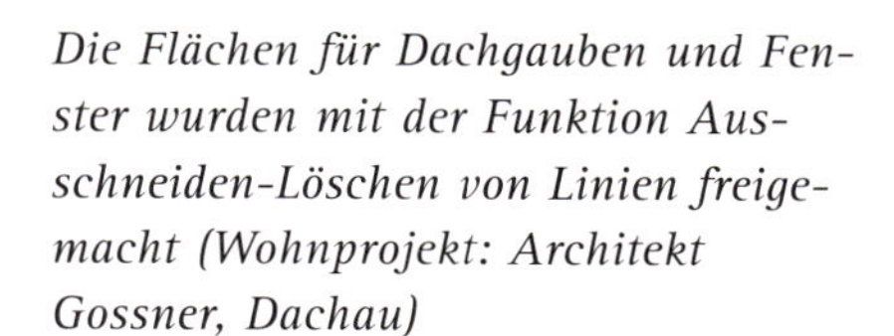

Die Flächen für Dachgauben und Fenster wurden mit der Funktion Ausschneiden-Löschen von Linien freigemacht (Wohnprojekt: Architekt Gossner, Dachau)

Mit den Funktionen Ausschneidungslinie und Ausschneidungsbereich können Linienscharen durchtrennt werden

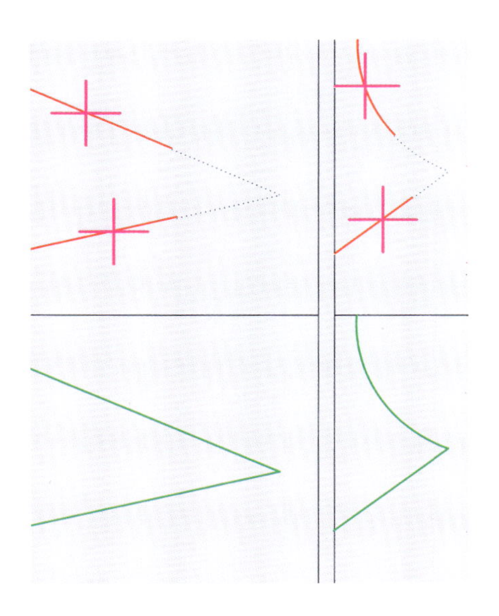

Durch Anwählen von zwei Linien und Auslösen der Funktion Verschneiden, werden diese automatisch verschnitten

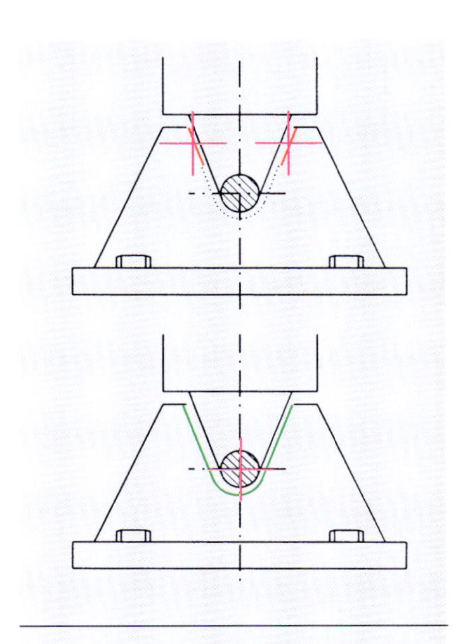

Damit die Straßenecken nicht eckig abschließen, werden sie ausgerundet. Mit dieser Funktion können zwei Linien über ein Kreissegment verbunden werden. Der Radius ist dabei beliebig wählbar (rechts)

Nützliche Zusatzfunktionen machen darüber hinaus mühsame Berechnungen und Hilfskonstruktionen überflüssig, indem das Programm zum Beispiel selbst den Schnittpunkt von zwei (natürlich nicht parallelen) Linien findet, unabhängig davon, ob es sich um einen echten oder imaginären Schnittpunkt handelt. Linien können weiterhin mit der Funktion **Ausrunden** verbunden werden, wobei der Anwender den Radius der Rundung selbst bestimmen kann.

Auch die Arbeit mit Kreisen und Ellipsen wird vom CAD-System unterstützt. So legt das CAD-System mit der Funktion **Tangente** eine Tangente an den Kreis. Der Anwender kann dann selbst bestimmen, in welche Richtung vom Kreisberührungspunkt sie sich ausdehnen soll. Ist ein Bezugspunkt zu einem anderen Element gegeben, bietet das CAD-System beide Tangenten, die vom Bezugspunkt aus den Kreis berühren, so daß hier der Anwender die gewünschte Tangente auswählen kann, um Elemente nach seinen Vorstellungen tangential anzubinden.

Ein neues Raubtierhaus für den Münchner Zoo. Besonders bei nicht rechtwinkligen Objekten mit komplexen geometrischen Formen ermöglichen die Konstruktionshilfen ein exaktes Arbeiten (Entwurf: Architekturbüro Kochta, München)

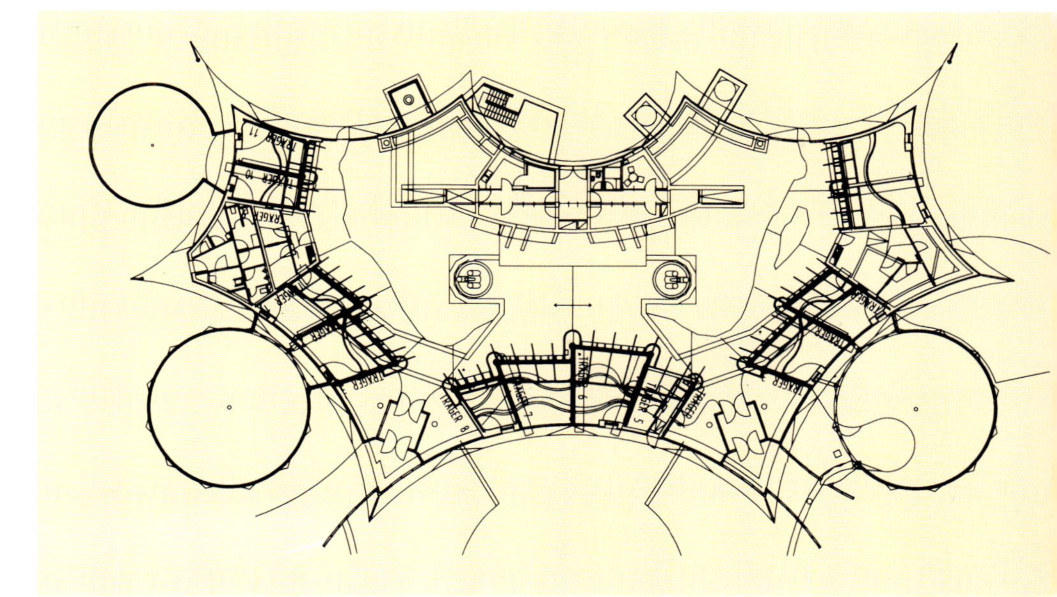

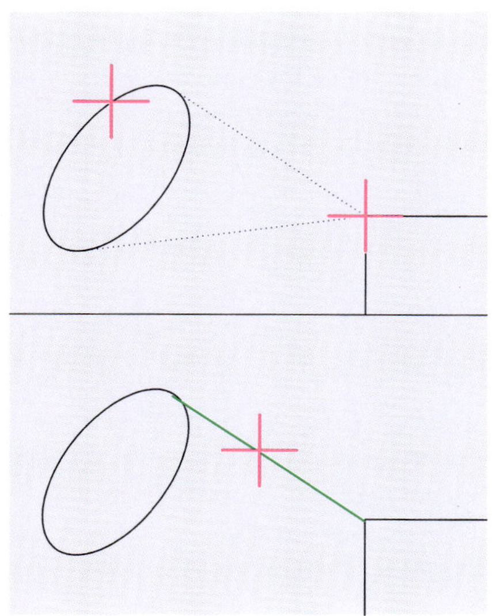

Wird bei der Funktion Tangente zusätzlich ein Bezugspunkt angegeben, so bietet das CAD-System die beiden möglichen Tangenten zur Auswahl an

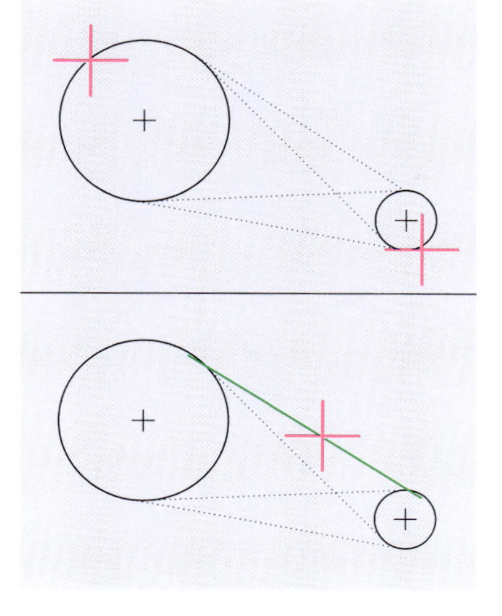

Die Funktion ermittelt alle möglichen Tangenten. Durch Anklicken mit dem Fadenkreuz wählt der Anwender die gewünschte aus

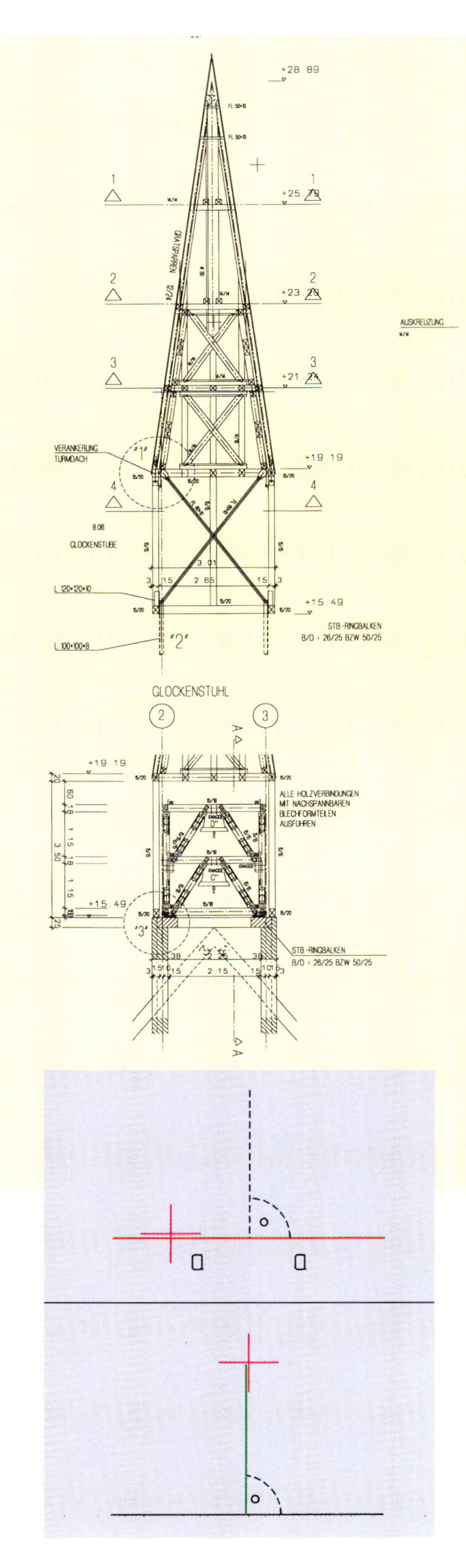

Schnitt durch die Skelettkonstruktion des Dachstuhls eines Glockenturms (Dipl.-Ing. Jäger, Göttingen)

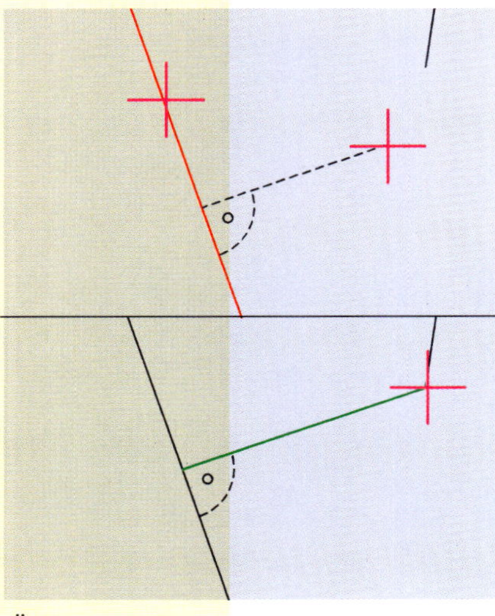

Über die Funktion Lot kann eine rechtwinklige Verbindung von einer Geraden zu einem Bezugspunkt konstruiert werden

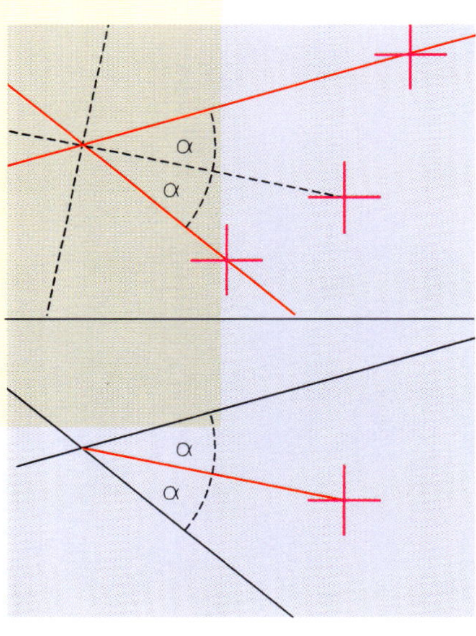

Manuell aufwendig zu konstruieren, im CAD-System ein Knopfdruck: die Mittelsenkrechte. Der Anwender bestimmt nur noch die gewünschte Länge

Zahlreiche weitere geometrische Konstruktionshilfen runden die Palette eines 2D-CAD-Programmes ab. Dazu gehören die Funktionen, Lot Mittelsenkrechte und Winkelhalbierende. Hier werden die entsprechenden Linien vom CAD-System angeboten und der Anwender kann angeben in welcher Länge oder zu welchem Bezugspunkt die Linie gelegt werden soll.

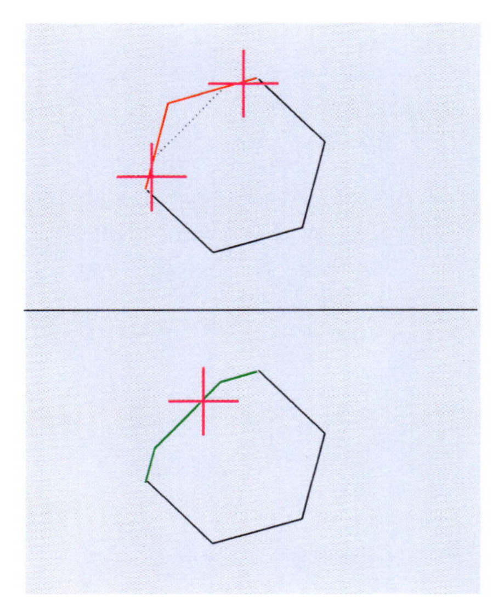

Durch regelmäßiges Fasen wurden die Kanten dieses Vielecks abgeflacht. Darüber hinaus können mit dieser Funktion noch weit komplexere Verbindungsgeraden zwischen zwei Linien konstruiert werden

Durch Aktivieren von zwei nicht parallelen Geraden kann die Winkelhalbierende bestimmt werden. Notwendige Eingaben: Richtung und Länge. Das CAD-System bietet alle vier möglichen Winkelhalbierenden zur Auswahl an

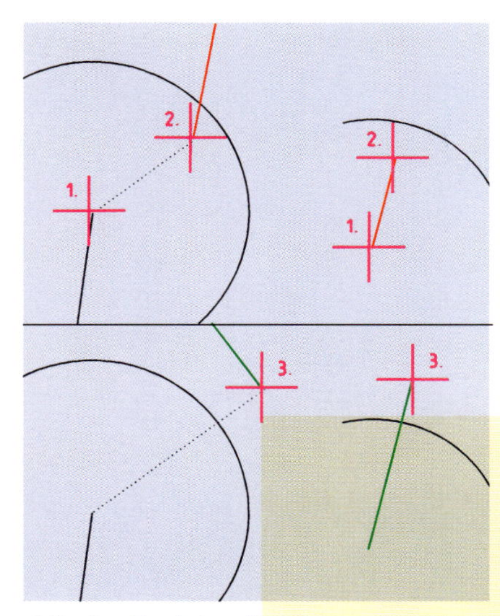

Von erheblichem Nutzen bei der Erstellung von Zeichnungen ist die Funktion Modifizieren, wie sie im CAD-System ALLPLAN heißt. Mit ihr lassen sich nicht nur die Geometrien von Elementen, sondern darüber hinaus auch alle weiteren Attribute verändern. Von der Farbe über die Strichstärke bis hin zu Schraffuren.

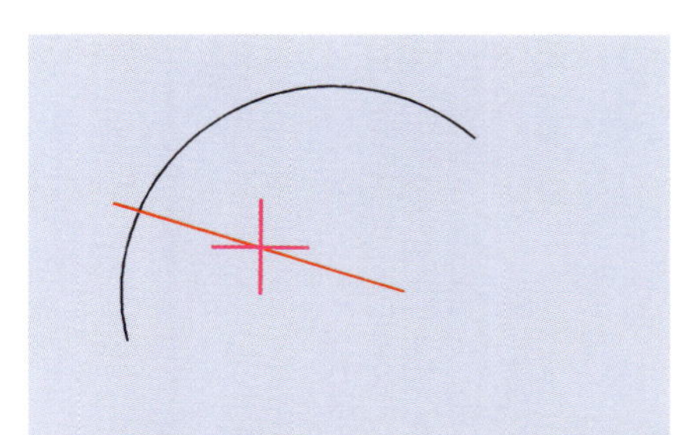

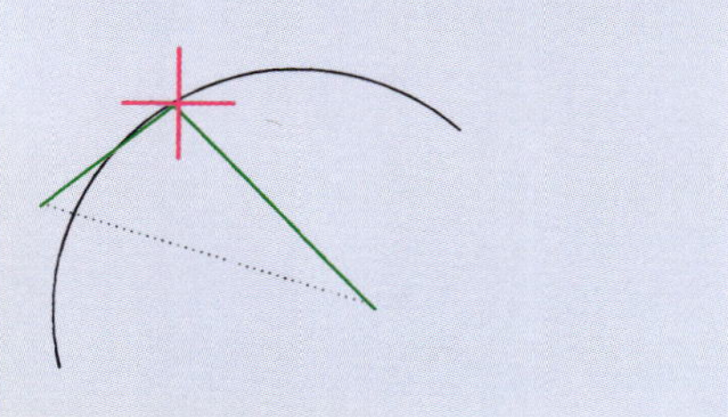

*Mit der Funktion *Mod von ALLPLAN kann ein eindeutiger Punkt entlang einer Geraden verschoben werden, die durch die Auswahl eines zweiten Punktes definiert wird. Dabei werden alle Elemente, die an dem verschobenen Punkt liegen, mitbewegt*

Mit dieser Funktion kann eine Linie an einer beliebigen Stelle gebrochen oder geknickt werden

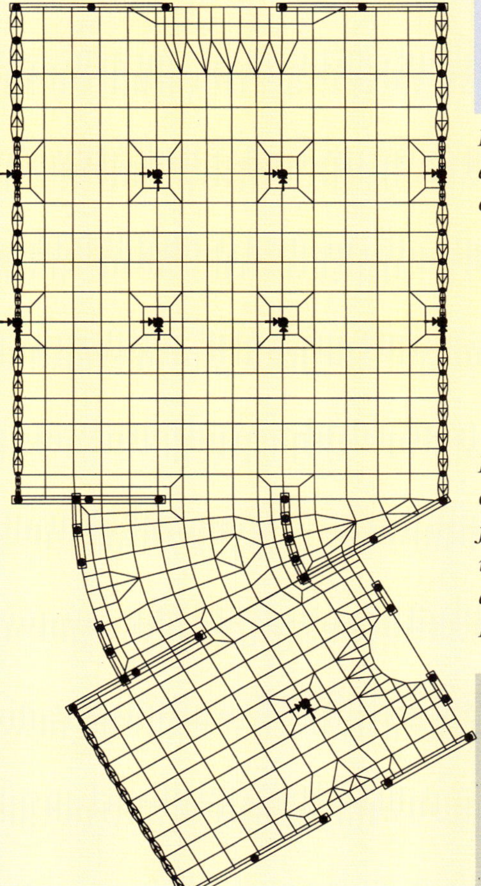

*Bei der Funktion *Mod im gleichen System kann ein Punkt und alle damit verbundenen Elemente verschoben werden. Wird über dem zu modifizierenden Bereich ein Fenster aufgespannt, ändern sich alle Punkte innerhalb des Bereichs*

*Die Funktion *Mod von ALLPLAN erlaubt es, eine Gerade mit ihren Anfangs- und Endpunkten parallel zu verschieben. Es ändern sich ebenfalls alle Elemente, die an den jeweiligen Punkten hängen*

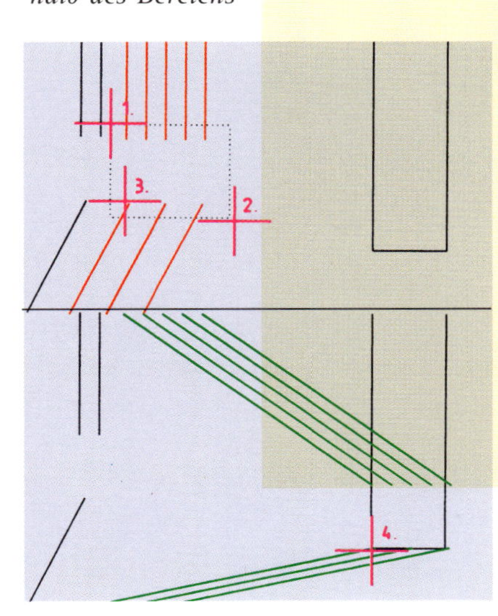

*Besonders hilfreich sind die *Mod-Funktionen, wenn viele Punkte vorhanden sind, die manuell alle einzeln modifiziert werden müßten wie beispielsweise bei einem FEM-Netz*

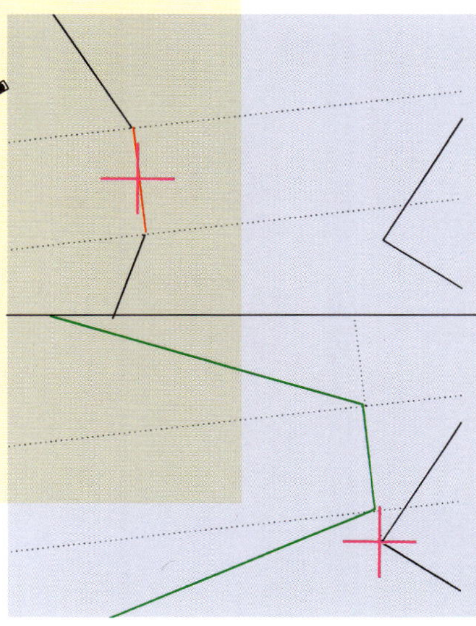

Mit der Funktion **Modifizieren** werden auch alle Elemente, die mit dem ausgewählten Element verbunden sind, geändert und zwar in der Form, daß ihre Lage wieder zu dem verschobenen Element paßt. Auch diese Funktion wird in mehrfacher Ausprägung angeboten, so daß die jeweils zu dem anliegenden Problem am besten passende gewählt werden kann. So kann z. B. ein ausgewähltes Element parallel verschoben werden, wobei sich alle damit verknüpften Elemente mitbewegen. Oder aber es wird nur der Anfangs- oder Endpunkt eines Elements verschoben, und die dadurch bewirkte Lageänderung wird ebenfalls wieder von allen angehängten Elementen berücksichtigt.

Die beiden letzten nun noch zu beschreibenden Funktionen sind Verzerren und Versetzen. **Verzerren** bedeutet, daß alle Abmessungen des Elements relativ zu einem vorher ausgewähltem Bezugspunkt, etwa eine Ecke eines Rechtecks, geändert werden können. Das bedeutet also, daß sich die Lage des Objektes nicht verändert, da der Bezugspunkt gleich bleibt. Diese Funktionalität gilt übrigens auch im 3D-Programm, womit darin die z-Koordinaten (also die Höhe) eine Elements geändert werden kann.

Im Gegensatz dazu steht die Funktion **Versetzen,** über die nur die x- und y-Koordinaten verändert werden können, also keine Änderung der Höhe des Elements möglich ist. Dafür lassen sich mit dieser Funktion die Abmessungen des Elements und sein Winkel ändern, das als Original erhalten bleibt, während eine in den Abmessungen geänderte Kopie des Originals entsteht.

Mit der Funktion Verzerren können die Abmessungen eines Elements proportional verändert werden. Dafür wird ein Bezugspunkt eingegeben, der als Fixpunkt erhalten bleibt

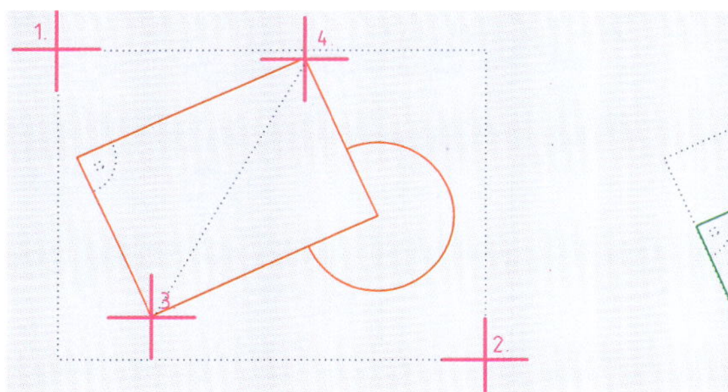

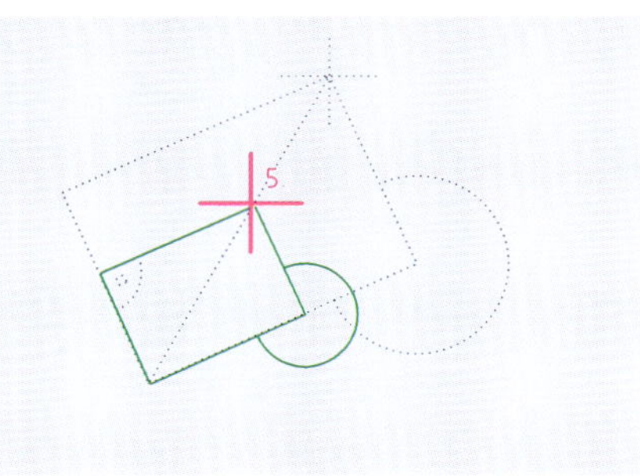

Verzerren eines Elements ist auch in 3D möglich. So können nicht nur die x- und y-Werte, sondern auch die z-Werte geändert werden

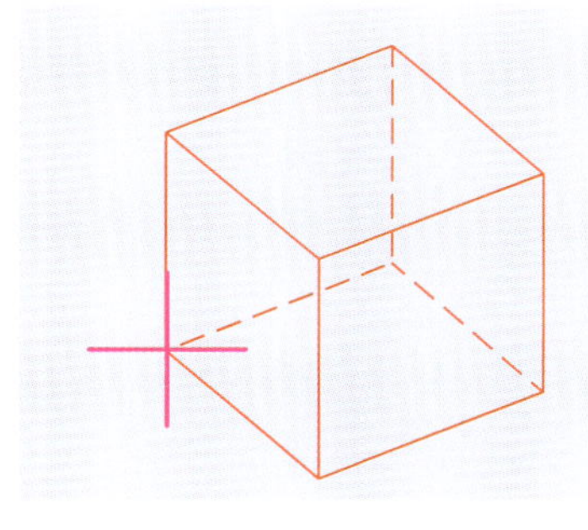

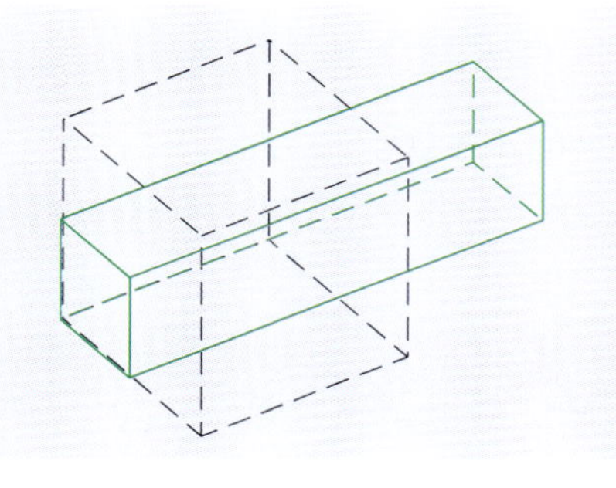

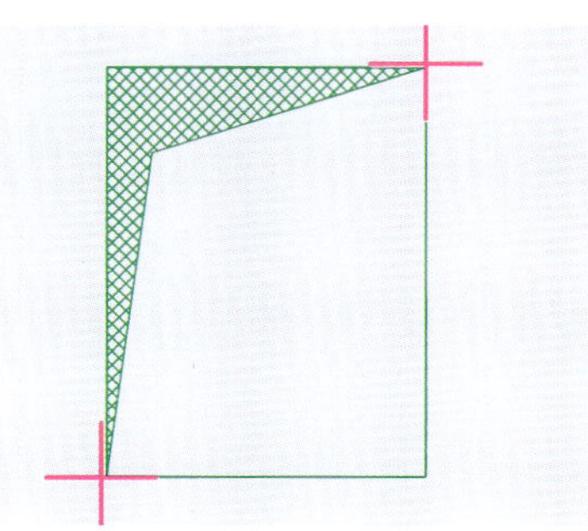

Die Funktion Versetzen läßt das Original unverändert, erstellt aber eine Kopie davon mit veränderten Abmessungen. Die Änderungen können sich nur auf x- und y-Werte beziehen. Die Lage der Kopie und deren Abmessungen werden auf Punkte des Originals bezogen eingegeben

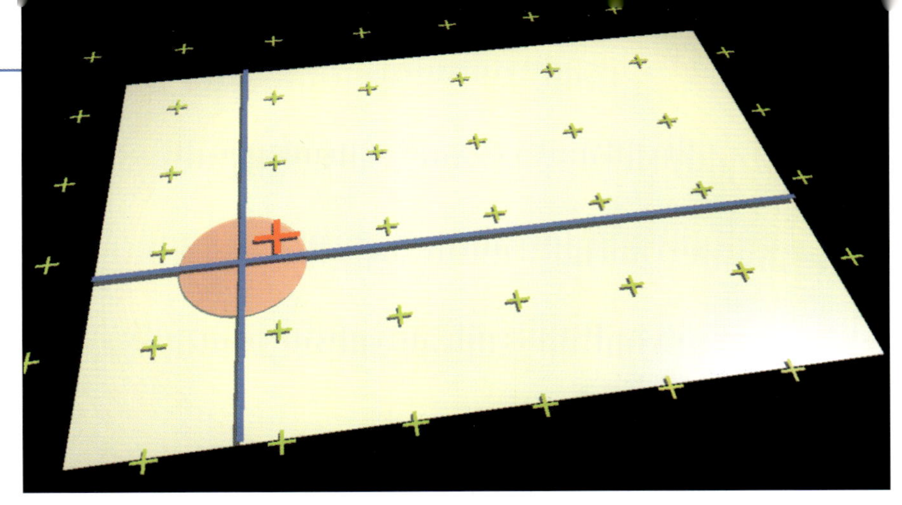

Die Rasterkreuze lassen sich als Konstruktionshilfe auf dem Bildschirm einblenden und werden nicht geplottet. Ihr Abstand ist beliebig wählbar. Das Fadenkreuz fängt dann allerdings nur Rasterkreuze als Punkte

Bei einigen der aufgeführten Funktionen ist es wichtig, darauf zu achten, daß die jeweiligen Manipulationen auf der entsprechenden Folie ausgeführt werden. Andernfalls könnten in anderen Folien unbeabsichtigt Änderungen vorgenommen oder wichtige Zeichnungsteile gelöscht werden.

Eine zusätzliche Unterstützung für regelmäßige Konstruktionen ist das **Bildschirmraster.** Hier werden auf dem Bildschirm Rasterkreuze in regelmäßigem, vom Anwender zu definierendem Abstand eingeblendet. Das Fadenkreuz sucht also, wenn diese Funktion eingestellt ist, immer nach dem nächstliegendem Rasterkreuz. Für das freie Konstruieren wird der sogenannte Rasterfang natürlich ausgeschaltet.

Für exakte Konstruktionen in vektororientierten CAD-Programmen ist es unbedingt erforderlich, daß die Vektoren eindeutig über ihre Anfangs- und Endpunkte identifiziert werden können. Damit der Anwender nicht über die Zoomfunktion in einem mehrfach vergrößerten Bildausschnitt arbeiten muß und sicher sein kann, immer eindeutige Punkte identifiziert zu haben, verfügt das Fadenkreuz über entsprechende Einstellmöglichkeiten. Als wichtigstes ist hier der sogenannte Fangradius zu nen-

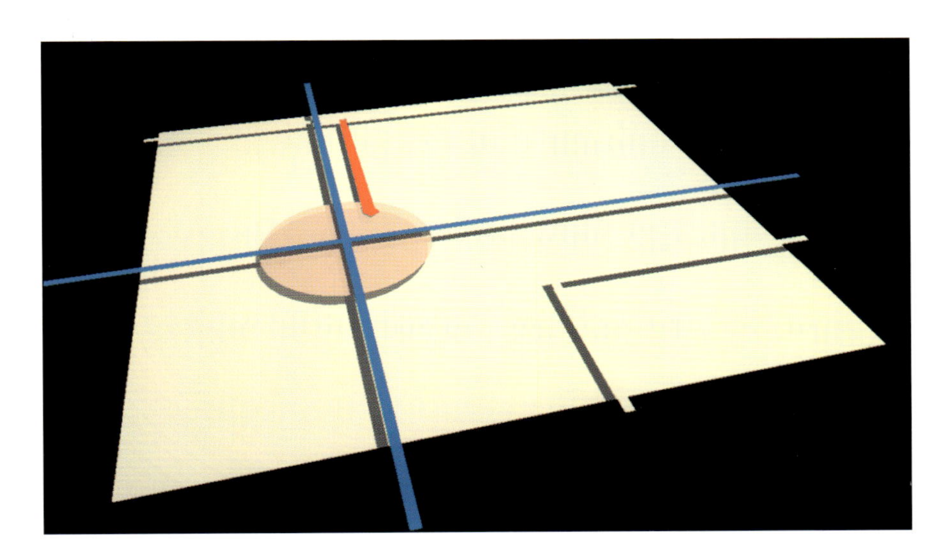

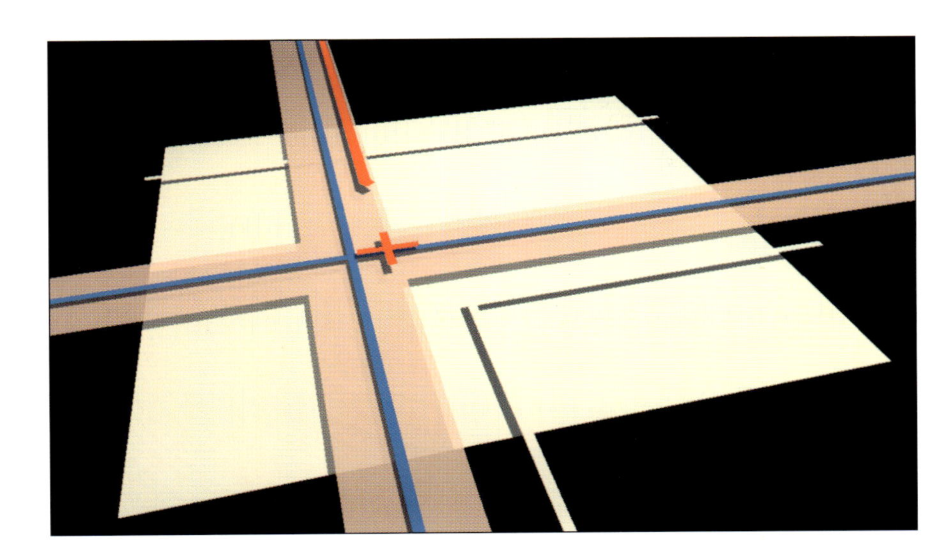

Um das Fadenkreuz, das mit der Maus oder Lupentaste bewegt wird, befindet sich der Fangradius (oben) und der Fangbereich (links). Innerhalb des Fangradius werden Anfangs-, End-, und Mittelpunkte gefangen, damit die exakte Konstruktion gewährleistet ist. Innerhalb des Fangbereichs entlang der Achsen des Fadenkreuzes können bei Bedarf Punkte an bestehenden horizontalen oder vertikalen Geraden ausgerichtet werden

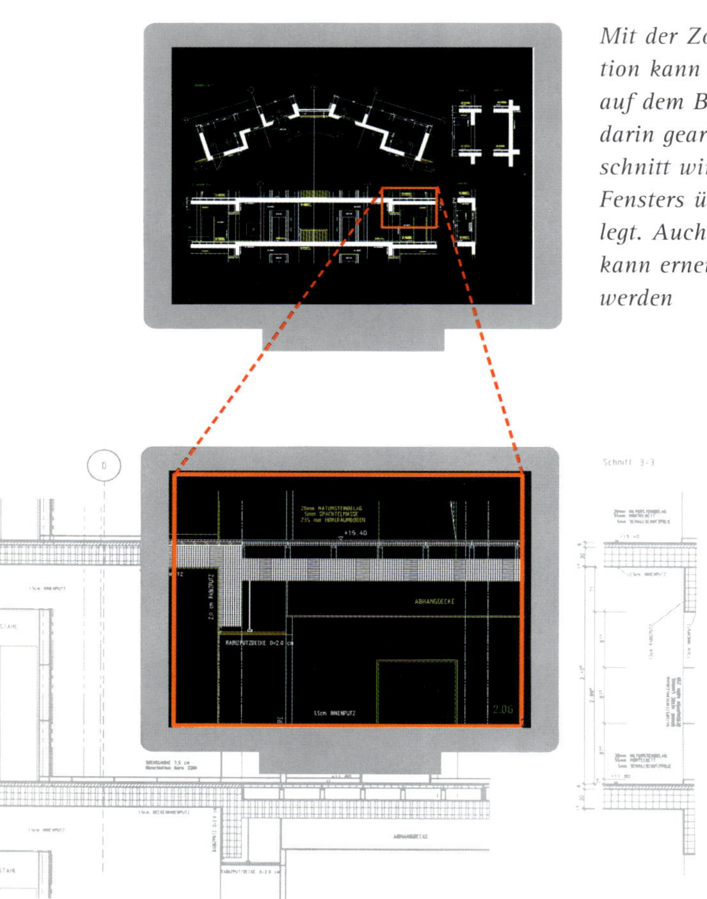

Mit der Zoom- oder Ausschnittfunktion kann ein Teilbereich vergrößert auf dem Bildschirm dargestellt und darin gearbeitet werden. Der Ausschnitt wird durch Aufziehen eines Fensters über eine Diagonale festgelegt. Auch innerhalb eines Ausschnitts kann erneut ein Ausschnitt gewählt werden

nen. Darunter versteht man den Radius um den Schnittpunkt der beiden Fadenkreuzachsen, der allerdings auf dem Bildschirm nicht sichtbar ist. Um nun einen Punkt zu „fangen", ist es nicht notwendig, ihn genau mit dem Schnittpunkt der beiden Fadenkreuzachsen zu treffen. Es reicht aus, daß der interessierende Punkt innerhalb des Fangradius liegt. Der Fangradius kann vom Anwender eingestellt werden, wobei der Radius nicht zu groß gewählt werden darf, da ansonsten die Gefahr besteht, daß andere Punkte innerhalb des Radius gefangen werden. Der Fangradius bezieht sich in seiner Abmessung auf die Darstellung am Bildschirm.

Zu beachten ist bei der Arbeit mit dem Fadenkreuz noch, auf welche Folien sich die Fangfunktion bezieht. Da auf dem Bildschirm in der Regel mit mehreren Folien gearbeitet wird, kann eingestellt werden, ob sich die Fangfunktion nur auf die Arbeitsfolie

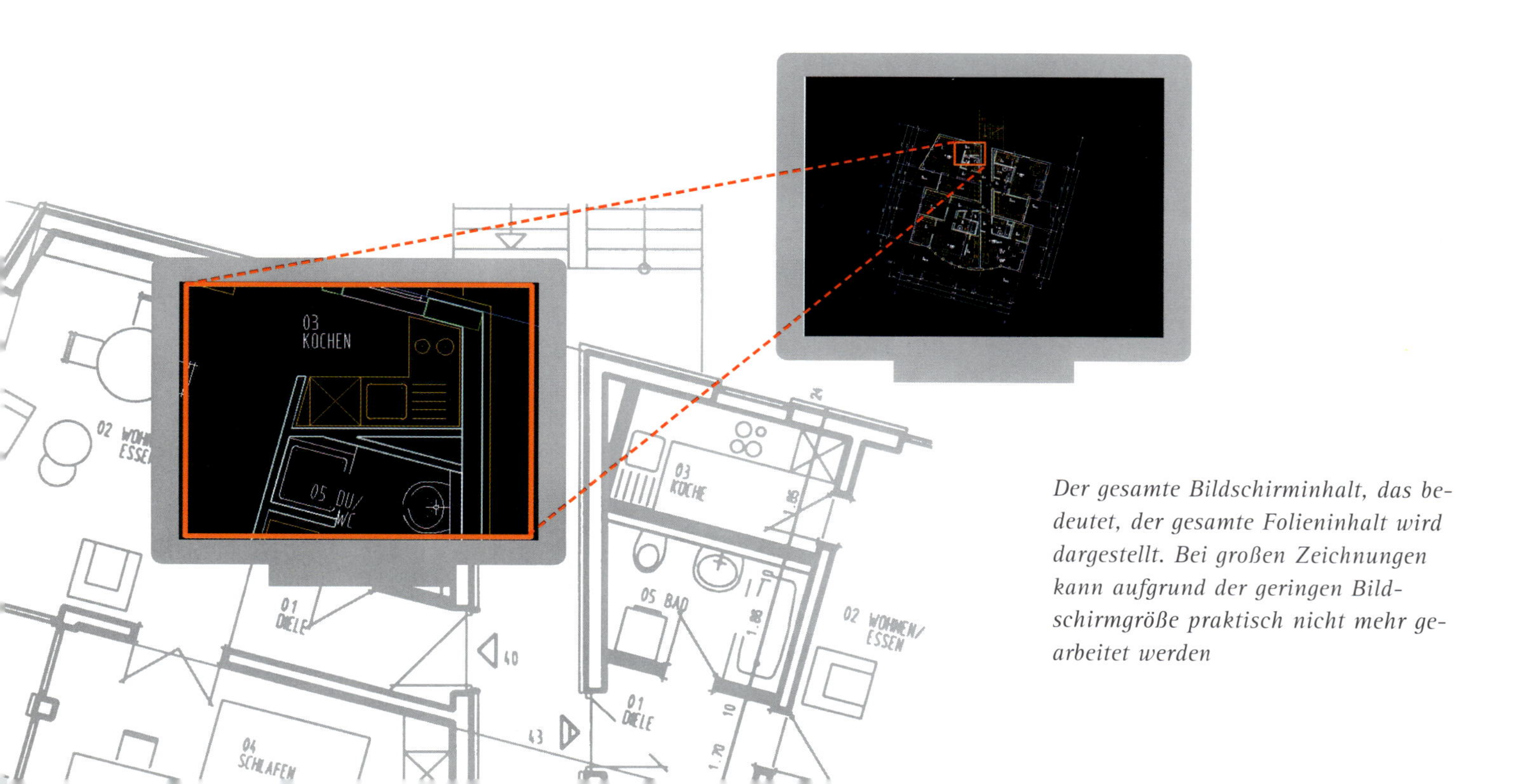

Der gesamte Bildschirminhalt, das bedeutet, der gesamte Folieninhalt wird dargestellt. Bei großen Zeichnungen kann aufgrund der geringen Bildschirmgröße praktisch nicht mehr gearbeitet werden

oder nur auf die Folien im Hintergrund beziehen soll. Da eine Zeichnung aus mehreren Folien besteht, wird man üblicherweise die Fangfunktion so eingeschaltet lassen, daß sie auf allen Folien fängt.

Die Bestimmung des Bildschirmausschnittes findet mit der sogenannten **Zoom- oder Ausschnittfunktion** statt. Aus dem gesamten Bereich der Zeichnung, die am Bildschirm sichtbar ist, wird über ein mit dem Fadenkreuz aufgespanntes Fenster definiert, welcher Ausschnitt vergrößert dargestellt werden soll. Die Vergrößerung bezieht sich dabei nur auf die Bildschirmdarstellung und hat keinerlei Einfluß auf die spätere Planzusammenstellung oder -Ausgabe. Innerhalb der Vergrößerung kann normal konstruiert oder erneut ein Ausschnitt gewählt werden. Mit der bereits in Kapitel 1 vorgestellten Windows(Fenster)-Technik kann auf dem Bildschirm sowohl ein Ausschnitt als auch die gesamte Zeichnung dargestellt werden.

Damit behält man bei großen Plänen besser die Übersicht. Der Anwender kann dann selbst bestimmen, in welchem der Fenster er arbeiten möchte. Auch ein fensterübergreifendes Arbeiten, welches die Detailbearbeitung erleichtert, ist möglich.

Um den Umweg über die Gesamtdarstellung zum Zeichnungsausschnitt zu vermeiden, besteht außerdem die Möglichkeit, die Vergrößerung beizubehalten und die Zeichnung zu verschieben, damit ein neuer Ausschnitt der Zeichnung auf dem Bildschirm sichtbar wird.

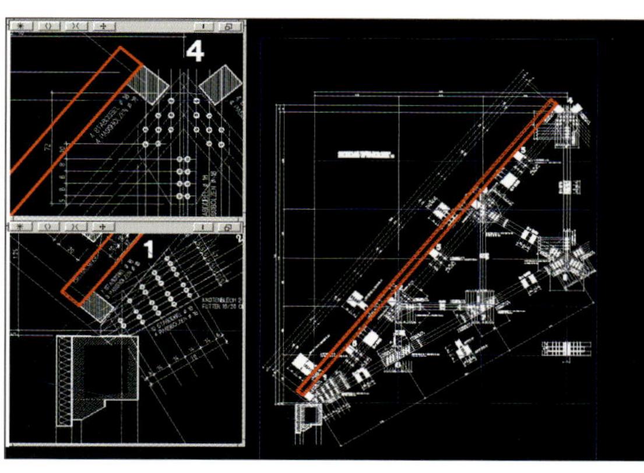

Fensterübergreifendes Arbeiten mit der Windows-Technik. In den beiden kleinen Windows auf der linken Seite werden Details angezeigt, auf der großen Bildschirmfläche die Gesamtansicht. So wird genaues Arbeiten möglich. Die Detailfenster zeigen jedoch immer nur eine Vergrößerung aus der Gesamtansicht

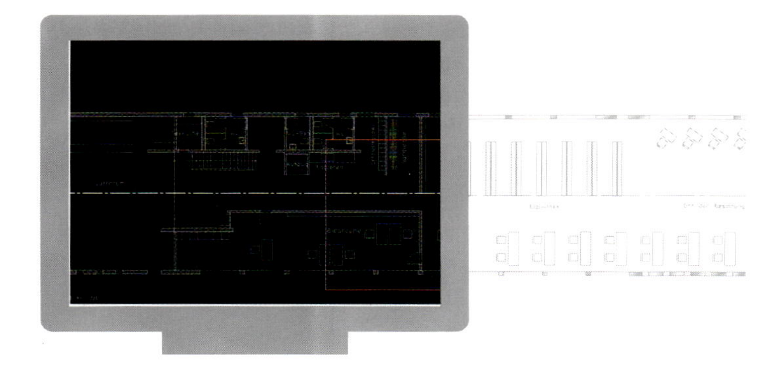

Damit man nicht jedesmal wenn der gewählte Ausschnitt zu klein wird, über den Umweg der gesamten Bildschirmdarstellung gehen muß, kann man die Zeichnung auch bei gleicher Vergrößerung verschieben. Dazu wird auf dem Bildschirm festgelegt, welcher Punkt des sichtbaren Ausschnitts neuer Mittelpunkt der Bildschirmdarstellung werden soll

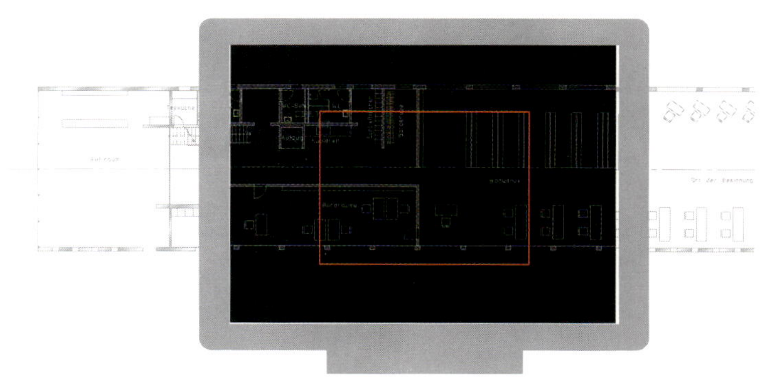

Der Globalpunkt ist der Ursprung des kartesischen Koordinatensystems, auf das sich die Eingaben von x-, y- und z-Werten beziehen. Über die Tastatur lassen sich durch Aktivieren der Knöpfe dx, dy oder dz genaue Werte eingeben

Über diesen Knopf läßt sich ausgehend von einem vorher festgelegten Punkt eine neue Gerade durch Eingabe von Winkel und Länge, also über Polarkoordinaten erzeugen

Von einem eindeutigen Punkt auf einer Geraden oder Kreislinie kann durch Eingabe eines Abstands ein exakter Ausgangspunkt für weitere Konstruktionen geschaffen werden

Mit dieser Funktion können Geraden und Kreislinien in regelmäßige Abschnitte unterteilt werden. Die Anfangs- und Endpunkte dieser Abschnitte stehen für weitere Konstruktionen zur Verfügung

Mit der Funktion Schnittpunkt sucht das System nach dem Schnittpunkt zweier Linien, auch wenn dieser nicht durch den Anfangs-, End- oder Mittelpunkt von Vektoren definiert ist

Diese Funktion findet den Mittelpunkt zwischen Anfangs- und Endpunkt einer Geraden oder findet den Mittelpunkt auf einer Kreislinie eines Kreissegments

Mit dieser Funktion kann man einen Punkt ansprechen, der sich bei einem Schnitt zweier gedachter Kreise ergibt

Mit dieser Funktion kann ein Linienanfang auf den Lotfußpunkt einer anderen Linie oder eines Kreises gesetzt werden

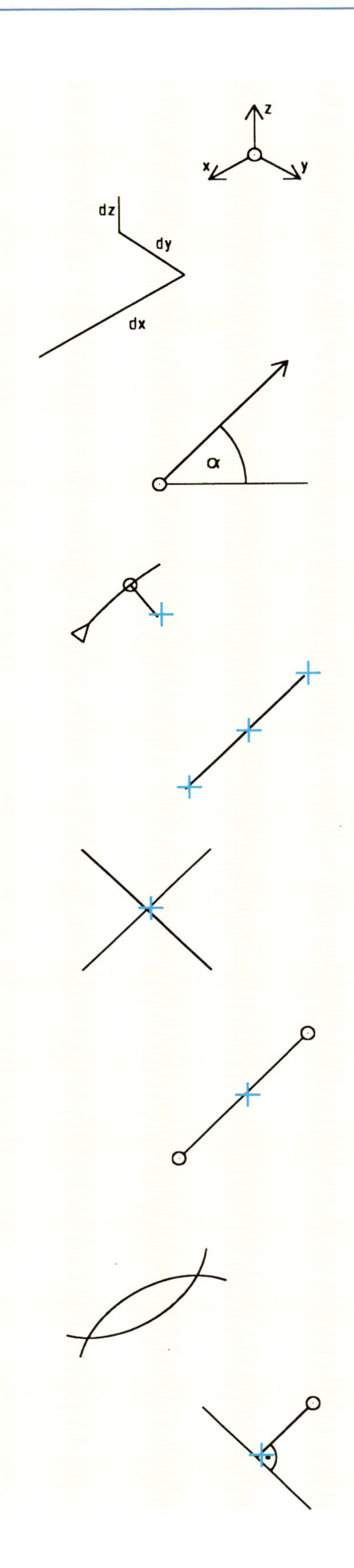

Im CAD-System ALLPLAN existiert noch eine Variante zu der Ausschnittfunktion, die die Detaillierung von Zeichnungen noch weiter unterstützt. Mit ihr kann man, ohne in der oben beschriebenen Windows-Technik zu arbeiten, ebenfalls ein oder mehrere Details einer Zeichnung auf dem Arbeitsteilbild plazieren. Der große Vorteil gegenüber der Windows-Technik ist dabei, daß die Details kleinere Maßstäbe als die übrige Zeichnung besitzen können. Um die gesamte großmaßstäbliche Zeichnung nicht mit Details zu überfrachten, werden diese nur in den Ausschnittfenstern eingetragen, wobei man sich bei der Konstruktion aber auf die gesamte Zeichnung bezieht, ohne daß sich diese mitverändert. Diese Funktion ist vergleichbar mit den Makros, die ihre Darstellungstiefe auch in Abhängigkeit vom Maßstab ändern können.

Zu den Punkten, die mit dem CAD-System ALLPLAN ermittelt werden können, gehören unter anderem: der **Schnittpunkt** von Geraden, der weder Anfangs- noch Endpunkt von Vektoren ist, sondern nur durch den Schnittpunkt eindeutig identifiziert werden kann; **Bezugspunkte,** die ermittelt werden durch ihre exakte Lage, bezogen auf einen bereits bekannten Punkt; die **Teilungslinie,** die eine Gerade in regelmäßige Abschnitte unterteilt und die Anfangs- und Endpunkte dieser Abschnitte zur weiteren Konstruktion anbietet; die

Mittelpunktfunktion, die die Mitte einer Geraden findet; die **Kreisschnittpunkt**funktion, die den Schnittpunkt von zwei Kreisen findet. Einige dieser Funktionen lassen sich nicht nur auf Geraden anwenden, sondern auch auf Kreise, wie zum Beispiel die Funktion Bezugspunkt.

Neben diesen Funktionen gibt es noch weitere Möglichkeiten, Punkte für das weitere Vorgehen bei der Planerstellung zu ermitteln. Dafür bietet sich nämlich noch der Menüpunkt Messen an, mit dem alle Koordinaten, Längen, Winkel und Radien (aber auch Flächen und Volumen), die eingegeben wurden, nachträglich noch einmal ermittelt werden können. Diese Werte können dann direkt in Abfragen in der Statuszeile übernommen werden. Ein weiterer Bestandteil des Funktionsmenüs ist der Taschenrechner, der auf dem Bildschirm aufgerufen werden kann und mit dem die wesentlichen mathematischen Formeln genutzt werden können.

Findet man einen für die Konstruktion benötigten Punkt nicht, so bietet sich die **Hilfskonstruktion** an. Ist sie aktiviert, so kann ganz normal mit den CAD-Werkzeugen konstruiert werden. Die so entstehenden Linien werden jedoch nicht geplottet, können aber für weitere Konstruktionen, die geplottet werden sollen, als Zeichenunterstützung herangezogen werden. Stellt man anschließend fest, daß die Hilfskonstruktion doch in der Zeichnung benötigt wird, so läßt sie sich per Knopfdruck in eine normale Konstruktion überführen. Der Hilfskonstruktion ist eine ganz bestimmte Farbe zugewiesen, so daß sie immer als solche zu erkennen ist.

Über dieses Fenster kann ausgewählt werden, was gemessen werden soll. Die Ergebnisse werden in der Statuszeile am unteren Bildschirmrand angezeigt und können direkt als Eingabe übernommen werden

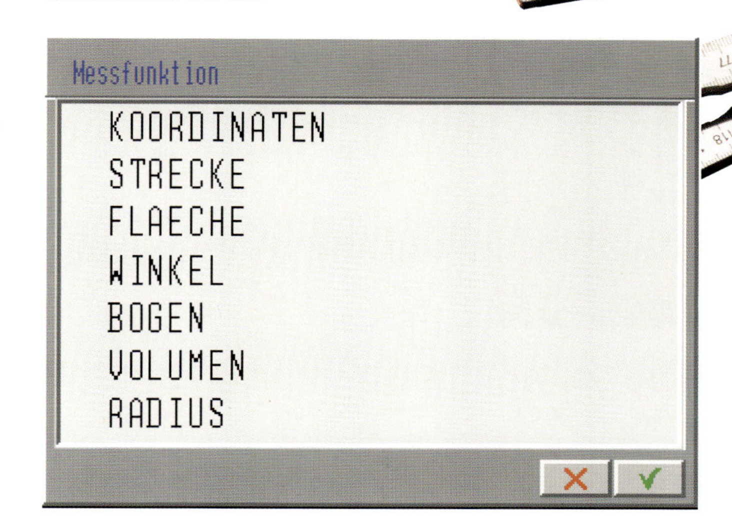

Eine nützliche Ergänzung ist der Taschenrechner, der auf den Bildschirm aufgerufen werden kann. Er enthält die wesentlichen mathematischen Funktionen. Seine Ergebnisse werden direkt in die Abfragen der Statuszeile übernommen

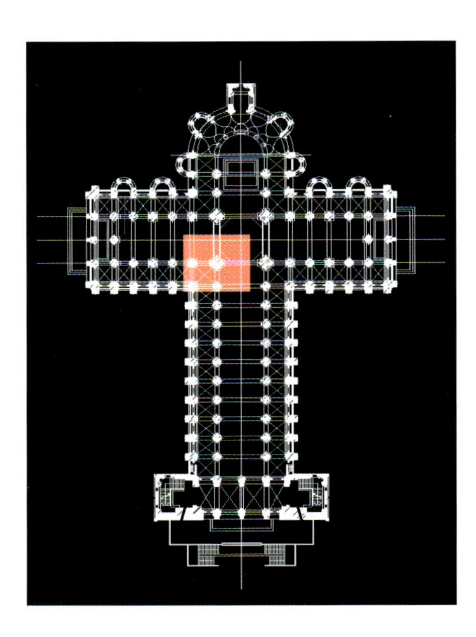

Mit den beschriebenen Funktionen des 2D-CAD-Systems lassen sich bereits auf effektive Weise Architekturpläne erzeugen. Zum Beispiel die Säulengrundrisse der Kathedrale von Santiago de Compostela

In den meisten CAD-Systemen sind einmal ausgelöste Funktionen auch wieder rückgängig zu machen. Je nach System können entweder nur der letzte Bearbeitungsschritt oder einige mehr rückgängig gemacht werden.

Natürlich gibt es immer mehrere Vorgehensweisen, Bauelemente zu konstruieren und zu einem kompletten Plan zusammenzufügen. Ein Vorteil des CAD-Systems ist, daß aus bereits bestehenden Elementen, immer neue abgeleitet werden können. Das bedeutet, daß nicht jedes Bauteil von Grund auf neu gezeichnet werden muß, sondern ein bereits bestehendes einfach oder mehrfach modifiziert werden kann.

Um diese Vorgehensweise noch effizienter zu gestalten, ist es notwendig, daß man sich zu Beginn der Konstruktion eines Bauteils überlegt, wie es erstellt, eingesetzt und weiterverwendet werden soll. Bei dieser zielorientierten Vorgehensweise ist darauf zu achten, daß die Werkzeuge Kopieren, Spiegeln, Rotieren und Drehen so eingesetzt werden, daß nach Abschluß der jeweiligen Funktion möglichst wenig nachbearbeitet werden muß.

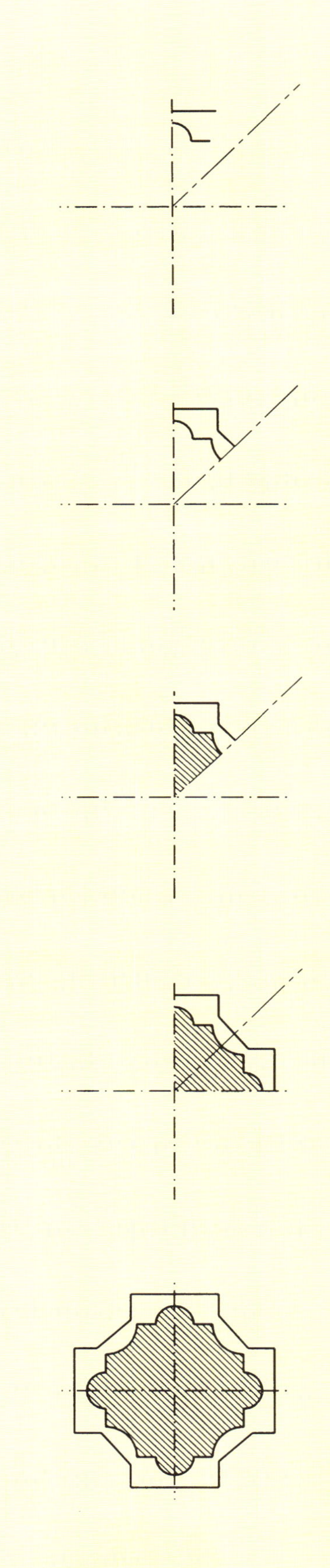

Mit den Werkzeugen des CAD-Systems gelangt man auf vielen Wegen zum Ziel. Der effektivste Weg hängt jeweils von der Aufgabenstellung und der Weiterverwendung des zu zeichnenden Bauteils ab. In diesem Fall sind bei der Konstruktion der Säule zahlreiche Linien zu löschen, außerdem bleibt die Säule in 4 Einzelelemente zerlegt, was Bildaufbau und Modifikation erschwert

Außerdem ist es ratsam, ein Bauteil aus möglichst wenig Einzelelementen zusammenzusetzen, da diese sonst nur schwer auf einmal aktiviert werden können. Je mehr Einzelelemente es in einem Bauteil gibt, desto länger dauert es außerdem, bis die Konstruktion auf dem Bildschirm aufgebaut wird, da jedes Zeichenelement extra aus dem Speicher geladen wird.

Grundriß des Sportpalasts in Pesaro, Italien (Entwurf: A. Vecchi, Pesaro)

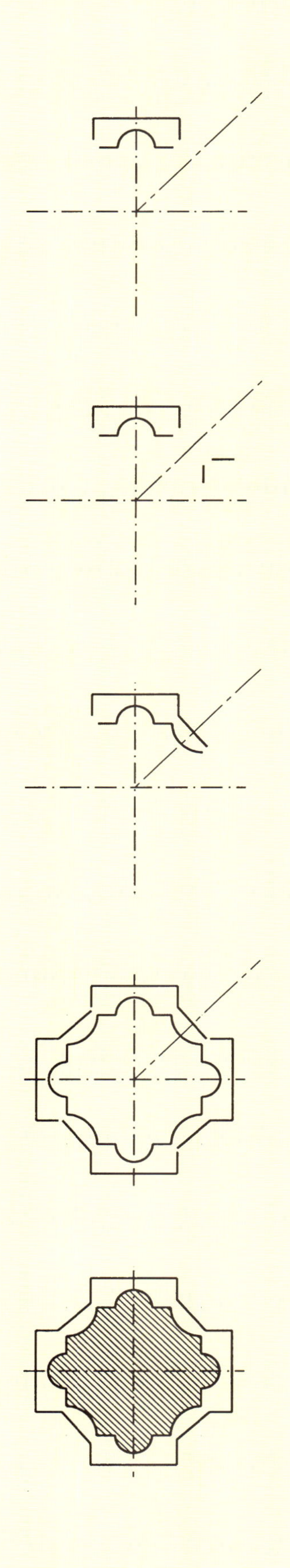

Der zweite Weg, die Säule zu konstruieren, führt zu weniger Einzelelementen und damit leichterer Nachbearbeitung und schnellerem Bildschirmaufbau

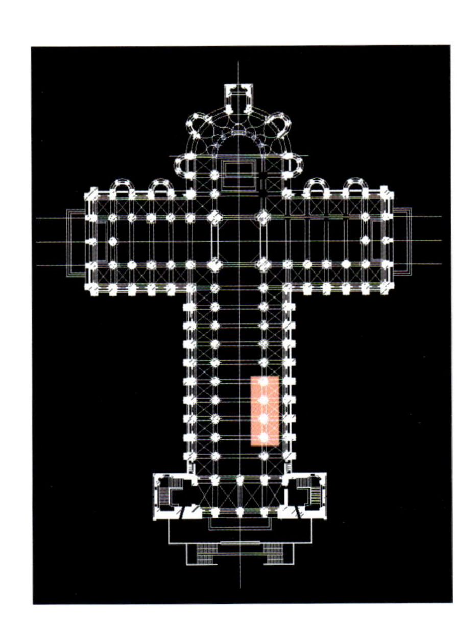

Als Grundlage für die Erstellung des Kathedralengrundrisses wurde, wie in der Architektur üblich, ein Achsensystem mit den wesentlichen Abmessungen entwickelt

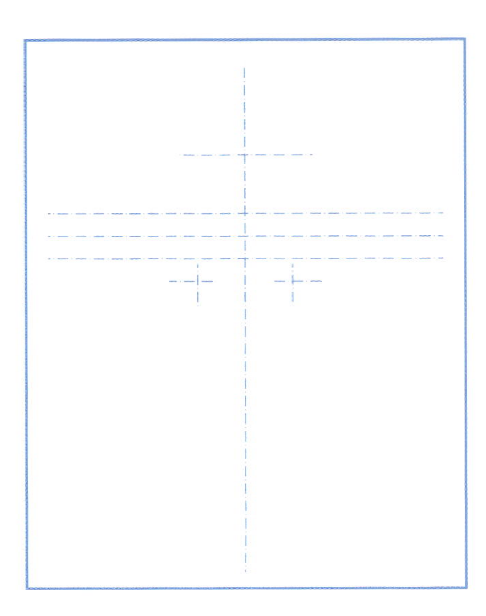

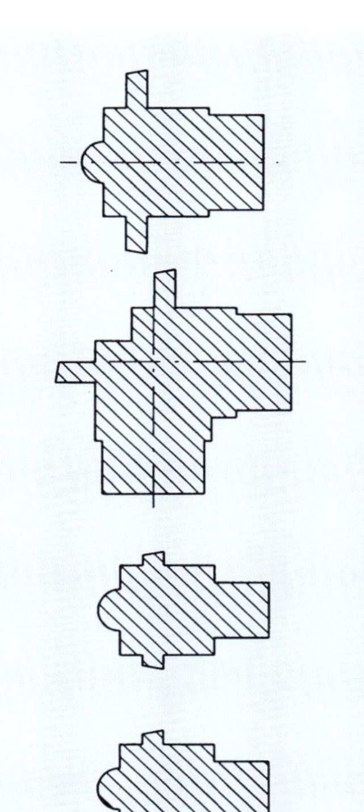

Die unterschiedlichen Erscheinungsformen der Wand wurden ebenfalls alle aus einem Wandtyp abgeleitet, indem dieser mit den CAD-Werkzeugen modifiziert wurde

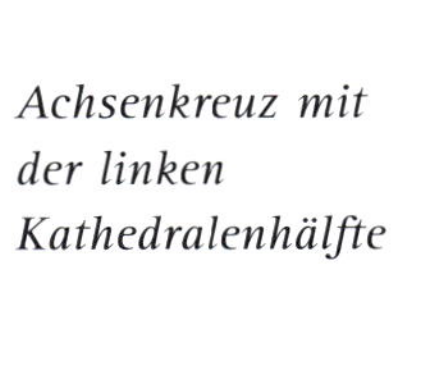

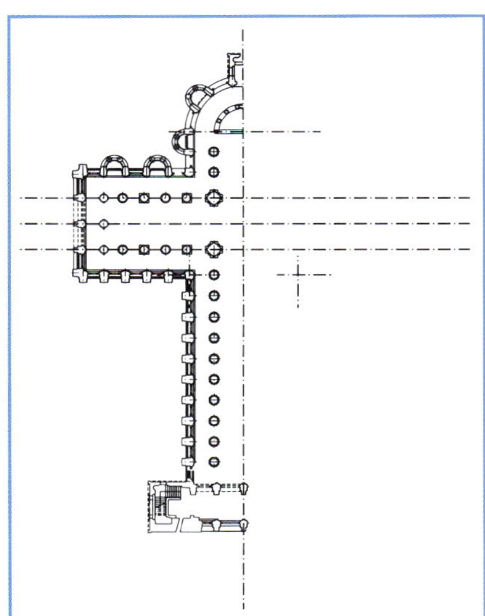

Achsenkreuz mit der linken Kathedralenhälfte

Auch die weiteren Säulentypen der Kathedrale wurden nach dieser Vorgehensweise konstruiert

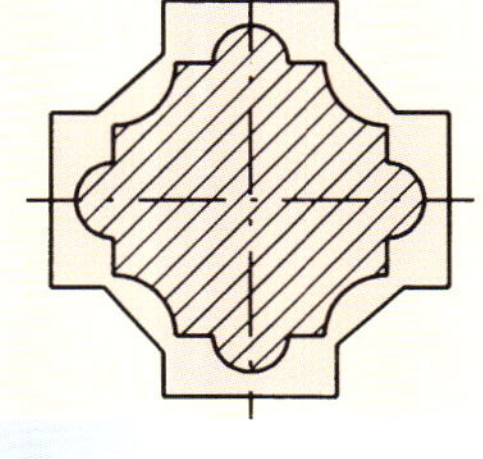

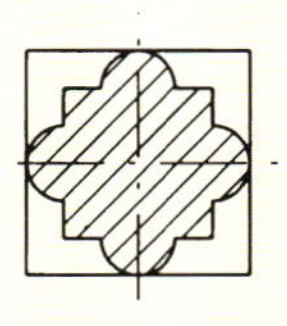

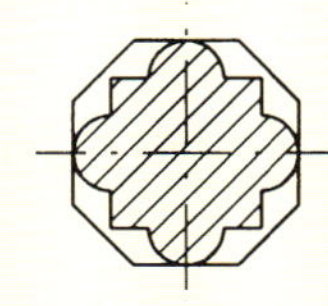

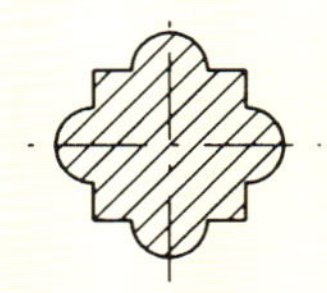

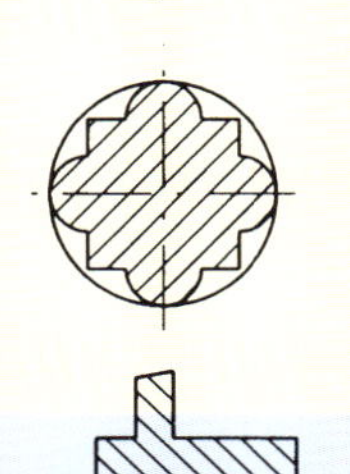

Bevor nun genauer auf die Makrotechnik eingegangen wird, noch zu dem wichtigsten, was es in Architekturplänen gibt, nämlich Bemaßung und Text. Beides kann natürlich auch über das CAD-System erstellt werden, wobei besonders bei der Bemaßung die umständliche Handarbeit, wie bei manuell gezeichneten Plänen verringert wird.

Die Mittelachse des Rasters diente als Spiegelachse für die bereits entworfene Seite der Kathedrale. Modifikationen, um Konstruktionsunterschiede der linken und rechten Kathedralenhälfte einzufügen, bleiben jederzeit möglich

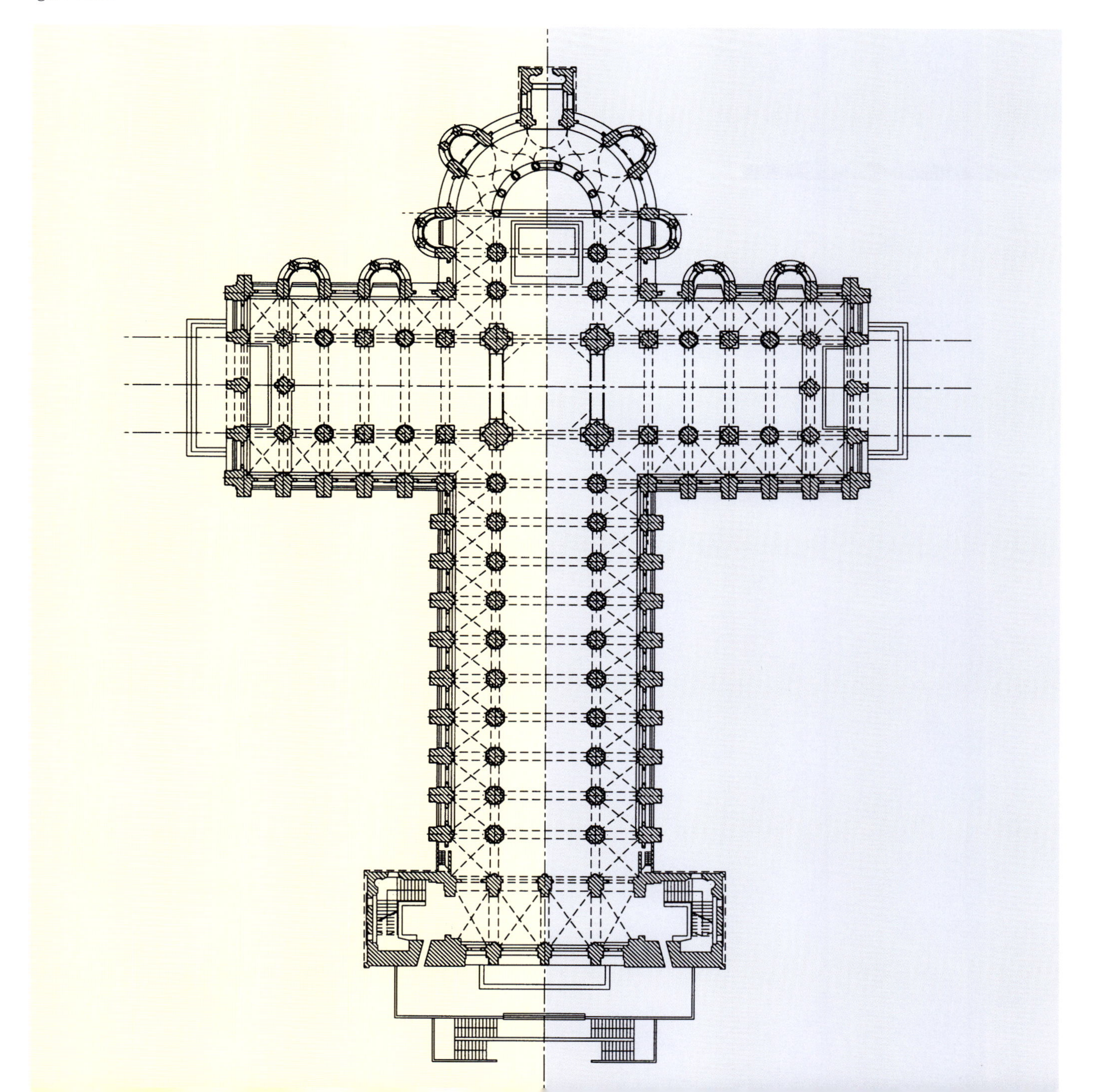

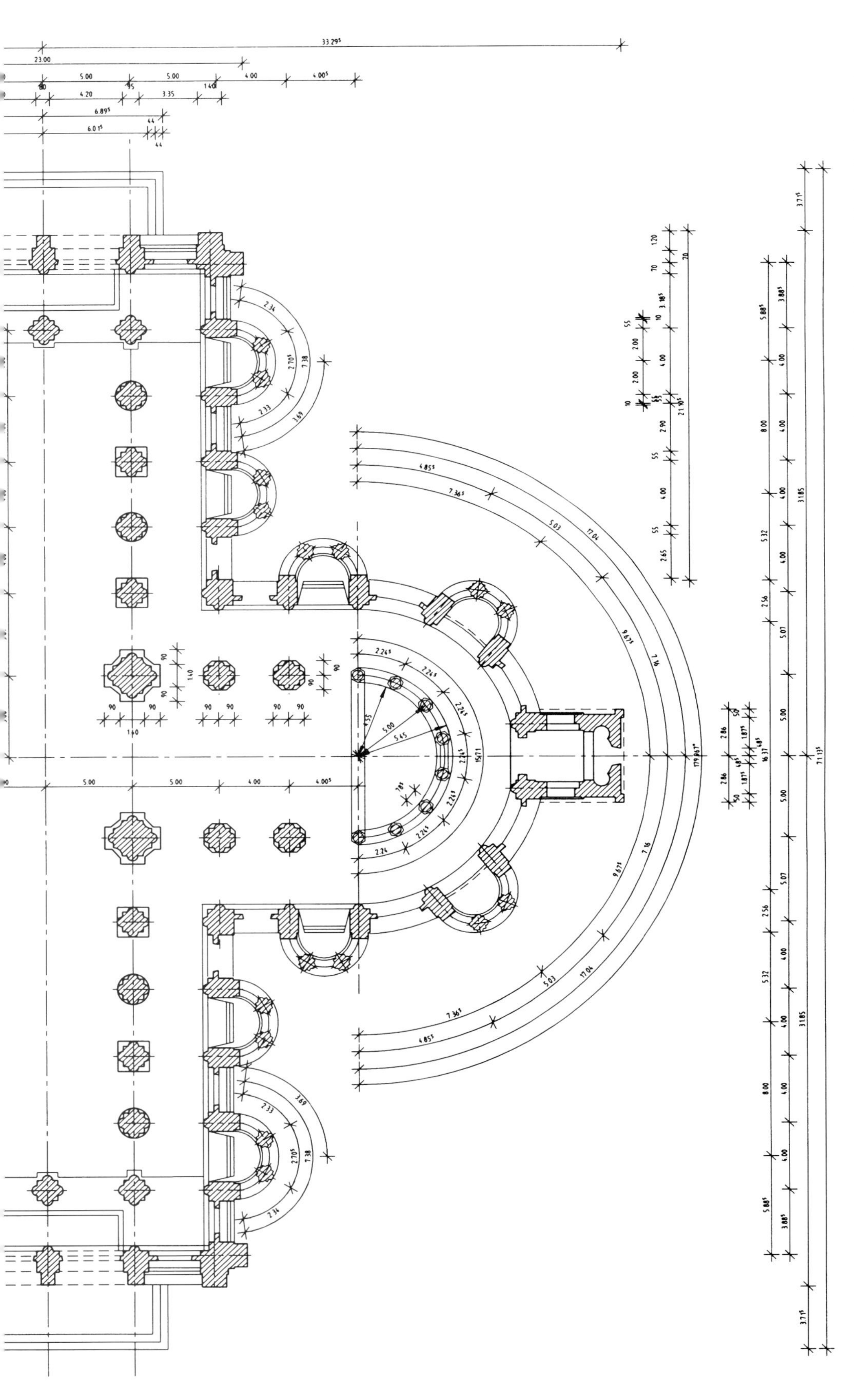

Die Bemaßung im CAD-System wird deshalb vereinfacht, weil die Maße direkt aus dem System übernommen werden können. Dafür müssen lediglich die interessierenden Strecken definiert werden. Vorher ist natürlich noch die Festlegung auf einige andere Einstellungen notwendig. Zunächst kann man einstellen, in welcher Einheit die Werte dargestellt werden und wie gerundet werden soll. Danach bietet das CAD-System eine Reihe von möglichen Layouts für die Maßketten an. Sind diese ausgewählt, muß man sich noch für den gewünschten Schrifttyp entscheiden und die Lage der Maßzahlen zu den Maßlinien und die Lage der Maßlinien zu den anderen Maßlinien bzw. zur Zeichnung bestimmen. Auch steht eine umfangreiche Auswahl an Maßbegrenzungssymbolen zur Verfügung.

Sind diese Parameter festgelegt, kann man bestimmen, welche Punkte vermaßt werden sollen. Damit man nicht bei jeder Änderung der Geometrie die Maßlinien neu erstellen muß, bieten einige CAD-Systeme die Möglichkeit der sogenannten assoziativen Vermaßung an. Das bedeutet, daß die Maßkette sich auf festgelegte Punkte in der Zeichnung bezieht. Sobald sich

Grundrißausschnitt der Kathedrale Santiago de Compostela. Beliebige Vermaßungen sind möglich

die Lage dieser Punkte durch die Modifikation der Zeichnung ändert, werden automatisch auch die Maßketten aktualisiert. Da die Definition der Maßketten absolut erfolgt, ist es bei ihrer Eingabe wichtig zu wissen, in welchem Maßstab der Plan ausgegeben werden soll. Ändern sich die Ausgabemaßstäbe kann es passieren, daß die Maßketten unverhältnismäßig groß oder klein dargestellt werden.

Für den Plankopf, aber ebenso zur Beschreibung von Einbaudetails oder objektspezifischen Besonderheiten, muß die Eingabe von Text in die Zeichnung möglich sein. Über einen speziellen Menüpunkt läßt sich der Text eingeben, auf der Folie absetzen und auch in seiner Gestalt verändern. Das CAD-System bietet dafür eine Reihe von Schrifttypen an, die zusätzlich noch kursiv und in ihrer Höhe und Breite verändert werden können. Werden andere Schrifttypen gewünscht, als sie vom Hersteller mitgeliefert werden, können sie auch vom Anwender selbst erstellt werden. Sonderzeichen können aus dem internationalen Standardzeichensatz (ASCII) abgerufen werden. Dabei ist allerdings darauf zu achten, daß Schriften im CAD-System aus Vektoren bestehen und daher wie Zeichnungen konstruiert werden müssen.

Zur exakten Positionierung des Textes stehen zahlreiche Hilfsmittel zur Verfügung, so daß ein Textblock beispielsweise zentriert, bündig oder regelmäßig verschoben abgesetzt werden kann. Auch eine vertikale oder schiefe Textposition kann festgelegt werden. Über die standardmäßigen Konstruktionshilfen des CAD-Systems läßt sich der Text außerdem exakt in der Zeichnung, etwa in der Mitte eines Raumes, absetzen.

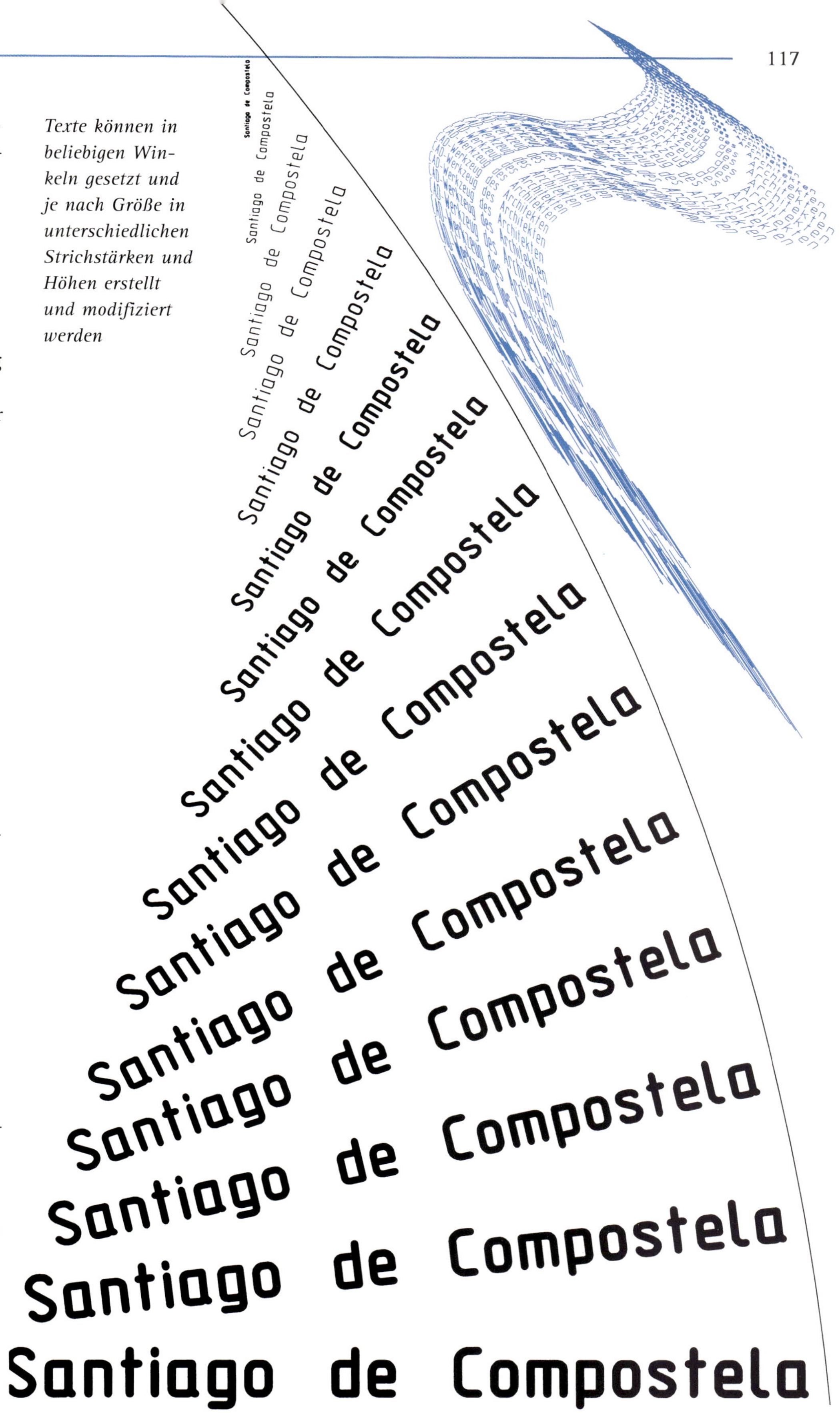

Texte können in beliebigen Winkeln gesetzt und je nach Größe in unterschiedlichen Strichstärken und Höhen erstellt und modifiziert werden

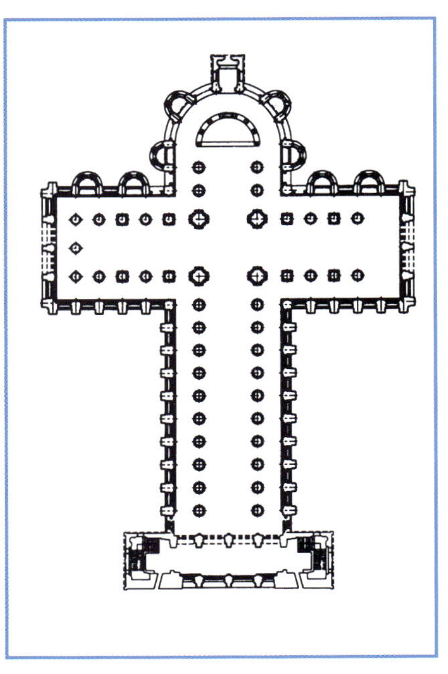

Makro

Auf die Verwendung und Vorteile von Makros bei der Arbeit mit dem CAD-System ALLPLAN wurde im Verlauf dieses Buches bereits mehrfach eingegangen. An dieser Stelle wird der Einsatz von Makros noch einmal zusammenfassend dargestellt.

Makros dienen grundsätzlich mehreren Zwecken, auch wenn sie nicht immer für alle eingesetzt werden müssen. So ist es mit Makros möglich, unterschiedliche Detaillierungs-

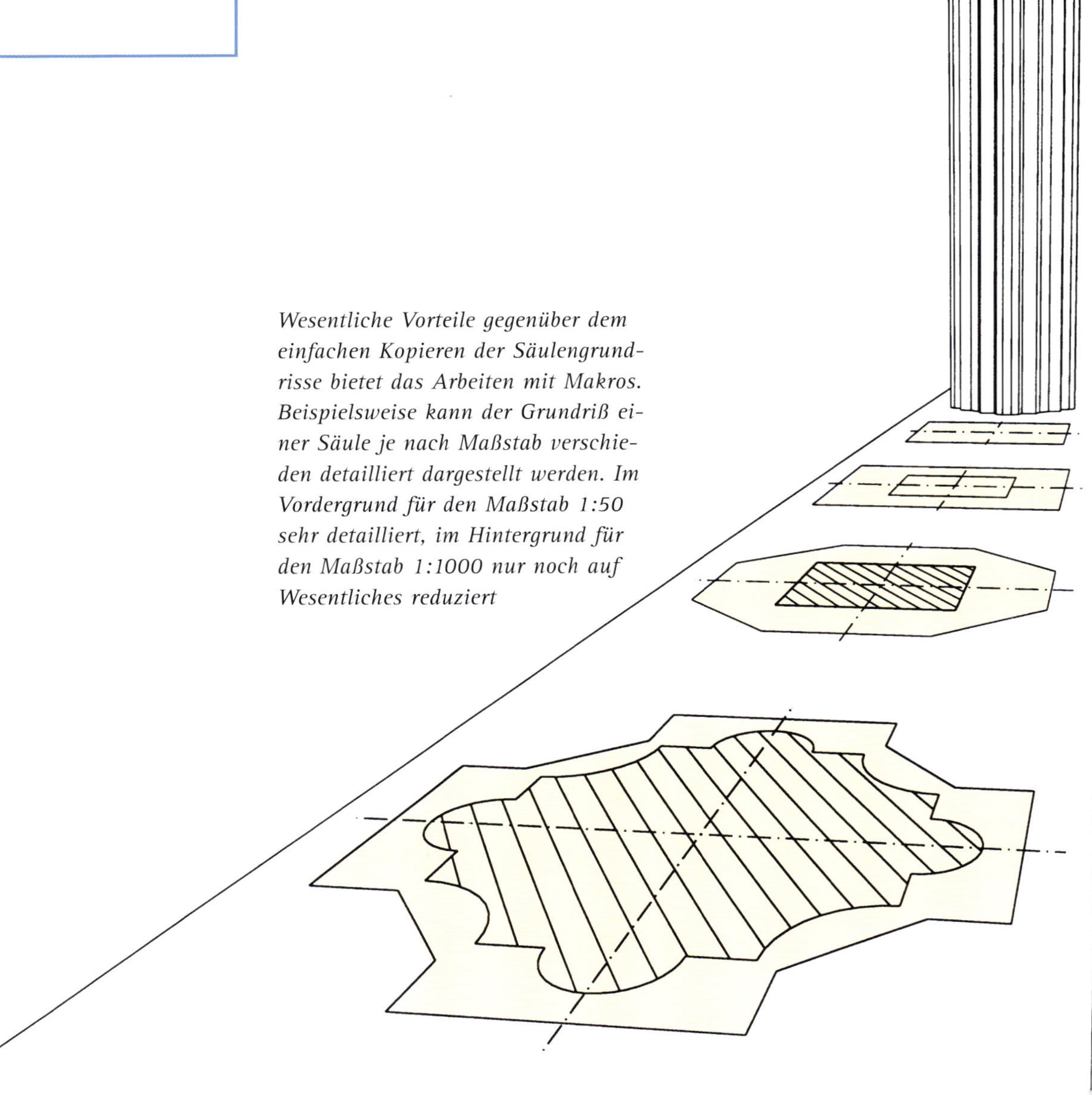

Wesentliche Vorteile gegenüber dem einfachen Kopieren der Säulengrundrisse bietet das Arbeiten mit Makros. Beispielsweise kann der Grundriß einer Säule je nach Maßstab verschieden detailliert dargestellt werden. Im Vordergrund für den Maßstab 1:50 sehr detailliert, im Hintergrund für den Maßstab 1:1000 nur noch auf Wesentliches reduziert

grade für unterschiedliche Planmaßstäbe festzulegen. Damit wird eine Überzeichnung von Plänen vermieden, obwohl die CAD-Daten trotzdem auch die Konstruktionsdetails enthalten. Die Schritte, innerhalb derer die Detaillierungstiefe in Abhängigkeit vom gewählten Maßstab festgelegt wird, legt der Anwender selbst fest. Üblicherweise wird er sich dabei auf die für Architekturpläne übliche Einteilung beziehen, also auf die Maßstäbe 1:25, 1:50, 1:100 und 1:200. Selbstverständlich muß für jeden Maßstab eine neue Zeichnung des Bauteils angefertigt werden, wodurch der Anwender selbst festlegen kann, in welchem Maßstab welche Details noch oder nicht mehr zu sehen sind.

Bei Bedarf können aber auch andere Kombinationen von Darstellungstiefe und Maßstab ausgewählt werden.

Außenmauermakros		
POS.	STK.	BEZEICH.
2	8	Eingang-Links
3	26	Außenmauer
4	4	Apsis-innen
5	4	Ecken-innen
6	16	Nebenerker
7	8	KleineApside
8	2	Ostapside
Stützenmakros innen		
POS.	STK.	BEZEICH.
10	3	Säulen Eingang
11	8	Säule rundSockel
12	8	Säule 6eckSockel
13	24	Säule Quadrat
14	4	Säule Mitte

Makros können auch numerisch ausgewertet werden. Damit können zum Beispiel Listen erstellt werden, aus denen ersichtlich ist, wie oft ein als Makro abgelegtes Bauteil verwendet wurde

Bleistiftdarstellung mit vernetzten Schraffurlagen. Kathedrale von Nevers, Burgund, Erich Herzberger

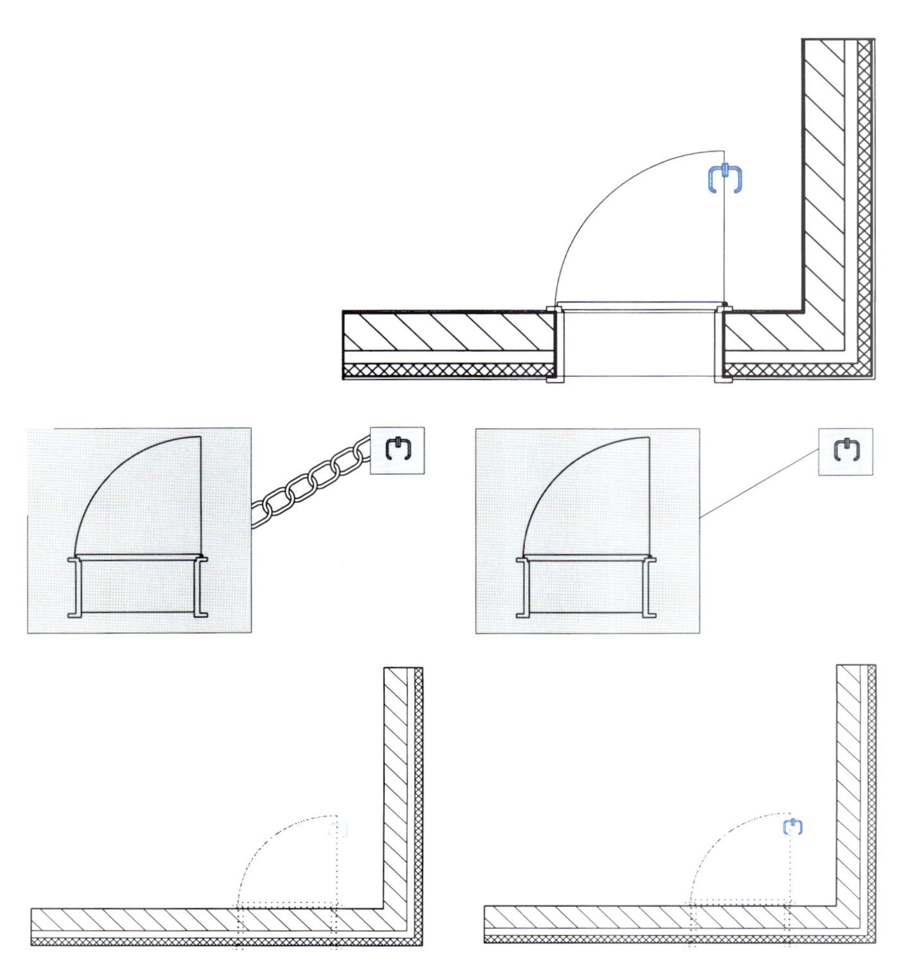

Doch nicht nur bestimmte Kombinationen von Planmaßstäben und Makromaßstäben können festgelegt werden. Mit Makrofolien kann das Makro darüber hinaus auch noch in verschiedenen Varianten definiert werden. Legt man beispielsweise auf eine Makrofolie die Ansicht eines geschlossenen Fensters und auf die andere die eines geöffneten Fensters, läßt sich die Fassadenansicht in beiden Fällen vergleichen. Vielfach werden die Folien auch in der Landschaftsplanung genutzt, um das Wachstum von Bäumen zu simulieren. Die zunehmende Ausdehnung eines Baumes kann dann etwa auf unterschiedlichen Makrofolien festgehalten werden, so daß sich anschließend feststellen läßt, ob möglicherweise bestimmte Bereiche einer Fassade nach einigen Jahren des Baumwachstums extrem verschattet sind.

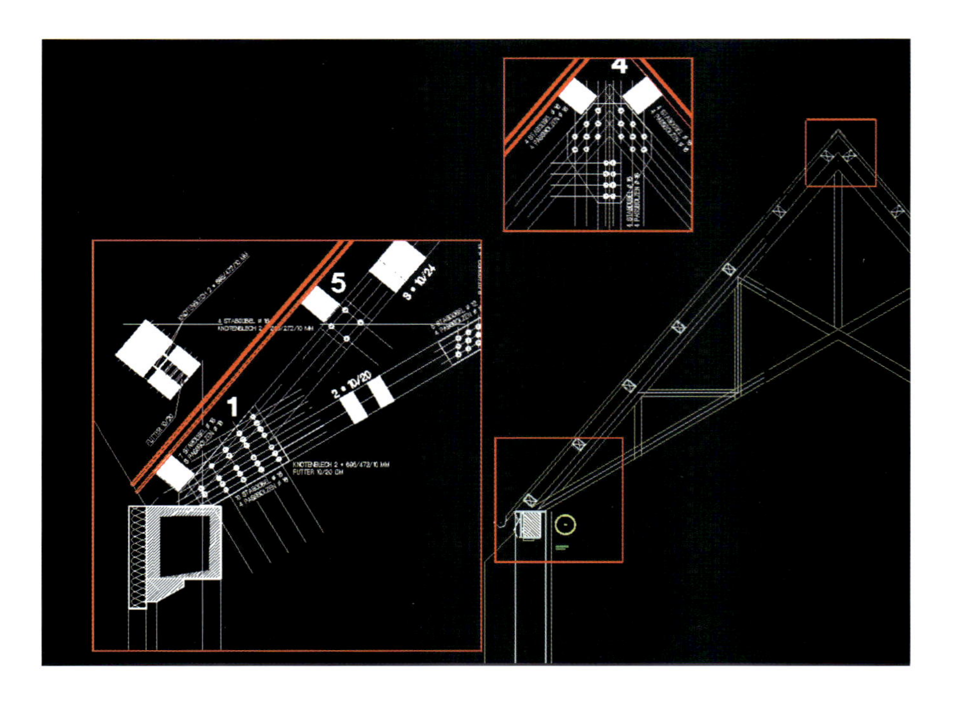

Die Funktion Zoom im CAD-System ALLPLAN ermöglicht die Verkettung unterschiedlicher Darstellungsweisen eines Bauteils in verschiedenen Maßstäben – auch über mehrere Folien hinweg.
Darüber hinaus lassen sich der oder die Ausschnitte auch direkt vom Bildschirm ausdrucken

Bei der Arbeit mit dem CAD-System erweisen sich Makros darüberhinaus als äußerst sinnvoll, da sie den Verbrauch von Speicherplatz minimieren. Dies liegt daran, daß das Makro physisch nur einmal auf der Festplatte abgelegt wird. Das bedeutet also, selbst wenn es mehrfach verwendet wird, braucht es fast nur den Speicherplatz eines einzigen Bauteils.

Dadurch, daß das Makro nur einmal physisch vorhanden ist, läßt es sich auch für rationelle Änderungen verwenden. Hervorzuheben ist seine Eigenschaft, sich an veränderte Öffnungsweiten anzupassen, ohne daß es vom Anwender modifiziert werden muß. Weiterhin kann der Anwender auswählen, ob sich die Änderung eines eingesetzten Makros nur auf einen Einsatzort beziehen, oder ob es genauso auf der ganzen Folie geändert werden soll. Es muß also nicht jedes gleiche Makro auf einer Folie gesucht und extra geändert werden.

Soll das Bauteil durch ein anderes ersetzt werden, ist auch dies durch die Funktion Makro tauschen möglich, indem einfach das eine Makro durch ein anders ersetzt wird. Weiterhin lassen sich Makros auch miteinander verketten, so daß ein Makro vom anderen abhängt. Ein Türmakro kann beispielsweise mit einem Türbeschlagsmakro ergänzt werden, so daß die Darstellung der Türe und des Türbeschlags mit dem Ändern des Bezugsmaßstabes entsprechend detaillierter oder weniger detailliert wird. Die so verketteten Makros sind dabei hierachisch geordnet, was bedeutet, daß beim Löschen der Türe das Türbeschlagsmakro automatisch mitgelöscht wird. Wird dagegen das Türbeschlagsmakro geändert, hat das keine Auswirkungen auf das Türmakro.

Auch wenn die optimale Anwendung der Makrotechnik Planung vor Beginn der Zeichenarbeiten erfordert, so bietet sie doch in ihrer Funktionalität derartige Vorteile, daß sich ihr Einsatz lohnt.

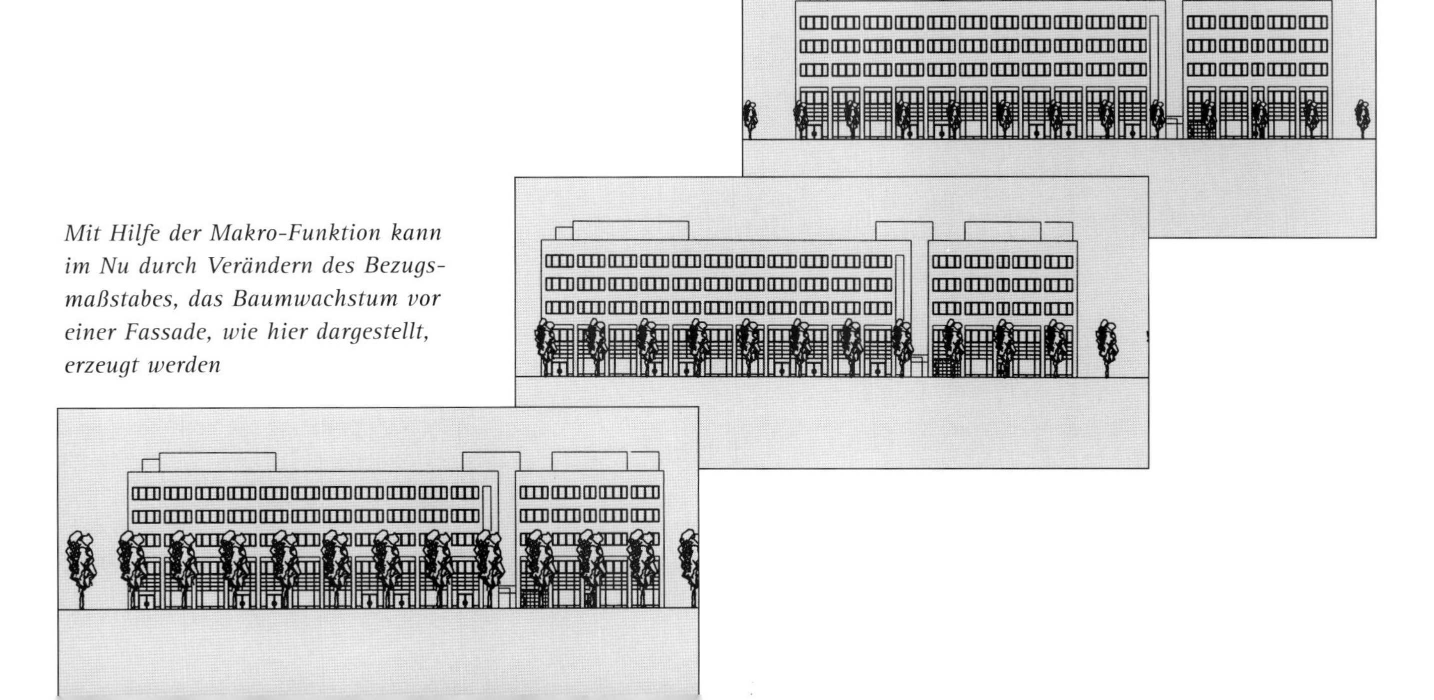

Mit Hilfe der Makro-Funktion kann im Nu durch Verändern des Bezugsmaßstabes, das Baumwachstum vor einer Fassade, wie hier dargestellt, erzeugt werden

2.4.2 3D-Modellieren und Architekturfunktionen

Nachdem nun die 2D-Grundfunktionen eines CAD-Systems beschrieben worden sind, soll nun auf die 3D-Werkzeuge genauer eingegangen werden. Wie bereits mehrfach erwähnt, bedient sich die 3D-Bearbeitung zur Erleichterung des Eingabeaufwands und der Übersichtlichkeit halber der grundrißorientierten Darstellung. Dies bedeutet, daß die meisten Funktionen aus dem 2D-Bereich auch für das Arbeiten mit 3D ihre Gültigkeit behalten. Zudem ist es möglich, zweidimensionale Konstruktionen in das 3D-CAD-System zu überführen. Die im folgenden beschriebene Vorgehensweise entspricht dabei dem CAD-System ALLPLAN.

Bei einigen CAD-Systemen wird die 3D-Eingabe vereinfacht, indem sie 3D-Körper zur Auswahl anbieten, die dann nur noch mit den gewünschten Abmessungen versehen werden müssen. Der Einfachheit halber orientiert man sich bei der Erstellung derartiger 3D-Modelle am Grundriß oder an der Draufsicht. Da die 3D-Köper als Drahtmodelle (siehe Kapitel 1.2.2) bearbeitet werden, leidet die Übersicht am Bildschirm. Durch die Arbeit in der Draufsicht kann das vermieden werden. Außerdem lassen sich weitere Ansichten und Perspektiven per Knopfdruck abrufen und in verschiedenen Bildschirmfenstern gleichzeitig mit der Draufsicht ansehen. Wie bereits erwähnt, eignet sich diese Art der 3D-Darstellung besonders für die Veranschaulichung von Kubaturen und Räumen.

Die Kirchenruine des Klosters von San Galgano in Italien

Mit den Modellierfunktionen des 3D-CAD-Systems ALLPLAN wurde das 3D-Modell des Innenraums der Kathedrale konstruiert. Als Grundlage diente der zuvor in 2D erstellte Grundriß. Die kleine Abbildung zeigt eine Visualisierung der Innenraumperspektive (CAD-Bearbeitung: H. Zaglauer)

In der 3D-Bearbeitung ist die CAD-Funktion, mit der verdeckte Kanten des Drahtmodells weggerechnet werden können, eine der wichtigsten. Mit ihr werden aus dem 3D-Modell zweidimensionale Darstellungen von Perspektiven und Ansichten, die im 2D-CAD-System nachbearbeitet werden können.

Aber für die Arbeit in 3D muß man nicht ausschließlich auf die vorgegebenen Körper zurückgreifen, sondern kann bei ALLPLAN auch aus dem 2D-CAD Zeichnungen übernehmen und aus ihnen 3D-Körper entwickeln. Es können dabei sogenannte Translations- oder Rotationskörper entstehen, je nach Vorgehensweise der Übernahme aus dem 2D-Programm.

Bevor ein geschlossener Linienzug aus dem 2D-System in einen **Translationskörper** umgewandelt werden kann, muß er zunächst in einen Lini-

Für die sogenannte 3D-Modellierung bieten einige CAD-Programme 3D-Grundkörper an, für die nur noch Abmessungen festgelegt werden müssen und die dann beliebig modifiziert werden können

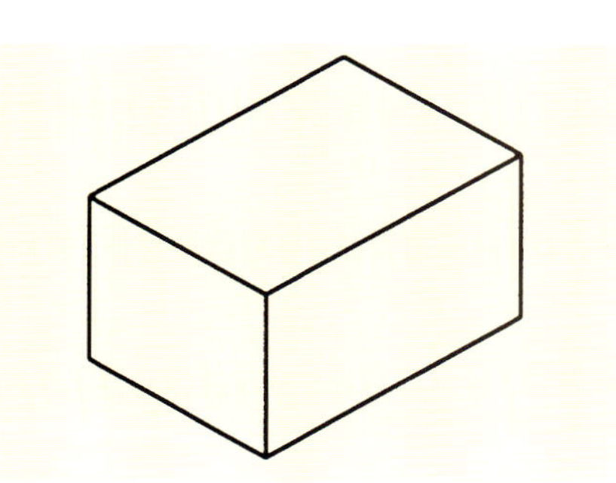

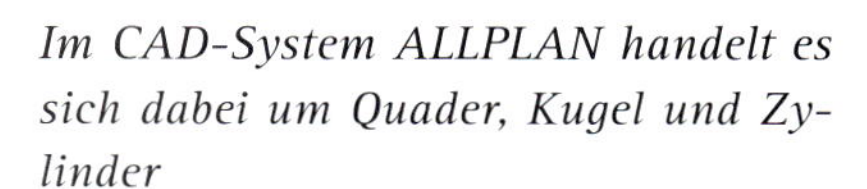

Im CAD-System ALLPLAN handelt es sich dabei um Quader, Kugel und Zylinder

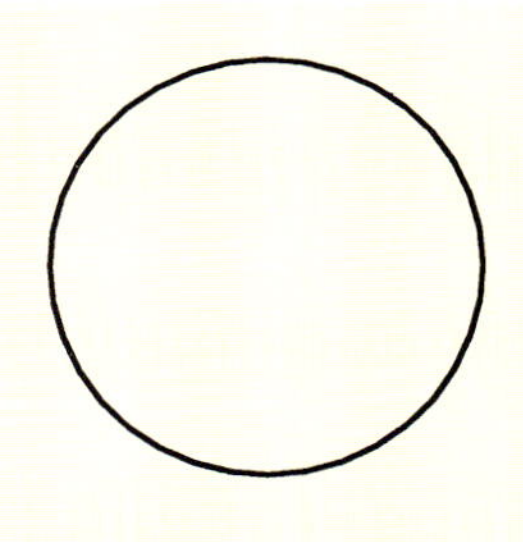
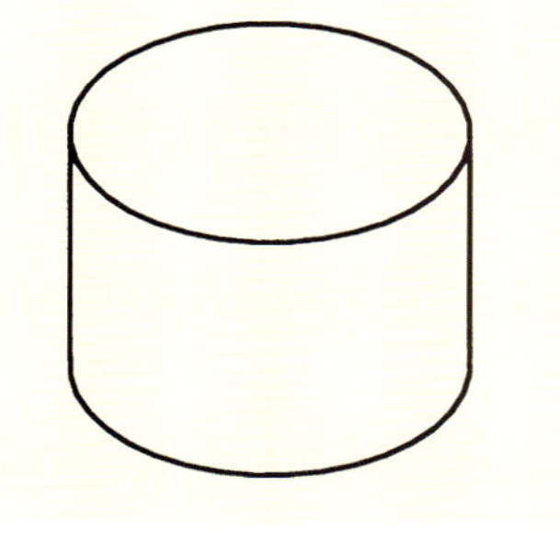
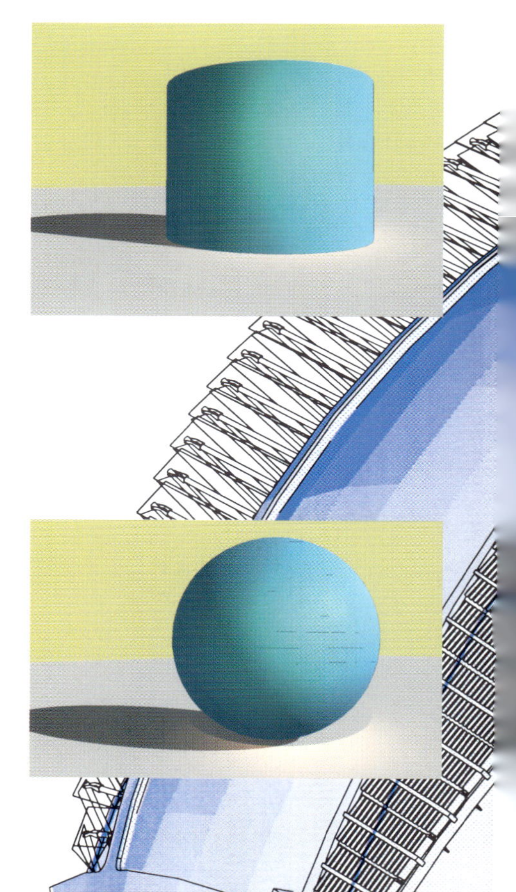

Die 3D-Körper können in der Draufsicht bearbeitet (wie in 2D) oder mit verdeckten Kanten als Isometrie dargestellt werden. Visualisierungen sind jederzeit möglich

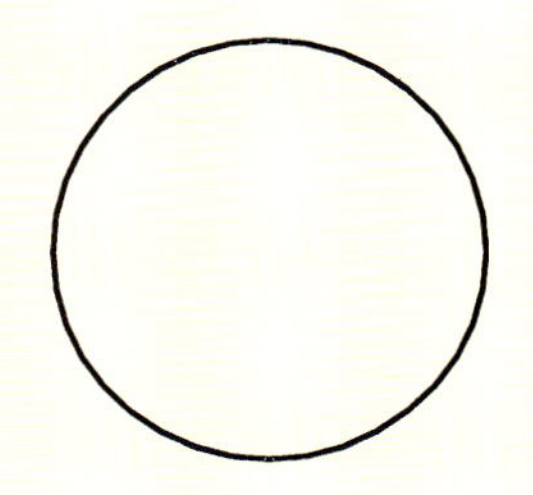
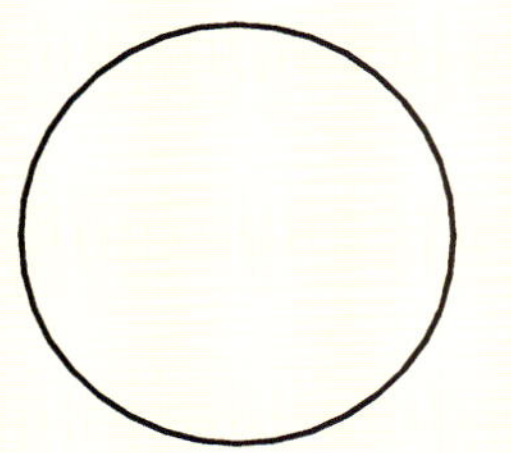
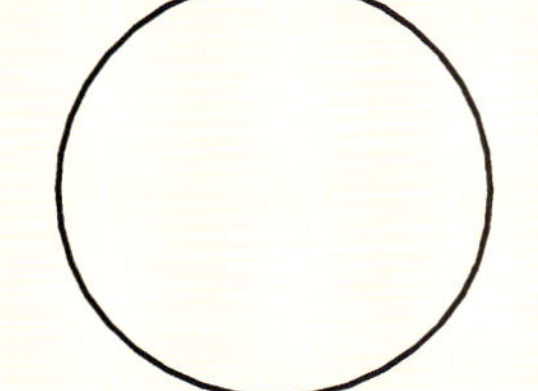

Neben Volumenkörpern können auch Flächen in einem 3D-CAD-System erzeugt und bearbeitet werden

Was in 2D ein Rechteck war, wird in 3D zu einer 3D-Fläche, ein geschlossener Polygonzug zu einer sogenannten Polyfläche und ein n-Eck zu einer n-Eckfläche

Die Dreidimensionalität wird durch die Perspektiven mit den darunterliegenden Schatten, wie sie durch Flächen entstehen, deutlich

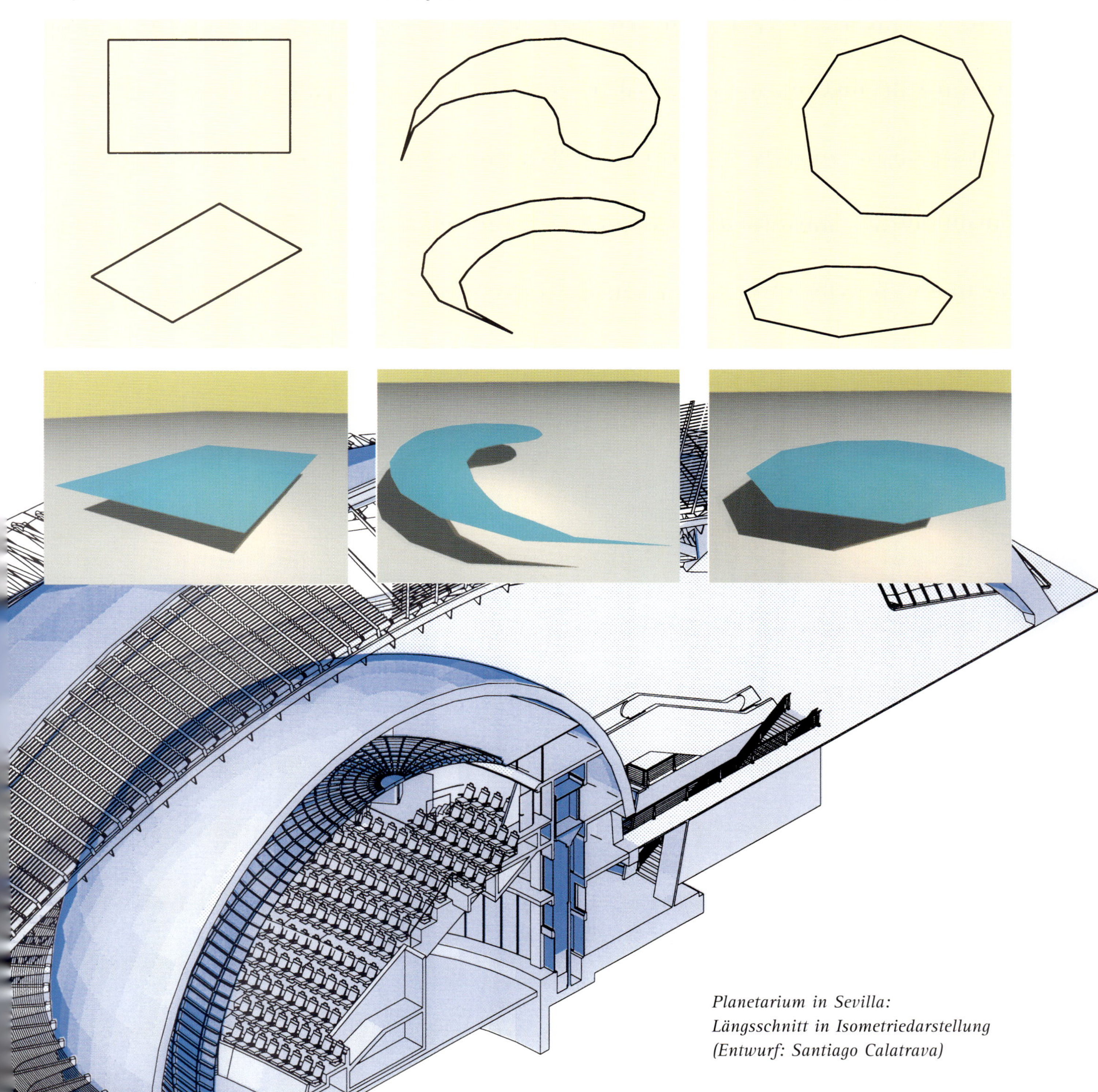

Planetarium in Sevilla: Längsschnitt in Isometriedarstellung (Entwurf: Santiago Calatrava)

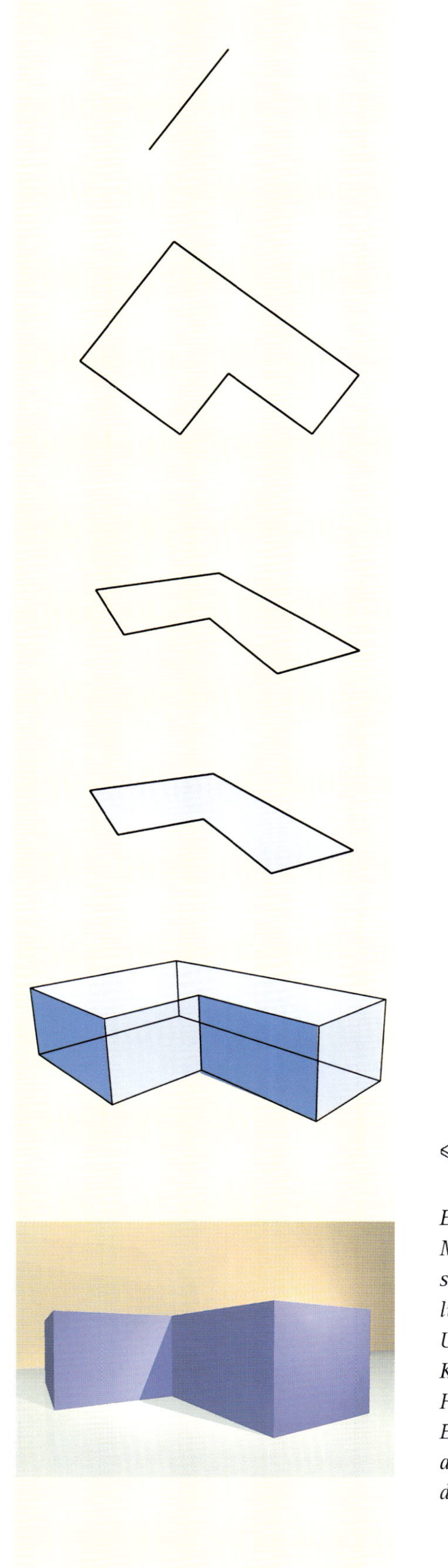

enzug innerhalb des 3D-Systems verwandelt werden. Dieser Linienzug wird die Kontur des 3D-Körpers, indem ihm eine Ausdehung entlang einer 3D-Linie zugewiesen wird; der Linienzug „wandert" sozusagen entlang der Ausdehnungsrichtung. Damit entsteht ein Volumenkörper, der die Grundfläche des geschlossenen Linienzugs aus dem 2D-System hat. Einfacher läßt sich die Grundfläche im 3D-System mit den entsprechenden Funktionen Rechteckfläche, Vieleckfläche und Kreisfläche erzeugen.

Diese Fläche kann nicht nur durch Ausdehnung entlang einer 3D-Linie zu ihrem Volumen kommen, sondern auch durch Rotation um eine Achse, wodurch ein sogenannter Rotations-

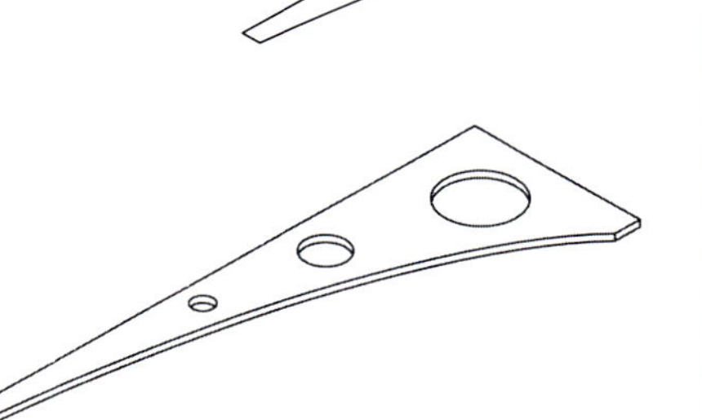

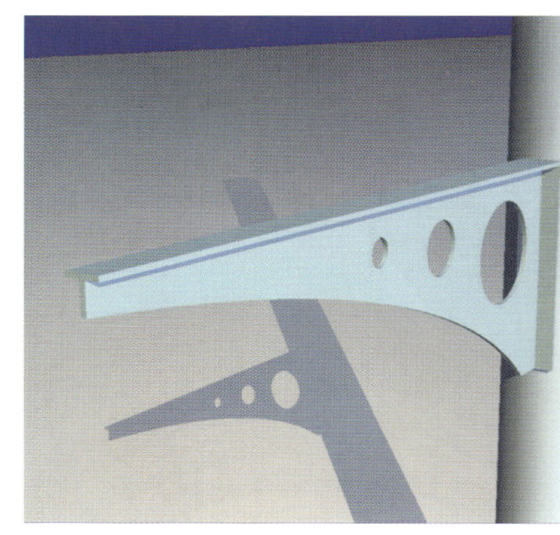

Eine 2D-Konstruktion wird in das 3D-Modul übernommen. Die Arbeitsschritte dazu sind folgende: Umwandlung von 2D-Linien in 3D-Flächen, Umwandlung von 3D-Flächen in 3D-Körper durch die Zuweisung von Höhenangaben (Translationskörper): Es entsteht ein Volumenmodell, das auch als Perspektive dargestellt werden kann

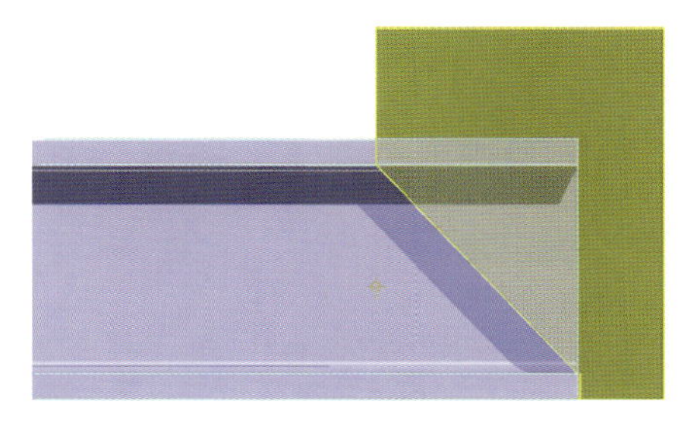

Ansichten und Perspektive des 3D-Modells eines Trägers, der um den transparenten, dunkelgrünen Körper ausgespart werden soll

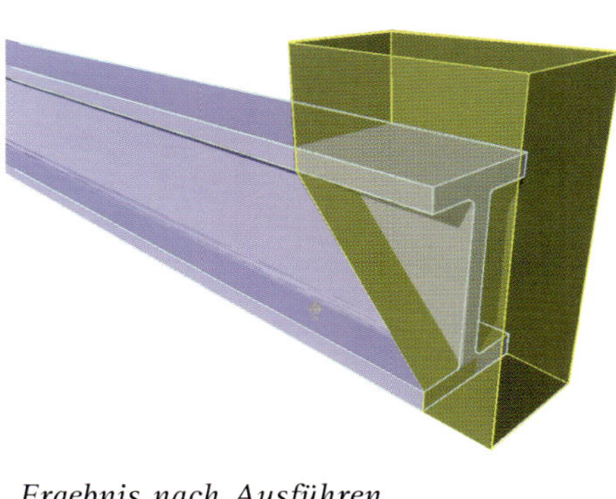

Ergebnis nach Ausführen der 3D-Funktion Aussparen

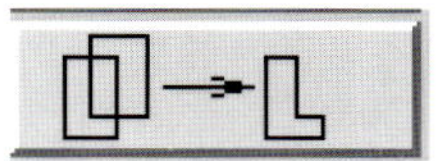

Der Knopf, mit dem die Funktion Aussparen von 3D-Körpern ausgelöst wird, ist praktisch selbsterklärend

Mit den Möglichkeiten des 3D-Modellierens wurde dieser Lochträger entworfen

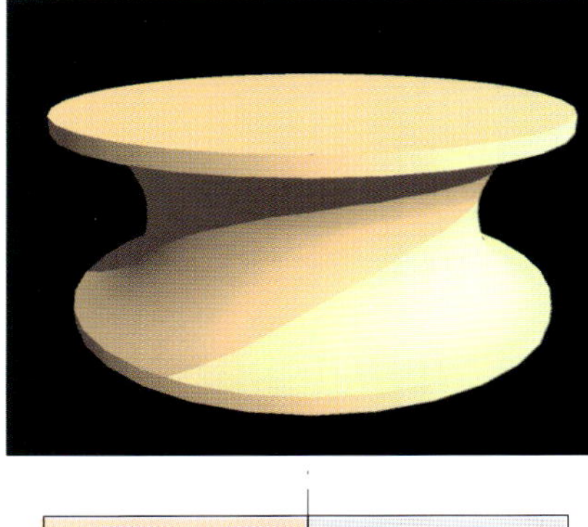

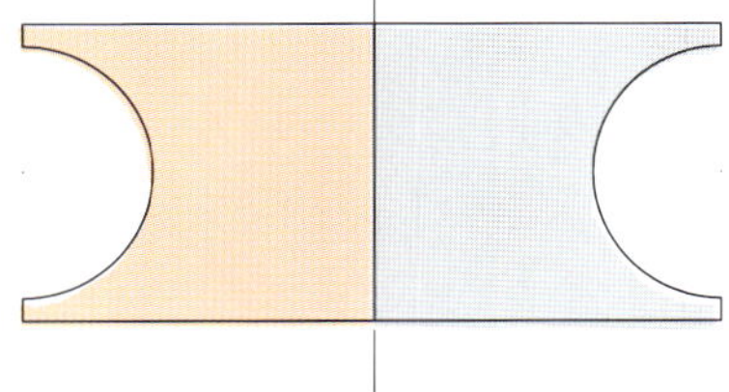

Im Gegensatz zum Translationskörper, bei dem einer Fläche eine Höhe zugewiesen wird, entsteht der Rotationskörper durch Rotieren einer Fläche um eine Achse, wodurch das Volumen definiert wird

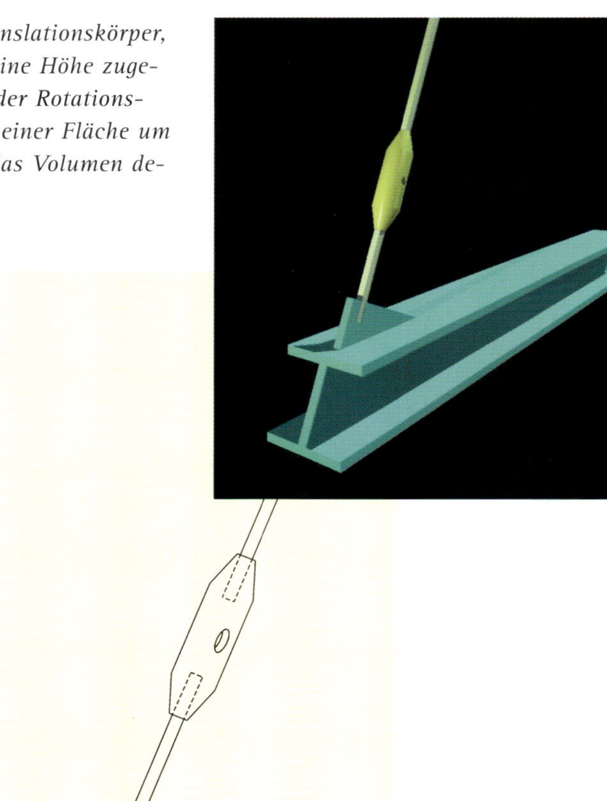

Das Spanschloß wurde in 2D konstruiert und mittels Rotation in einen 3D-Körper überführt, so daß eine perspektivische Darstellung möglich wurde

körper entsteht. Von der Möglichkeit, **Rotationskörper** zu erstellen wird immer dann Gebrauch gemacht, wenn das Ergebnis zylinderförmige Körper mit regelmäßig verformter Oberfläche sein sollen.

Aus der Kombination von 2D-Konstruktionsfunktionen und den 3D-Möglichkeiten von Translations- und Rotationskörpern, lassen sich so alle denkbaren Formen und Räume erstellen und bearbeiten. Die Ableitung der 3D-Modelle erfolgt dabei nach den Regeln der Geometrie, so daß auch hier exakte Pläne entstehen können. Zur sogenannten **3D-Modellierung** gehört die Möglichkeit, 3D-Körper beliebig miteinander zu verknüpfen und zu verschneiden, um so alle erdenklichen Formen modellieren zu können.

Die bis jetzt im zweiten Kapitel beschriebenen 2D und 3D-Funktionalitäten gehören üblicherweise zu dem Leistungsumfang eines jeden professionellen CAD-Systems. Darüber hinausgehende Funktionen bieten Programme, die speziell auf bestimmte Branchen zugeschnitten sind. So gibt es CAD-Programme für den Maschinen- und Anlagenbau, den Fahrzeugbau und eben auch die Architektur und den Ingenieurbau.

Durch diese Ausrichtung von Programmen auf bestimmte Branchen kann auf die Anforderungen der jeweiligen Fachgebiete weit besser eingegangen werden, als es bei einem fachübergreifenden CAD-System möglich ist. Dies gilt im besonderen für die Architektur.

Im folgenden werden nun die speziellen Möglichkeiten eines dreidimensionalen Architekturprogrammes aufgezeigt. Dabei orientieren sich die Beispiele an dem CAD-System ALLPLAN. Während die allgemeinen 3D-Fähigkeiten fast ohne jegliche architekturspezifische Besonderheiten auskommen, gehört zu einem Architektur-CAD-Programm, daß mit seinen Hilfsmitteln Pläne speziell für das Bauwesen erzeugt werden können.

Fernsehturm neben dem Planetarium in Sevilla. Links: Grundriß mit Schattenwurf. Rechts: Ansicht. (Entwurf: Santiago Calatrava)

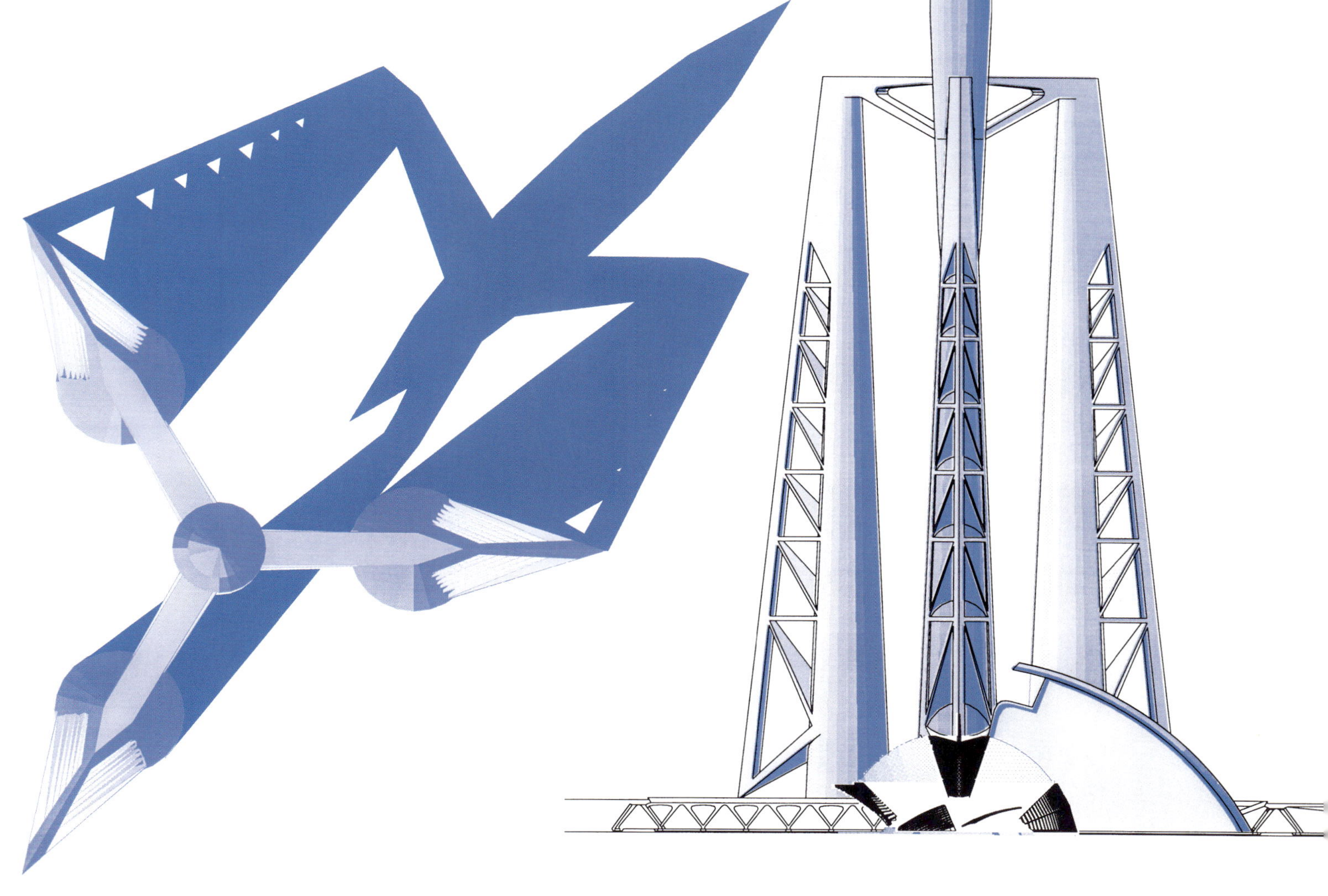

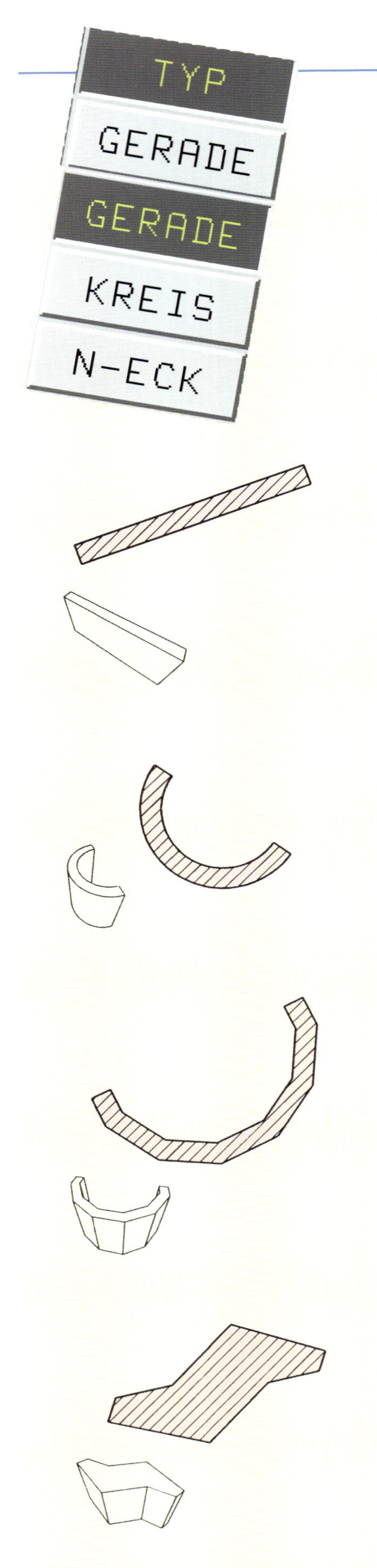

Mit dem Befehl Wand werden grundrißorientiert Wände „gezogen", die Vorgehensweise erfolgt dabei genauso wie in 2D beim Zeichnen einer Linie. Das „intelligente" Bauteil Wand trägt aber zusätzlich noch eine Vielzahl von Informationen, wie Material, Unter- und Oberkante, Dicke und einiges mehr. Die gleiche Vorgehensweise gilt für **Stützen, Decken** und **Öffnungen**, die jeweils auch mit mehr Informationen als nur der Geometrie in die Zeichnung eingehen. Stützen und Deckenöffnungen können dabei die geometrischen Formen eines Rechtecks, eines Vielecks, eines Kreises oder eines geschlossenen Polygonzugs haben. Die Wandöffnungen können als Türe, Fenster, Nische oder Aussparung definiert werden. All diese Elemente können in der Mengenermittlung VOB-gerecht ausgewertet werden, da sie alle die dafür notwendigen Informationen zugeteilt bekommen haben.

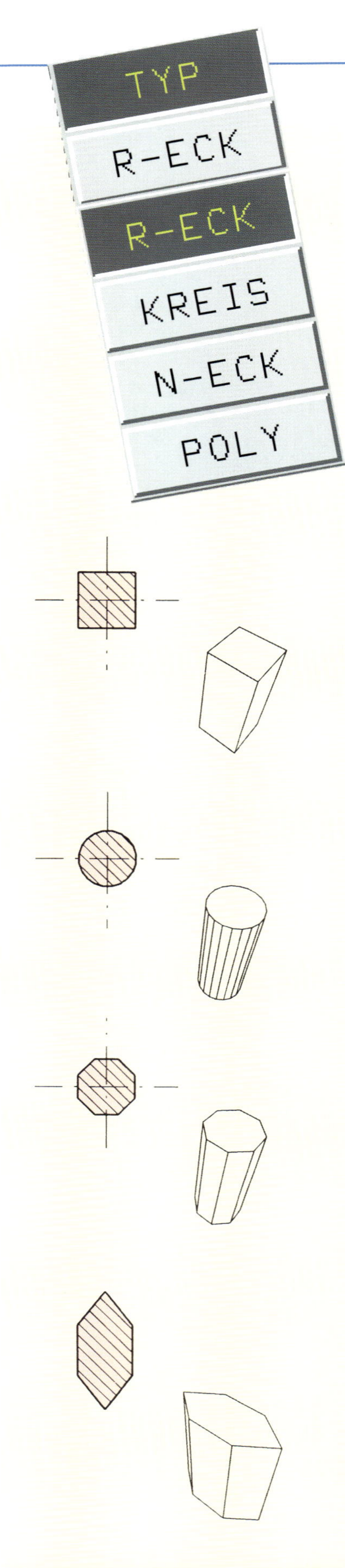

Die unterschiedlichen Wand- und Stützentypen in Grundriß und Perspektive

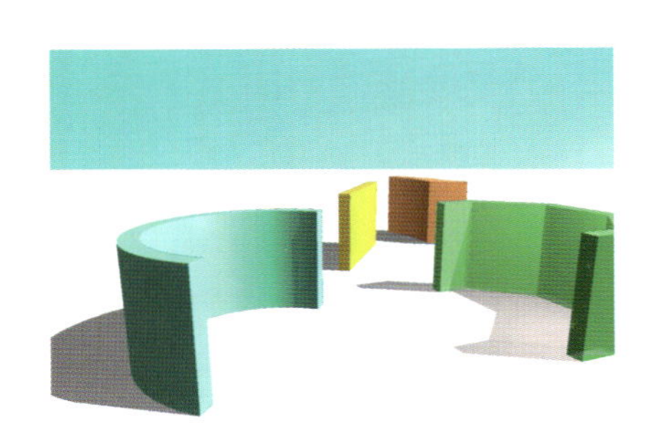

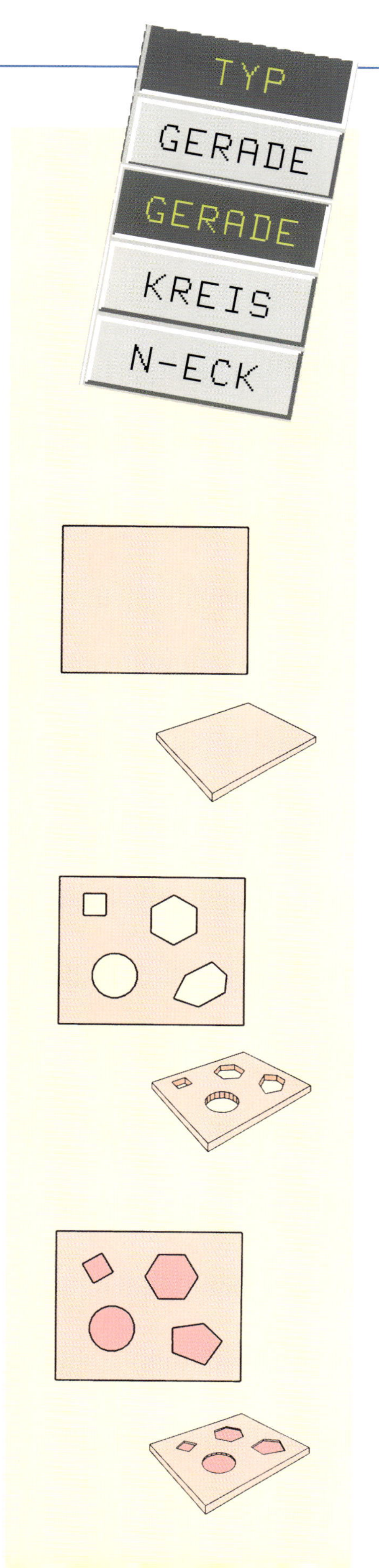

Zur Vereinfachung und zur Veranschaulichung der Höhenangaben, die den Architekturelementen mitgegeben werden, bedient man sich bei dem CAD-System ALLPLAN der sogenannten **Ebenentechnik** (andere CAD-Systeme verwenden diesen Begriff für die Folientechnik, womit er aber in ALLPLAN nichts zu tun hat). Mit der Ebenentechnik wird ein Hilfskörper mit der gewünschten Raumhöhe erzeugt, der am Bildschirm anhand von Strichlinien dargestellt wird. Boden- und Deckenfläche dieses Hilfskörpers können so beispielsweise ein Geschoß simulieren.

Alle Bauteile wie Wände, Stützen, Fenster oder Türen können nun an die obere oder untere Begrenzung dieses Hilfskörpers (die Ebenen) angebunden werden.

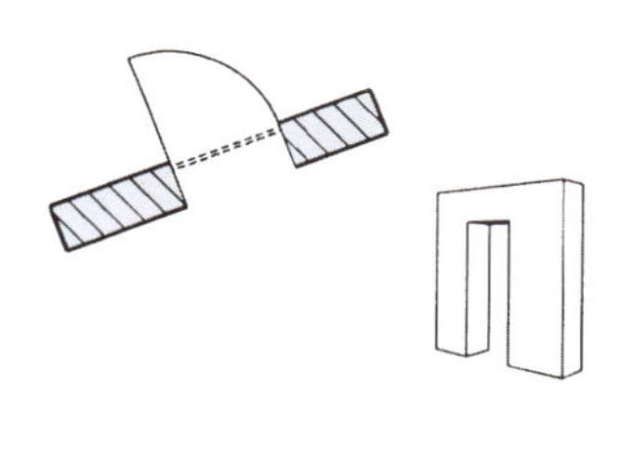

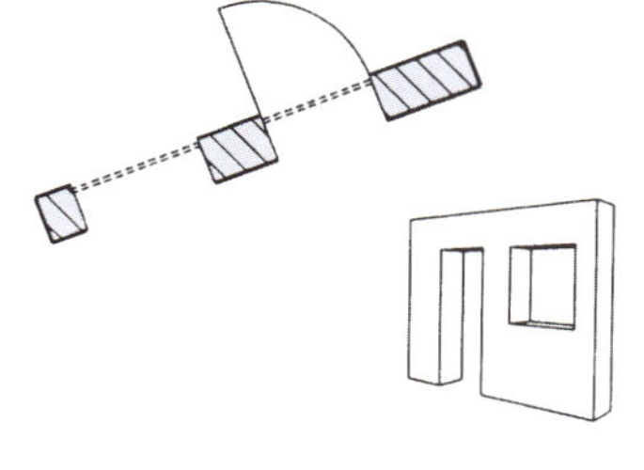

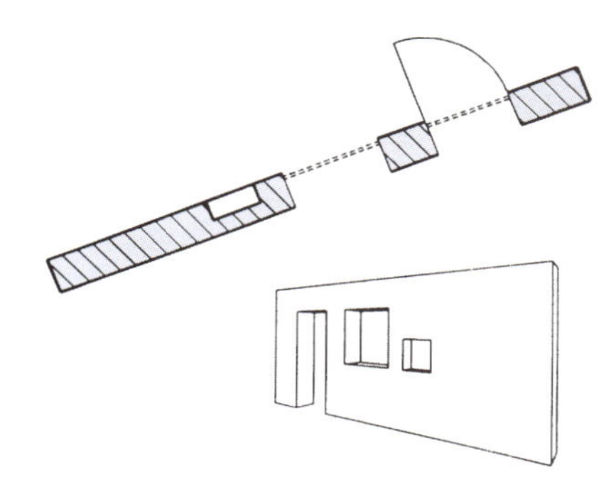

Schnitt durch eine Etage, die mit Wand, Decke und Deckenöffnung für die Treppe konstruiert wurde

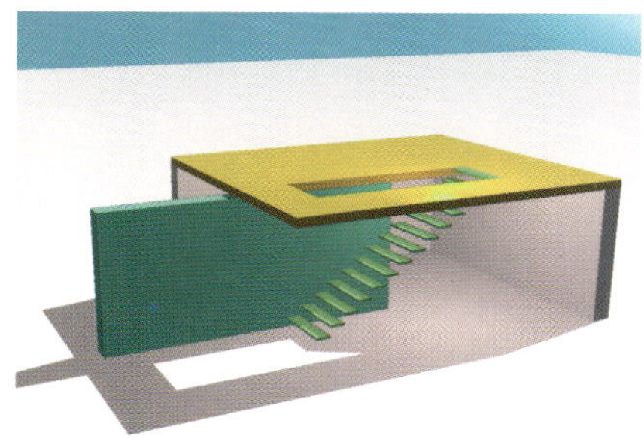

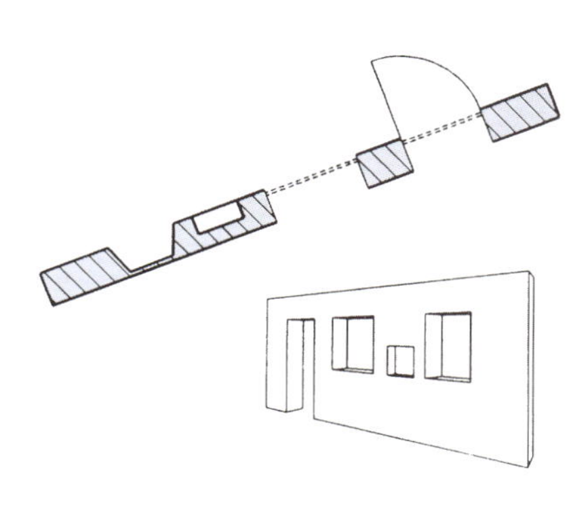

Links: Unterschiedliche Typen von Deckenöffnungen in Grundriß und Perspektive
Rechts: Verschiedene Bauteile wie Öffnung, Aussparung und Nische

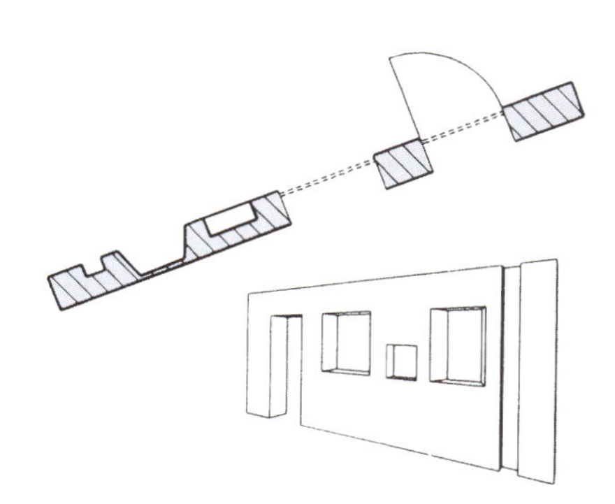

Im CAD-System ALLPLAN wird für die Definition der Bauteilhöhen mit der sogenannten Ebenentechnik gearbeitet. Die Ebenen stellen ein Hilfsmittel dar, um mit den notwendigen Höhenangaben effektiv arbeiten zu können. Bauteile liegen zwischen Ebenen und sind mit ihrer Ober- oder Unterkante an diese angebunden. Die Lage der Ebenen kann beliebig gewählt werden.
Unten: Zwischen zwei parallelen Ebenen, die über einer Wand aufgespannt wurden, indem 4 Eckpunkte definiert wurden, liegt nun die Wand

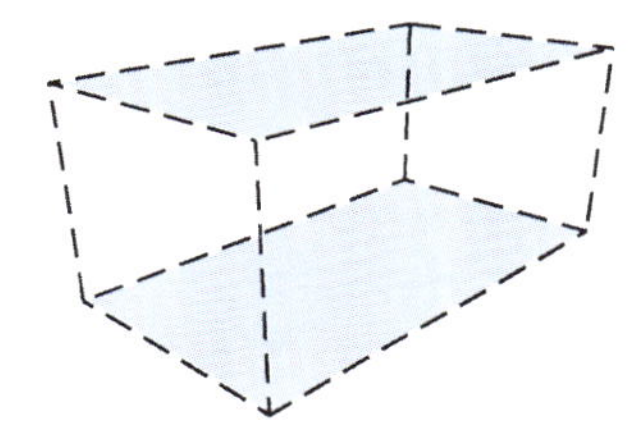

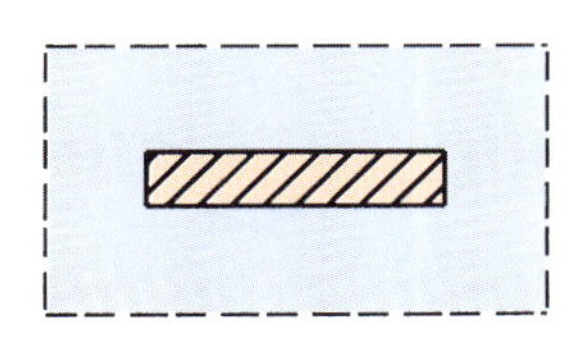

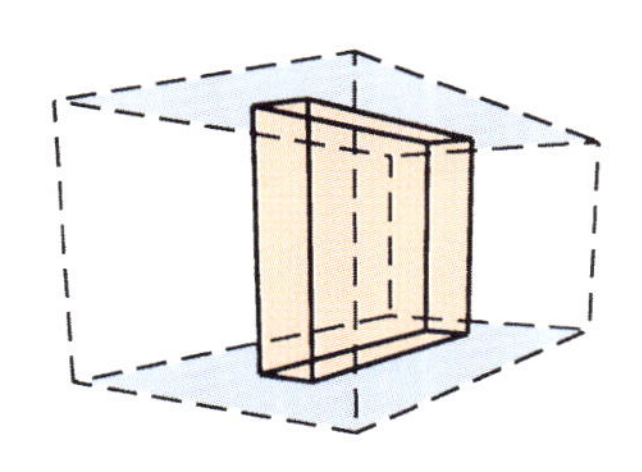

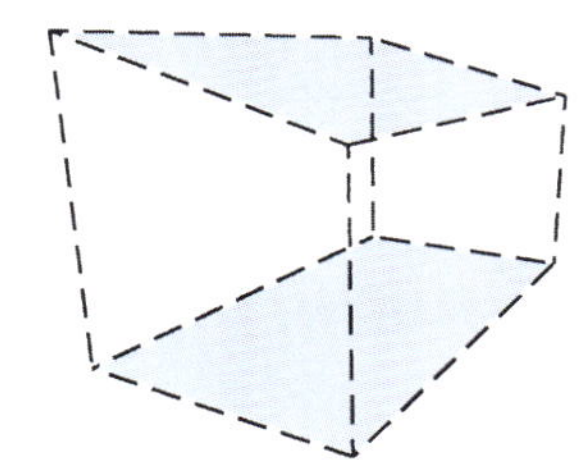

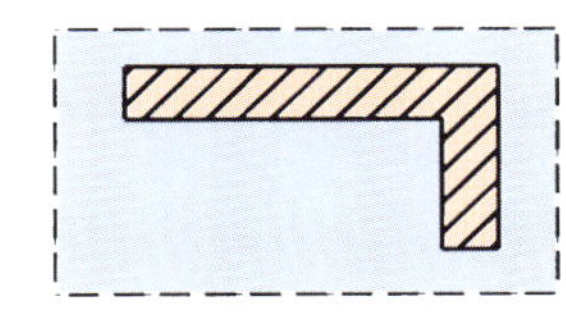

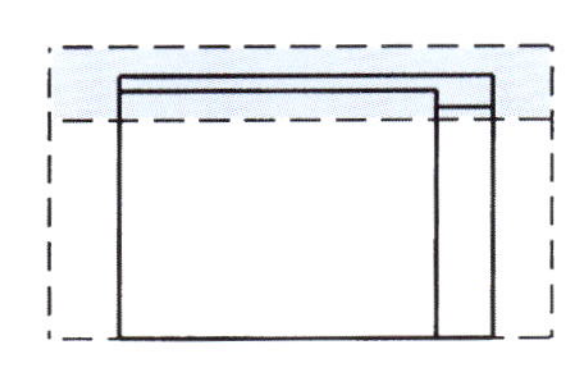

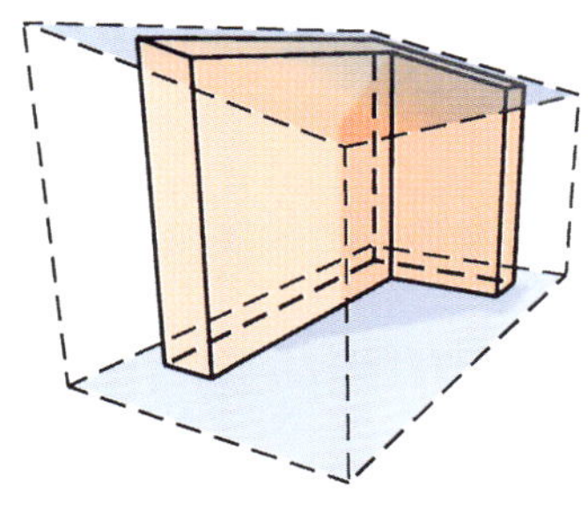

Auch schräge Ebenen sind möglich. Dabei wird die Oberkante der Wand entsprechend der Schräge angepaßt
Oben: Die definierten Ebenen
Mitte: Grundriß der konstruierten Wände
Unten: Perspektive der Wände innerhalb der Ebenen

Ebenen können nicht nur eine horizontale Lage einnehmen, sondern auch geneigt sein, etwa im Dachbereich. Darüber hinaus ist es möglich, auch beliebig geformte 3D-Körper in Ebenen umzuwandeln und so den Ebenen beliebige Formen zu geben.

Neben diesen freien Ebenen ist es in ALLPLAN möglich, mit sogenannten Standardebenen zu arbeiten. Diese werden einmalig durch das Festlegen von Ober- und Unterkante definiert, sind also horizontal, und gelten für eine gesamte Folie. Die Maße der Standardebene sind relativ, was bedeutet, wenn die Folie kopiert wird, etwa um ein neues Geschoß zu zeichnen, bleiben die ursprünglich eingegebenen Werte für Ober- und Unterkante gleich. Damit entfällt bei einfachen, regelmäßigen Bauprojekten die Definition der oben genannten Hilfskörper zur Ebenenerstellung.

Die Ebenentechnik ist also die Methode, mit der ein architektengerechtes, grundrißorientiertes Arbeiten stattfinden kann und trotzdem gleichzeitig Höhenangaben mitgepflegt werden. Das Ergebnis der Zeichnungserstellung kann deshalb jederzeit in Ansicht, Isometrie und Schnitt dargestellt werden.

Dazu genügt es, per Knopfdruck die Bildschirmdarstellung zu wechseln. Das Ergebnis liegt dann als Drahtmodell vor, weshalb mit der entsprechenden Funktion verdeckte Linien weggerechnet werden müssen. Während dies für die Ansicht ohne weitere Eingaben möglich ist, erfordert die Erstellung von Schnitten noch einige Eingaben im voraus.

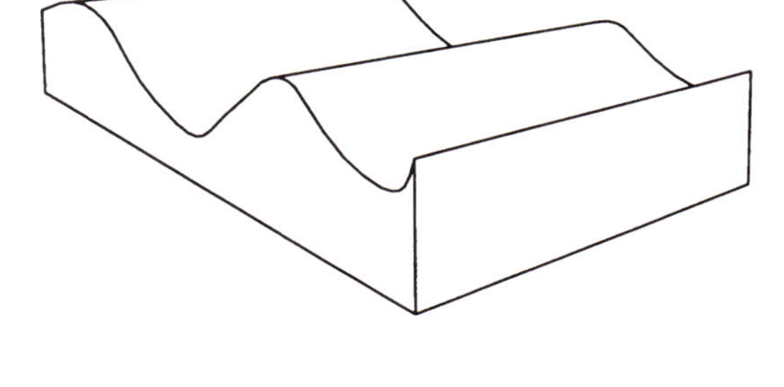

Für die Darstellung dieses Gebäudes wurden Ebenen in verschiedenen Lagen miteinander verknüpft

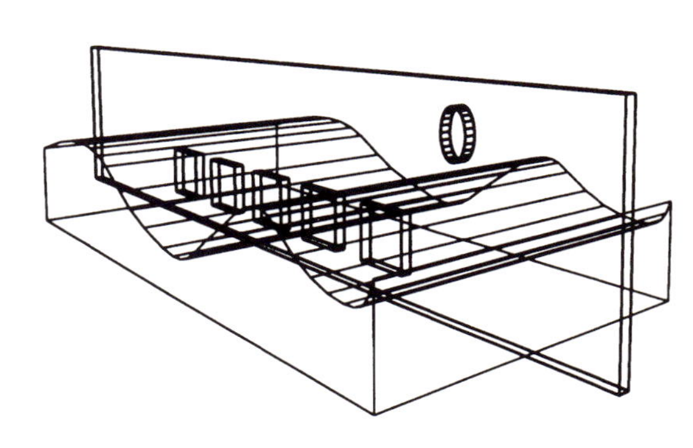

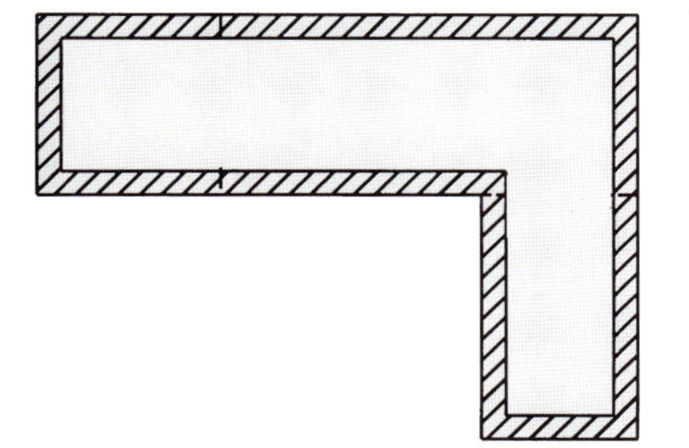

Das Ergebnis in der Perspektive
Links: Die Lage der verschiedenen Ebenen im Grundriß
Unten: Ansicht des Gebäudes

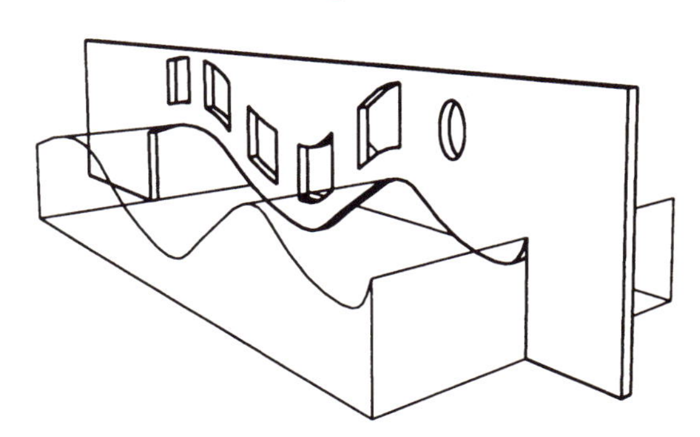

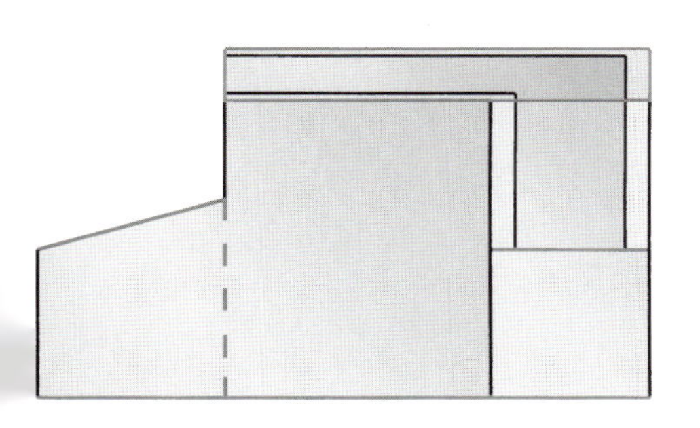

Rechts: Die Ebenen müssen nicht unbedingt durch ebene Flächen repräsentiert werden. In diesem Fall wurde ein 3D-Körper (oben) in eine Ebene umgewandelt (Mitte). Als Ergebnis passen sich Wand und Fenster mit ihren Unterkanten an die durch den 3D-Körper definierte Ebene an (unten)

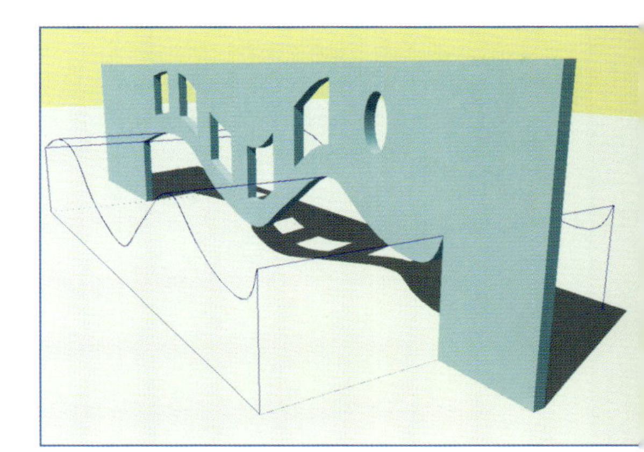

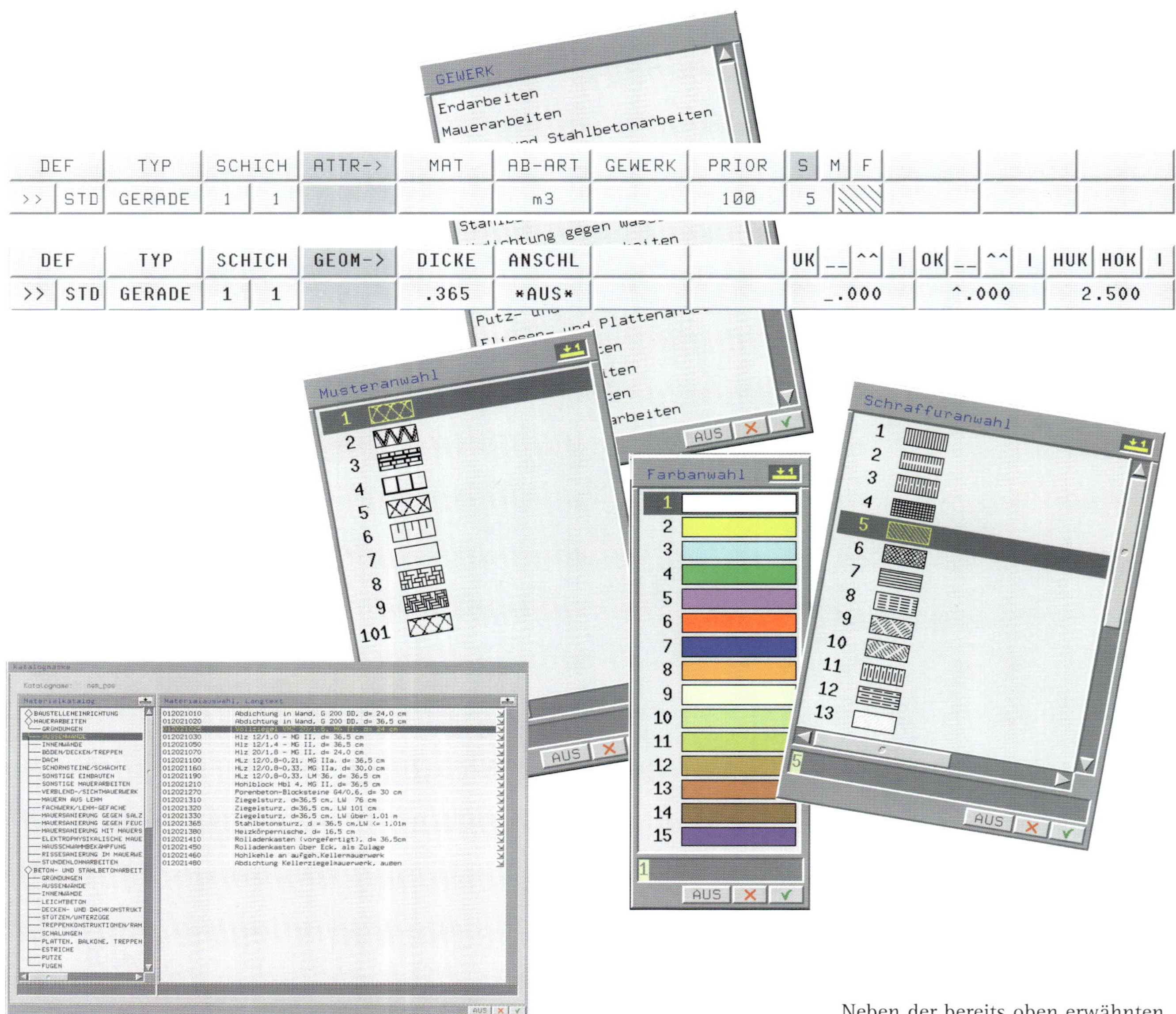

Um alle CAD-Funktionalitäten auszunutzen ist es erforderlich, in das System weit mehr als nur die Geometrie eines Gebäudes einzugeben. Hier die Eingaben, die das CAD-System ALLPLAN fordert. Nur wenn diese Eingaben konsequent durchgeführt werden, können entsprechende Auswertungen für Raumbücher und Mengenangaben automatisch erstellt werden

Neben der bereits oben erwähnten Bauteilhöhe lassen sich beispielsweise dem Bauteil Wand noch weitere Attribute mitgeben, wie Anzahl der Schichten, Wandstärke, Material, Schraffur und Priorität. Über die Eingabe der Priorität wird beispielsweise in Abhängigkeit vom Baustoff entschieden, welche Wand an etwaigen Verschneidungs- oder Kreuzungspunkten vorrangig behandelt wird.

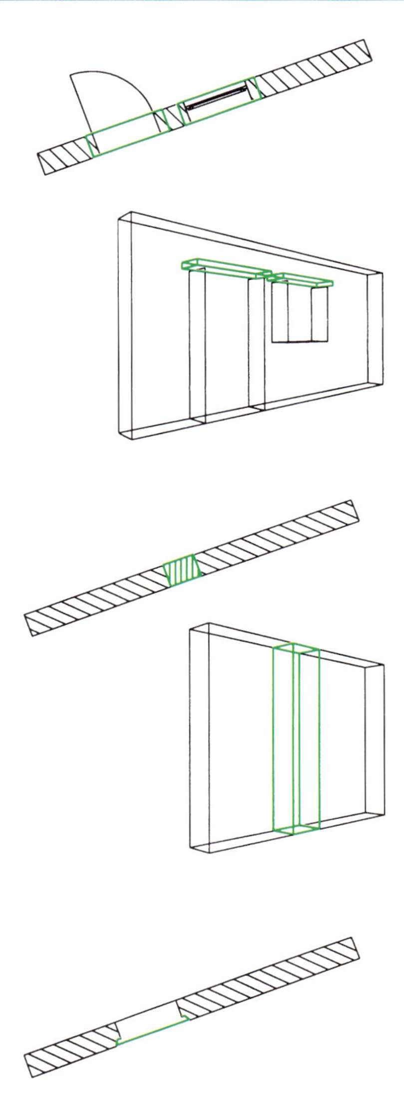

Damit die schwierige Eingabe etwas erleichtert wird, öffnet das CAD-System ALLPLAN in der Eingabemaske für die Funktion Falz und Blendung ein Menü, das alle notwendigen Eingaben genau erklärt

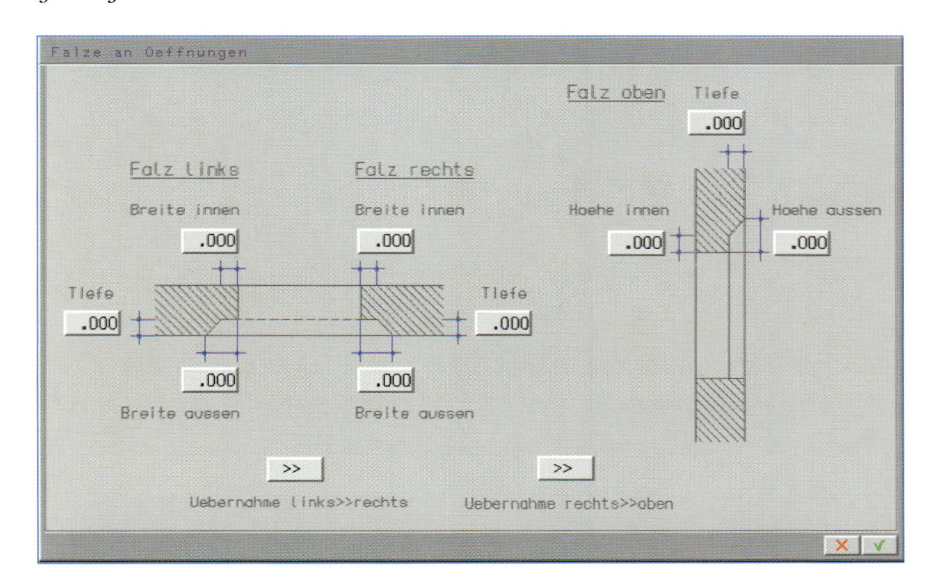

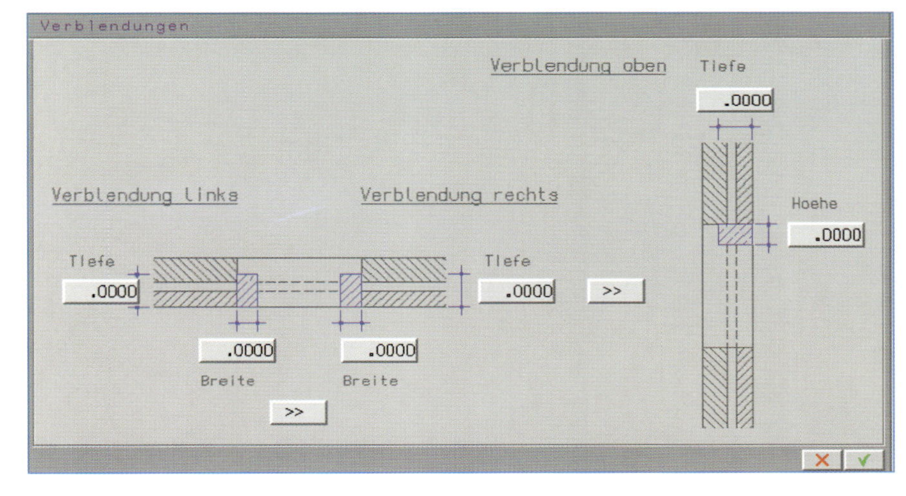

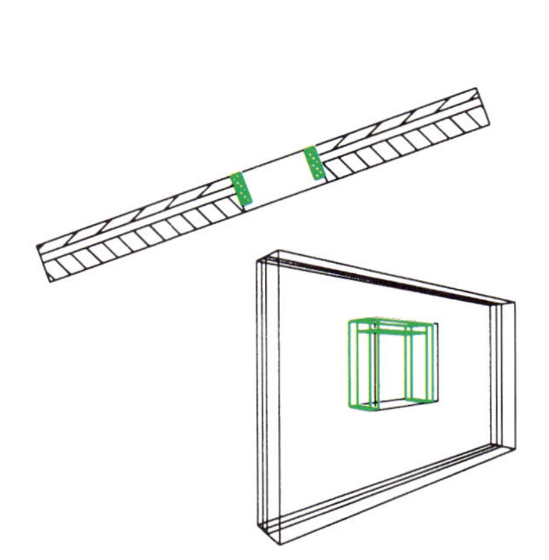

Zahlreiche Bauteile werden von dem CAD-System ALLPLAN vorgegeben

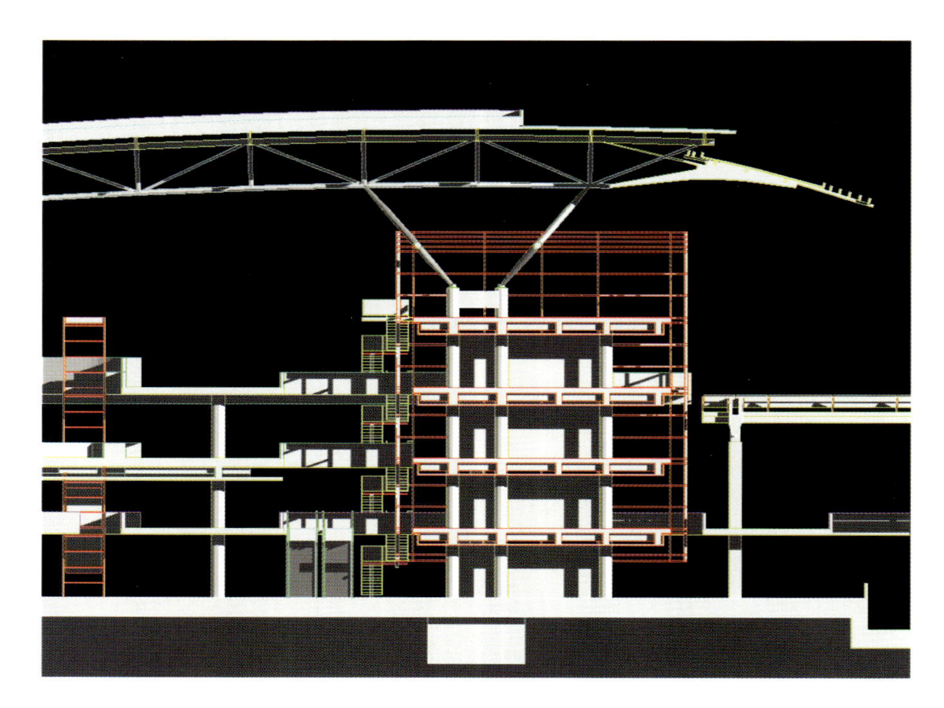

Der Schnitt oben und die Perspektive unten zeigen Räume, die vollständig mit den zur Verfügung stehenden Architekturwerkzeugen erstellt wurden. Deutlich sichtbar sind neben Wand und Wandöffnungen, Decke, Unterzüge sowie Stürze

All diese Informationen gehen sofort mit in die Zeichnung ein und sind am Bildschirm sichtbar, sobald sie einmal festgelegt sind. Das CAD-System zeichnet also, obwohl in der Funktion Wand genauso wie bei einer Linie konstruiert werden kann, sofort eine mehrschalige Wand in ihrer echten Stärke mit der entsprechenden Schraffur. Über die Eingabe der Prioriät kann die Hierachie bei Wandanschlüssen festgelegt werden, so daß tragenden Wänden eine höhere Priorität als Trennwänden zugeordnet werden kann. Durch die Angabe des Materials des Bauteils ist jedezeit eine Listenauswertung für die Mengenermittlung möglich.

Um die Eingabe der oben genannten Attribute zu vereinfachen, öffnen sich Menüs, in denen die wichtigsten Standardwerte bereits als Voreinstellungen enthalten sind. Es können aber jederzeit eigene Eingaben für Material, Wandstärke und Schraffur vorgenommen werden, die sich das Programm – falls gewünscht – merkt und bei der nächsten erforderlichen Eingabe mit anbietet. So werden die Menüs den speziellen Anforderungen eines Projektes oder eines Architekturbüros angepaßt.

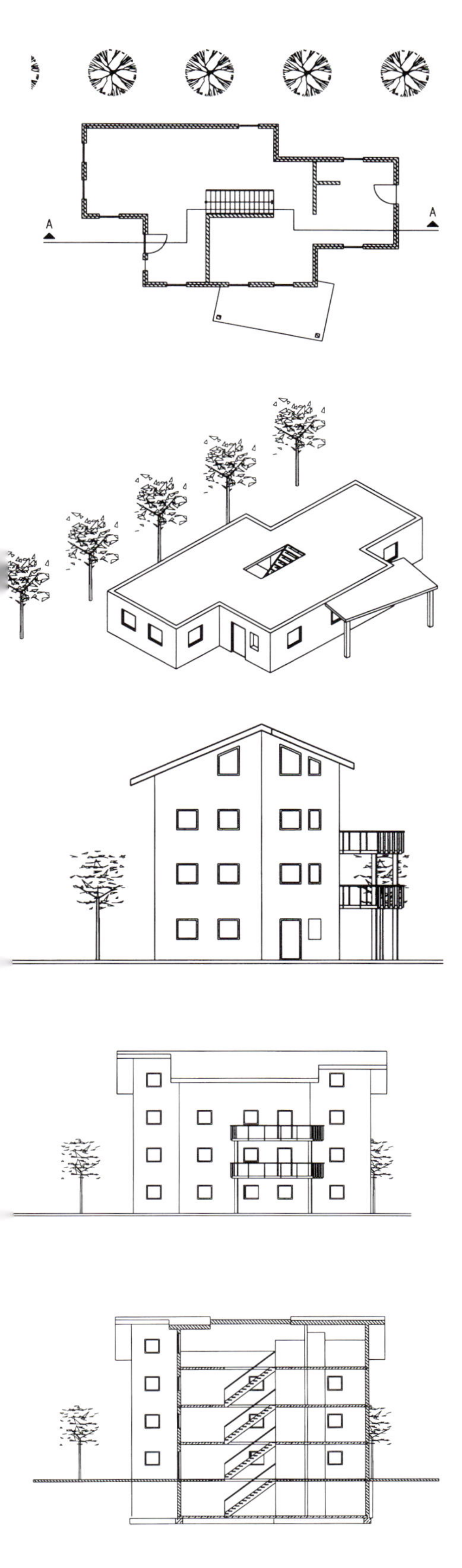

Ein einfaches Beispiel zeigt bereits die Vorteile der Architekturwerkzeuge. Schnitte können automatisch erstellt werden und berücksichtigen Details wie z. B. die Blendungen; Fensteröffnungen passen sich an die Ebenen an, in diesem Fall an die Dachschräge im Obergeschoß

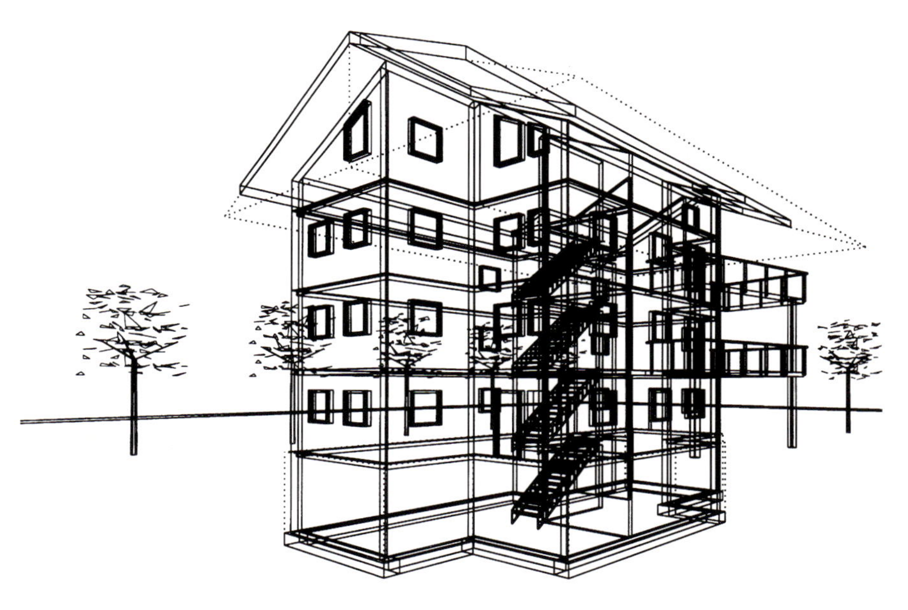

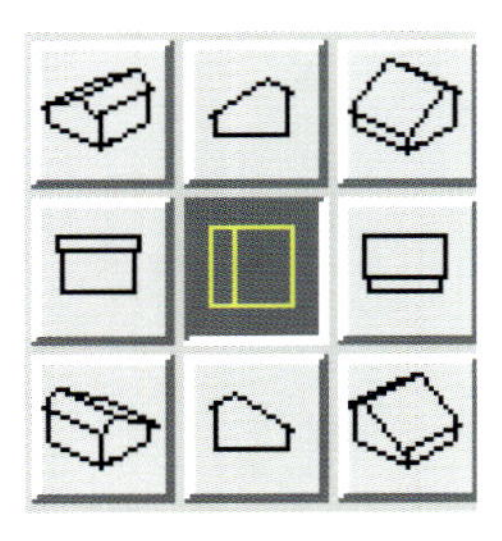

Auch wenn im Grundriß gezeichnet wird, können Ansichten und Perspektiven des 3D-Modells schnell über das Aktivieren der entsprechenden Funktion auf der Menüleiste auf den Bildschirm geholt werden

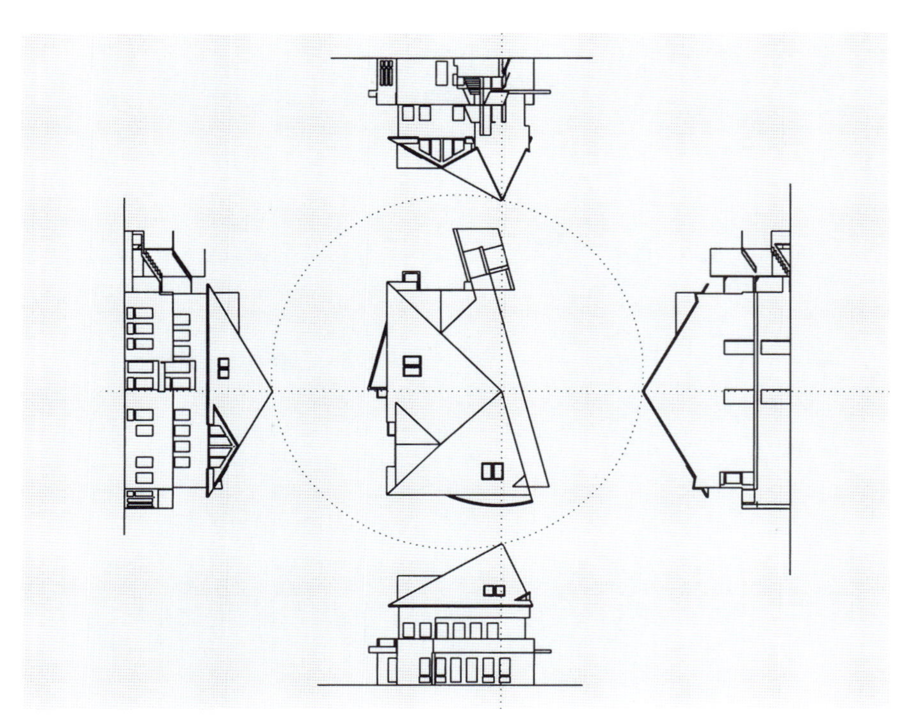

Zur Veranschaulichung baulicher Details können auch Detailschnitte erstellt werden. Eine Nachbearbeitung der automatisch erstellten Schnitte ist mit den 2D-Werkzeugen jederzeit möglich

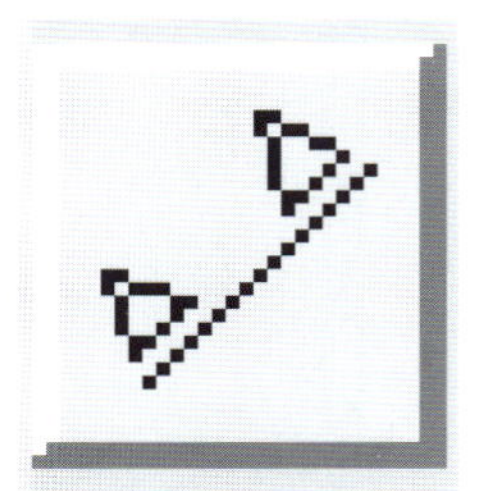

Mit diesem Icon wird die Funktion Schneiden aktiviert. Schnittlinien wurden bereits vorher entweder als durchgehende Gerade oder mit Sprüngen durch die Draufsicht gelegt, wobei die Schnittrichtung mit angegeben wurde

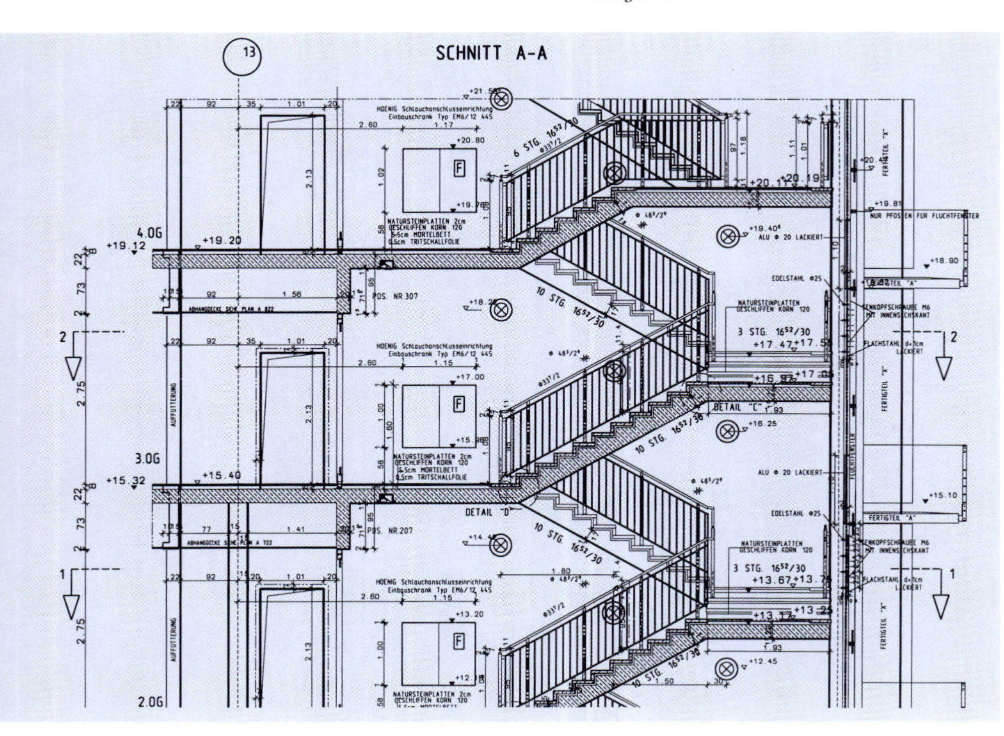

Zur Veranschaulichung baulicher Details können auch Detailschnitte erstellt werden. Eine Nachbearbeitung der automatisch erstellten Schnitte ist jederzeit möglich (Media-Park, Köln; Büro: Maiburg)

Eine zusätzliche Hilfe für komplexe Konstruktionen bieten Module, die die allgemeinen Architekturfunktionen eines CAD-Systems ergänzen. Die Erstellung solcher Konstruktionen wird erleichtert, indem die Module die wesentlichen Konstruktionsmerkmale bestimmter Bauelemente kennen und den Anwender unter verschiedenen möglichen Typen auswählen lassen und dann die entsprechenden Konstruktionsparameter abfragen. Sind diese Parameter eingegeben, errechnet und konstruiert das System selbst das gewünschte Element. Das CAD-System ALLPLAN bietet diese Module unter anderem für die Treppen- und Dachkonstruktion an.

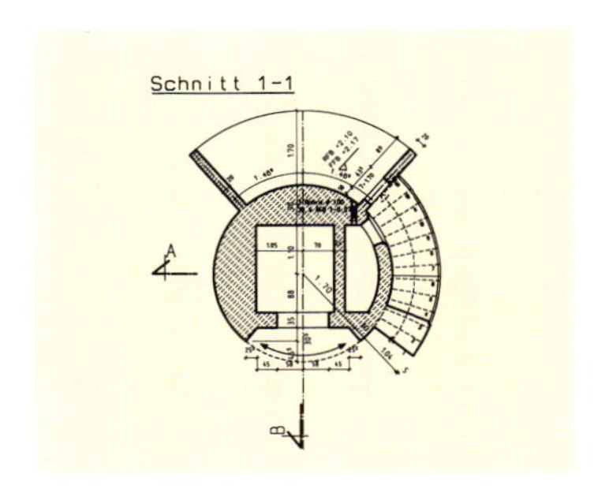

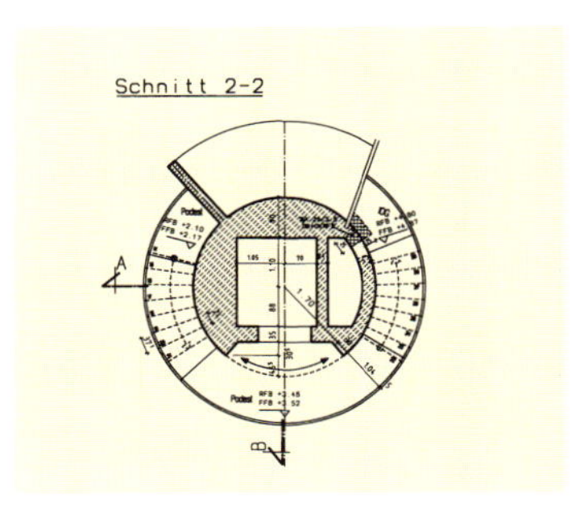

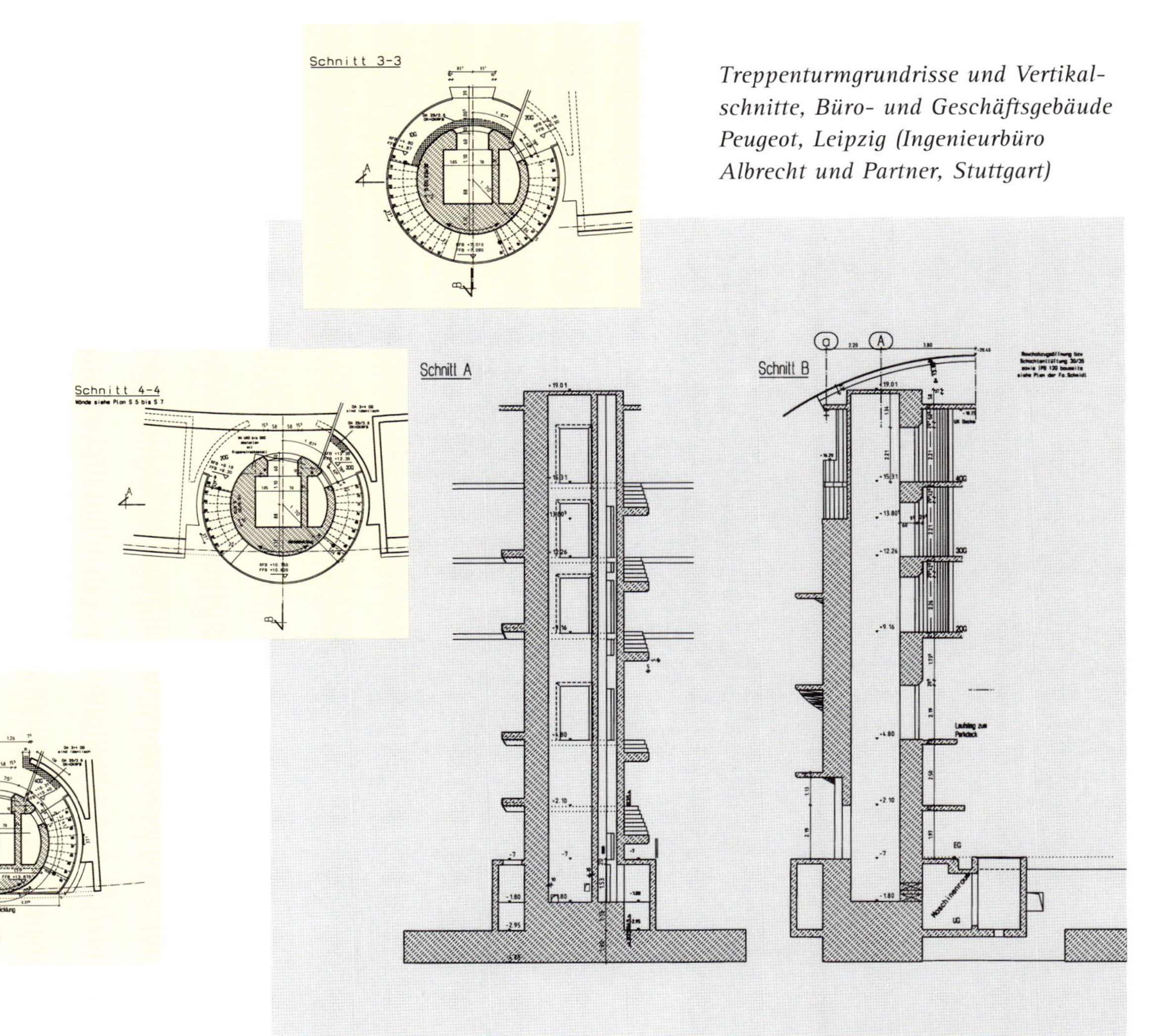

Treppenturmgrundrisse und Vertikalschnitte, Büro- und Geschäftsgebäude Peugeot, Leipzig (Ingenieurbüro Albrecht und Partner, Stuttgart)

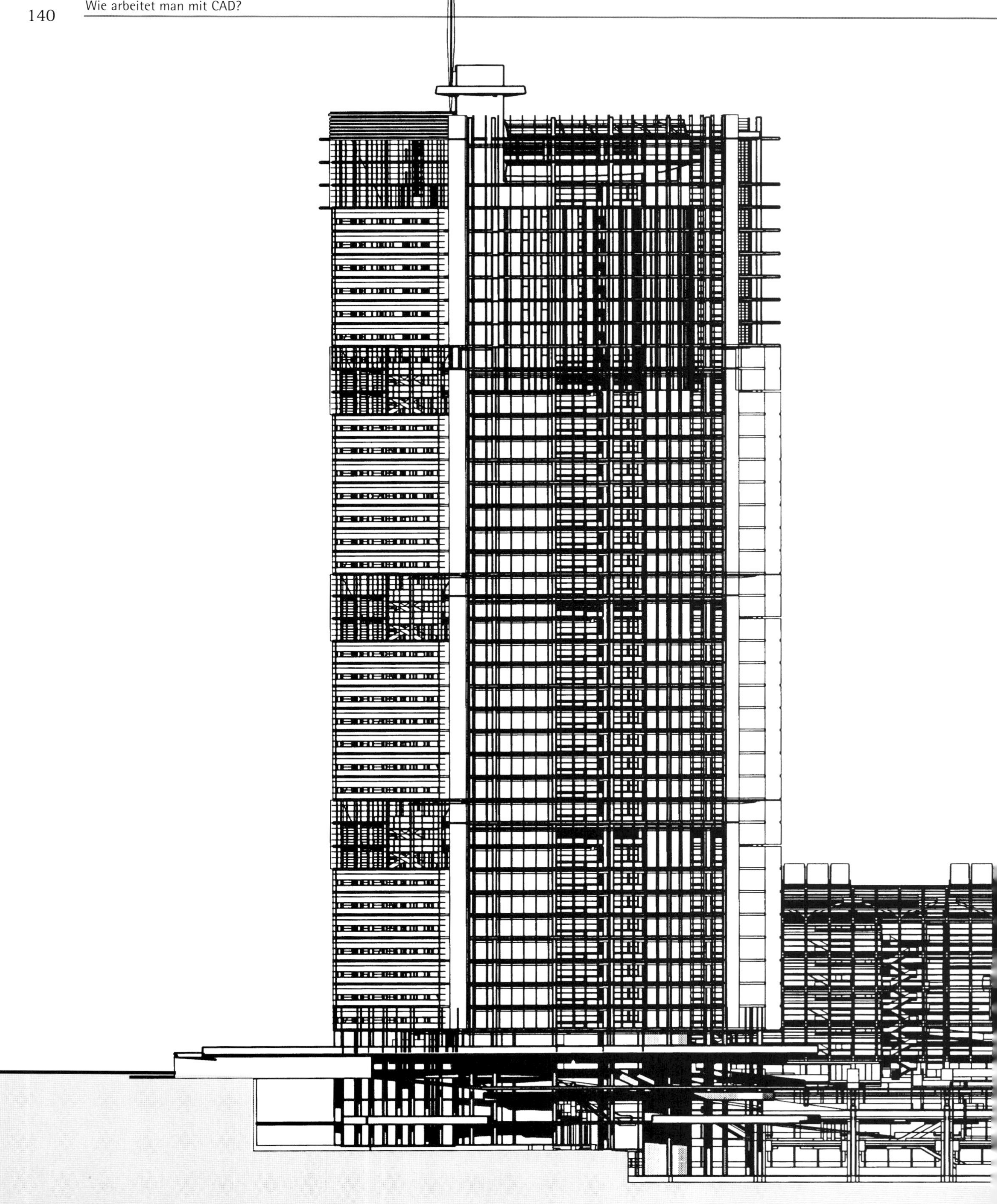

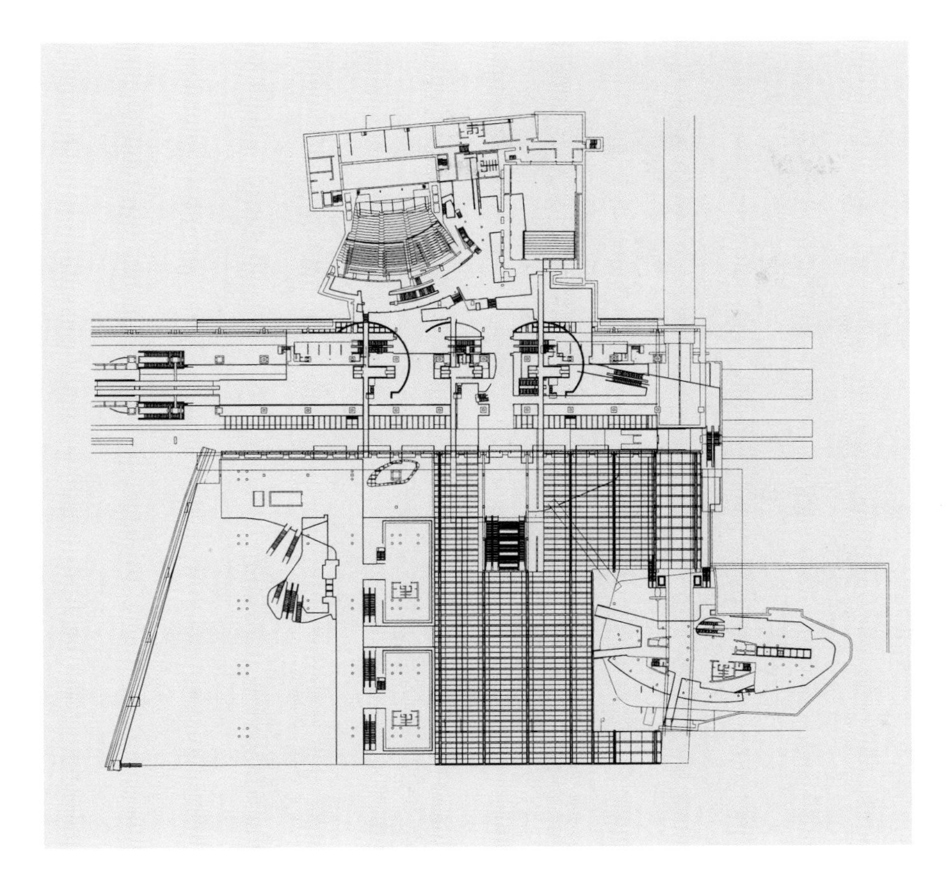

Schnitte auch durch große und komplexe Bauvorhaben lassen sich automatisch ableiten. Ein Nachbearbeiten ist mit den Werkzeugen des CAD-Systems möglich. Hier eine Visualisierung des Schnittes durch den geplanten ICE-Haltepunkt Stuttgart-Pragsattel. Oben: der entsprechende Grundriß (Entwurf: Klaus Eggler, Stuttgart)

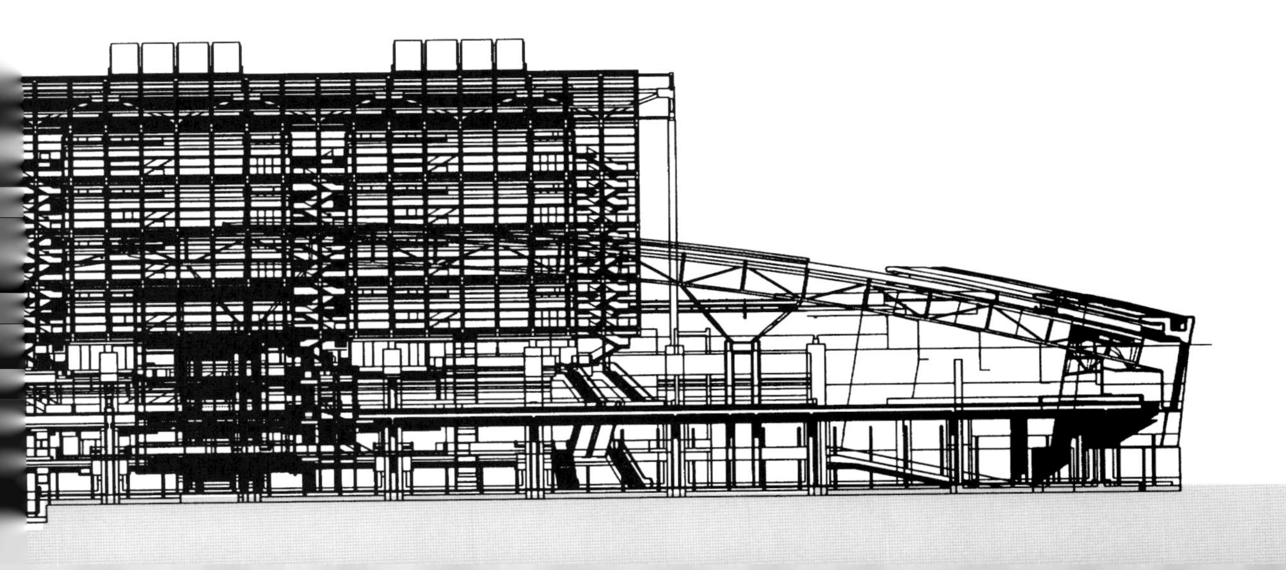

3D-Modell einer Treppe in der Perspektive (Entwurf: H. Zaglauer, München)

Treppenmodul

Um die Eingabe der Werte zu erleichtern und auf den ersten Blick deutlich zu machen, welche Eingaben nötig sind, öffnet sich bei der Aktivierung der Funktion Treppe eine Maske, in der alle Parameter an einer Beispieltreppe gezeigt werden. Der Anwender weiß dadurch genau, welche Werte er für seine Treppe eingeben muß. Dabei kann er zwischen verschiedenen Treppenformen wählen oder Treppen frei definieren. Ebensowenig beschränkt das Treppenmodul den Anwender in seinen Konstrukti-

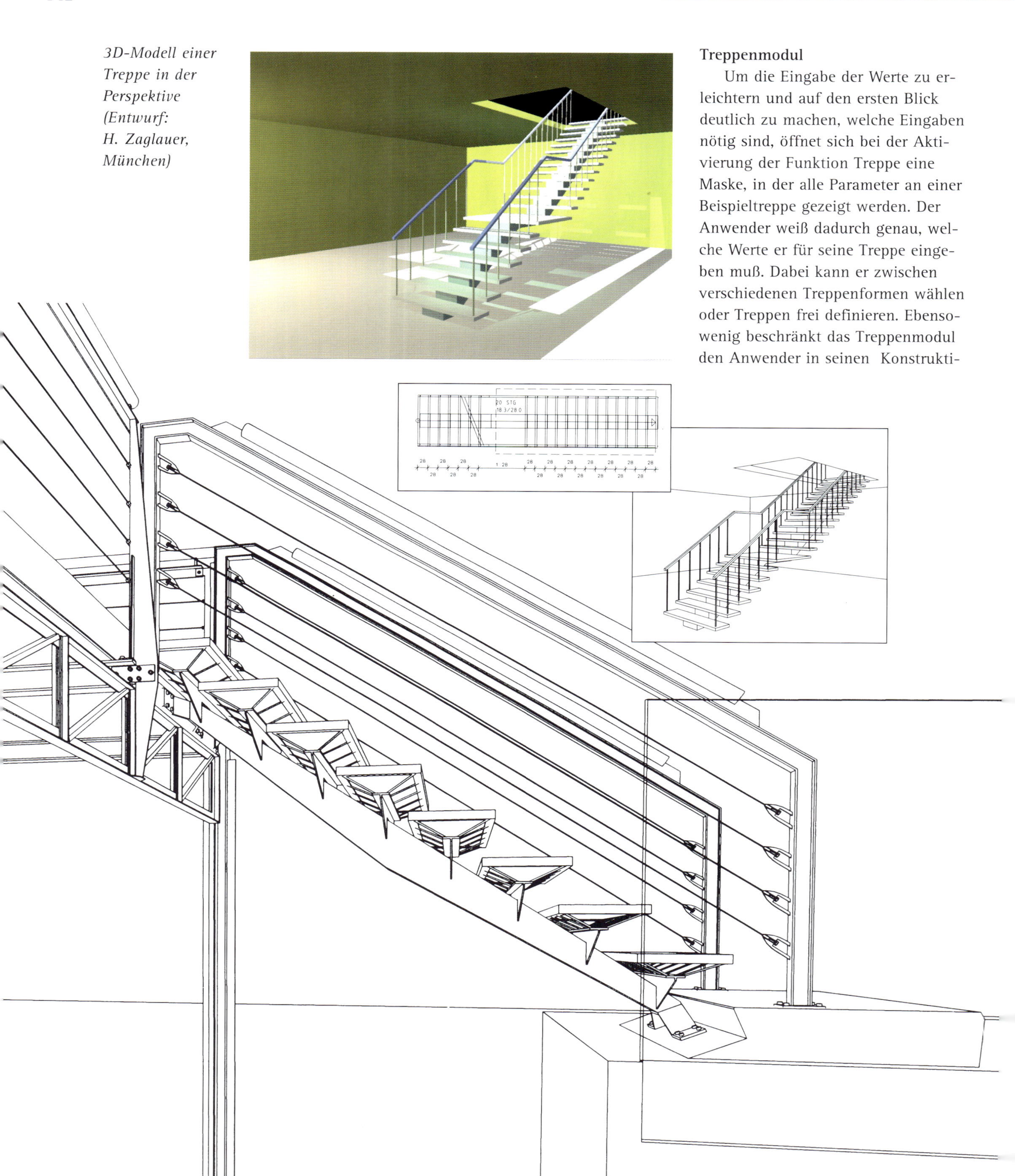

onsmöglichkeiten. Zahlreiche Unterbautypen stehen zur Verfügung, und die Handläufe können berechnet werden. Gibt der Anwender nur die Randbedingungen für eine Treppe ein, ermittelt das Programm automatisch Steigung und Auftritthöhe der Treppe auch unter Berücksichtigung von Podesten.

Die Konstruktion aus dem Treppenmodul wird sofort in den Plan übernommen und kann dort nicht nur im Grundriß sondern natürlich auch in der Perspektive begutachtet werden. Auch eine Nachbearbeitung mit den Werkzeugen des CAD-Systems ist möglich, um die Treppe im Detail dem eigenen Entwurf anzupassen.

Obwohl in dem Treppenmodul verschiedene Treppentypen vorgegeben sind, lassen sich damit praktisch alle Entwürfe verwirklichen.
Oben: Gerade Treppe mit Podest
Mitte: Halbpodesttreppe
Unten: Wendeltreppe

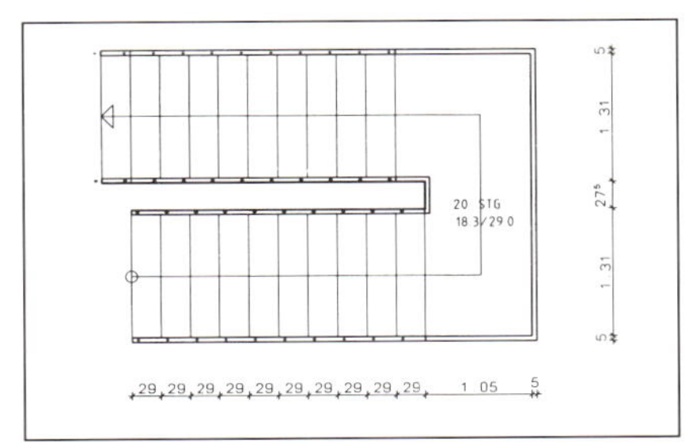

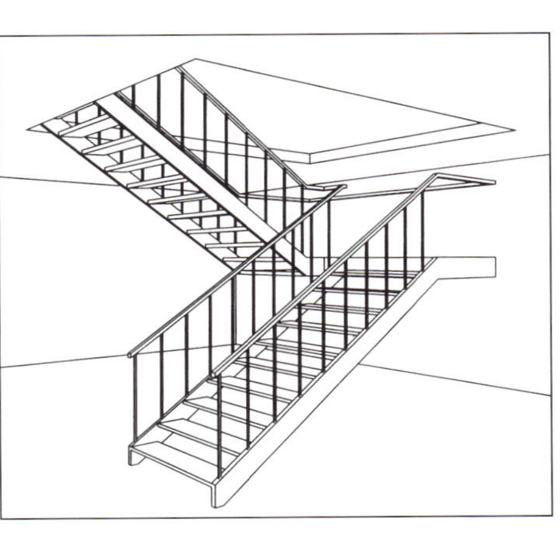

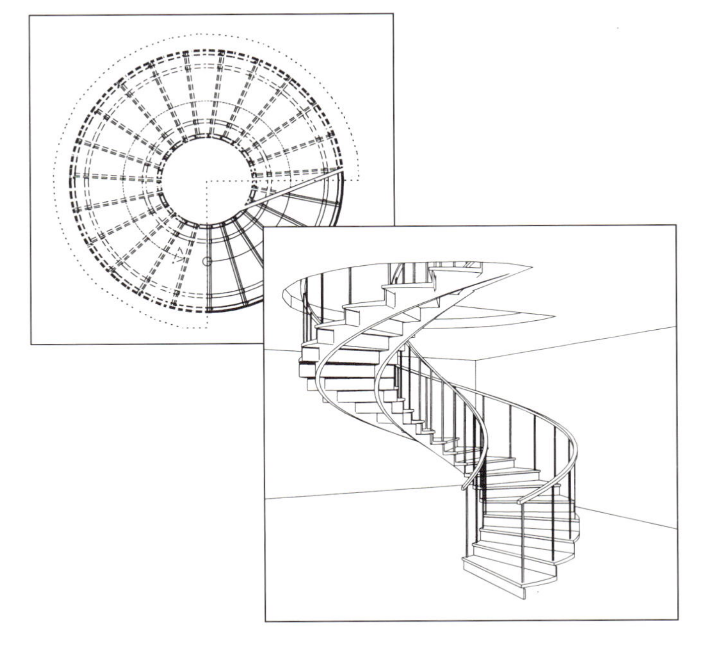

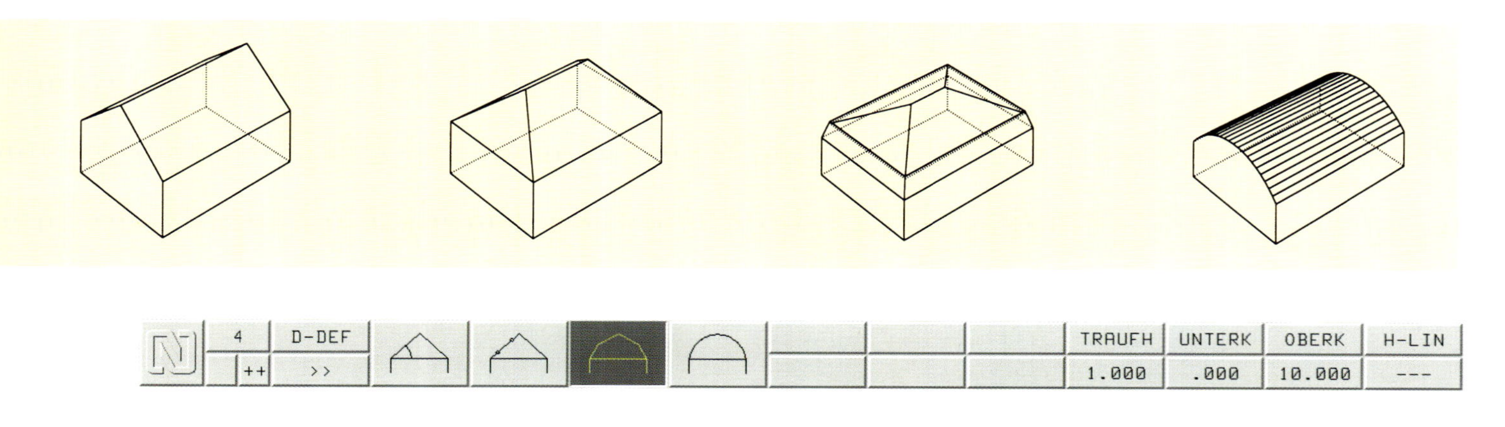

Die Definition der Dächer über die bereits vorgestellte Ebenentechnik ist möglich, aber nicht effizient. Mit dem Dachmodul ist dagegen die Erschaffung von unterschiedlichsten Dachtypen möglich. Die Dachtypen können nicht nur übernommen, sondern auch kombiniert werden, z. B. um Gauben zu konstruieren. Die Eingaben erfolgen dabei über leicht verständliche Masken

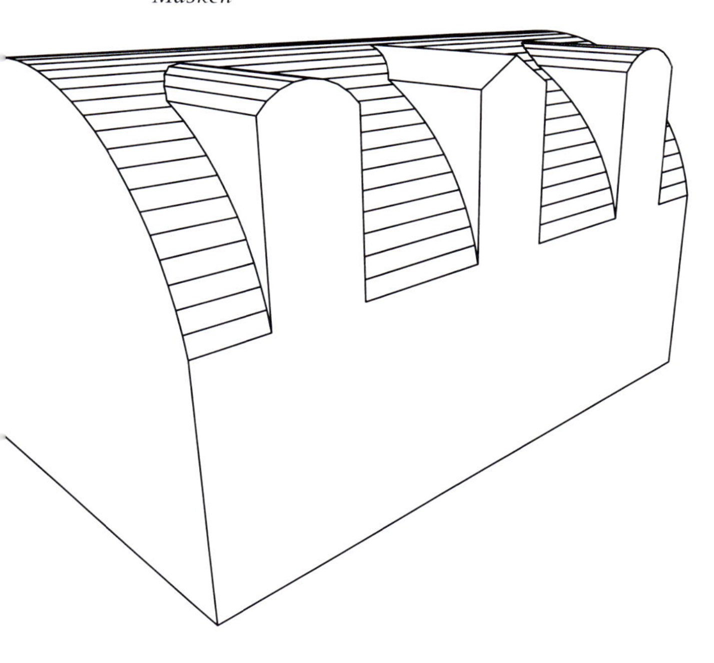

Dachmodul

Eine Erleichterung bei der Konstruktion von Dächern mit allen möglichen Dachformen bietet das Dachmodul von ALLPLAN. Ebenso wie im Treppenmodul kann zwischen verschiedenen Grundformen ausgewählt werden. Dazu gehören Satteldächer, Mansarddächer und Tonnendächer. Auch hier wird die Eingabe der notwendigen Parameter durch eine Eingabemaske erleichtert, die dem Anwender genau anzeigt, welche Werte für die gewünschte Dachkonstruktion erforderlich sind.

Um den Anwender nicht einzuschränken, ist eine beliebige Kombination der verschiedenen Dachformen mit unterschiedlichen Neigungen möglich. Das System ermittelt dafür automatisch Verschneidungslinien. Ebenso ist die Kombination mit verschiedensten Typen von Dachgauben möglich, die auch über das Dachmodul eingegeben werden können.

Durch die schnelle Visualisierungs-möglichkeit in leistungsfähigen CAD-Systemen läßt sich die Wirkung unter-schiedlicher Dachtypen sehr schnell veranschaulichen.
Links: Wohnhaus in Meissen mit Mansarddach
Unten: mit Walmdach
(Entwurf: Prof. Dielitzsch, Dresden)

Ausgangsbasis für die Arbeit mit dem Dachmodul ist ein Grundriß, auf den das Dach gesetzt werden soll, wobei das System von selbst Lichthöfe oder Kaminschächte erkennt und von der Dachkonstruktion ausspart. Die Ergebnisse der Arbeit mit dem Dachmodul sind sofort in der Zeichnung zu sehen und als Perspektive darstellbar. Durch die Konstruktionshilfe des Dachmoduls wird es für Architekten durchaus machbar, auch verschiedene Dachformen für ein Objekt zu vergleichen.

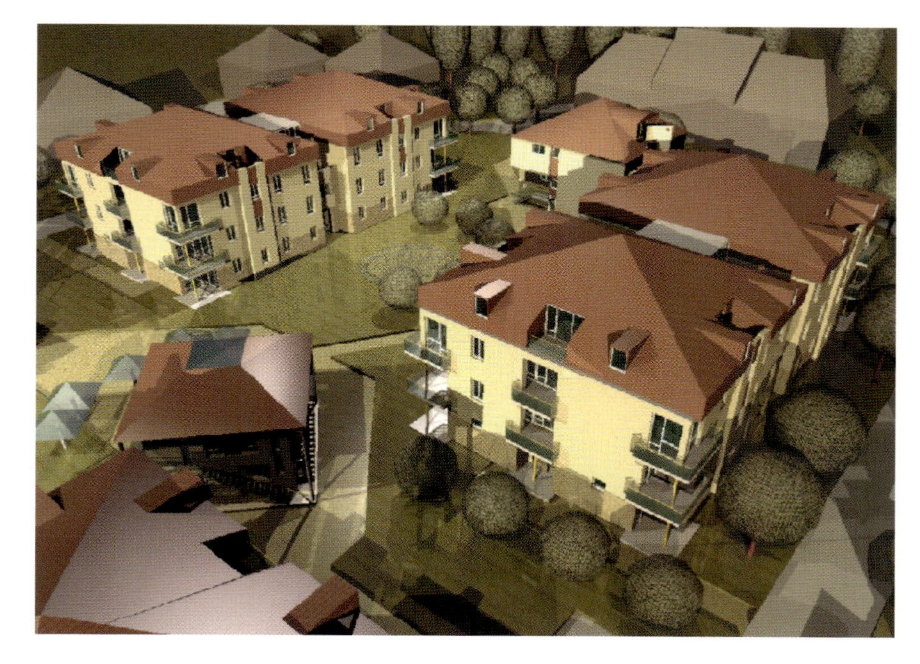

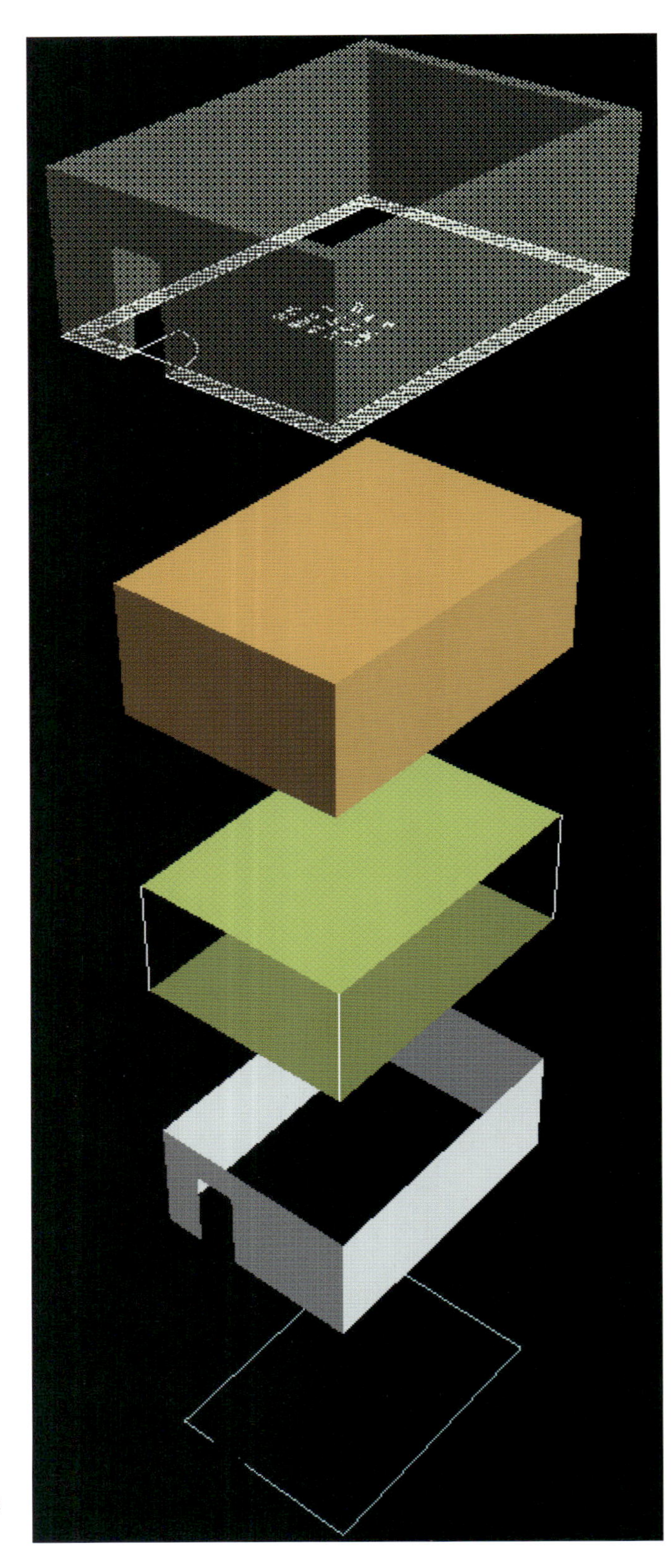

Aus der über CAD eingegebenen Geometrie ermittelt das System automatisch die nebenstehend veranschaulichten Daten

Listenauswertung

Zahlreiche Bauteile und auch Makros können, wie bereits erwähnt, neben Angaben zu ihrer Geoemtrie auch weitere nicht numerische Informationen zugeteilt bekommen. Zwar mag die Bestimmung dieser Informationen während der Planerstellung aufwendig oder gar überflüssig erscheinen, jedoch erleichtert sie mühsame Handarbeit hinterher.

Die zusätzlichen Informationen können nämlich zusammen mit der Geometrie des Objektes jederzeit ausgewertet werden. Durch die Vielzahl der Informationen, die vorhanden sind, lassen sich umfangreiche Listen erstellen. Das reicht von Raumbüchern über Mengenlisten bis hin zu Stücklisten.

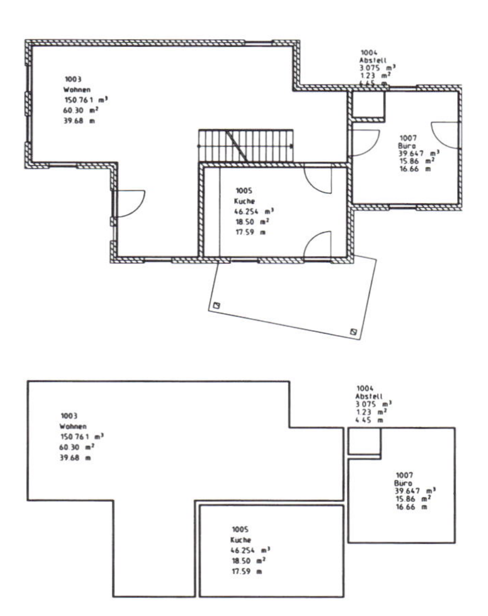

Die Raumdaten können bereits bei der Planerstellung ermittelt und dann direkt in der Zeichnung als zusätzliche Information abgelegt werden

Raumbücher können alle notwendigen Flächen- und Volumenangaben enthalten, die sich aus dem 3D-Modell ergeben. Zusätzlich können die Räume noch numeriert und nach Art ihrer Nutzung beschrieben werden. Räume müssen allerdings vorher durch Aufziehen eines Polygons mit dem Fadenkreuz über dem Grundriß definiert werden. Gleichzeitig mit der Definition können die vorhandenen Angaben auch direkt als Beschriftung in den Plan eingegeben werden. In einem Raumbuch können so nicht nur Angaben über Fläche, Umfang und Volumen enthalten sein, sondern auch über Größe und Material der Seitenflächen. So lassen sich beispielsweise Listen auch gewerkeweise ausgeben.

Die berechneten Raumdaten lassen sich als Listen ausgeben. Es können vordefinierte oder selbsterstellte Listen verwendet werden. Eine Datenübergabe in Tabellenkalkulationsprogramme ist meistens möglich

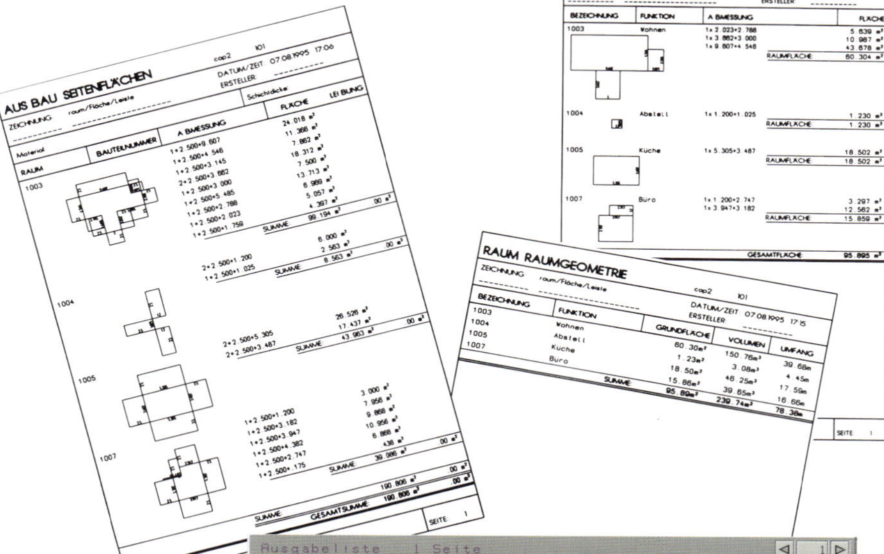

AUS BAU SEITENFLÄCHEN cap2 101

ZEICHNUNG raum/Fläche/Leiste DATUM/ZEIT 07.08.1995 17:06 ERSTELLER

SEITE 1

Schulung Stammhaus München

RAUM GRUNDFLÄCHE cap2 101

ZEICHNUNG: raum/Fläche/Leiste DATUM/ZEIT: 07.08.1995 16:11 ERSTELLER:

BEZEICHNUNG	FUNKTION	A BMESSUNG		FLÄCHE
1003	Wohnen	1x 2.023+2.788		5.639 m²
		1x 3.882+3.000		10.987 m²
		1x 9.607+4.546		43.678 m²
			RAUMFLÄCHE:	60.304 m²
1004	Abstell	1x 1.200+1.025		1.230 m²
			RAUMFLÄCHE:	1.230 m²
1005	Küche	1x 5.305+3.487		18.502 m²
			RAUMFLÄCHE:	18.502 m²
1007	Büro	1x 1.200+2.747		3.297 m²
		1x 3.947+3.182		12.562 m²
			RAUMFLÄCHE:	15.859 m²
			GESAMTFLÄCHE:	95.895 m²

SEITE 1

RAUM RAUMGEOMETRIE cap2 101

ZEICHNUNG raum/Fläche/Leiste DATUM/ZEIT: 07.08.1995 17:15 ERSTELLER:

BEZEICHNUNG	FUNKTION	GRUNDFLÄCHE	VOLUMEN	UMFANG
1003	Wohnen	60.30m²	150.76m³	39.68m
1004	Abstell	1.23m²	3.08m³	4.45m
1005	Küche	18.50m²	46.25m³	17.59m
1007	Büro	15.86m²	39.65m³	16.66m
	SUMME:	95.89m²	239.74m³	78.38m

Zur Veranschaulichung farbig dargestellt: die automatisch berechneten Raumvolumen

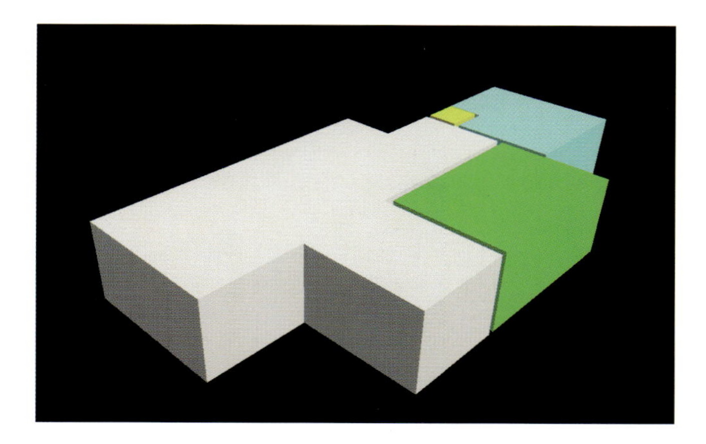

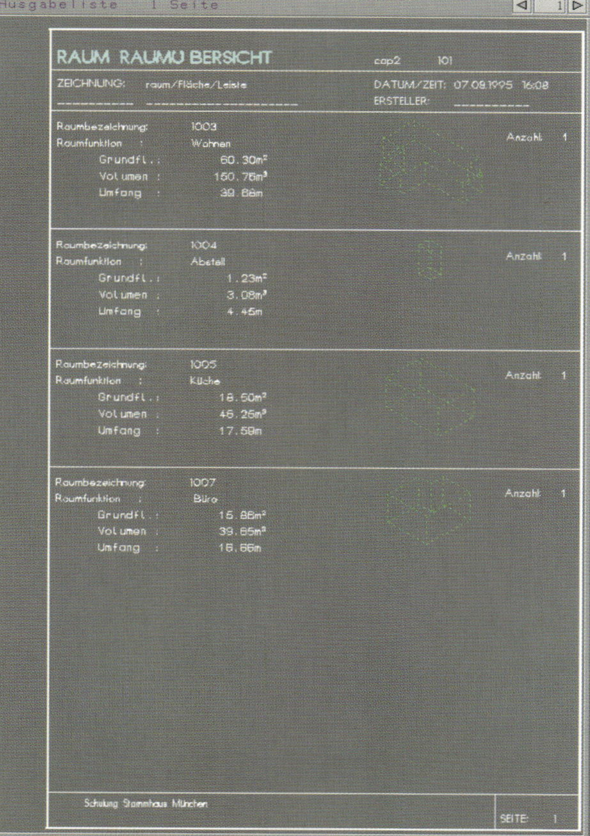

Ausgabeliste 1 Seite

RAUM RAUMU BERSICHT cap2 101

ZEICHNUNG: raum/Fläche/Leiste DATUM/ZEIT: 07.08.1995 16:08 ERSTELLER:

Raumbezeichnung: 1003
Raumfunktion : Wohnen
Grundfl. : 60.30m²
Volumen : 150.76m³
Umfang : 39.68m
Anzahl 1

Raumbezeichnung: 1004
Raumfunktion : Abstell
Grundfl. : 1.23m²
Volumen : 3.08m³
Umfang : 4.45m
Anzahl 1

Raumbezeichnung: 1005
Raumfunktion : Küche
Grundfl. : 18.50m²
Volumen : 46.25m³
Umfang : 17.59m
Anzahl 1

Raumbezeichnung: 1007
Raumfunktion : Büro
Grundfl. : 15.86m²
Volumen : 39.65m³
Umfang : 16.66m
Anzahl 1

Schulung Stammhaus München SEITE 1

Dieser Raumbuchauszug enthält alle Informationen zu dem Raum, außer den Wänden

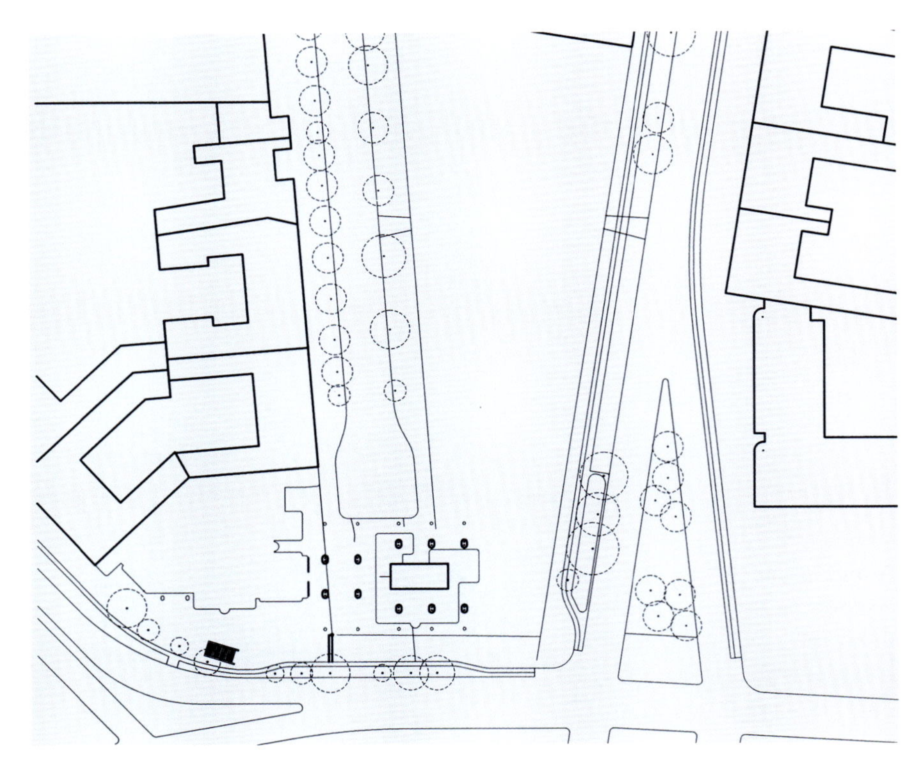

Lageplan und Achsraster zum Ideenwettbewerb der Berliner Investitionsbank (Architekten: Borchert und Hendel, Berlin)

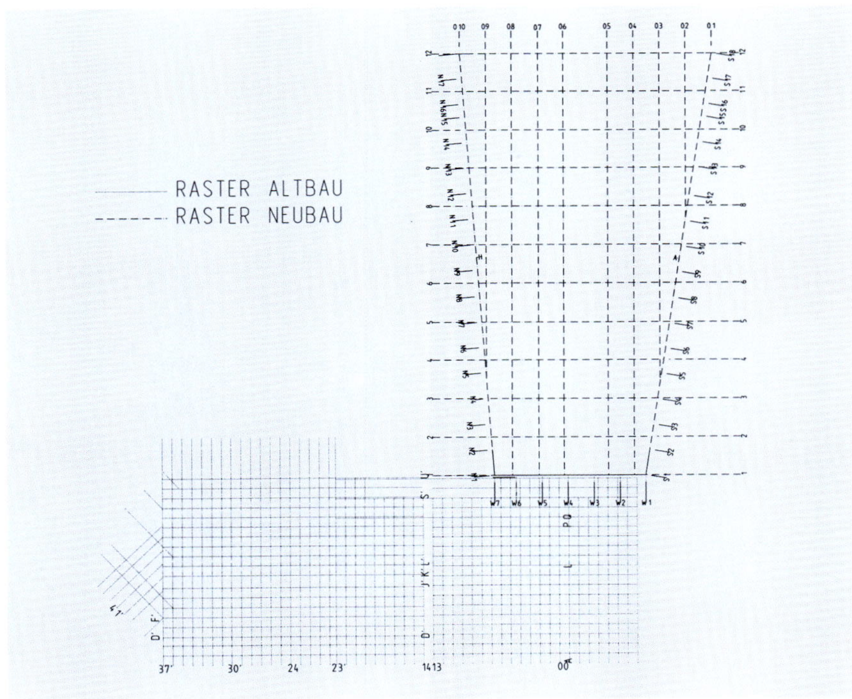

Als Ausgangspunkt für die Planung dient der gescannte Lageplan, der dem Architekten die Information über die angrenzenden Bauten, die Lage der Straßenzüge und das zu bebauende Areal bietet.

Die Festlegung des Achsrasters mit entsprechender Numerierung ermöglicht von vornherein eine ideale Besprechungs- und Orientierungsgrundlage bei der Entwurfsfindung. Mit Hilfe der Architekturfunktionen, die sich wie bereits schon erwähnt an Ebenen ausrichten, lassen sich Wände, Stützen und Decken auch im nachhinein in ihrer Höhe leicht modifizieren und können somit unmittelbar für den Entwurfseinsatz eingesetzt werden. Eine perspektivische Darstellung ist zu jedem Zeitpunkt hilfreich und möglich.

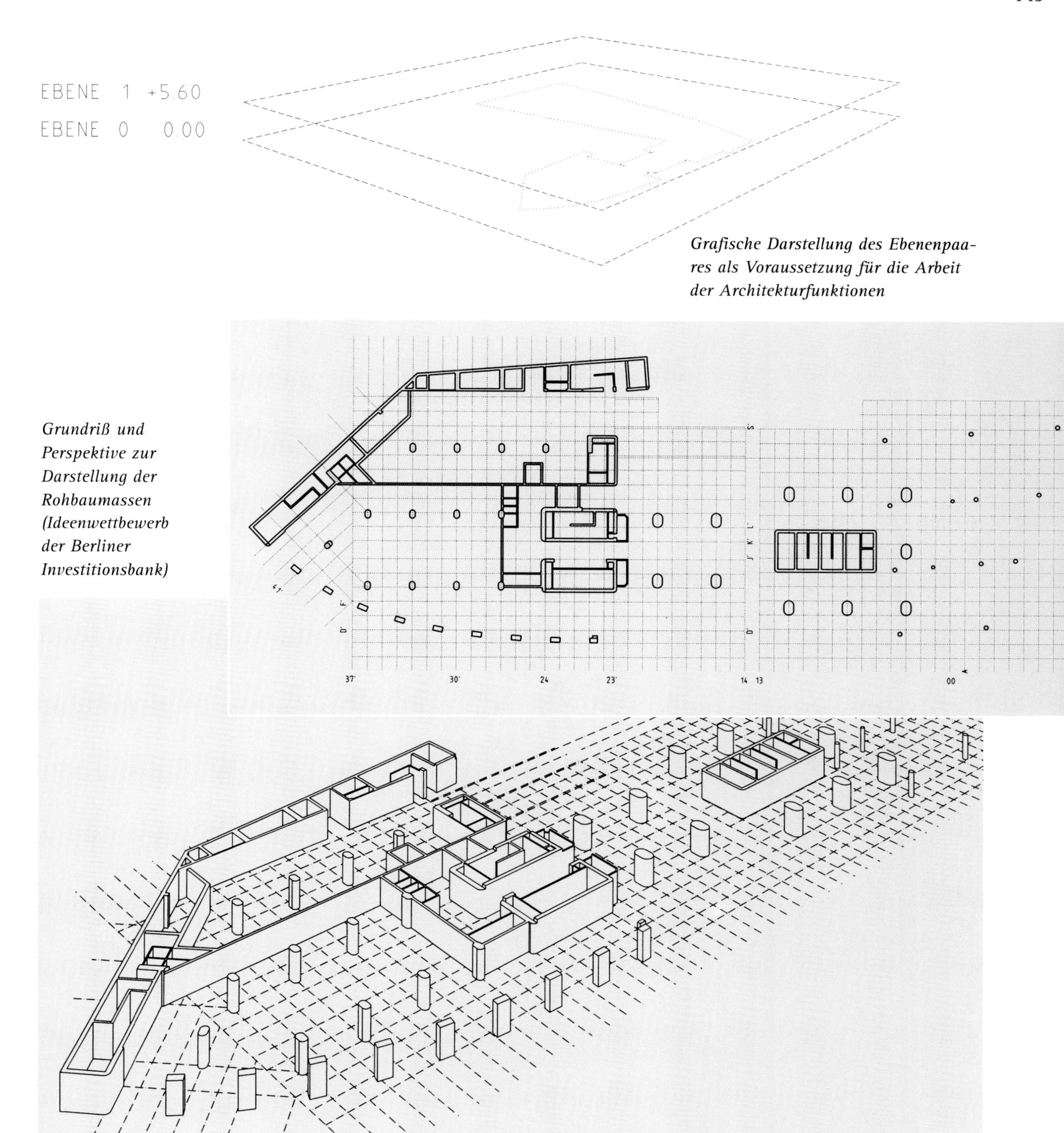

Grafische Darstellung des Ebenenpaares als Voraussetzung für die Arbeit der Architekturfunktionen

Grundriß und Perspektive zur Darstellung der Rohbaumassen (Ideenwettbewerb der Berliner Investitionsbank)

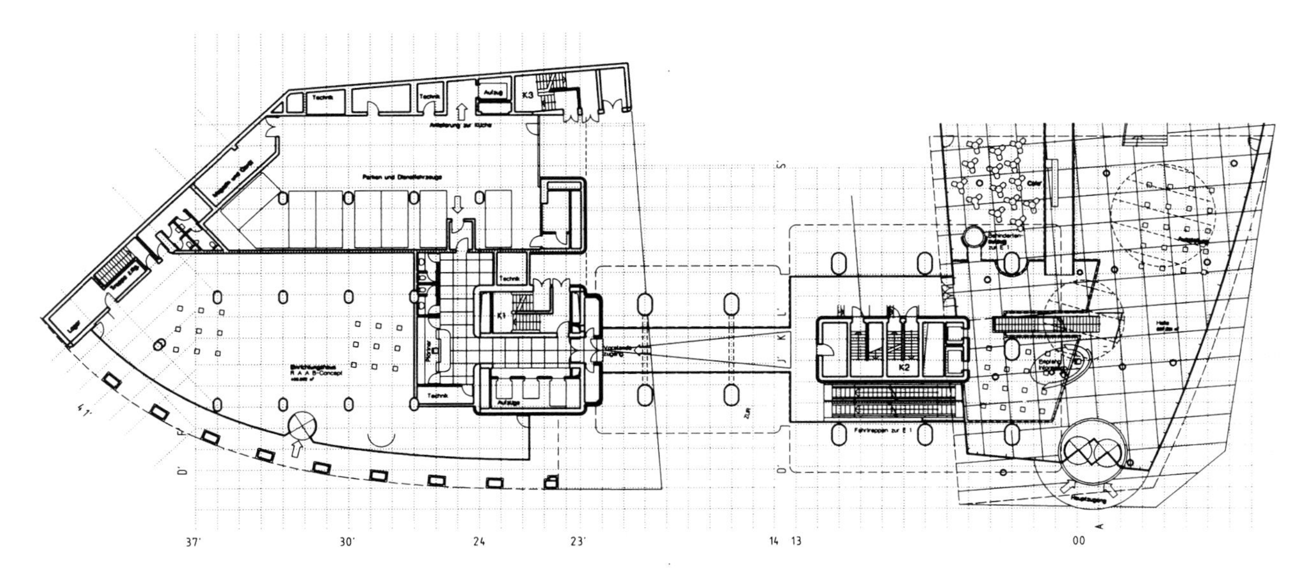

Grundriß Erdgeschoß mit Ausbauelementen und Rasterlinien (Ideenwettbewerb der Investitionsbank Berlin: Architekten Borchert und Hendel, Berlin)

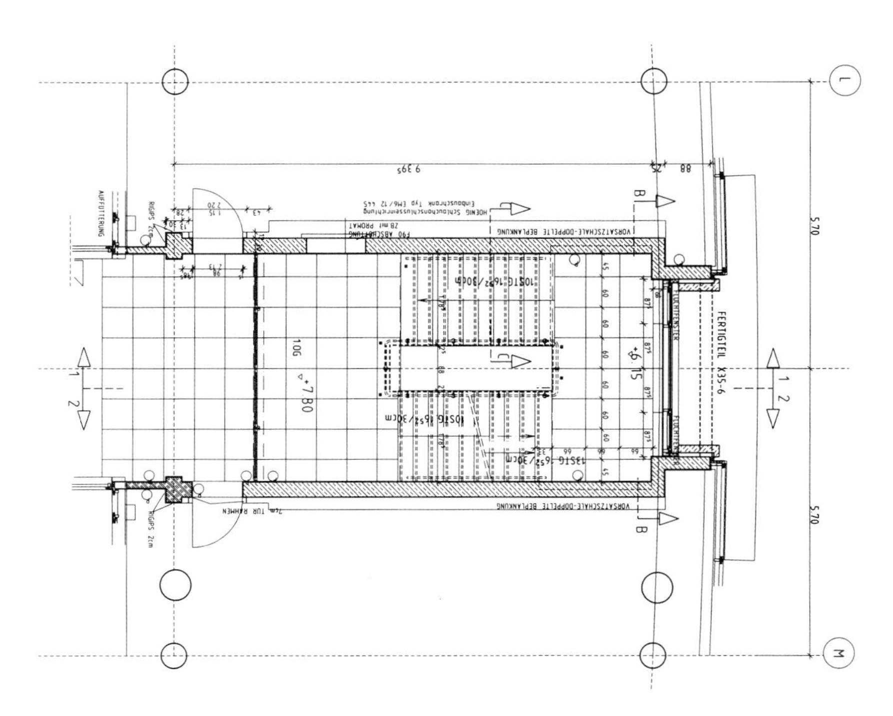

Werkplanausschnitt eines Treppenhauses

Über die Raumdefinition ist es auch möglich, Flächenberechnungen nach Nutzungsarten durchzuführen, wenn diese vorher für die entsprechenden Räume festgelegt wurden. Nicht nur, daß so eine genaue Aufschlüsselung nach Wohn-, Nutz- und Verkehrsfläche erfolgen kann, das System erbringt auch sofort den Nachweis, wie die jeweiligen Teilflächen berechnet wurden.

Neben diesen voreingestellten Möglichkeiten, lassen sich auch Zeichnungselementen ebenfalls alphanumerische Angaben zuordnen, die dann z.B. als Stücklisten ausgegeben werden können. Dafür kann der Anwender selbst festlegen, welche Attribute er den Elementen zuordnen will und wie diese in der Liste aufgeführt werden sollen. So können spezielle

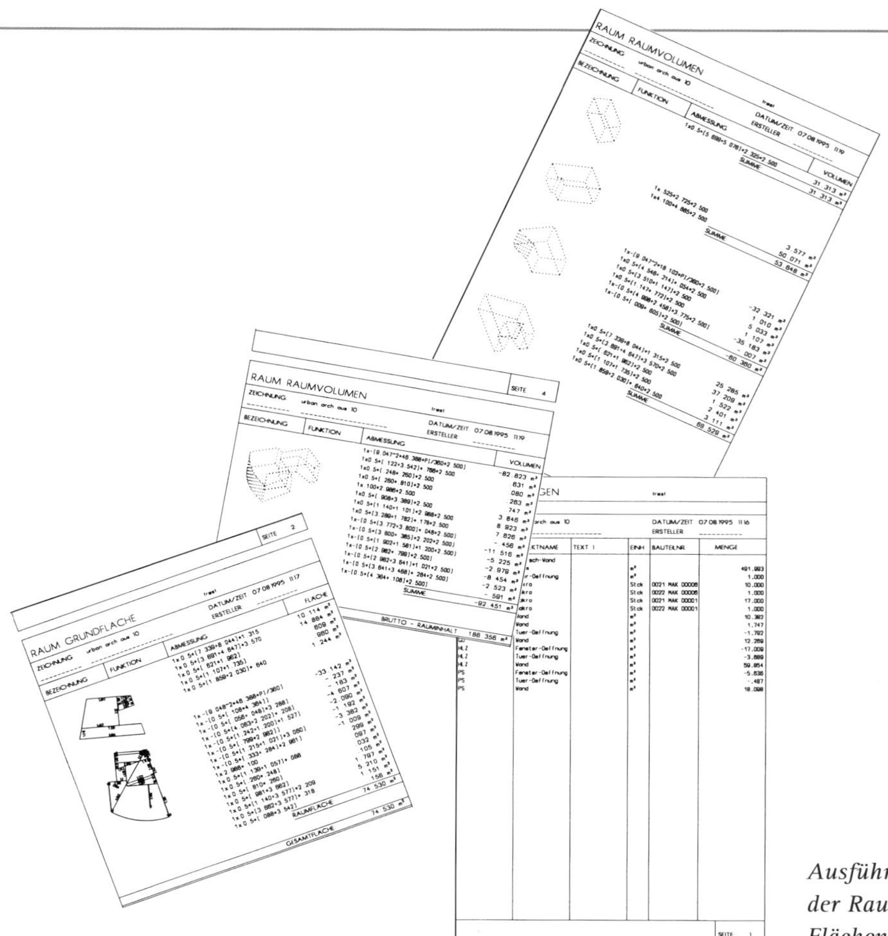

Ausführungsplanung mit Darstellung der Raumnummern, Funktionen, Flächen und Volumen

Stücklisten, etwa für die Inneneinrichtung oder die Sanitärbereiche erstellt werden. Da es sich bei CAD-Systemen um Programme zum Zeichnen und Konstruieren handelt und nicht um Datenbanken oder Tabellenkalkulationen, ist der Umgang mit dieser Funktion nicht so komfortabel, wie die Planerstellung. Angefertigte Listen lassen sich jedoch von den meisten CAD-Systemen in marktübliche Tabellenkalkulationsprogramme für die Weiterverarbeitung übernehmen.

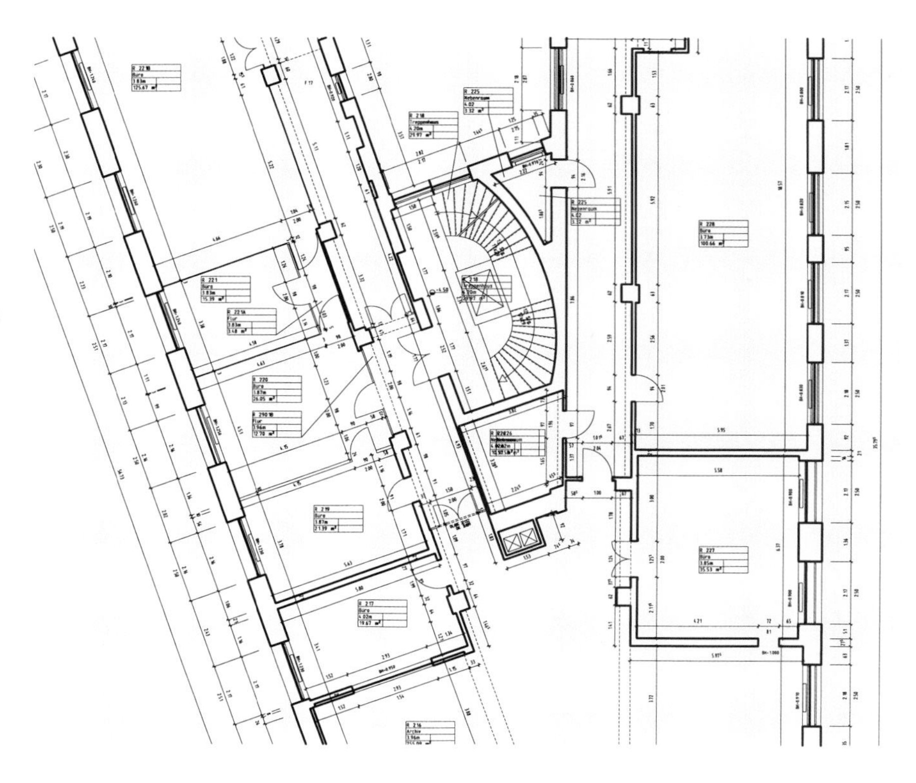

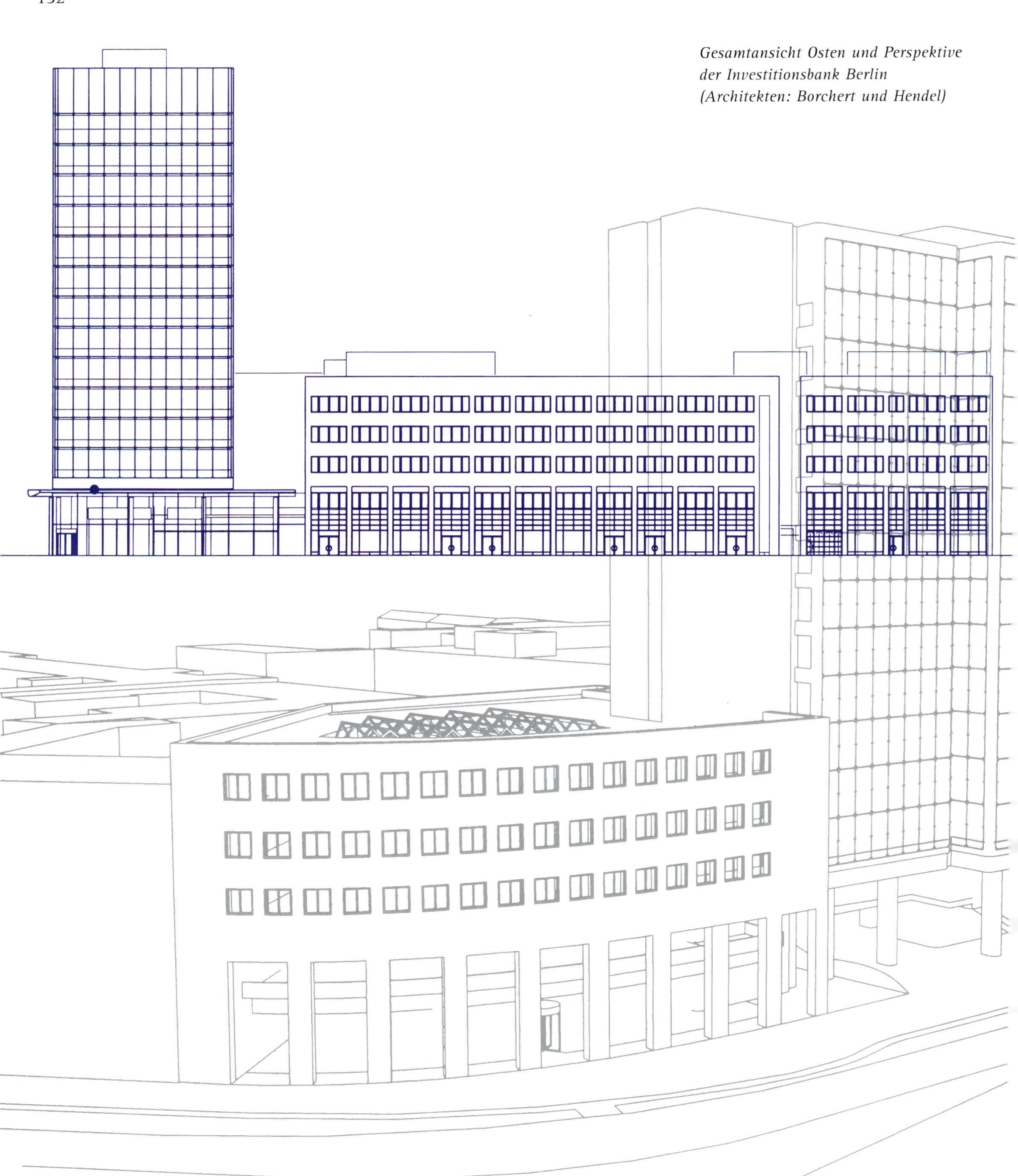

Gesamtansicht Osten und Perspektive der Investitionsbank Berlin (Architekten: Borchert und Hendel)

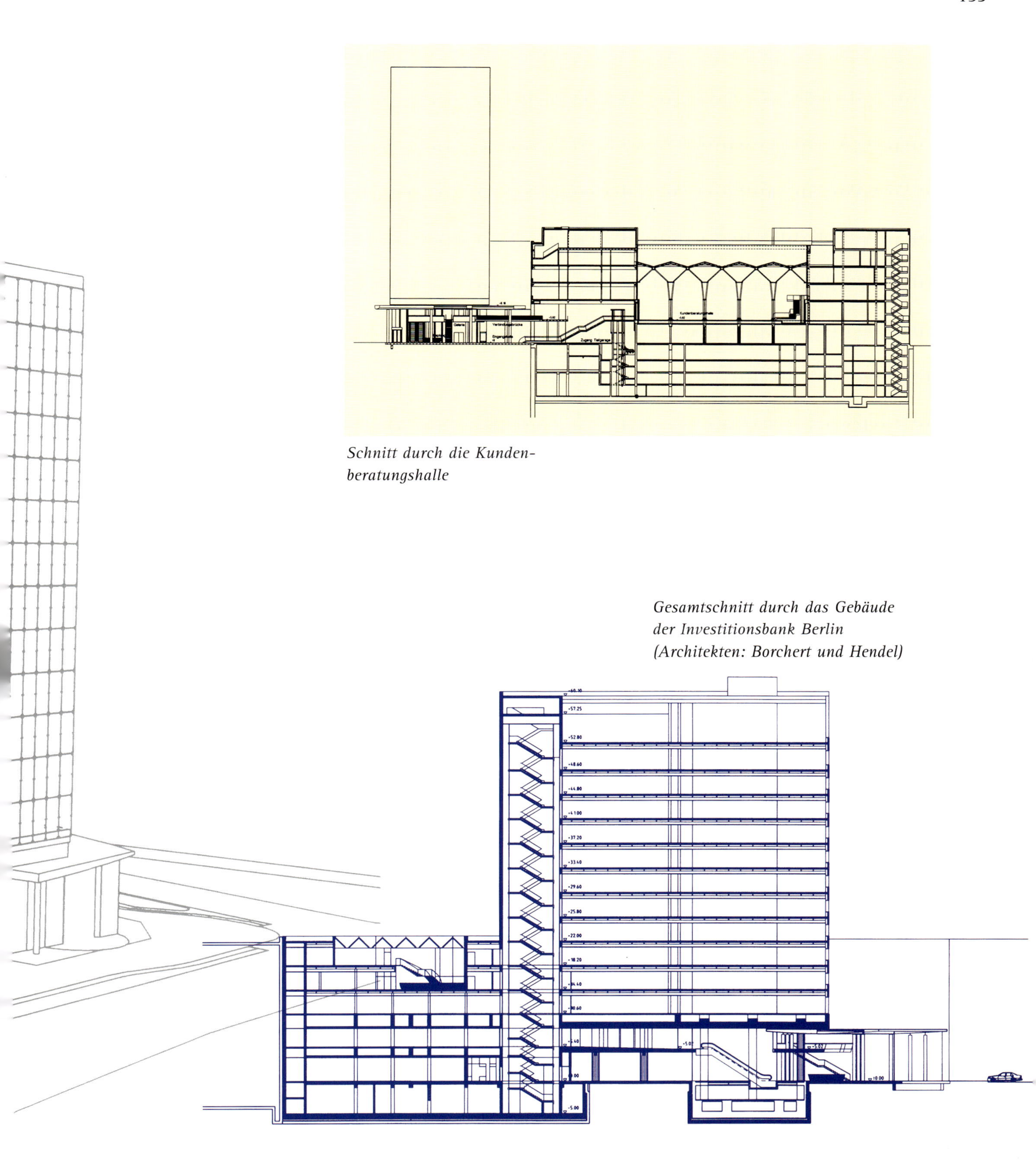

Schnitt durch die Kunden-beratungshalle

Gesamtschnitt durch das Gebäude der Investitionsbank Berlin (Architekten: Borchert und Hendel)

Bildleiste oben: Planzusammenstellung für die Präsentation des Entwurfs zur Münchner Schrannenhalle (Entwurf: H. Zaglauer, München)

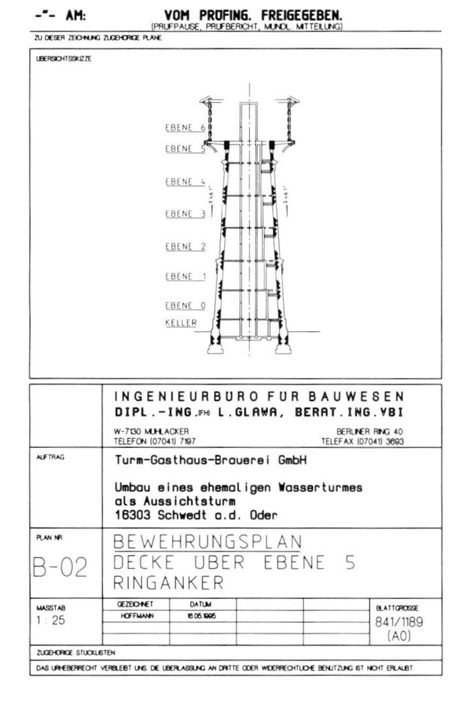

Wesentlicher Bestandteil eines fertigen Plans ist der Plankopf. Er wird im CAD-System meistens als Symbol abgelegt und läßt sich damit immer wieder verwenden und verändern (Dipl.-Ing. L. Glawa, Mühlacker)

Planplot

Nach wie vor ist eines der wichtigsten Ziele des Architekten der Plan auf Papier. Wird der Plan im CAD-System erstellt, so erfolgt die Ausgabe von großformatigen Plänen über den Plotter, Detailpläne können auch über Drucker ausgegeben werden.

Während beim manuellen Zeichnen auf Transparent der Plan während des Zeichenvorgangs entsteht, so produziert der CAD-Anwender zunächst nur auf dem Bildschirm und damit in den Speicher des Computers. Kommt es schließlich zur Planausgabe, so muß man sich beim CAD-System zunächst entscheiden, was im Plan alles zu sehen sein soll. Denn die CAD-Zeichnung besteht ja nicht aus einer einzigen Zeichnung, sondern aus vielen Folien oder Teilbildern, die erst zu einer vollständigen Zeichnung zusammengefügt werden müssen.

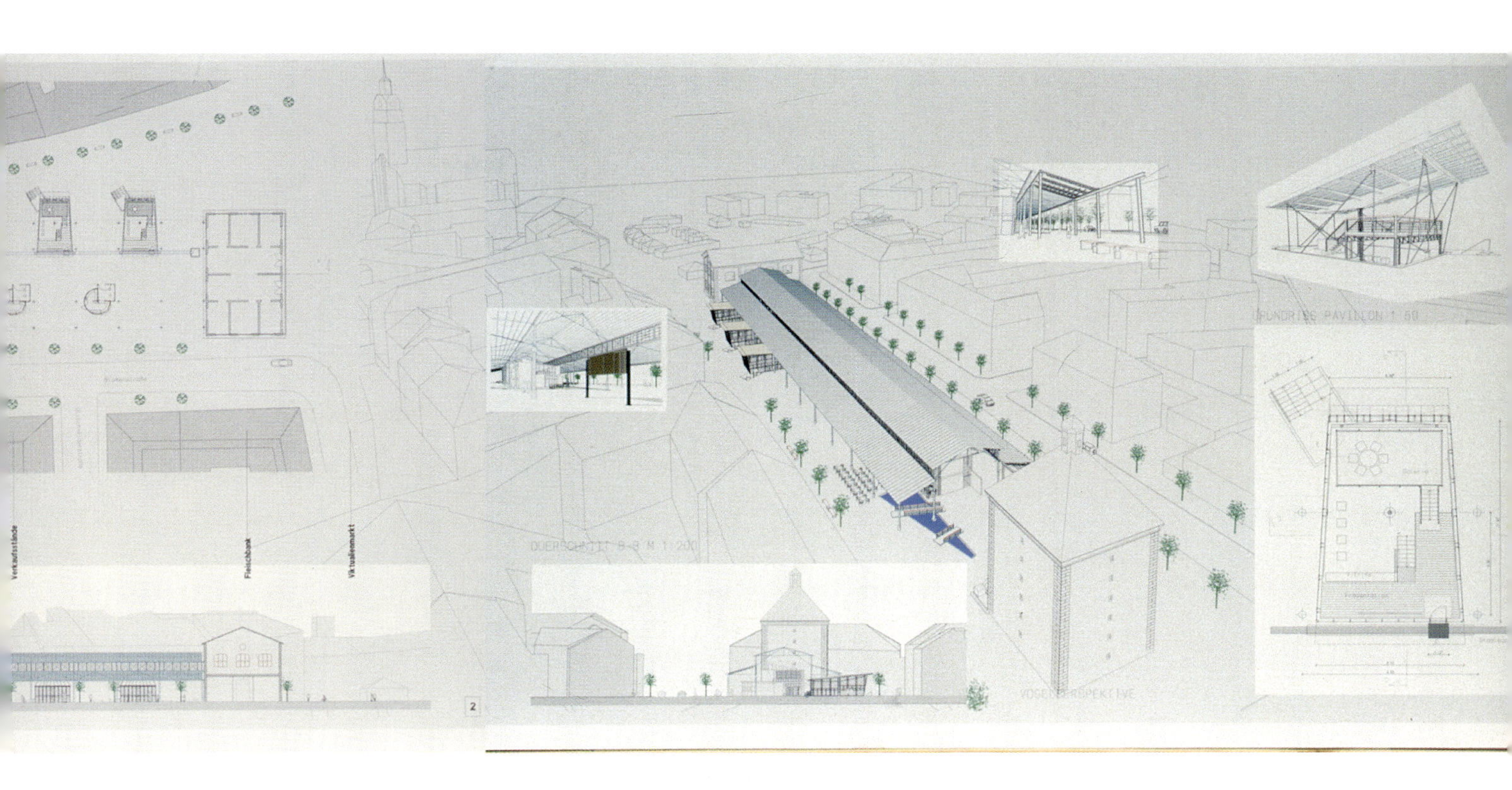

Bevor die Ausgabe des Plans auf dem Plotter erfolgen kann, muß also der Plan zuerst zusammengestellt werden. Dazu können komplette Zeichnungen, also Kombinationen von Folien, Ausschnitte aus Zeichnungen oder lediglich Teilbilder ausgewählt werden. Nicht zu vergessen ist an dieser Stelle der Plankopf, der ebenfalls auf dem Plan abgesetzt werden muß.

Der Plankopf wird üblicherweise als Symbol abgelegt, womit er mit seinen dauerhaften Bestandteilen wie Layout, Logo und Büroname aus der Symbolbibliothek abrufbar ist. Da er sich dann wie eine normale Zeichnung bearbeiten läßt, können nun aktuelle Informationen wie Datum, Änderungsstand, Bearbeiter und anderes eingetragen werden. Ist der Plankopf fertiggestellt, wird er ebenso wie die Bestandteile des Plans auf diesem plaziert.

Für das Ausplotten zusammengestellter Bewehrungsplan für den Wasserturm von Schwedt an der Oder (Dipl.-Ing. L. Glawa, Mühlacker)

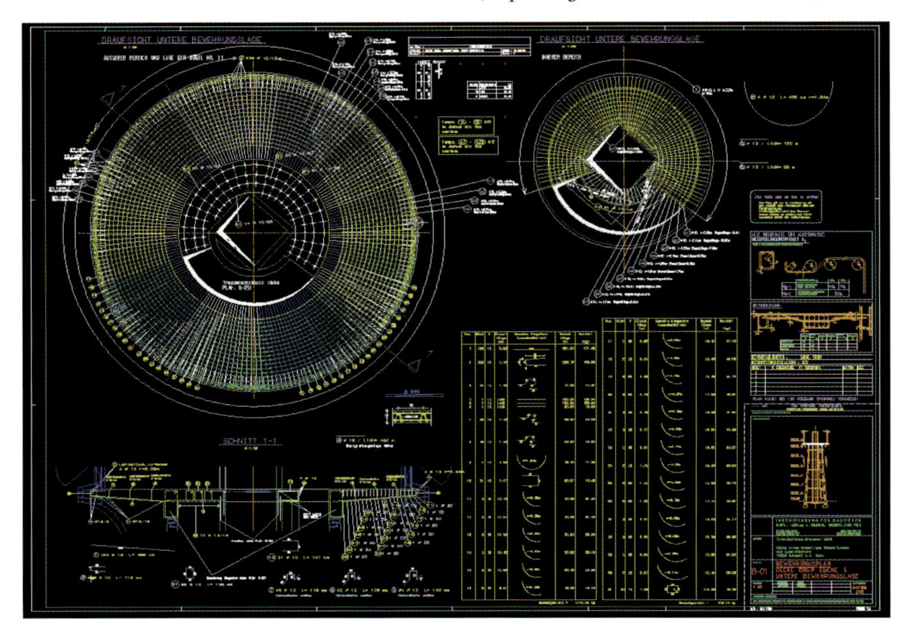

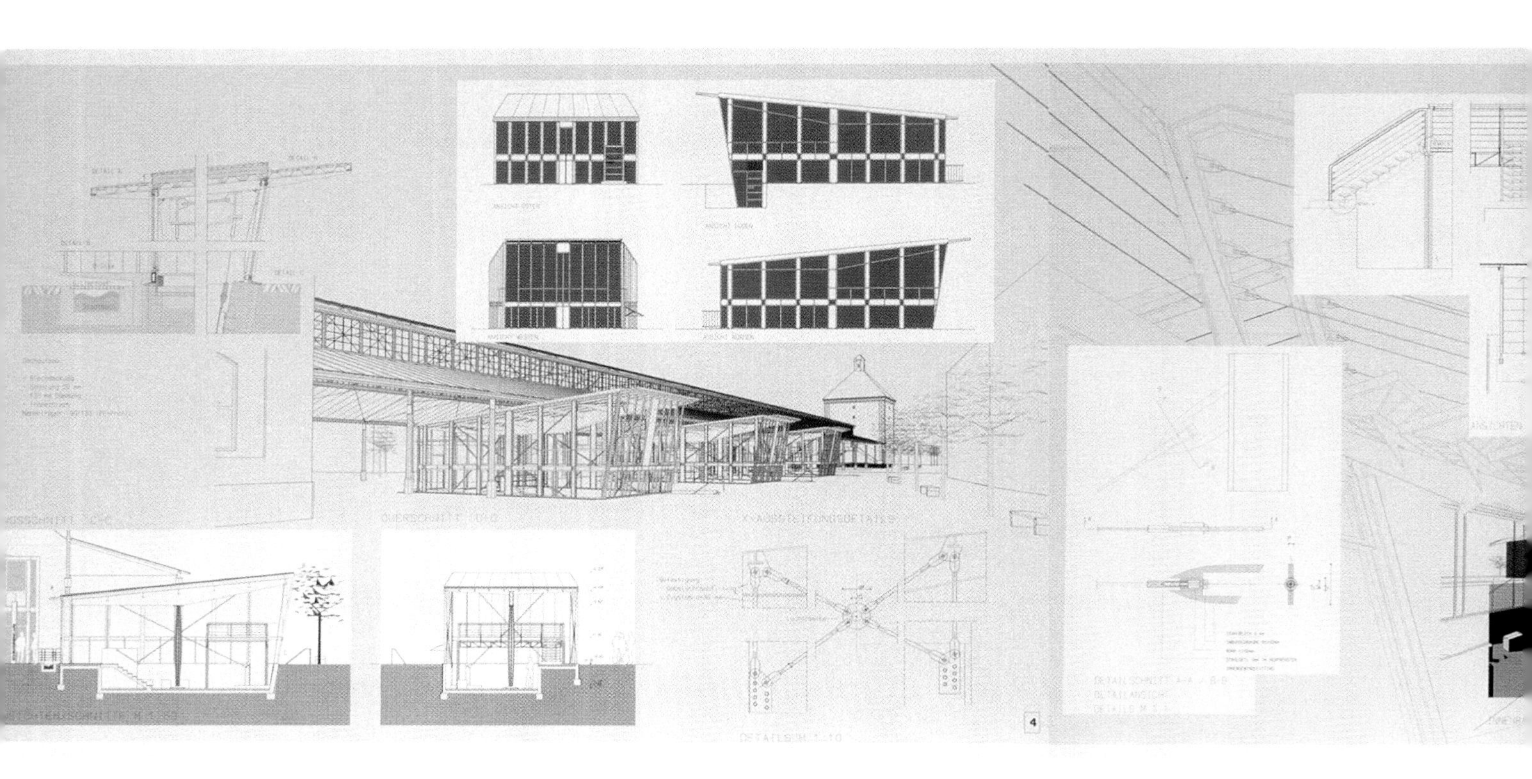

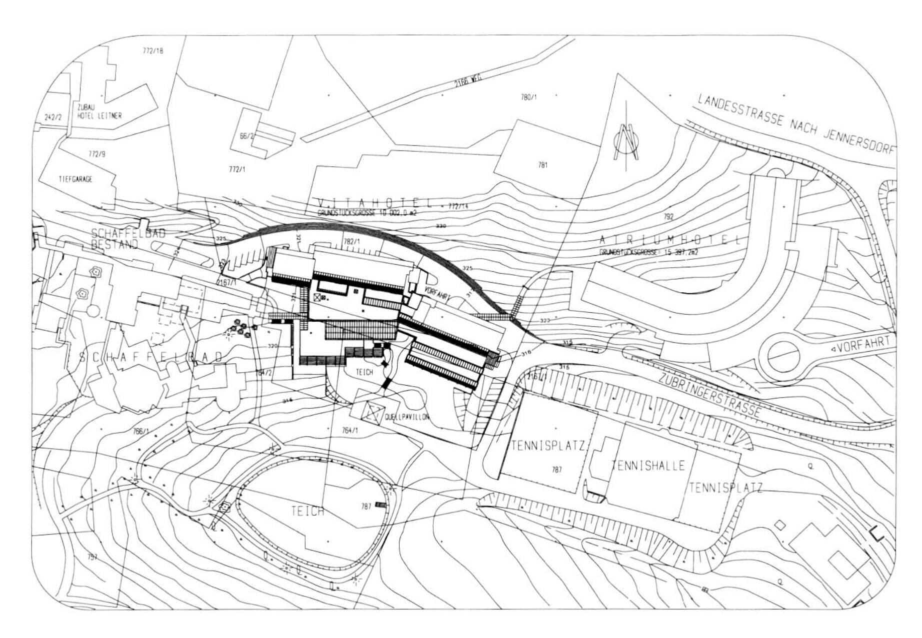

Planzusammenstellung der Zeichnungen von Grundriß und Lageplan für ein Hotel in Österreich (Entwurf: Architekt Heribert Knöbl)

Über die Plotfunktion des CAD-Systems werden die Voreinstellungen für die Planausgabe vorgenommen. In Abhängigkeit des Plotters können DIN-gerechte Pläne, evtl. auch in Überlängen ausgegeben werden. Mit einem Hilfsrahmen wird der zu plottende Bereich am Bildschirm simuliert. Alle Plankomponenten werden innerhalb dieses Rahmens abgelegt und positioniert. Vom CAD-System werden unterschiedliche Rahmenarten in DIN-Formaten sowie Faltmarkierungen angeboten.

Da die Rahmenmaße bekannt sind, kann man über sie auch festlegen, wie übergroße Zeichnungen auf mehrere Pläne aufgeteilt werden.

Auch nach der Planzusammenstellung ist eine zeichnerische Bearbei-

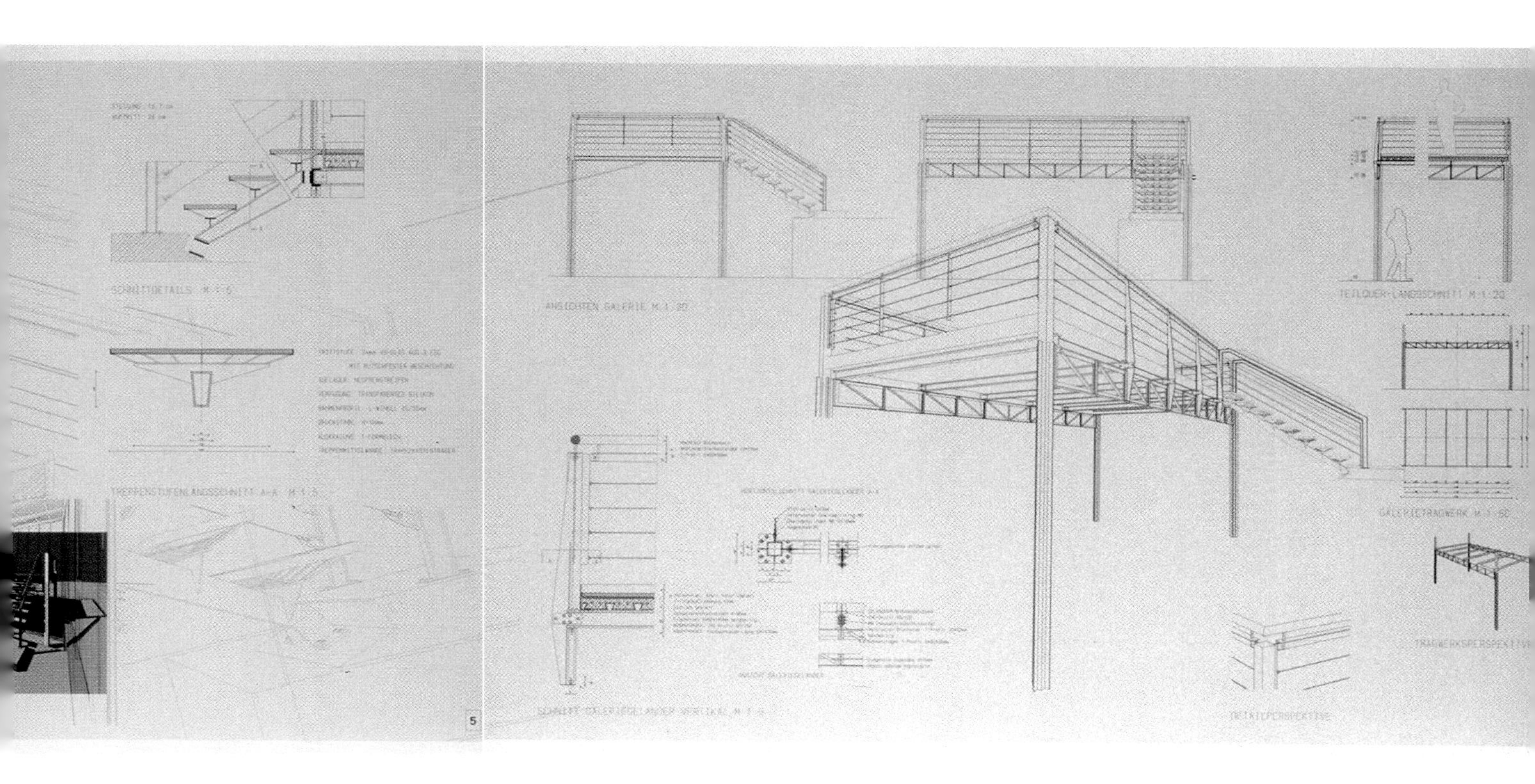

tung des Planes mit den Konstruktionswerkzeugen möglich. So kann nicht nur der Plankopf, sondern auch das Planlayout verändert und kleinere Ergänzungen vorgenommen werden.

Doch nicht alle Pläne müssen direkt geplottet werden. Der fertig zusammengestellte Plan kann auch als sogenanntes Plotfile abgelegt werden. Dieses kann ohne Programm, mit dem die Zeichnung erstellt wurde, geplottet werden. Dieses Verfahren eignet sich zum Beispiel, wenn Pläne zum Plotten an einen Dienstleister gegeben werden.

Um schnell Probeausdrucke zu erhalten, die auch ohne ordentliche Planbeschriftung auskommen, kann man den Bildschirminhalt an einem Drucker ausgeben.

Damit das CAD-System den vorhandenen Peripheriegeräten angepaßt werden kann, können die Einstellungen für Plotter und Drucker der verschiedenen Hersteller vom Anwender vorgenommen werden. Die meisten CAD-Hersteller liefern mit Programmen sogenannte Plottertreiber für die gängigsten Plottertypen mit. Die Treiber sorgen dafür, daß die Ausgabegeräte die Sprache des jeweiligen Programms verstehen.

Bildleiste oben: Planzusammenstellung für die Präsentation des Entwurfs zur Münchner Schrannenhalle (Entwurf: H. Zaglauer, München)

2.5 Lernhilfen

An dieser Stelle werden noch einmal alle Merkmale eines CAD-Systems aufgeführt, die in Fällen helfen, wo der Anwender einmal eine Funktion nicht mehr findet oder ihm die Arbeitsweise einer Funktion nicht mehr bewußt ist.

Erste Hinweise in derartigen Fällen bieten die Abfragen in der Statuszeile. Dort werden nicht nur die, für die weitere Konstruktion benötigten Werte abgefragt, sondern bei einigen Funktionen auch gleichzeitig der oder die nächste/n Arbeitsschritt/e angezeigt. Damit erhält der Anwender eine, wenn auch geringe Hilfestellung, die bei etwas Erfahrung mit dem CAD-System oft schon ausreicht, sich an eine bestimmte Vorgehensweise zu erinnern.

Beim Anfahren eines Icons mit dem Fadenkreuz öffnet sich nach Wunsch automatisch ein Fenster mit einer Kurzbeschreibung der entsprechenden Funktion

Für Einsteiger oder Umsteiger besonders hilfreich ist die Arbeit mit den Pop-ups am Fadenkreuz. Diese öffnen sich, sobald man mit dem Fadenkreuz einen Knopf anfährt. In dem Pop-up genannten kleinen Fenster, das sich dann am Fadenkreuz öffnet, ist die Funktion mit einem Schlagwort bezeichnet. Wenn man also einmal die Bedeutung eines Knopfes vergessen hat, kann man sich seine Funktion über das Pop-up wieder in das Gedächtnis zurückrufen. Diese Funktion kann vom Anwender selbst aus- oder eingeschaltet werden.

Wesentlich über die Abfragen in der Status-Zeile und die Pop-ups geht die On-line-Hilfe hinaus. On-line bedeutet, daß diese Hilfe während des Arbeitsablaufs aufgerufen werden kann, ohne die Arbeit mit dem Programm zu beenden. So lassen sich beispielsweise bei ALLPLAN ganze Handbuchseiten auf dem Bildschirm aufblättern, ohne daß man dafür seine Arbeit unterbrechen muß. Langwieriges Nachschlagen in umfangreichen Handbüchern entfällt, wenn man sich auf dem Bildschirm direkt die Seite zum interessierenden Thema abrufen kann. Diese Seite kann auch vergrößert oder verkleinert dargestellt und auch ausgedruckt werden. Umfassende Informationen zu den einzelnen Menüpunkten sind auf diese Weise sofort verfügbar, wenn sie benötigt werden.

Um die Arbeit mit dem Programm zu erlernen, bieten mittlerweile viele CAD-Programme eine sogenannte On-line-Lernhilfe. Mit ihr können Beispielkonstruktionen unter Anleitung des Programmes erstellt werden. Die eher theoretische Vorgehensweise von Handbüchern wird so unterstützt und ermöglicht es Einsteigern, das Programm zu erlernen, ohne gleich Schulungen besuchen zu müssen. Die On-line-Lernhilfe bietet verschiedene

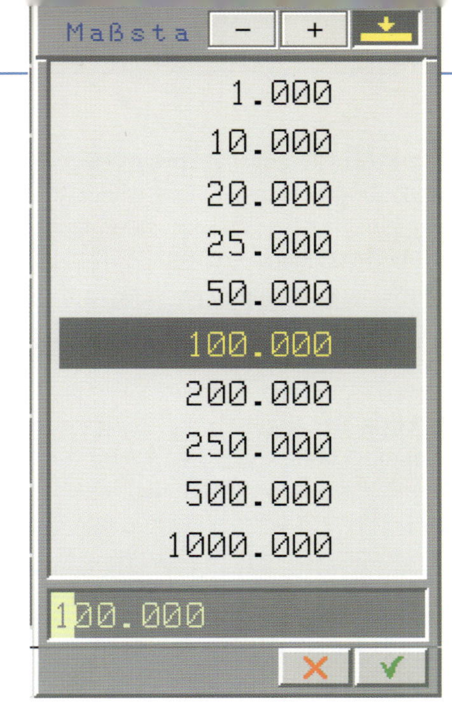

Einige Voreinstellungen werden beim Aufrufen von bestimmten Menüpunkten bereits angeboten und müssen nur noch ausgewählt werden

Themen an, um sich mit dem Programm vertraut zu machen. Neben diesen vielfältigen Möglichkeiten, Hilfe direkt aus dem System während der laufenden Arbeit anzufordern, gibt es noch zusätzliche Unterstützung. Einige CAD-Hersteller liefern zu ihren Programmen eine sogenannte Befehlsübersicht mit. Dabei handelt es sich um eine Übersicht über die wesentlichen Funktionen auf wenigen Seiten, die man am besten direkt an seinem Arbeitsplatz griffbereit hält, um schnell nachlesen zu können. Wesentlich ausführlicher geben die umfangreichen Programmhandbücher Auskunft. Sie erhalten Informationen zu praktisch allen Befehlen des Programms und können vor allem bei ganz speziellen Anwendungsproblemen eine fundierte Hilfe sein. Auch sie sollten immer in der Nähe des Arbeitsplatzes zu finden sein.

Über den Hilfeknopf öffnet sich die sogenannte On-line-Hilfe. Mit ihr können während des Arbeitens ausführliche Informationen zu einer Funktion direkt am Bildschirm abgerufen und auch ausgedruckt werden

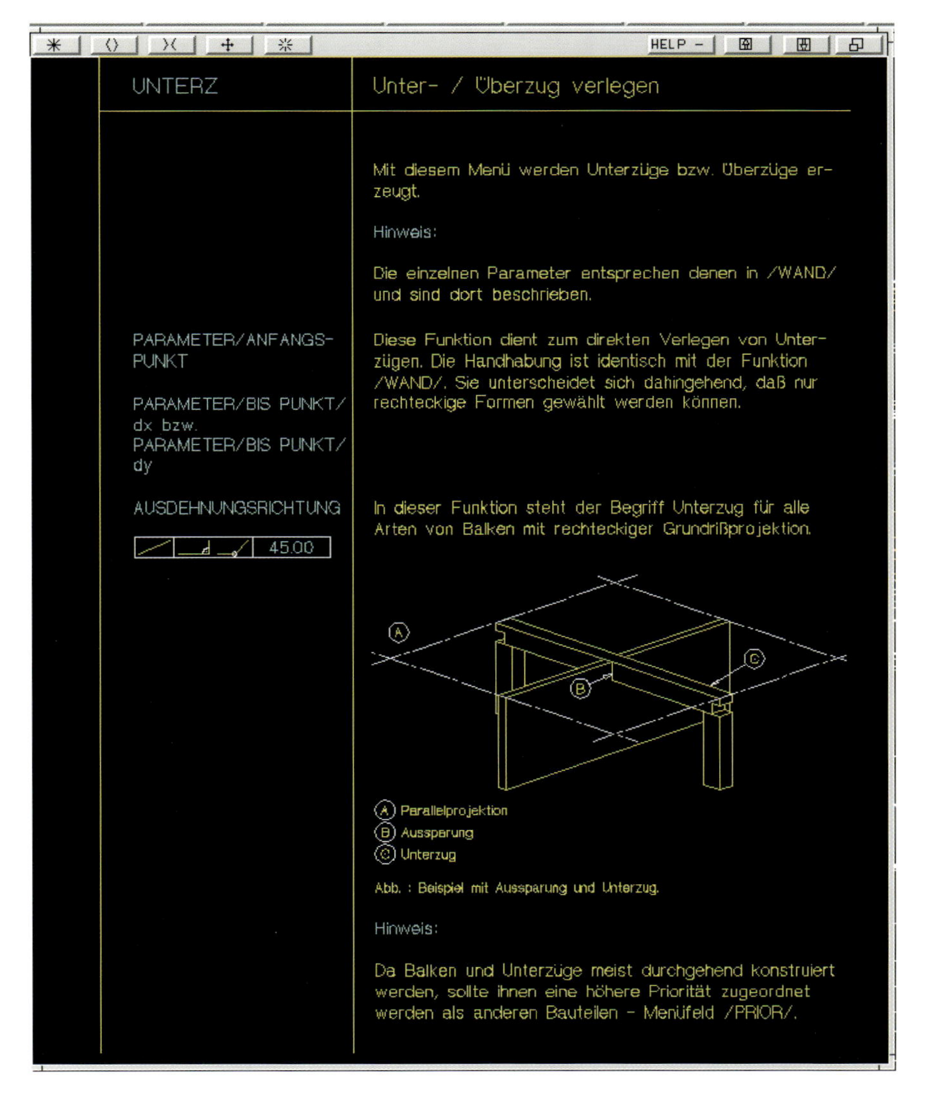

2.6 Hardwareausstattung und Ergonomie eines CAD-Arbeitsplatzes

Die ersten Computer waren noch so groß, daß sie ganze Hallen belegten. Ihre Rechengeschwindigkeit und Fehleranfälligkeit ist mit heutigen Systemen nicht mehr vergleichbar

Die Geschichte der CAD-Systeme ist eng verknüpft mit der Geschichte der Mikroelektronik und des Computers, wie sie in ihren Grundzügen bereits zu Ende des Kapitels 1.1 beschrieben wurde. Der Wunsch, grafische Darstellungen nicht als Endergebnis komplizierter Programmierungen in Computersprache zu erhalten, sondern diese direkt am Bildschirm zu erstellen, ohne sich mit den Problemen der Programmierung beschäftigen zu müssen, stand dabei Pate.

In den 30er und 40er Jahren richtete sich das Interesse der Entwickler von elektronischen Rechenmaschinen jedoch auf ihre Leistungsfähigkeit in bezug auf die Lösung mathematischer Probleme. Es wurde dabei nach Wegen gesucht, zeitraubende, mühsame, aber dringend benötigte Berechnungen und Auswertungen automatisch durchführen zu lassen. Deshalb wurden diese Maschinen auch Computer, also Rechner oder Kalkulatoren genannt. Im zweiten Weltkrieg ließen die Militärs aller Kriegsparteien mit den neuen Maschinen Flugbahnen von Granaten und neuentwickelten Raketen berechnen und Nachrichtencodes knacken.

Mit der Berechnung von Tragwerken beschäftigte sich dagegen der Bauingenieur Konrad Zuse. Auch er suchte nach Wegen, die aufwendigen Rechenvorgänge zu vereinfachen. So erfand er bereits 1938 den vollmechanischen programmierbaren Ziffernrechner. Bereits zwei Jahre später konnte er den ersten voll funktionsfähigen elektromechanischen Rechner präsentieren. Bis Mitte der 50er Jahre entwickelte Zuse seine Rechner auf der Basis einer der ersten binären EDV-Programmiersprachen weiter. Eingaben und Ergebnisse waren aber lediglich Zahlenwerte, eine grafische Umsetzung war dabei noch nicht vorgesehen.

Anfang der 50er Jahre wurden in den USA die ersten Großrechner entwickelt. Der berühmteste, ENIAC genannt, benötigte eine Stellfläche von rund 150 Quadratmetern und bestand aus fast 20 000 Röhren. Für damalige Verhältnisse war seine Leistung von 300 Multiplikationen pro Sekunde unvorstellbar, ebenso hoch wie seine Rechenleistung war aber auch seine Störanfälligkeit. Mit der Entwicklung von Transistoren Anfang der 50er Jahre und erst recht mit der Erfindung integrierter Schaltkreise Mitte der 70er Jahre ist endlich der Übergang zur Mikroelektronik geschafft.

Im allgemeinen wird die Entwicklung des CAD-Systems nicht unabhängig von der Entwicklung grafischer Oberflächen gesehen. Die Art und Weise, wie die Eingabe von Daten erfolgt, ähnelt sich ja auch. In zeitgemäßen Textverarbeitungen unter grafischen Oberflächen erfolgt das Ausführen von Funktionen ebenso wie im CAD-System über das Anwählen von Symbolen in der Menüleiste.

Eines der ersten Systeme, das mit dieser grafischen Eingabe arbeitete, war das Sketchpad, das der US-Amerikaner Ivan Sutherland 1963 entwickelte. Diese erste grafische Oberfläche ermöglichte es, zum einen Befehle unter einer grafischen Oberfläche auszulösen, zum anderen aber auch zeichnerische Darstellungen in den Computer einzugeben. (Sutherland war es übrigens auch, der bereits in den 60er Jahren erste Geräte entwickelte, um in die sogenannte virtuelle Realität, wie sie in Kapitel 4 näher beschrieben wird, einzusteigen.)

Die ersten, die sich der Möglichkeiten der grafischen Beschreibung von Objekten im Computer bedienten, waren die amerikanischen Maschinen-, Automobil- und Flugzeugbauer. Diesen Branchen hatten zum einen das Kapital, mit dieser damals noch äußerst teuren Technik zu arbeiten, zum anderen erwarteten sie nicht nur in der Fertigung, sondern endlich auch in der Produktion erhebliche Effizienzgewinne. Schließlich arbeitete der Konstrukteur in den 60er Jahren genauso wie vor 200 Jahren am Zeichenbrett.

Erst mit einer Verzögerung von ungefähr 10 bis 15 Jahren hält der Computer dann in den 80er Jahren Einzug auch in das Bauwesen. Innerhalb dieser Zeitspanne wurden die elektronischen Rechner nicht nur billiger, sondern auch immer leistungsfähiger. Der Personal-Computer gehört heute zum Alltag wie das Telefon oder das Auto. Nicht mehr Preis oder Leistungsfähigkeit können Kriterium für seine Anschaffung sein, sondern nur noch seine Akzeptanz durch den Anwender.

Vor der Anschaffung eines CAD-Systems sollte man genau die Aufgaben bestimmen, die das System bewältigen muß. Danach begibt man sich auf die Suche nach der passenden Software.

Bei der Beurteilung von CAD-Programmen sollten neben der Leistungsfähigkeit des Programms und dem Kaufpreis, weitere Kriterien mit in Betracht gezogen werden. Ist das Programm weitverbreitet? Steht der Anbieter gut im Markt? Können diese Fragen positiv beantwortet werden, so ist anzunehmen, daß der Hersteller weitere Versionen des Programms auf den Markt bringt und die Investition für die nächste Zeit gesichert ist.

Nicht unerheblich sind die Konditionen von Schulung und Service.

Zu den wichtigsten Punkten, die vor dem Kauf eines CAD-Systems geklärt werden sollten, gehören die Möglichkeiten des Datenaustausches. Über sogenannte Schnittstellen können unterschiedlichste CAD-Systeme miteinander kommunizieren. Nur ein System, welches den Datenaustausch optimal ermöglicht, läßt sich in den differenzierten Planungsprozessen effizient einsetzen.

Personal-Computer und Workstations sind heutzutage die zwei gängigsten Plattformen für die CAD-Arbeit. Je nachdem ob eine Vernetzung gewünscht ist, schnelle Grafikleistung für Animationen oder lediglich einfache standardisierte Zeichenaufgaben erledigt werden sollen, wird man sich für eine dieser Plattformen entscheiden.

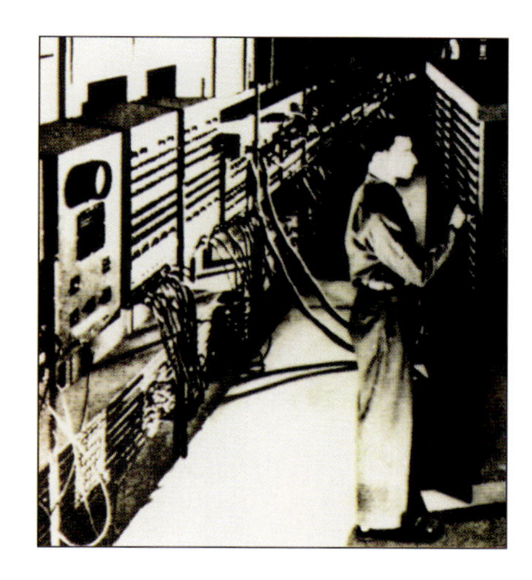

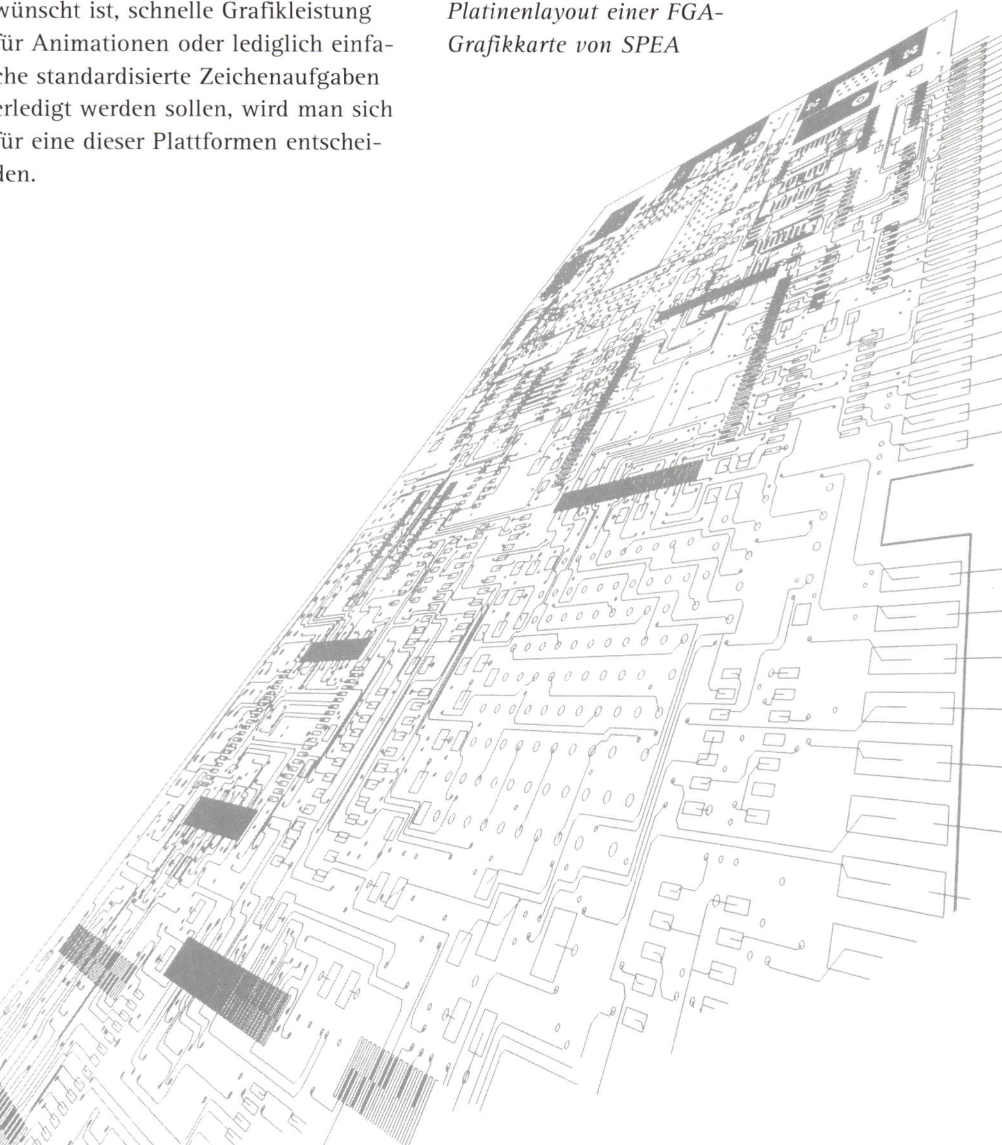

Platinenlayout einer FGA-Grafikkarte von SPEA

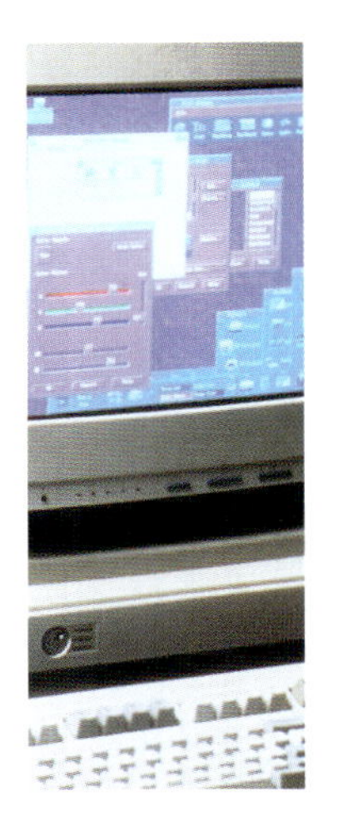

Die Software nutzt die unterschiedlichen technischen Eigenschaften der jeweiligen Hardware-Plattformen. Jede Plattform hat ein Betriebssystem, das nur bzw. hauptsächlich auf PCs oder Workstations läuft. Zu den bekanntesten und verbreitetsten Betriebssystemen gehört MS-DOS, Windows (Windows NT und Windows 95) und OS/2 für PCs und Unix für Workstations.

Das Betriebssystem besteht aus mehreren Programmen, die den Betrieb von Programmen auf einem Rechner erst möglich machen. Es ist das zentrale Steuerprogramm für die interne Organisation des Rechners. Der Computer braucht diese Programme zum Starten, zur Verwaltung der Daten, zum Öffnen von Programmen, zur Anbindung von Peripheriegeräten wie den Plotter oder auch zum Verwalten von Netzwerkverbindungen.

Man nennt Betriebssysteme, die mehrere Rechner koordinieren, Mehrbenutzersysteme.

Als „Multitaskingfähig“ bezeichnet man die Betriebssysteme, die mehrere Aufgaben gleichzeitig ausführen können.

Sogenannte grafische Benutzeroberflächen haben sich bei heutigen Betriebssystemen fest etabliert. Die Befehle können hier über das Antippen von symbolischen Darstellungen, den sogenannten Icons oder Knöpfen, eingegeben werden.

Mit einem grafischen Betriebssystemaufsatz hat man den Eindruck, daß die Steuerung von der grafischen Oberfläche aus geschieht; tatsächlich können von dort zwar Vorgänge, wie das Öffnen von Programmen, in Gang gesetzt werden. Die eigentliche Steuerung dieser Prozesse vollzieht sich aber über das Betriebssystem. Bei IBM-kompatiblen PCs, auf die wir uns hier beschränken wollen, arbeitet beispielsweise zur Zeit noch das Betriebssystem DOS hinter dem Aufsatz Windows.

Betriebssysteme sind unter anderem mitentscheidend dafür, ob die Leistungsmöglichkeiten der Hardware voll ausgeschöpft werden können. Betriebssysteme wie UNIX, Windows NT, OS/2 unterstützen die sogenannte 32-

Bit-Adressierung. Bei dieser Methode werden sehr lange (32stellige) Binärzahlen für die Datenverarbeitung des Computers verwendet und über den Datenbus transportiert. Dadurch kann der Rechner große Bereiche des Arbeitsspeichers (RAM) nutzen, was den Einsatz vieler komplexer Programme erst ermöglicht bzw. entscheidend erleichert.

UNIX und Windows NT sind für professionelle Anwendungen mit hohen Leistungsanforderungen konzipiert und benötigen vergleichsweise viel Arbeitsspeicher. Sie gewährleisten aber den stabilsten Programmablauf und sind am einfachsten zu vernetzen. Die meisten CAD-Softwareanbieter setzen auf die 32-Bit-Betriebssysteme, die besser in Hinblick auf Leistungsfähigkeit, Vernetzbarkeit und Komplexität der Anwendungen sind.

Beim Auswählen der Hardware sollte man sich vom Hersteller der Software beraten lassen.

Betont sei hier noch einmal die im ersten Kapitel genannte Grundregel: Alle Komponenten des CAD-Systems müssen aufeinander abgestimmt sein. Dabei ist das System nur so leistungsfähig wie seine langsamste Komponente.

Für die Grafik des CAD-Systems bedeutet dies: je höher die Bildschirmauflösung und je „echter" die Darstellung der Farben sein sollen, desto mehr muß die Grafikkarte können. Für die möglichst realitätsnahe Darstellung eines geplanten Gebäudes benötigt man neben einer sehr hohen Auflösung eine Farbtiefe von 24 Bit. Die Farbtiefe bezeichnet die Anzahl der möglichen Farbabstufungen innerhalb eines vom Computer berechneten Bildes. Die damit erreichbaren ca. 16,7 Millionen verschiedenen Farben sind sehr speicherintensiv, so daß die Grafikkarte einen schnellen und großen (4 MB) RAM-Speicher haben sollte.

Für die Geschwindigkeit der Festplatte ist unter anderem der sogenannte Schreib-Lese-Kopf verantwortlich. Er liest die mit dem CAD-System erzeugten Daten auf und von der Festplatte. Die Geschwindigkeit, mit der sich der Schreib-Lese-Kopf von einer Position in eine andere bewegt, wird mittlere Zugriffszeit genannt. Je kürzer dieser Zugriff dauert, desto schneller kann mit dem Datentransfer, der die zweite Kenngröße für die Geschwindigkeit einer Festplatte ist, begonnen werden. Je mehr Daten gleichzeitig von der Festplatte transferiert werden können, desto schneller kann das Gesamtsystem arbeiten.

Die Festplatte bleibt wegen ihrer schnellen Zugriffszeiten, der großen Datenmengen, die gespeichert werden können, und der Datensicherheit, die sie bietet, wohl auf absehbare Zeit das vorherrschende Speichermedium für den Computer.

Hierfür gibt es sogenannte externe Datenträger. Sie sind Speichermedien, die zwischen verschiedenen Computern ausgetauscht werden können. Der bekannteste externe Datenträger ist sicherlich die Diskette. Ihre Vorteile sind der niedrige Preis und die universelle Einsetzbarkeit, da praktisch jeder

Maus oder Tastenlupe sind nicht nur bei CAD-Anwendungen unverzichtbare Eingabegeräte geworden

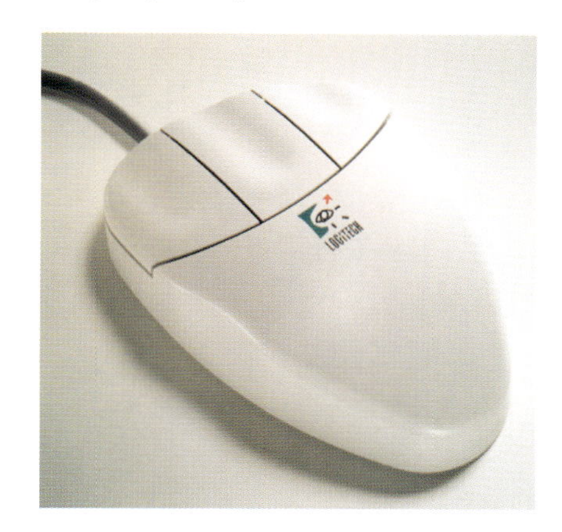

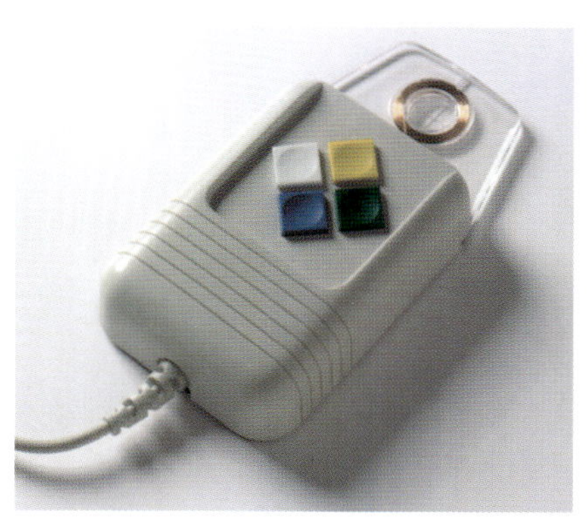

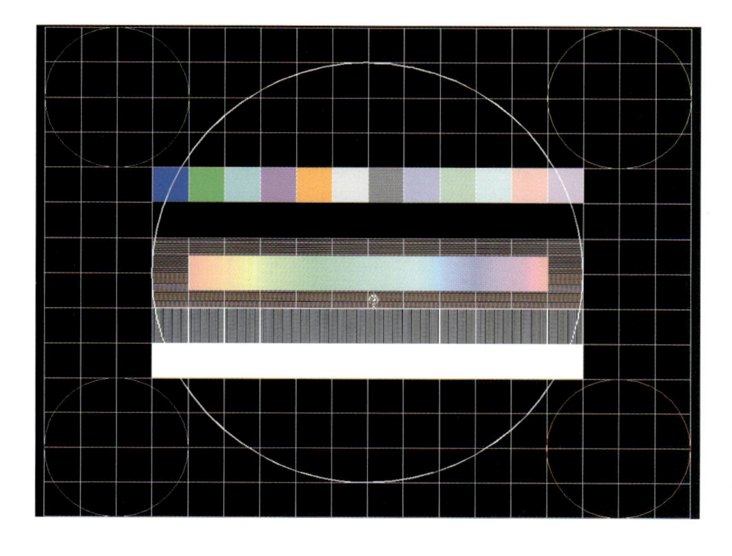

Testbild für die Kalibrierung des Monitors

Rechner ein Diskettenlaufwerk hat. Sie hat allerdings zwei entscheidende Nachteile: Geschwindigkeit und Größe. Gerade für CAD-Anwendungen, bei denen große Datenmengen verarbeitet werden, ist die Diskette als Speichermedium nur bedingt tauglich. Mit speziellen Programmen können Dateien komprimiert werden, so daß sie weniger Speicherplatz benötigen. Der Empfänger einer solchen Diskette kann die Datei dann wieder entkomprimieren.

Für den Einsatz im Architekturbüro sollten trotzdem besser andere Datenträger verwendet werden. Grob einteilen kann man diese Speichermedien in magnetische, optische und magneto-optische Speicher.

Nach dem gleichen Prinzip wie die interne stationäre Festplatte eines Computers funktioniert die Wechselfestplatte. Ihr Laufwerk kann über die normalen Anschlüsse von außen an den Computer angeschlossen werden. In dieses Laufwerk können sogenannte Wechselplattenkassetten eingelegt werden, die bis zu 270 MB an Daten aufnehmen können.

Bandlaufwerke, sogenannte Streamer, können von der Funktionsweise her mit Tonbandgeräten verglichen werden. Zum Aufzeichnen, Lesen und Löschen der Daten hat das Bandlaufwerk einen Kopf mit vier oder acht Spuren, an denen das Band vorbeiläuft. Dabei werden alle Spuren gleichzeitig beschrieben. Streamer mit einer Speicherkapazität zwischen 100 MB und 20 GB eignen sich gut zur Archivierung großer Datenmengen.

Apropos Archivierung: Daten müssen in regelmäßigen Abständen archiviert werden.

Datenverluste sind – bei richtiger Handhabung des CAD-Systems – äußerst selten. Aber genau deshalb wird auch häufig vergessen, welche fatalen Konsequenzen ein Datenverlust haben kann. Die Datensicherung sollte deshalb in jedem Büro, das mit EDV arbeitet, zur Routine gehören.

Aus dem Hi-Fi-Bereich kommt das DAT(Digital Audio Tape)-Band. Das digitale Aufzeichnungsverfahren ermöglicht seinen Einsatz als Speichermedium. Kombiniert mit einer speziellen Software können damit die Daten erheblich schneller als mit den traditionellen Bandlaufwerken wieder verfügbar gemacht werden.

Vor allem für die Planung im Bestand erweisen sich Scanner zum Einlesen auch großformatiger Pläne als nützlich

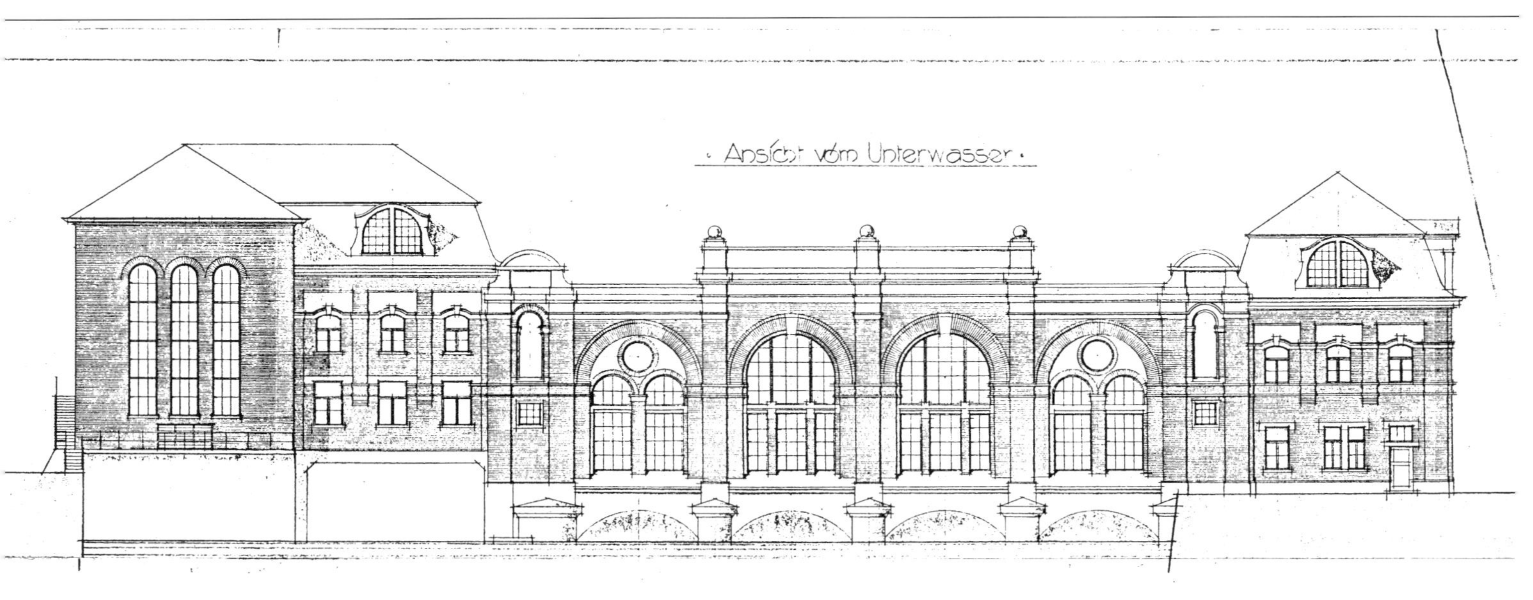

Das sicherlich bekannteste optische Speichermedium ist die CD-ROM. Sie enthält auf einer kleinen, beschichteten Scheibe digitale Informationen, die von einem Laser abgetastet werden. Mit der CD-ROM kann auf sehr große Datenmengen wie etwa Bauteilbibliotheken zugegriffen werden. Allerdings läßt sich die CD-ROM nicht wie andere Speicher beschreiben und die Daten auf ihr können nicht verändert werden.

Magneto-optische Laufwerke verbinden die Funktionsweise magnetischer und optischer Speichermedien durch ein recht komplexes Aufnahmeverfahren. Für die Datenaufzeichnung bedeutet dies ein Zusammenspiel von optischer und magnetischer Speichertechnik, für das Lesen der Daten reicht dagegen das optische Verfahren aus. Die Geschwindigkeit der sogenannten MO-Laufwerke kommt an die der magnetischen Wechsellaufwerke heran. Sie lassen sich nahezu unbegrenzt wieder beschreiben und lesen.

Alle Komponenten, die außerhalb des eigentlichen Rechners sind, werden Peripheriegeräte genannt. Die für die Dateneingabe sind die Eingabeperipheriegeräte, die für die Ausgabe die Ausgabeperipherie.

Zur Eingabeperipherie gehören das Digitalisiergerät, die Tastatur, die Tastenlupe bzw. die Maus und der Scanner.

Die Tastatur ähnelt der einer Schreibmaschine, hat aber ergänzend einen Rechenblock und Funktions- und Steuerungstasten, die einige Eingabeprozeduren bei bestimmten Programmen abkürzen. Bei heutigen CAD-Systemen dient die Tastatur meistens nur noch zur Eingabe von exakten Zahlenwerten oder Texten.

Maus und Tastenlupe ähneln sich auf den ersten Blick. Beide werden mit einer Hand bedient und enthalten Tasten zum Aktivieren von Funktionen des jeweiligen Programms. Ein Unterschied ist indes, daß die Maus ein relatives, die Tastenlupe kombiniert mit dem Grafiktablett ein absolutes Eingabegerät ist.

Tastenlupe und Digitalisiertablett stellen eine Einheit dar. Die zwei Teile zusammen werden Digitalisierer oder Digitizer genannt. Mit ihm können Punkte auf der Oberfläche des CAD-Programms markiert, Funktionstasten aktiviert oder Papierpläne digitalisiert werden.

Digitizer können auch als Bedienungshilfe eingesetzt werden. Mit vielen CAD-Programmen wird zu diesem Zweck eine Auflage für das Tablett mitgeliefert, auf der Funktionen des CAD-Systems ähnlich wie bei der Menüleiste am Bildschirm dargestellt sind. Sein Einsatz bietet den Vorteil, daß die komplette Bildschirmoberfläche der Grafikdarstellung vorbehalten bleibt, da die Funktionen über den Digitizer ausgelöst werden. Allerdings erschwert der ständig notwendige Sichtwechsel zwischen Bildschirm und Menütablett den Eingabeprozeß.

Mit dem Scanner können grafische Darstellungen wie Photographien, Pläne und andere Vorlagen in das CAD-System eingelesen werden. Scanner im DIN A0-Format bieten sich als Hilfsmittel an, wenn vom Altbestand zwar Pläne, aber keine CAD-Zeichnungen vorliegen. Die Arbeitsweise eines Scanners ist bereits im Kapitel 1.2 beschrieben. Für die exakte Wiedergabe von Strichvorlagen sollte eine Auflösung von 600 dpi beherrscht werden.

Noch immer ein Problem bei Scannern ist die Umsetzung der eingelesenen Strichzeichnungen, die vom Scanner als Pixelbilder erfaßt werden, in CAD-Zeichnungen. Wie im Kapitel 1 geschildert, arbeiten CAD-Pro-

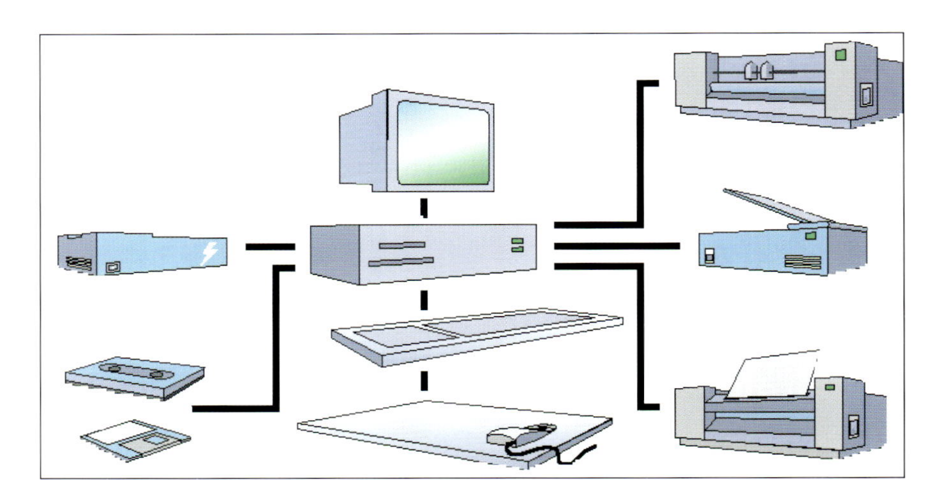

Im Netzwerk: Mehrere Arbeitsplatzrechner nutzen ein und dieselben Peripheriegeräte. Die Benutzer können auf alle Daten und Bürostandards zentral zugreifen

gramme vektororientiert, weshalb die Pixeldaten des Scanners erst in Vektoren umgewandelt – in der Fachsprache: vektorisiert – werden müssen. Dies ist mit speziellen Programmen zwar möglich, aber nur selten haben die vektorisierten Zeichnungen danach echte CAD-Qualität. Der Grund dafür ist, daß der Scanner unterschiedslos alles, was auf dem Zeichnungsmedium vorhanden ist, einliest. Er kann nicht unterscheiden, ob es sich um Planelemente oder Papierbeschädigungen handelt.

Zur Ausgabeperipherie gehören Bildschim, Plotter und Drucker. Die wichtigsten Kriterien für die ersten zwei Geräte sind im ersten Kapitel genannt worden.

Der Drucker wird zur Ausgabe von Texten oder Grafiken verwendet. Durch eine rasante Fortentwicklung der Technik sind heute für relativ wenig Geld auch Farbausdrucke in bester Qualität möglich.

Farbausdrucke können unter anderem mit Tintenstrahl- und Laserdruckern hergestellt werden. Die älteren Nadeldrucker sind nur für den Ausdruck von Texten oder Strichzeichnungen einsetzbar.

Tintenstrahldrucker arbeiten nach dem gleichen Prinzip wie Tintenstrahlplotter. Bereits Drucker mit einer Auflösung von 300 x 600 dpi können für gute Farbausdrucke eingesetzt werden.

Laserdrucker ähneln in ihrer Technik dem Kopierer. Da der Laserdrucker für den Ausdruck immer die Angaben einer ganzen Seite heranzieht, lädt er diese in seinen internen Arbeitsspeicher, der nicht zu knapp bemessen sein sollte.

Um an einem Projekt gleichzeitig von mehreren CAD-Arbeitsplätzen aus zu arbeiten, müssen diese Computer miteinander verbunden, „vernetzt" sein. Manche CAD-Programme enthalten dafür ein eigenes Datenzugriffsmanagement. Nicht mehr der zentrale Server regelt dann den Zugriff auf Daten und Programme, sondern das Datenzugriffsmanagement.

Damit können auch Bürostandards einheitlich abgelegt und abgerufen werden wie z. B. Schriftfonts, Schraffuren und Symbolbibliotheken der Datenablage. Darüber hinaus werden Zugriffsrechte geregelt oder auch gemischte Netze aus PCs und Workstations möglich.

Zur Arbeitsweise gehört schließlich auch der (CAD-)Arbeitsplatz, der einige ergonomische Anforderungen erfüllen sollte. Grundsätzlich sollte darauf geachtet werden, daß die angebotenen Geräte internationalen Richtlinien entsprechen.

Für die Arbeit am Bildschirm gibt die EU-Richtlinie für Bildschirmarbeitsplätze die wichtigsten Anhaltspunkte.

Wichtig ist auch die richtige Beleuchtung: um Spiegeleffekte zu vermeiden, sollte keine Lichtquelle auf den Bildschirm einwirken.

Stühle mit Lehnen unterstützen die Wirbelsäule und vermeiden Fehlhaltungen.

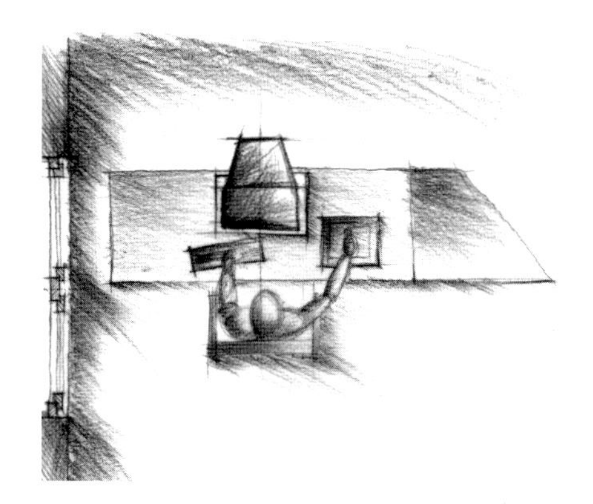

Ein Großteil der Arbeitszeit wird beim Computer am Bildschirm zugebracht. Die richtige Einrichtung eines Arbeitsplatzes ist deshalb unbedingt notwendig. Dabei ist vor allem auf die richtige Sitzposition und Beleuchtung zu achten (Illustration: H. Zaglauer)

2.7 Weitere Bau-EDV-Programme für den Architekten

Nicht allein die zeichnerischen Aufgaben, die in einem Architektur- oder Planungsbüro anfallen, können computerunterstützt bearbeitet werden. Es gibt daneben weitere Bereiche, die durch den Einsatz von EDV abgedeckt werden können.

EDV im Architekturbüro hatte als erstes Standbein die sogenannten AVA-Programme. Also Software, die bei der Erledigung von Ausschreibung, Vergabe und Abrechnung eingesetzt wurde und wird. Diese Programme wurden bereits an Personal-Computern eingesetzt, bevor es CAD-Programme für PCs gab. Dies liegt u.a. daran, daß es bei AVA hauptsächlich nur um Zahlen und Texte geht und keine rechenintensiven zeichnerischen Aufgaben zu bewältigen sind. Die Softwareprogrammierung ist für diese Anwendung leichter durchzuführen, und diese Programme benötigen sehr viel weniger Speicher. Aus diesem Grund reichen Personal-Computer für AVA-Programme vollkommen aus. Allerdings hat die Umstellung vieler AVA-Programme auf Windows ihren Speicherbedarf erhöht. Waren früher weniger als 4 MB Arbeitsspeicher ausreichend, so verlangen viele AVA-Programme unter Windows 8 MB oder mehr. Gewachsen sind damit auch die Möglichkeiten der Software, was die Anschaffung eines AVA-Programmes unter Windows durchaus rechtfertigen kann. AVA-Programme zählen heute zur Standard-Software in vielen Architekturbüros. Die Übernahme von Mengen aus dem dreidimensionalen Datenmodell eines CAD-Systems sollte möglich sein.

Loseblattsammlungen werden langsam von der CD-ROM verdrängt. Hier ein Ausschnitt aus einer Baudatenbank (Quelle: Flachglas AG)

Was können AVA-Programme, und wo liegen ihre Vorteile für den Architekten oder Bauplaner? Grundsätzlich sollten AVA-Programme standardmäßig die durch die HOAI bestimmten Vorgänge und Aufgaben unterstützen: die schnelle, automatisierte Kalkulation gehört genauso dazu wie die Erledigung von Ausschreibung, Vergabe und Abrechnung. Damit ist bereits eine wesentliche Arbeitserleichterung für den Bauplaner erreicht: Aufwendige Kostenschätzungen sind mit Hilfe der Software leichter und schneller durchzuführen. Allerdings sollte man nicht glauben, daß der Computer einem die Arbeit gänzlich abnimmt. Mit der Software hat man zwar ein zeitgemäßes und praktisches Werkzeug zur Erledigung der AVA-Aufgaben. Trotzdem müssen die aktuellen Daten immer wieder eingegeben und „gepflegt" werden.

Der Kern eines jeden AVA-Programms ist eine Datenbank, die als Basis für die Kostenplanung Preise, Mengen, Leistungsbeschreibungen, möglicherweise auch Graphiken von Bauvorhaben und Skizzen zu den einzelnen Positionen enthält. Um möglichst exakte und auch schnell erstellte Kostenschätzungen zu bekommen, sollte man regelmäßig die aktuellen Daten laufender oder abgeschlossener Bauvorhaben in die Stammdatenbank zurückspeichern, aus der sie für neue Projekte wieder abgerufen und angepaßt werden können. Nicht nur mit eigenen Texten, sondern auch mit den auf dem Markt angebotenen „Textkonserven" und den Stammdaten von Standardleistungsbüchern oder -Katalogen können Leistungsverzeichnisse erstellt werden. Die Eingabe der Daten kann bei den meisten AVA-Programmen entweder auf Datenblättern oder – bequemer, weil übersichtlicher – mit sogenannten Bildschirmmasken

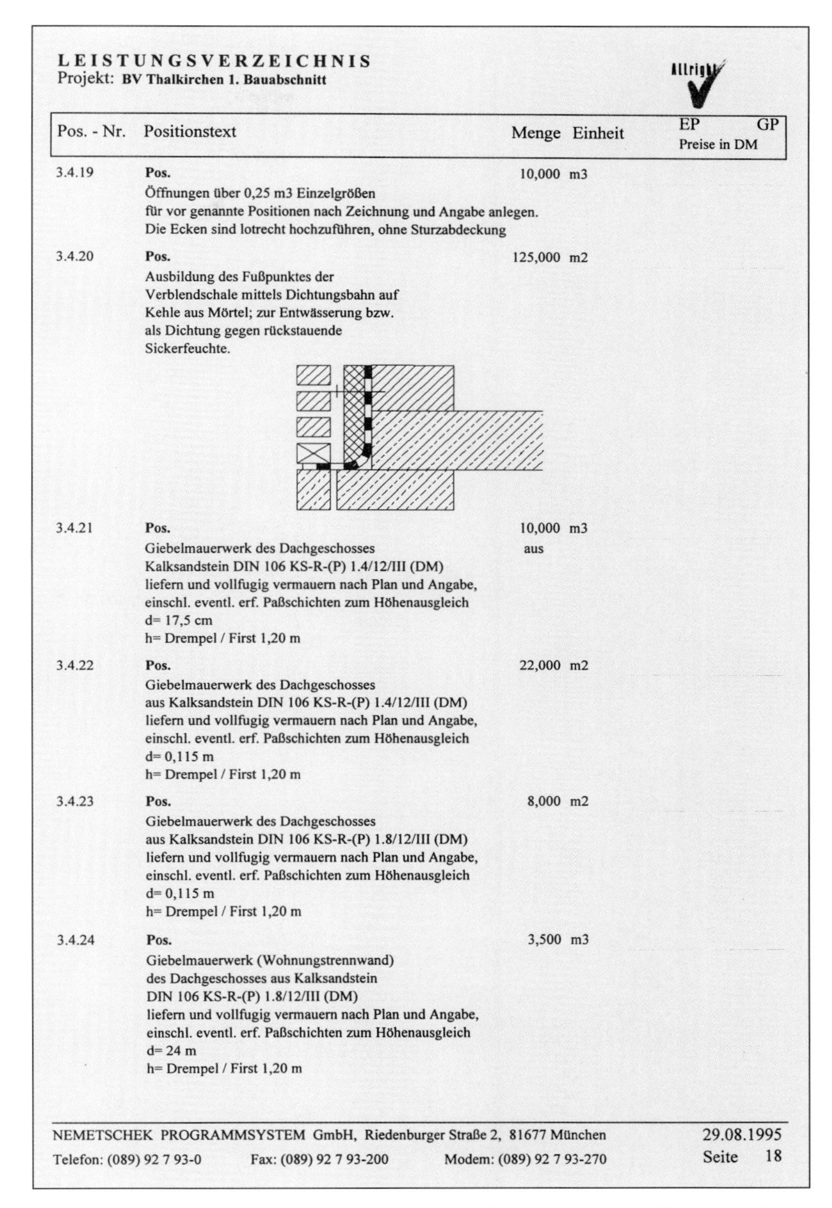

LEISTUNGSVERZEICHNIS
Projekt: **BV Thalkirchen 1. Bauabschnitt**

Pos. - Nr.	Positionstext	Menge	Einheit	EP	GP
				Preise in DM	
3.4.19	**Pos.** Öffnungen über 0,25 m3 Einzelgrößen für vor genannte Positionen nach Zeichnung und Angabe anlegen. Die Ecken sind lotrecht hochzuführen, ohne Sturzabdeckung	10,000	m3		
3.4.20	**Pos.** Ausbildung des Fußpunktes der Verblendschale mittels Dichtungsbahn auf Kehle aus Mörtel; zur Entwässerung bzw. als Dichtung gegen rückstauende Sickerfeuchte.	125,000	m2		
3.4.21	**Pos.** Giebelmauerwerk des Dachgeschosses Kalksandstein DIN 106 KS-R-(P) 1.4/12/III (DM) liefern und vollfugig vermauern nach Plan und Angabe, einschl. eventl. erf. Paßschichten zum Höhenausgleich d= 17,5 cm h= Drempel / First 1,20 m	10,000 aus	m3		
3.4.22	**Pos.** Giebelmauerwerk des Dachgeschosses aus Kalksandstein DIN 106 KS-R-(P) 1.4/12/III (DM) liefern und vollfugig vermauern nach Plan und Angabe, einschl. eventl. erf. Paßschichten zum Höhenausgleich d= 0,115 m h= Drempel / First 1,20 m	22,000	m2		
3.4.23	**Pos.** Giebelmauerwerk des Dachgeschosses aus Kalksandstein DIN 106 KS-R-(P) 1.8/12/III (DM) liefern und vollfugig vermauern nach Plan und Angabe, einschl. eventl. erf. Paßschichten zum Höhenausgleich d= 0,115 m h= Drempel / First 1,20 m	8,000	m2		
3.4.24	**Pos.** Giebelmauerwerk (Wohnungstrennwand) des Dachgeschosses aus Kalksandstein DIN 106 KS-R-(P) 1.8/12/III (DM) liefern und vollfugig vermauern nach Plan und Angabe, einschl. eventl. erf. Paßschichten zum Höhenausgleich d= 24 m h= Drempel / First 1,20 m	3,500	m3		

NEMETSCHEK PROGRAMMSYSTEM GmbH, Riedenburger Straße 2, 81677 München — 29.08.1995
Telefon: (089) 92 7 93-0 — Fax: (089) 92 7 93-200 — Modem: (089) 92 7 93-270 — Seite 18

Das Einbinden von Grafiken in Leistungsverzeichnisse ist in modernen AVA-Programmen problemlos möglich

erfolgen. Auf Ausdrucken erhält man dann die Leistungsverzeichnisse mit Titelseite und Zusammenstellungen mit Kurz- oder Langtexten. Durch die Windows-Konformität der meisten Programme ist auch die Gestaltung der Ausdrucke nach dem eigenen Layout mit Einbindung des eigenen Logos möglich.

AVA-Software ermöglicht vielfältige Auswertungen und die Ausgabe in verschiedenen Layouts

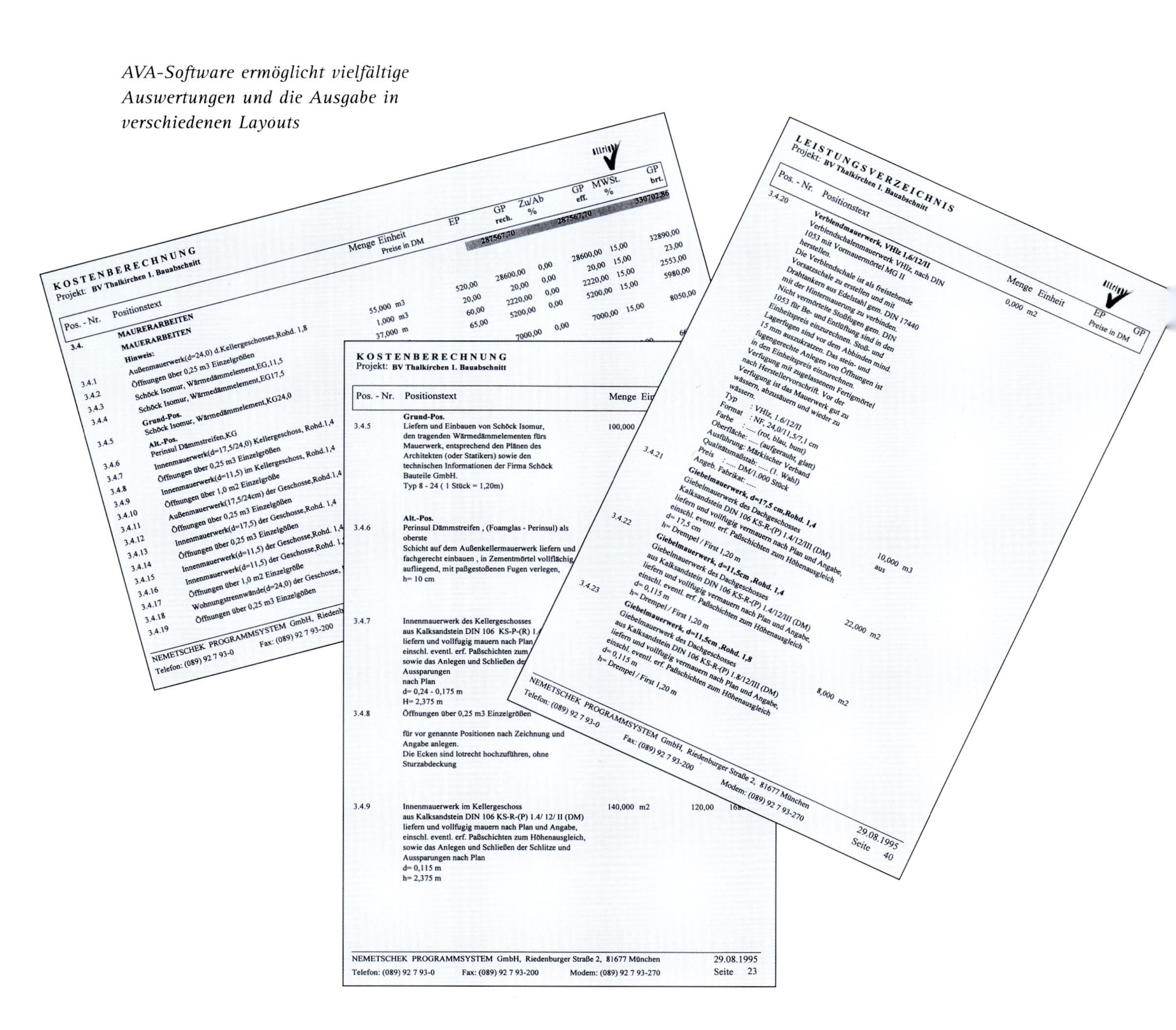

KOSTENBERECHNUNG
Projekt: BV Thalkirchen 1. Bauabschnitt

Pos. - Nr.	Positionstext	Menge	Einheit
3.4.5	**Grund-Pos.** Liefern und Einbauen von Schöck Isomur, den tragenden Wärmedämmelementen fürs Mauerwerk, entsprechend den Plänen des Architekten (oder Statikers) sowie den technischen Informationen der Firma Schöck Bauteile GmbH. Typ 8 - 24 (1 Stück = 1,20m)	100,000	
3.4.6	**Alt.-Pos.** Perinsul Dämmstreifen , (Foamglas - Perinsul) als oberste Schicht auf dem Außenkellermauerwerk liefern und fachgerecht einbauen , in Zementmörtel vollflächig aufliegend, mit paßgestoßenen Fugen verlegen, h= 10 cm		
3.4.7	Innenmauerwerk des Kellergeschosses aus Kalksandstein DIN 106 KS-P-(R) 1.4 liefern und vollfugig mauern nach Plan einschl. eventl. erf. Paßschichten zum sowie das Anlegen und Schließen der Aussparungen nach Plan d= 0,24 - 0,175 m H= 2,375 m		
3.4.8	Öffnungen über 0,25 m3 Einzelgrößen für vor genannte Positionen nach Zeichnung und Angabe anlegen. Die Ecken sind lotrecht hochzuführen, ohne Sturzabdeckung		
3.4.9	Innenmauerwerk im Kellergeschoss aus Kalksandstein DIN 106 KS-R-(P) 1.4/ 12/ II (DM) liefern und vollfugig mauern nach Plan und Angabe, einschl. eventl. erf. Paßschichten zum Höhenausgleich, sowie das Anlegen und Schließen der Schlitze und Aussparungen nach Plan d= 0,115 m h= 2,375 m	140,000	m2

NEMETSCHEK PROGRAMMSYSTEM GmbH, Riedenburger Straße 2, 81677 München 29.08.1995
Telefon: (089) 92 7 93-0 Fax: (089) 92 7 93-200 Modem: (089) 92 7 93-270 Seite 23

LEISTUNGSVERZEICHNIS
Projekt: BV Thalkirchen 1. Bauabschnitt

Pos. - Nr. Positionstext Menge Einheit EP GP Preise in DM

3.4.20 **Verblendmauerwerk, VHlz 1,6/12/II**
Verblendschalenmauerwerk VHlz, nach DIN 1053 mit Vormauermörtel MG II herstellen.
Typ : VHlz, 1,6/12/II
Format : NF, 24,0/11,5/7,1 cm

3.4.21 **Giebelmauerwerk, d=17,5 cm,Rohd. 1,4**
Giebelmauerwerk des Dachgeschosses aus Kalksandstein DIN 106 KS-R-(P) 1.4/12/III (DM) liefern und vollfugig vermauern nach Plan und Angabe, einschl. eventl. erf. Paßschichten zum Höhenausgleich
d= 17,5 cm
h= Drempel / First 1,20 m

3.4.22 **Giebelmauerwerk, d=11,5cm ,Rohd. 1,4**
Giebelmauerwerk des Dachgeschosses aus Kalksandstein DIN 106 KS-R-(P) 1.4/12/III (DM) liefern und vollfugig vermauern nach Plan und Angabe, einschl. eventl. erf. Paßschichten zum Höhenausgleich
d= 0,115 m
h= Drempel / First 1,20 m

3.4.23 **Giebelmauerwerk, d=11,5cm ,Rohd. 1,8**
Giebelmauerwerk des Dachgeschosses aus Kalksandstein DIN 106 KS-R-(P) 1.8/12/III (DM) liefern und vollfugig vermauern nach Plan und Angabe, einschl. eventl. erf. Paßschichten zum Höhenausgleich
d= 0,115 m
h= Drempel / First 1,20 m

NEMETSCHEK PROGRAMMSYSTEM GmbH, Riedenburger Straße 2, 81677 München 29.08.1995
Telefon: (089) 92 7 93-0 Fax: (089) 92 7 93-200 Modem: (089) 92 7 93-270 Seite 40

Von CAD-Programmen, die im günstigsten Fall auch vom Hersteller der benutzten AVA-Software kommen, mindestens aber mit einer Schnittstelle ausgestattet sind, kann unmittelbar in das AVA-Programm gewechselt und im Stammkatalog nach den verschiedenen Ziegeln gesucht werden. Oft ist es auch möglich, die Mutter-Leistungsverzeichnisse direkt in das CAD-System einzulesen. Die im CAD gezeichneten Wände werden automatisch mit der gewünschten Ziegelposition verknüpft. Alle anderen Bauteile werden ebenso mit Materialien aus dem Stammkatalog des AVA-Systems verknüpft. Ist die Zeichnung fertig, wird aus den CAD-Daten in der AVA sofort eine Kostenberechnung und ein Grob-Leistungsverzeichnis erstellt.

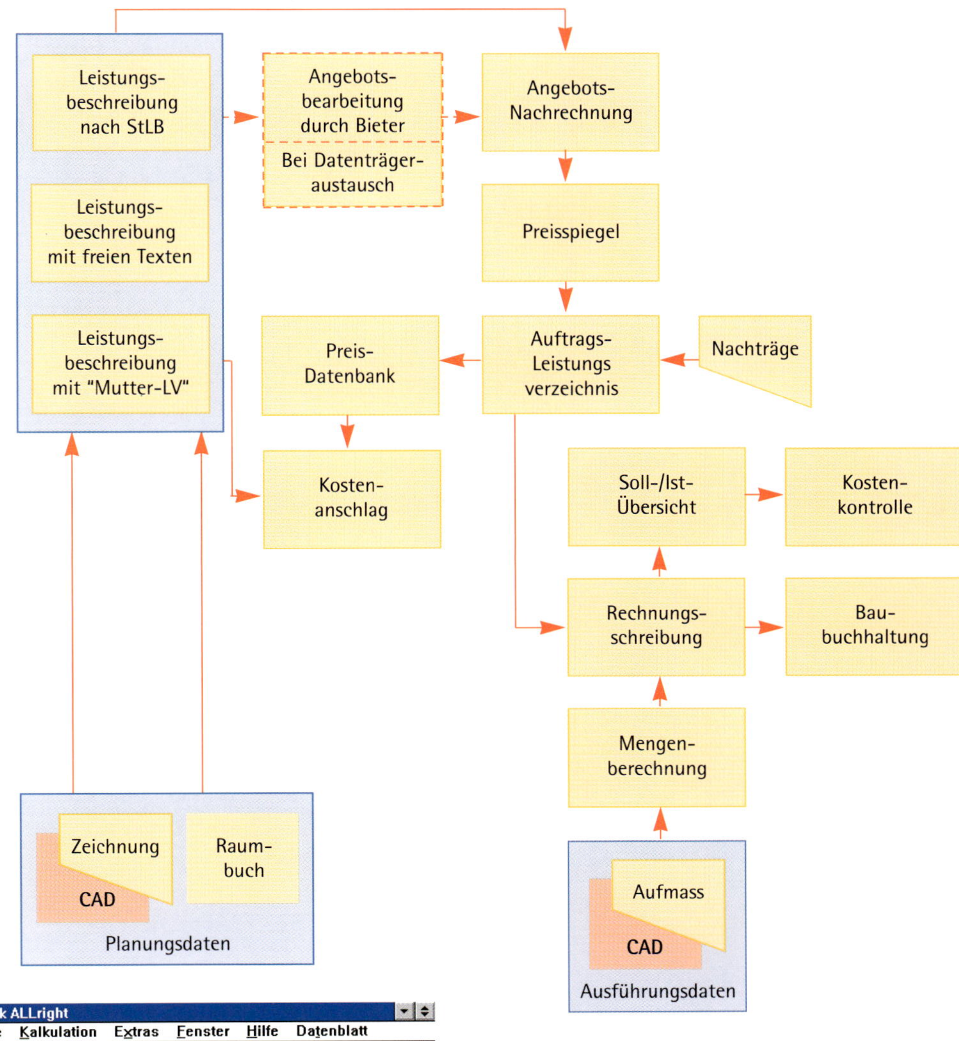

Integrierte EDV-Anwendungen AVA (Quelle: Stichwort AVA, Prof. W. Rösel, Kassel)

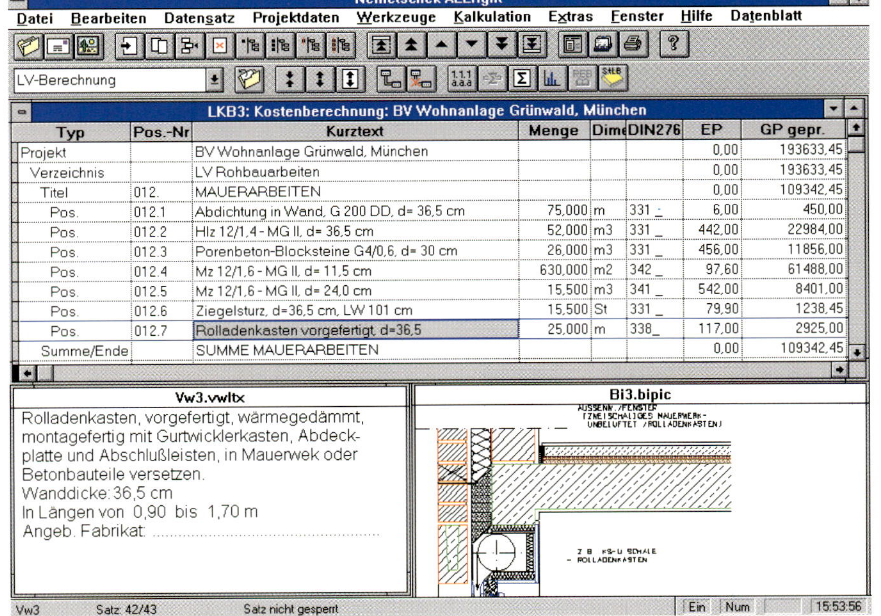

Typ	Pos.-Nr	Kurztext	Menge	Dim	DIN276	EP	GP gepr.
Projekt		BV Wohnanlage Grünwald, München				0,00	193633,45
Verzeichnis		LV Rohbauarbeiten				0,00	193633,45
Titel	012.	MAUERARBEITEN				0,00	109342,45
Pos.	012.1	Abdichtung in Wand, G 200 DD, d= 36,5 cm	75,000	m	331 _	6,00	450,00
Pos.	012.2	Hlz 12/1,4 - MG II, d= 36,5 cm	52,000	m3	331 _	442,00	22984,00
Pos.	012.3	Porenbeton-Blocksteine G4/0,6, d= 30 cm	26,000	m3	331 _	456,00	11856,00
Pos.	012.4	Mz 12/1,6 - MG II, d= 11,5 cm	630,000	m2	342 _	97,60	61488,00
Pos.	012.5	Mz 12/1,6 - MG II, d= 24,0 cm	15,500	m3	341 _	542,00	8401,00
Pos.	012.6	Ziegelsturz, d=36,5 cm, LW 101 cm	15,500	St	331 _	79,90	1238,45
Pos.	012.7	Rolladenkasten vorgefertigt, d=36,5	25,000	m	338_	117,00	2925,00
Summe/Ende		SUMME MAUERARBEITEN				0,00	109342,45

Durch die Verknüpfung von AVA und CAD wird die Erstellung von Leistungsverzeichnissen erheblich vereinfacht

Für die Mengenermittlung stehen bei den meisten AVA-Programmen unterschiedliche Ansatzmethoden zur Auswahl. So sind die Berechnung von LV-Mengen und verbauten Mengen nach den REB-Formelsammlungen und nach freien Ansätzen möglich. Bei freien Ansätzen können alle mathematischen Funktionen, unter anderem Klammern, Pi und Winkelfunktionen (sin, cos, tan) verwendet werden. Bei vielen AVA-Programmen kann auch mit Variablen gerechnet werden. Das bringt den Vorteil, daß Werte wie etwa die Geschoßhöhe, die man bei sämtlichen Ansätzen nur als Variable einträgt, jederzeit sehr schnell an nur einer Stelle geändert werden können. Die neuen Werte werden vom Programm automatisch aktualisiert.

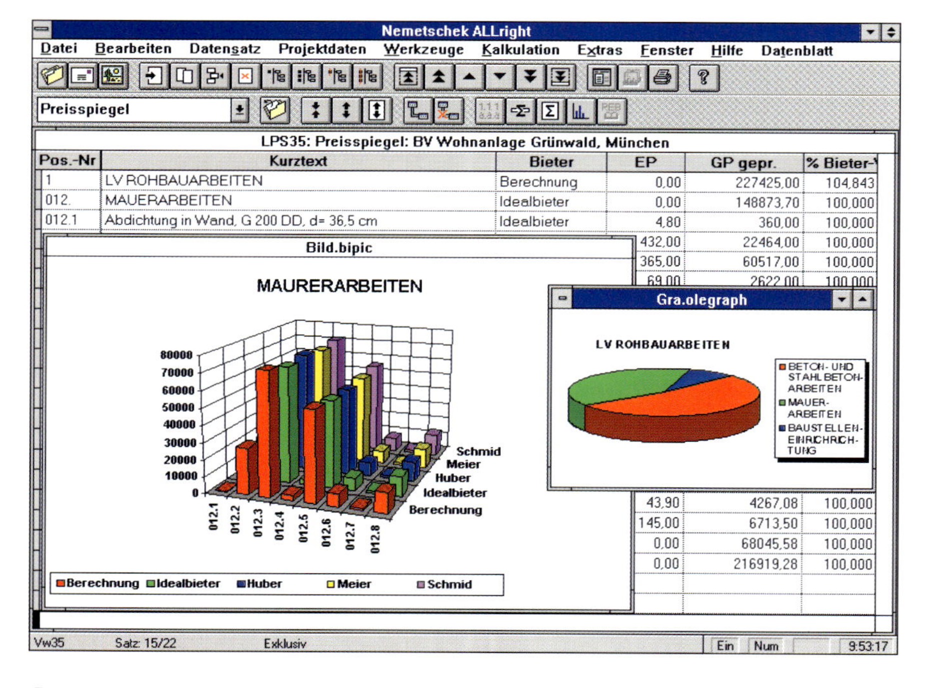

Der Preisspiegel wird durch die grafische Darstellung wesentlich aussagekräftiger als durch bloße Zahlen

Das schnelle Eingeben und Prüfen von Angeboten und die automatische Aufstellung von Preisspiegeln für einen raschen Überblick über die Angebote der Subunternehmer sollte mit einem guten AVA-Programm ebenfalls möglich sein. Für die gute Vergleichbarkeit der Angebote der Unternehmer sind Funktionen wie prozentuale Abweichung der Angebotspreise, Markieren des günstigsten Preises jeder Position und die automatische Mittelpreisberechnung wichtig. Die Windows-Technik bei AVA-Programmen erleichtert darüber hinaus die Transparenz der Preisspiegel durch die Möglichkeit, graphische Auswertungen vorzunehmen.

Sehr wichtig für AVA-Programme sind die vielfältigen Möglichkeiten Daten auszutauschen. Bei guten AVA-Systemen sollte standardmäßig eine sogenannte GAEB-Schnittstelle und eine breite Palette von Datenausgabeformaten verbreiteter Tabellenkalkulationen wie Excel, dBase, aber auch ASCII-Texte, vorhanden sein. Die GAEB-Schnittstelle ermöglicht den Austausch von Leistungsverzeichnissen und Preisen mit Planungspartnern und Auftraggebern. Um sicherzugehen, daß die GAEB-Schnittstelle auch den Anforderungen entspricht, sollte man darauf achten, daß das AVA-Programm eine entsprechende Zertifizierung des Gemeinsamen Ausschusses Elektronik im Bauwesen (GAEB) erhalten hat. Durch die Bereitstellung der Formate für die Datenausgabe in Tabellenkalkulationen wird die Weiterverarbeitung der einmal erfaßten Informationen auch in anderen Systemen möglich, und umgekehrt können natürlich auch Daten von anderen Systemen im eigenen AVA-Programm weiterverwendet werden.

Seitdem AVA-Programme unter Windows eingesetzt werden können, wird es durch die Fenstertechnik möglich, mehrere Informationen gleichzeitig auf den Bildschirm zu holen, diese zu vergleichen und dann zu bearbeiten. Sinn macht dies beispielsweise dann, wenn man in der Detaillierung des Mauerwerks am CAD-System wissen will, welche Baustoffe verwendet werden.

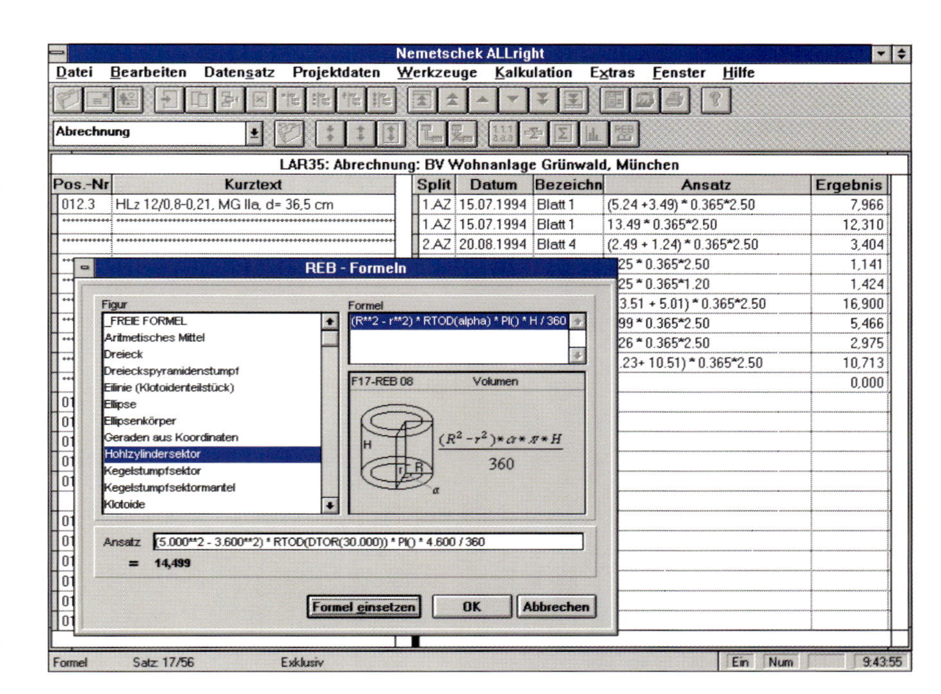

Das AVA Programm zeigt den Ansatz der REB-Formel
Unten: Bild von Wilhelm Kaulbach: die vom König betrauten Architekten

Auch wenn in kleineren und mittleren Büros öfter nur eine oder zwei Personen die AVA abwickeln, ist es dennoch sinnvoll, ein netzwerkfähiges AVA-Programm zu haben. Sollen beispielsweise bei einem größeren Auftrag die eingegangenen Angebote in kurzer Zeit geprüft werden, so kann parallel von mehreren Arbeitsplätzen am selben Projekt gearbeitet werden. Durch die Vergabe von Zugriffsrechten und Paßwörtern bzw. die verschiedenen Möglichkeiten der Kommunikation im Netz kann dabei sichergestellt werden, daß es zu keinen Überschneidungen in der Bearbeitung kommt. Die Vernetzung der AVA-Arbeitsplätze erleichtert die gemeinsame Projektbearbeitung durch mehrere Mitarbeiter.

Das computergestützte Arbeiten im Architekturbüro soll die integrierte Planung vom Vorentwurf bis zur Projektübergabe ermöglichen. Auch AVA-Programme sind ein wichtiger Bestandteil dieses Konzeptes. Von der Kostenschätzung über Ausschreibung und Vergabe bis hin zur Abrechnung der Baustelle sollen das AVA-Programm oder ergänzende Programme den Architekten bei diesen Tätigkeiten unterstützen. Es muß folglich möglich sein, die Kosten und Zahlungen in allen Stadien des Planungs- und Bauprozesses (und möglicherweise sogar darüber hinaus) mit Hilfe der Software zu verfolgen.

Die Einbindung von freien Texten, etwa für Sondervereinbarungen, bleibt möglich

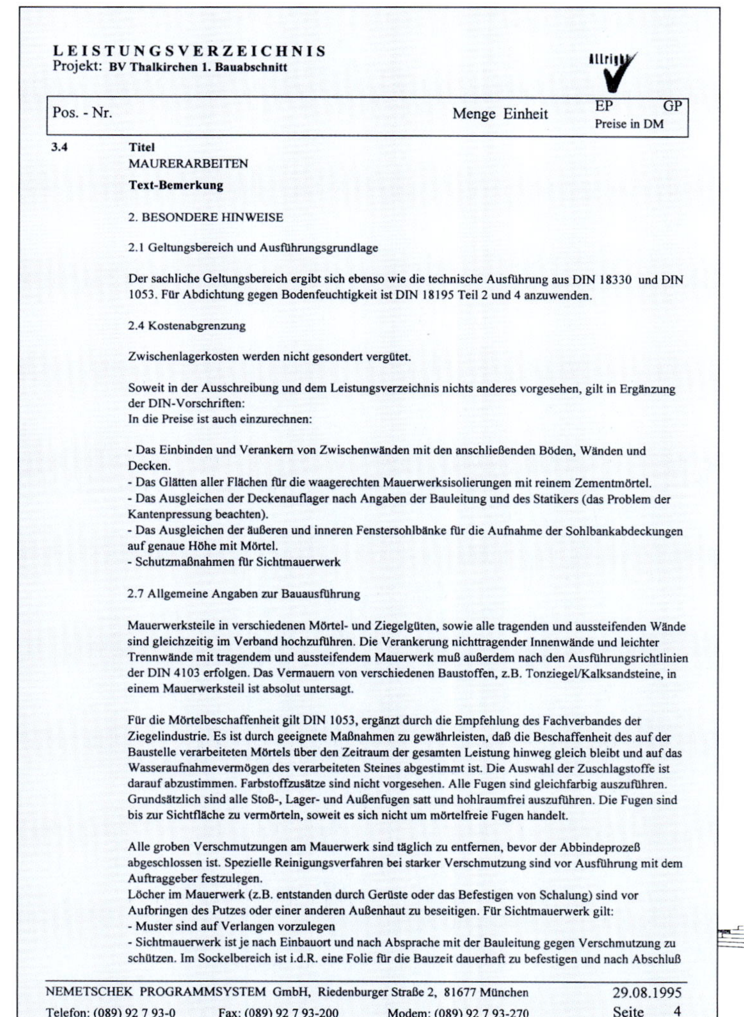

LEISTUNGSVERZEICHNIS
Projekt: **BV Thalkirchen 1. Bauabschnitt**

Pos. - Nr.	Menge	Einheit	EP	GP
			Preise in DM	

3.4 **Titel**
MAURERARBEITEN

Text-Bemerkung

2. BESONDERE HINWEISE

2.1 Geltungsbereich und Ausführungsgrundlage

Der sachliche Geltungsbereich ergibt sich ebenso wie die technische Ausführung aus DIN 18330 und DIN 1053. Für Abdichtung gegen Bodenfeuchtigkeit ist DIN 18195 Teil 2 und 4 anzuwenden.

2.4 Kostenabgrenzung

Zwischenlagerkosten werden nicht gesondert vergütet.

Soweit in der Ausschreibung und dem Leistungsverzeichnis nichts anderes vorgesehen, gilt in Ergänzung der DIN-Vorschriften:
In die Preise ist auch einzurechnen:

- Das Einbinden und Verankern von Zwischenwänden mit den anschließenden Böden, Wänden und Decken.
- Das Glätten aller Flächen für die waagerechten Mauerwerksisolierungen mit reinem Zementmörtel.
- Das Ausgleichen der Deckenauflager nach Angaben der Bauleitung und des Statikers (das Problem der Kantenpressung beachten).
- Das Ausgleichen der äußeren und inneren Fenstersohlbänke für die Aufnahme der Sohlbankabdeckungen auf genaue Höhe mit Mörtel.
- Schutzmaßnahmen für Sichtmauerwerk

2.7 Allgemeine Angaben zur Bauausführung

Mauerwerksteile in verschiedenen Mörtel- und Ziegelgüten, sowie alle tragenden und aussteifenden Wände sind gleichzeitig im Verband hochzuführen. Die Verankerung nichttragender Innenwände und leichter Trennwände mit tragendem und aussteifendem Mauerwerk muß außerdem nach den Ausführungsrichtlinien der DIN 4103 erfolgen. Das Vermauern von verschiedenen Baustoffen, z.B. Tonziegel/Kalksandsteine, in einem Mauerwerksteil ist absolut untersagt.

Für die Mörtelbeschaffenheit gilt DIN 1053, ergänzt durch die Empfehlung des Fachverbandes der Ziegelindustrie. Es ist durch geeignete Maßnahmen zu gewährleisten, daß die Beschaffenheit des auf der Baustelle verarbeiteten Mörtels über den Zeitraum der gesamten Leistung hinweg gleich bleibt und auf das Wasseraufnahmevermögen des verarbeiteten Steines abgestimmt ist. Die Auswahl der Zuschlagstoffe ist darauf abzustimmen. Farbstoffzusätze sind nicht vorgesehen. Alle Fugen sind gleichfarbig auszuführen. Grundsätzlich sind alle Stoß-, Lager- und Außenfugen satt und hohlraumfrei auszuführen. Die Fugen sind bis zur Sichtfläche zu vermörteln, soweit es sich nicht um mörtelfreie Fugen handelt.

Alle groben Verschmutzungen am Mauerwerk sind täglich zu entfernen, bevor der Abbindeprozeß abgeschlossen ist. Spezielle Reinigungsverfahren bei starker Verschmutzung sind vor Ausführung mit dem Auftraggeber festzulegen.
Löcher im Mauerwerk (z.B. entstanden durch Gerüste oder das Befestigen von Schalung) sind vor Aufbringen des Putzes oder einer anderen Außenhaut zu beseitigen. Für Sichtmauerwerk gilt:
- Muster sind auf Verlangen vorzulegen
- Sichtmauerwerk ist je nach Einbauort und nach Absprache mit der Bauleitung gegen Verschmutzung zu schützen. Im Sockelbereich ist i.d.R. eine Folie für die Bauzeit dauerhaft zu befestigen und nach Abschluß

NEMETSCHEK PROGRAMMSYSTEM GmbH, Riedenburger Straße 2, 81677 München — 29.08.1995
Telefon: (089) 92 7 93-0 Fax: (089) 92 7 93-200 Modem: (089) 92 7 93-270 — Seite 4

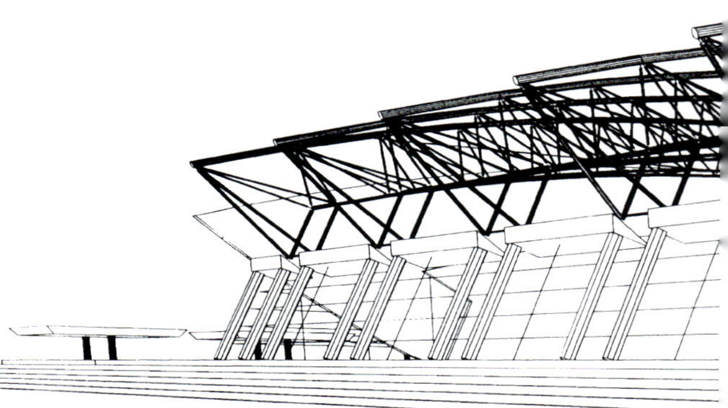

Manche AVA-Programme wie ALLright von Nemetschek haben speziell für den Bereich der Kostenkontrolle und Zahlungsverwaltung eigene Module entwickelt. Ziel dieser Module ist es, den Verwaltungsaufwand, den die Bereiche üblicherweise aufgrund ihrer Vielschichtigkeit erfordern, zu verringern und transparenter zu machen.

Alle vertraglichen Regelungen, beispielsweise die mit den Handwerkern vereinbarten Termine für die Fertigstellung der Arbeiten inklusive der veranschlagten Kosten, werden auf Datenblättern oder Bildschirmmasken eingetragen. Berücksichtigt werden dabei natürlich auch Vereinbarungen wie Nachlässe, Skonti oder Sonderregelungen. Von den Vertragspartnern ausgestellte Rechnungen können in das Modul eingegeben, geprüft und mit den Kostenvoranschlägen/Kostenaufstellungen der Handwerker verglichen werden. Kostenüberschreitungen sind so schnell in der aktuellen Phase des Projektes zu erkennen.

Ebenso können auf der anderen Seite Zahlungsanforderungen an den Bauherren oder die Bauherrin nach der Eingabe der Fristen automatisch erstellt werden. Eingehende Zahlungen können dabei nicht allein nach verschiedenen Kostenstellen verrechnet, sondern auch nach den Kostengruppen der DIN 276 unterteilt werden.

Die Kalkulation und Abrechnung durch die AVA wird vom sogenannten Raum- und Objektbuch unterstützt. Es verwaltet alle Massen- und Bauteilinformationen. Das Raumbuch kann sehr detailliert praktisch alle Baumaßnahmen vom Neubau über Instandhaltung bis hin zur Sanierung nach verschiedenen Kriterien erfassen. Auflistungen und Auswertungen können im einzelnen nach Kriterien wie Rohbaumassen, Raumgeometrie und Raumbeschreibung mit genauen Materialbeschreibungen oder auch stockwerk-, wohnungs- und wohnblockbezogenen Gliederungen vorgenommen werden.

Entwurf: Perspektive. Architekten Rausch, Ladner, Clerici (Schweiz)

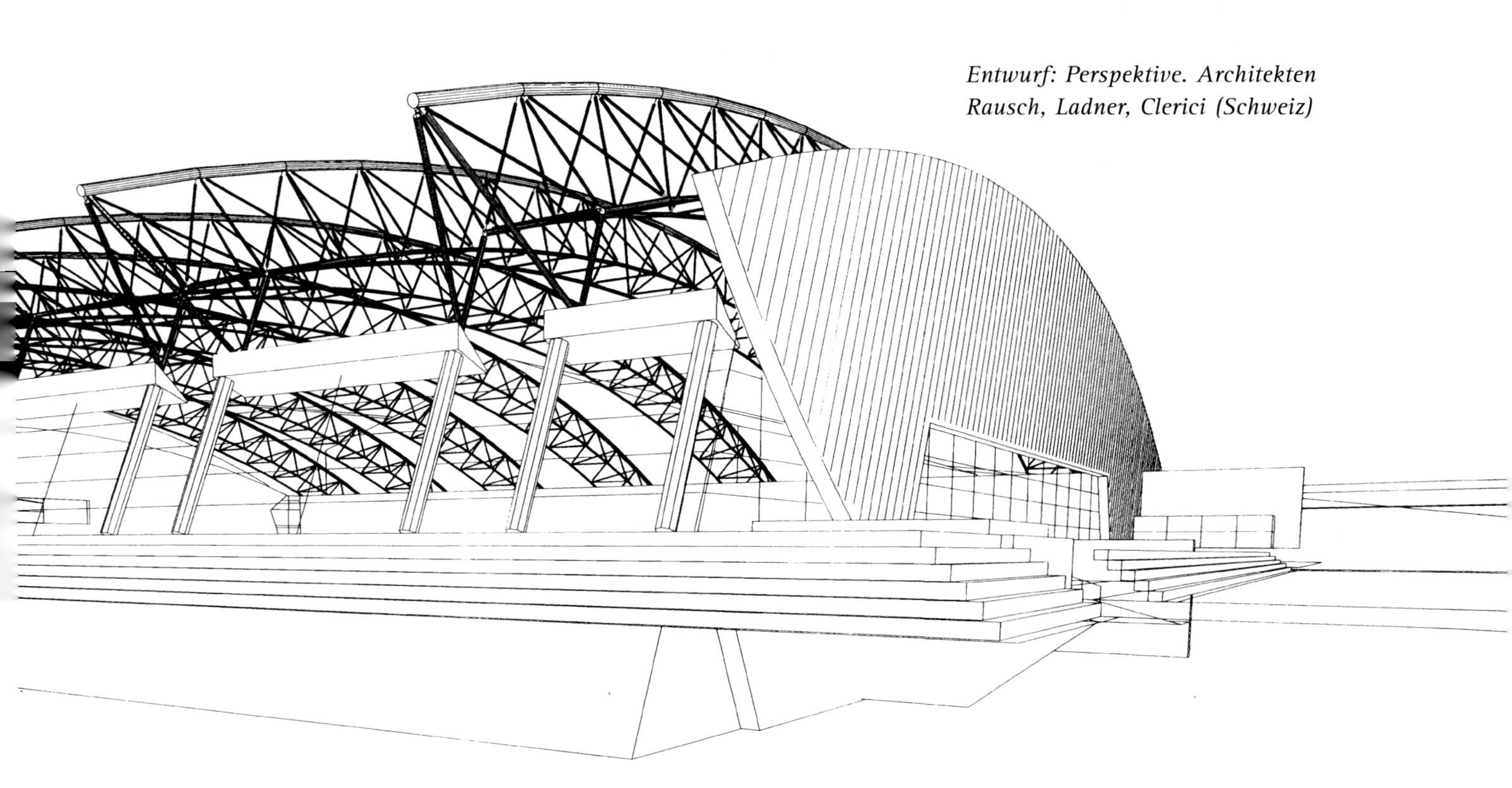

Von der Kostenkontrolle und -verfolgung mit dem AVA-Programm sind die Übergänge fließend zu speziellen Programmen für das Projektmanagement und die Projektsteuerung. Seine Funktionen ähneln der des beschriebenen Moduls, seine Philosophie beruht aber auf einem weiter gefaßten Ansatz. Projektmanagementprogramme sollen nicht nur die Bereiche kontrollieren helfen, die sich unter AVA einordnen lassen. Ihr Einsatzfeld ist die effiziente zeitliche und kostenmäßige Abstimmung des gesamten Bauvorhabens. Darin eingeschlossen sein kann die Analyse, Verbesserung und laufende Kontrolle der vorhandenen Büro- und Projektstrukturen. Projektmanagementprogramme sollten dennoch immer die Schnittstellen zu AVA-Programmen haben, um einen problemlosen Datenaustausch ohne doppelte Datenhaltung zu ermöglichen. Projektmanagementsoftware läuft in der Regel unter Windows.

Bisher dient in vielen Fällen weiterhin ein vom Bauleiter erstelltes Balkendiagramm, der Bauzeitenplan, auf einem Transparentpapier der Termin- und Projektkontrolle. Der Bauleiter muß Änderungen der Planung, die während des Baues auftreten, immer wieder in neue Transparente eintragen, damit der Bearbeitungsstand des aktuellen Bauprojektes wenigstens ungefähr wiedergegeben werden kann. Viel hängt dabei von der Erfahrung des Bauleiters ab, damit der nicht den Überblick über die verschiedenen, sich oft zeitlich überschneidenden Arbeiten verliert.

Projektmanagementsoftware kann durch die Netzplantechnik helfen, den Bauprozeß schon von Anfang an unter Kontrolle zu behalten. Sie kann allerdings nur dann sinnvoll genutzt werden, wenn von Beginn an konsequent mit dem Programm gearbeitet wird, um Kosten-, Terminplanung

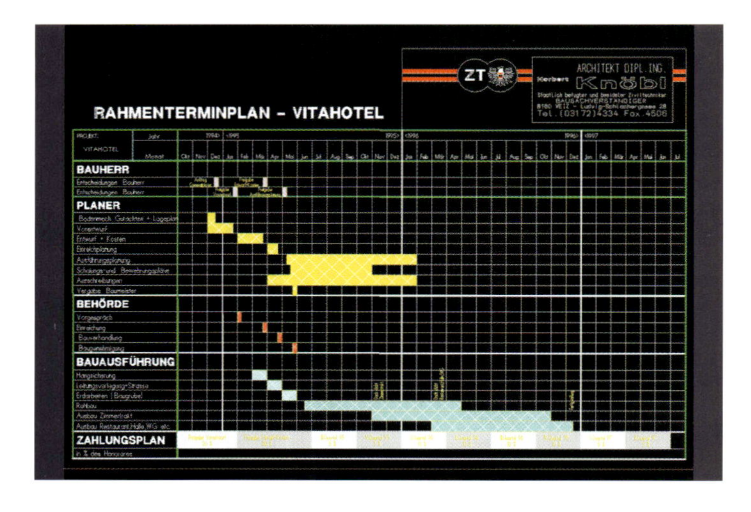

Ein konventioneller Bauzeitenplan für ein Hotelbauprojekt in Österreich (Architekt: Heribert Knöbl)

Eine der größten Baustellen Europas: der Potsdamer Platz in Berlin. Derartige Großprojekte sind ohne ein umfassendes Projektmanagement undenkbar (Foto: Bauhaus-Archiv Berlin, Rudolf Schäfer)

und Objektüberwachung in den Griff zu bekommen. Geschieht dies, dann ist der Computer ein sehr wirksames Hilfsmittel für dieses Einsatzgebiet, da er die komplexen Abhängigkeiten der verschiedenen Bearbeitungsphasen miteinander in Beziehung setzt. Gerade bei großen Bauprojekten, die mehrere Objekte umfassen, bewährt sich solch ein System als fast unentbehrliches Werkzeug.

Erste Aufgabe einer Projektmanangementsoftware sollte die Unterstützung bei den „klassischen" Aufgaben des Projekt- und später Bauleiters sein: die Überwachung des Baufortschrittes anhand eines flexiblen Balkendiagramms, das im Computer verwaltet wird. Alle Änderungen, Verzögerungen werden darin vermerkt und sofort in ein verändertes Diagramm umgesetzt. Querverweise zeigen die Abhängigkeiten der einen Phase von der vorhergehenden an. Von zentraler Bedeutung sind die Rückmeldungen zur Dokumentation des Baufortschritts der an dem Projekt Beteiligten. Im Verlauf des Projektes trägt der Projektverantwortliche die Rückmeldungen der Fachleute regelmäßig in den Plan ein und kann anhand der gemeldeten Fertigstellungen oder Verzögerungen exakt die Projektentwicklung überblicken und gegebenfalls steuernd eingreifen.

Wenn die Bereiche Ausschreibung, Kostenkontrolle und Zahlungsverkehr schon von der AVA-Software mitbearbeitet werden, „braucht" die Projektmanagementsoftware diese Aufgaben nicht mehr zu übernehmen. Kostenkontrolle bedeutet bei einigen Managementprogrammen jedoch mehr als die Kontrolle der externen Kosten. Sie verschaffen nicht nur einen Überblick über das Verhältnis von Soll-/Ist-Kosten, die Maurer, Elektrotechniker und andere verursachen. Es geht verstärkt um die „Optimierung" der internen Strukturen und Arbeitsabläufe.

So können bei manchen Programmen die an einem Projekt beteiligten Mitarbeiter in Zeitbedarfslisten ihre erwarteten Projektbearbeitungszeiten eintragen und so zur internen Kostenkalkulation beitragen. Während des Projektes ordnen sie dann ihre tatsächlich aufgewendeten Arbeitszeiten dem Projekt und den Einzelleistungen und Teilleistungen zu. Die Projekt- oder Geschäftsleitung kann jederzeit die Vorgaben mit den realen Arbeitsleistungen vergleichen und entsprechend reagieren: bei Engpässen die Mitarbeiterzahl erhöhen, bei Übererfüllung der Vorgaben Mitarbeiter für andere Aufgaben einsetzen.

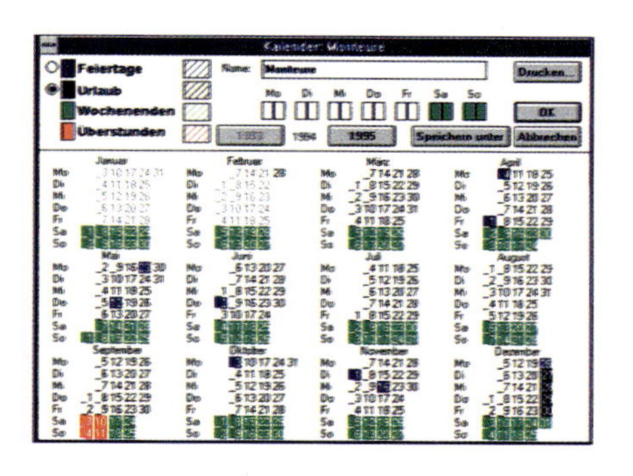

Sogar die Einteilung der Arbeitskräfte wird von der Projektmanagementsoftware überwacht

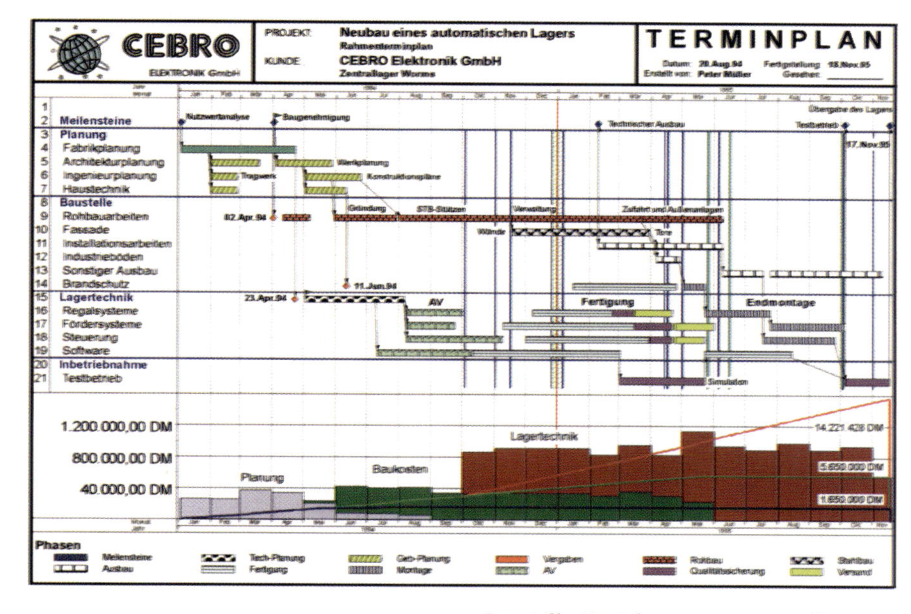

Spezielle Projektmanagementsoftware geht über die Möglichkeiten einfacher Kosten- und Terminkontrolle hinaus (PowerProjekt, Software im Bauwesen, Karlsruhe)

Dies bedeutet auf der anderen Seite auch, daß die Mitarbeiter sich einen Überblick über ihre eigene Wirtschaftlichkeit verschaffen können.

Für die kostenmäßige Projektkontrolle stehen damit auch, einzeln aufgeschlüsselt und aktuell, die internen Kosten des Projektes pro Mitarbeiter zur Verfügung. Die Ergebnisrechnung kann dadurch sehr detailliert, untergliedert nach Teilleistungen durchgeführt werden.

Einige wenige CAD-Programme wie ALLPLOT unterstützen durch spezielle Programmodule sowohl die Arbeitsvorbereitung als auch die Arbeit des Tragwerksplaners. Grundlage des Moduls Arbeitsvorbereitung/Schalung von ALLPLOT ist eine Bauteilbibliothek, die Schalungselemente verschiedener Anbieter, wie Peri, Doka, Meva und NOE enthält. Die Bibliothek kann mit eigenen Elementen ergänzt werden. Für die Ausführung der Schalungsplanung benötigt das Modul die Angaben für die einzuschalenden Bauteile aus einer zwei- oder dreidimensionalen Grundrißgeometrie. Mit Hilfe einer automatischen Schalungsgenerierung können Grundrisse eingeschalt werden.

De facto ist jedes Schalungselement ein Makro, das eine Fülle von Angaben zu jedem Bauteil enthält. Für die Auswertung, sei es zur Verwaltung der Schalungselemente, sei es zur Abrechnung, können alle Angaben in Listen ausgegeben werden. Wie bei Schalungsarbeiten üblich, ist eine Auswertung nach Takt-, Mengen- und Bestellisten möglich.

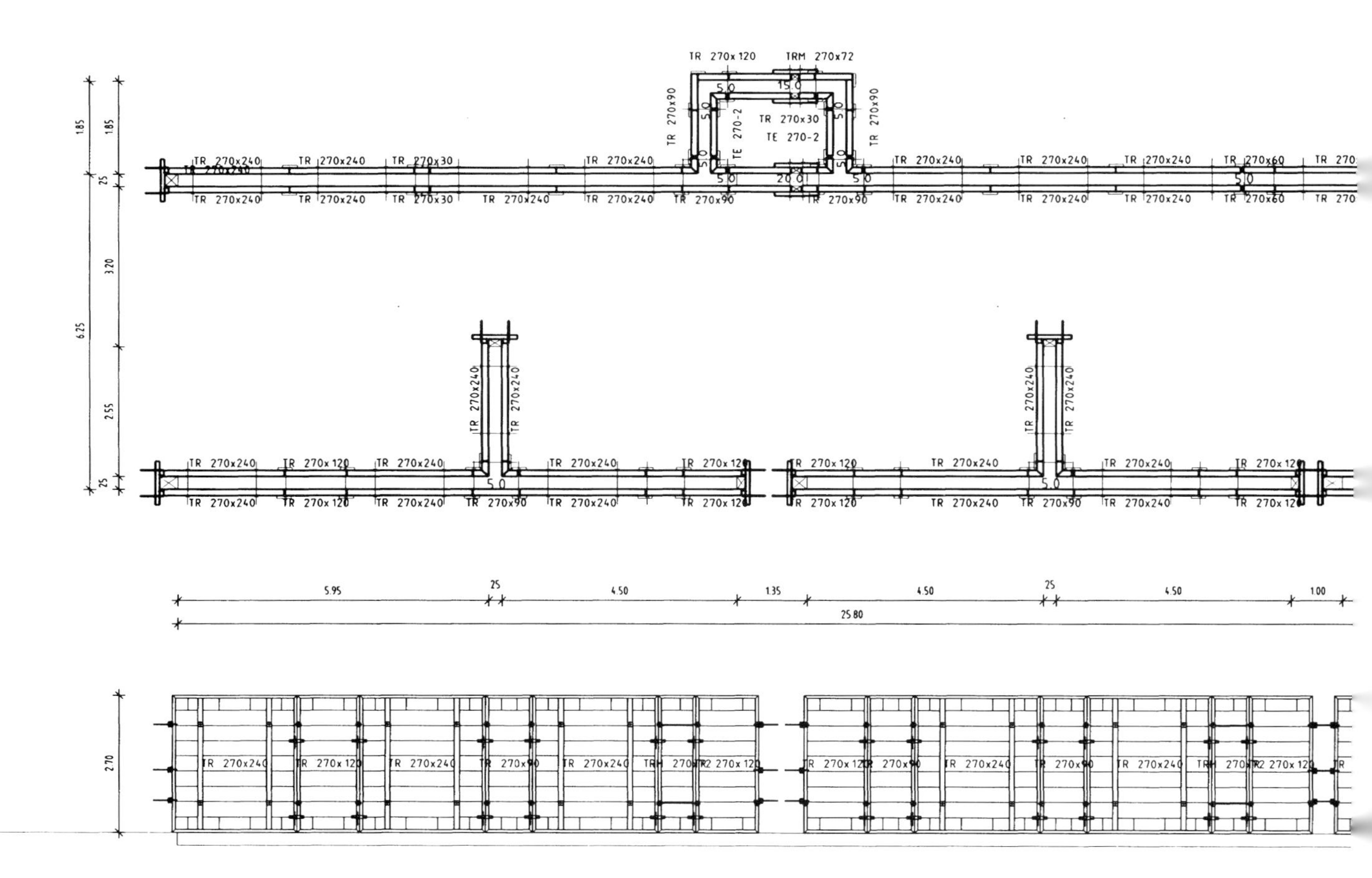

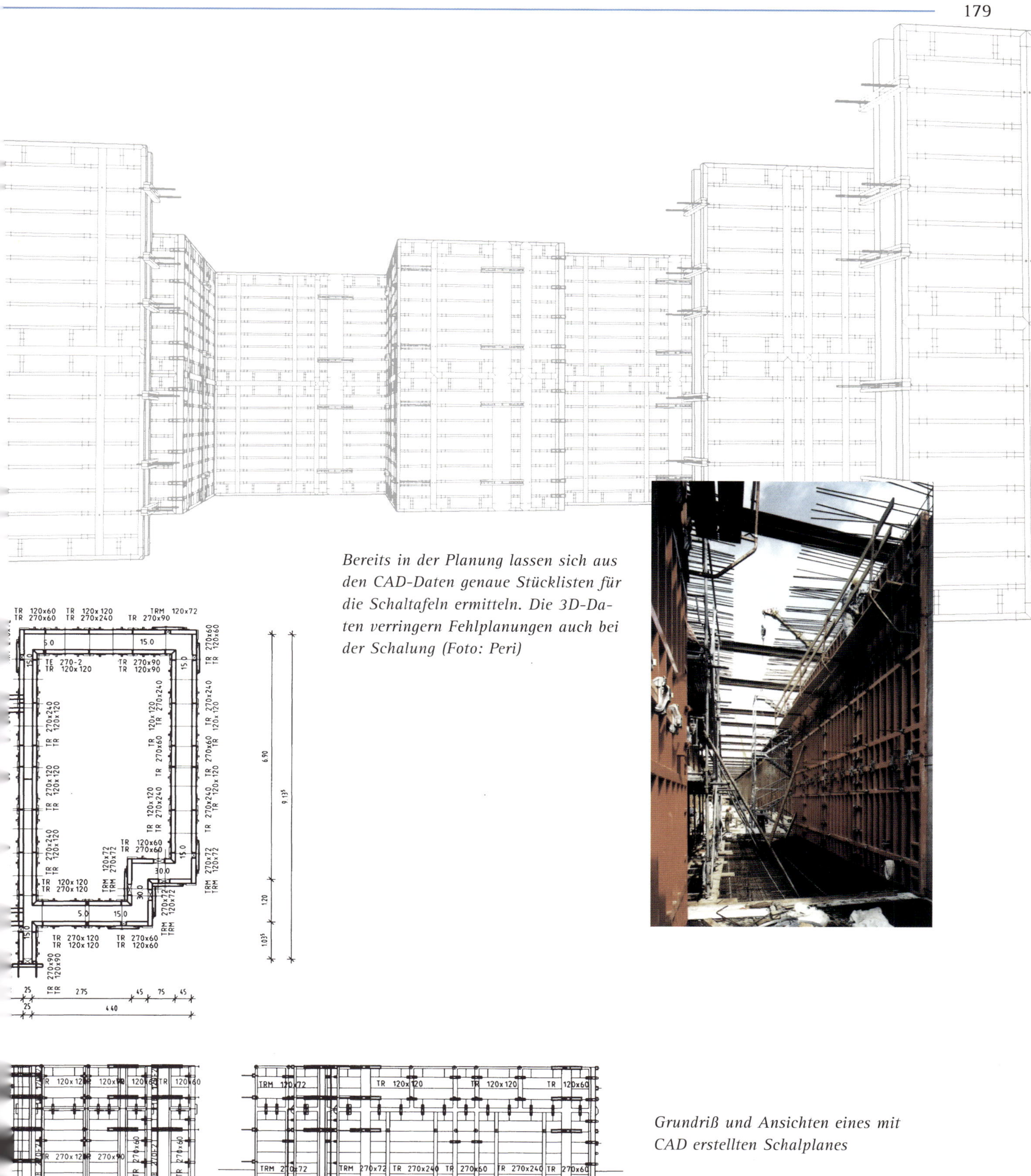

Bereits in der Planung lassen sich aus den CAD-Daten genaue Stücklisten für die Schaltafeln ermitteln. Die 3D-Daten verringern Fehlplanungen auch bei der Schalung (Foto: Peri)

Grundriß und Ansichten eines mit CAD erstellten Schalplanes

Vielfältige Symbole bilden die Grundlage des Moduls Arbeitsvorbereitung. Die Erstellung von Plänen zur Baustelleneinrichtung läßt sich damit vereinfachen und beschleunigen.

Im integrierten Ansatz des EDV-gestützten Bauprozesses darf die immer wichtiger werdende Komponente der Gebäudeverwaltung nicht unerwähnt bleiben. Der Bauprozeß wird in neueren Konzeptionen nicht mehr mit der Objektübergabe als beendet angesehen. Der Lebenszyklus eines Gebäudes wird vielmehr in seiner Gesamtheit betrachtet. Dadurch entsteht die Forderung oder Notwendigkeit, daß der Architekt die Aspekte des sogenannten Facility Management bereits in der Gebäudeplanung in seine Überlegungen mit einbezieht. Das Gebäude soll von Anbeginn an auf Erweiterbarkeit, leicht durchzuführende innere Umbaumaßnahmen und computergestütze Objektkontrolle ausgelegt sein. Grundsätzlich soll damit die Effektivität der Gebäudenutzung gesteigert werden.

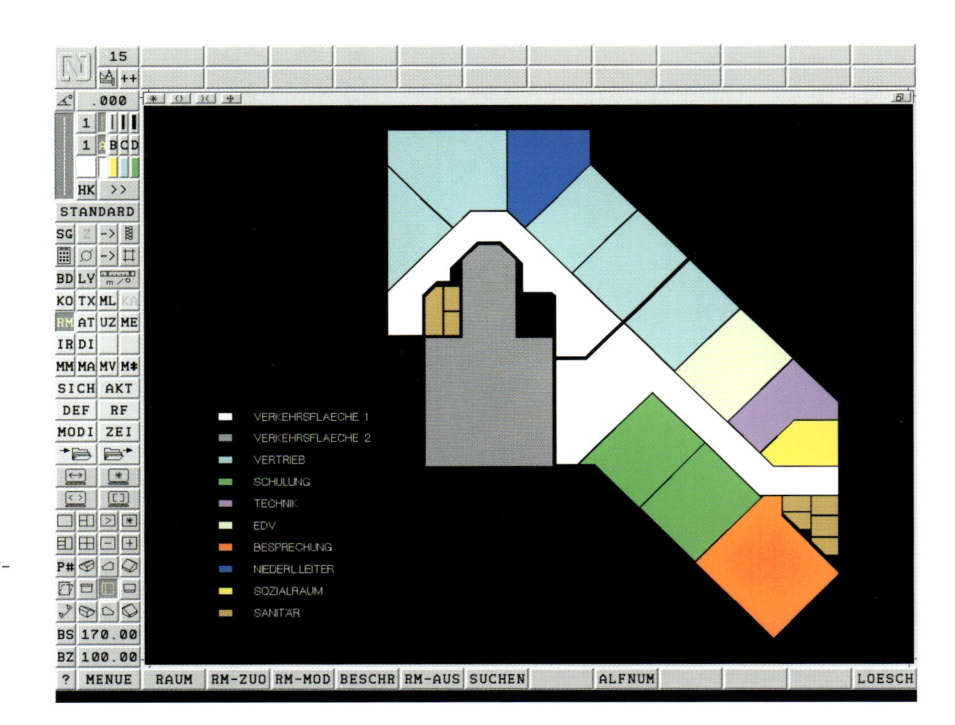

Durch die computergestützte Gebäudeverwaltung ist auf einen Blick feststellbar, welche Flächen wie genutzt werden

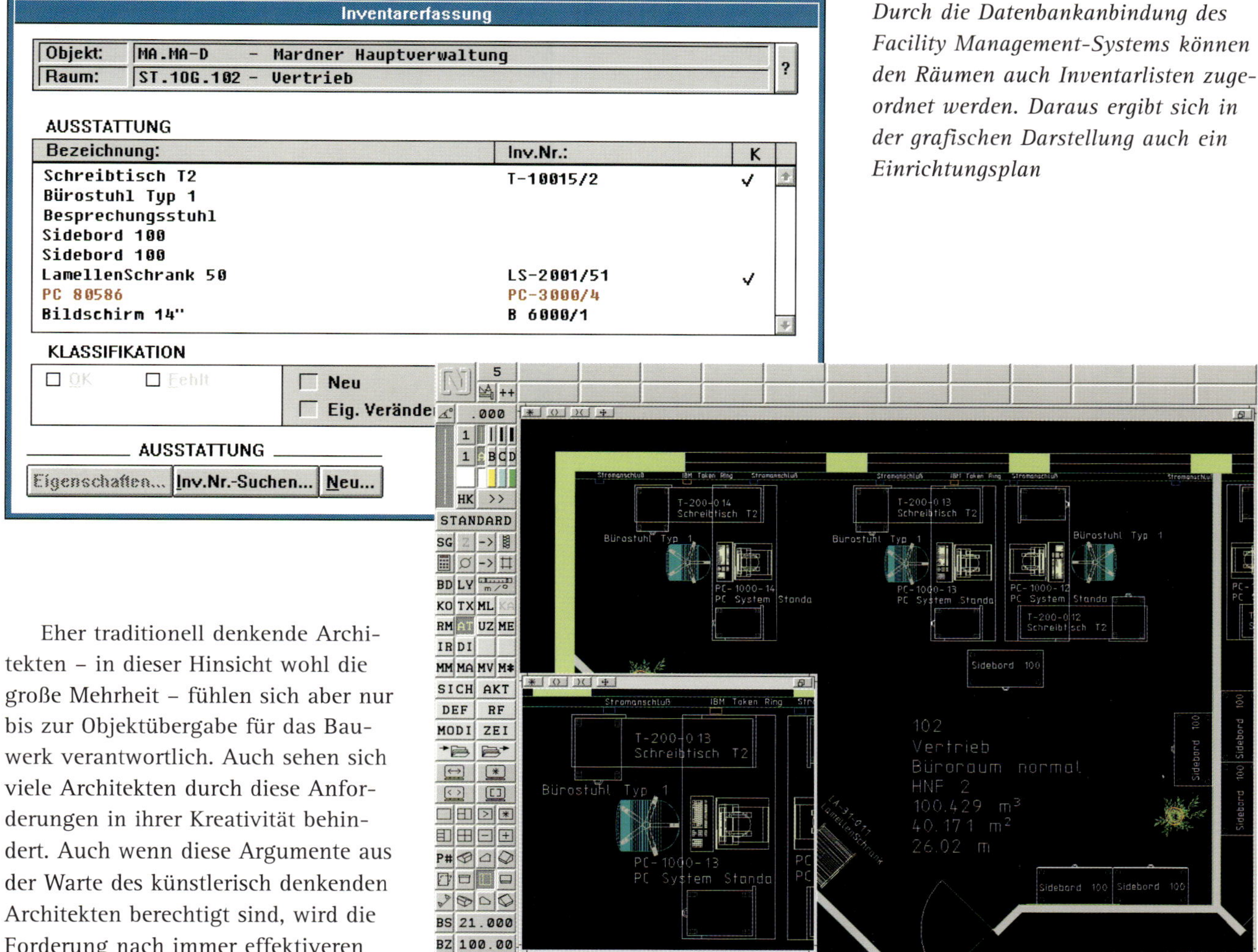

Durch die Datenbankanbindung des Facility Management-Systems können den Räumen auch Inventarlisten zugeordnet werden. Daraus ergibt sich in der grafischen Darstellung auch ein Einrichtungsplan

Eher traditionell denkende Architekten – in dieser Hinsicht wohl die große Mehrheit – fühlen sich aber nur bis zur Objektübergabe für das Bauwerk verantwortlich. Auch sehen sich viele Architekten durch diese Anforderungen in ihrer Kreativität behindert. Auch wenn diese Argumente aus der Warte des künstlerisch denkenden Architekten berechtigt sind, wird die Forderung nach immer effektiveren Gebäuden in Zeiten knapper werdender Ressourcen zunehmen. Die meisten Anbieter von CAD-Programmen haben wohl auch deswegen Facility Management-Software in ihrem Angebot. Wie sie aufgebaut sind und was sie leisten sollten, wird im folgenden Kapitel beschrieben.

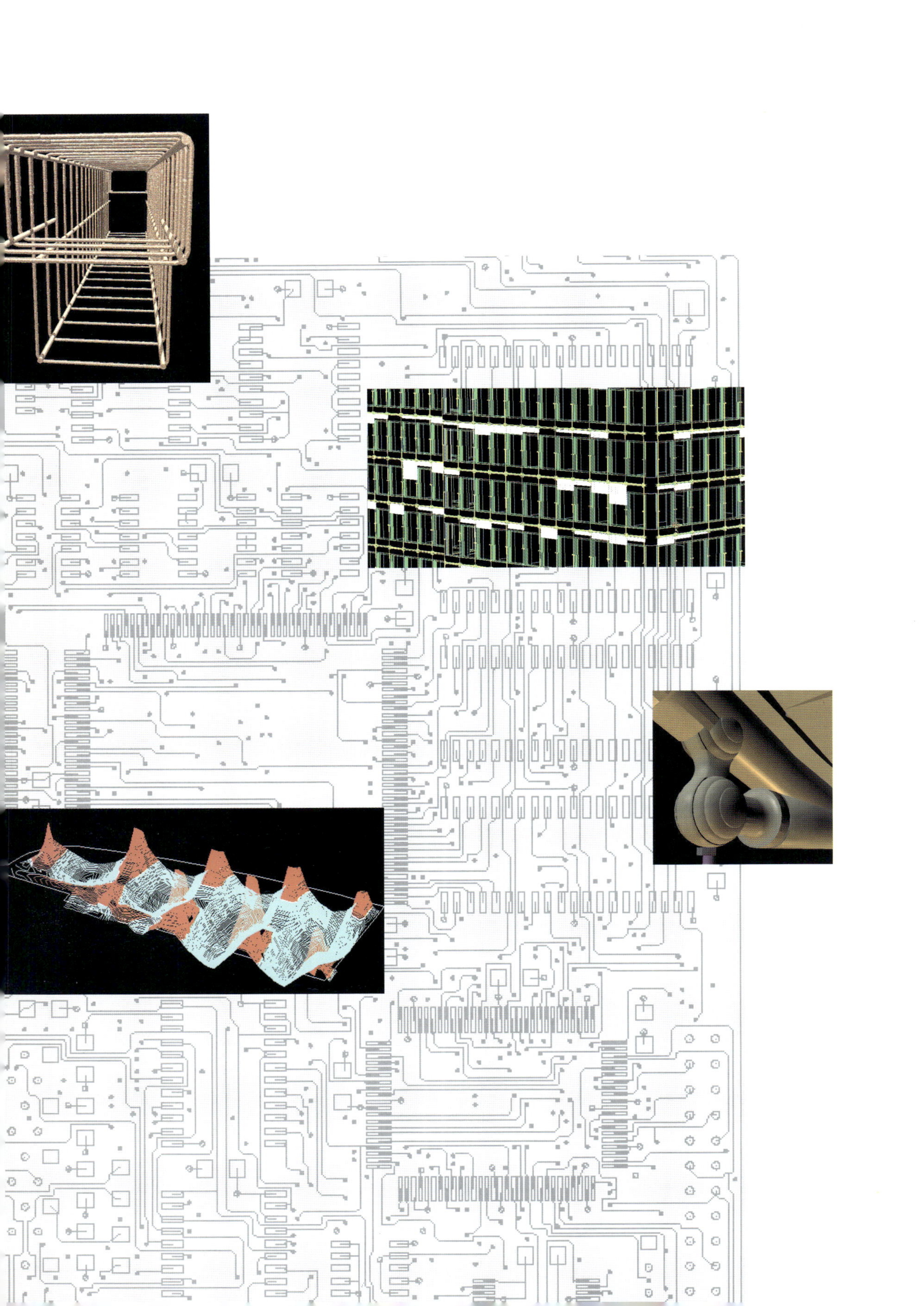

CAD als Werkzeug für die integrierte Planung

Das Hauptthema des folgenden Kapitels ist die Kommunikation zwischen den Planungsbeteiligten. Dazu gehört vor allem der Austausch von CAD-Zeichnungen, der ausführlich beschrieben wird. Daneben geht es auch um den weiteren computergestützten Informationstransfer zwischen Architekten und Fachplanern. Die Einsatzgebiete von EDV und CAD für Fachplaner werden darum am Schluß des Kapitels kurz angeschnitten.

Die Vorstellung, daß alle CAD-Daten, die aus einem Programm kommen, auch von einem anderen 100prozentig verstanden werden, ist leider eine Wunschvorstellung. Allerdings wird an der Verwirklichung dieses Wunsches gearbeitet, denn nur wenn die Daten von einem CAD-System mit den Daten des CAD-Systems eines anderen Herstellers kompatibel, d. h. austauschbar, sind, kann die Datenverarbeitung im Bauwesen durchgehend in allen Planungsphasen und über alle Planungsbeteiligte hinweg genutzt werden. Im Mittelpunkt der Kommunikation im Bauwesen steht der Architekt.

3.1 Der Kommunikationsprozeß

Der Informationsaustausch läßt sich wie folgt skizzieren. Der Architekt übermittelt Informationen an Behörden beim Genehmigungsverfahren und bezieht Informationen von ihnen, z. B. wenn er die Katasterpläne des Vermessungsamtes benötigt. Er versorgt den Bauherren mit Vorentwürfen und Entwürfen, dann mit Angaben über Kosten, Termine, Änderungen, usw. Ist der Entwurf vom Bauherren und von den Behörden genehmigt, so beginnt für den Architekten die Zusammenarbeit mit dem Fachingenieuren. Er muß ihnen Planunterlagen zukommen lassen und erhält im Gegenzug ihre Daten der Fachplanung, wie etwa der Haustechnik, zur Einarbeitung in die Ausführungspläne. All diese Daten, die über den Architekten zusammenlaufen, gehen in die Ausführungspläne ein, die die Bauunternehmer erhalten. Von diesen kommt dann wieder Rücklauf in Form von Aufmaß und Rechnungen.

Ein großer Teil des Austausches der oben aufgeführten Informationen erfolgt in Papierform. Bei Daten, die jedoch Planungsbeteiligten in EDV-Form erstellt werden, stellt sich die Frage, inwieweit diese Daten in computergerechter, das heißt digitaler Form weitergegeben werden können.

Im wesentlichen kommen dafür CAD-Daten und Daten der AVA in Frage.
Im Zeitalter der weltweiten Datennetze ist es durchaus im Bereich des Möglichen, daß auch in Architektur- und Planungsbüros Mitteilungen in Form von elektronischer Post schneller und billiger als bisher versandt werden. Im wesentlichen wird dies jedoch eine Frage der Verbreitung der entsprechenden digitalen Telekommunikationseinrichtungen sein.

3.2 Der Weg der grafischen Daten

Für das Einlesen von externen Daten, die mit anderen Programmen erstellt wurden, in das eigene CAD-Programm (Datenimport) sowie die Ausgabe von Daten in andere Formate als die des eigenen CAD-Systems (Datenexport) bieten die meisten CAD-Systeme sogenannte Schnittstellen an. Diese Schnittstellen sind der Dreh- und Angelpunkt für den Datenaustausch. Sie entscheiden darüber, ob Daten ausgetauscht werden können. Doch bereits beim Austausch von Daten zwischen Systemen gleicher Hersteller gilt es, Konventionen des Datenaustausches für alle Planungsbeteiligten einzuführen und über die gesamte Planungs- und Ausführungsphase (evtl. sogar in der Dokumentations- und Übergabephase) einzuhalten.

In der Regel sind insgesamt 4 Gruppen von Planungsbeteiligten mit dem Datenaustausch befaßt: das Katasteramt bzw. ein Vermessungsbüro, der Architekt, die Fachplaner und der Gebäudenutzer oder Verwalter. Diejenigen davon, die mit CAD arbeiten, können ihre Daten austauschen, auch wenn die Ergebnisse immer in Papierform vorgelegt werden müssen. Es sind jedoch Absprachen über den Datenaustausch erforderlich. Wenn nun alle am Bau Beteiligten mit CAD arbeiten, so ist ein durchgängiger Datenaustausch möglich und kann zur Steigerung der Effizienz im Bauprozeß führen. Wird eine konsistente Datenhaltung durch Datenaustausch verwirklicht, so können Mehrfacheingaben verhindert werden. Das Fehlerpotential wird dadurch niedriger gehalten. Außerdem wird ein Neuzeichnen von Plänen vermieden, was eine erhebliche Zeitersparnis bedeutet.

Zumal dann, wenn auch die heutigen Möglichkeiten der Datenfernübertragung genutzt werden.

In der Phase der Grundlagenermittlung liefert das Katasteramt die Lagepläne, an denen sich der Entwurf und die Planung des Architekten orientieren muß. Bei Wettbewerben und Ausschreibungen stellen in der Regel die Bauherren entsprechende Grundlagendaten zur Verfügung, wobei diese immer häufiger auch in digitaler Form angeboten werden. Die Vermessungsdaten können in unterschiedlicher Form vorliegen, sind aber meistens ohne Probleme in ein CAD-System zu übernehmen. Im schlechtesten Fall liegt dem Architekten nur ein Lageplan auf Papier vor. Interessierende Werte, wie Grundstücksgrenzen oder ähnliches, können dann mit Hilfe des Digitalisiertabletts oder Scanners relativ genau in das CAD-System überführt werden. Im besten Fall erhält man einen Datenträger, der das Gelände in zweidimensionaler Form mit Höhenlinien beschreibt oder dreidimensionale Vermessungspunkte. Die Verschiebung der Koordinaten der Vermesser, die meistens im sogenannten Weltkoordinatensystem vorliegen, an den Nullpunkt des Koordinatenssystems des CAD-Systems sorgt für die Konsistenz von Vermessungs- und Gebäudeplanungsdaten. Da die Daten der Vermesser die Planungsgrundlage bilden, sollten sie in der Planungsphase nicht geändert werden. Deshalb ist es zweckmäßig, per Büroordnung festzulegen, welche Folie für diese Daten genutzt wird, so daß alle CAD-Bearbeiter wissen, auf welcher Folie keinesfalls gearbeitet werden darf.

Wenn Lagepläne oder Bestandsdokumentation in Form von eingescannten Vorlagen genutzt werden, ist manchmal eine Nachbearbeitung, zumindest aber eine Überprüfung der Daten notwendig. Stellt man Ungenauigkeiten fest, verfügen einige CAD-Systeme über die Werkzeuge für entsprechende Korrekturmaßnahmen. Sind nun die Vermessungsdaten im CAD-System vorhanden, kann der Architekt mit dem Entwurf beginnen.

Steht bereits bei Planungsbeginn fest, daß CAD-Daten geliefert werden, so ist der Datenaustausch im Vorfeld der Datenübergabe zwischen den Austauschpartnern auszuprobieren. Die Erfahrungen können dann in einen Regelkatalog für den Datenaustausch während des Planungsprozesses eingehen, so daß Übertragungsschwierigkeiten minimiert werden.

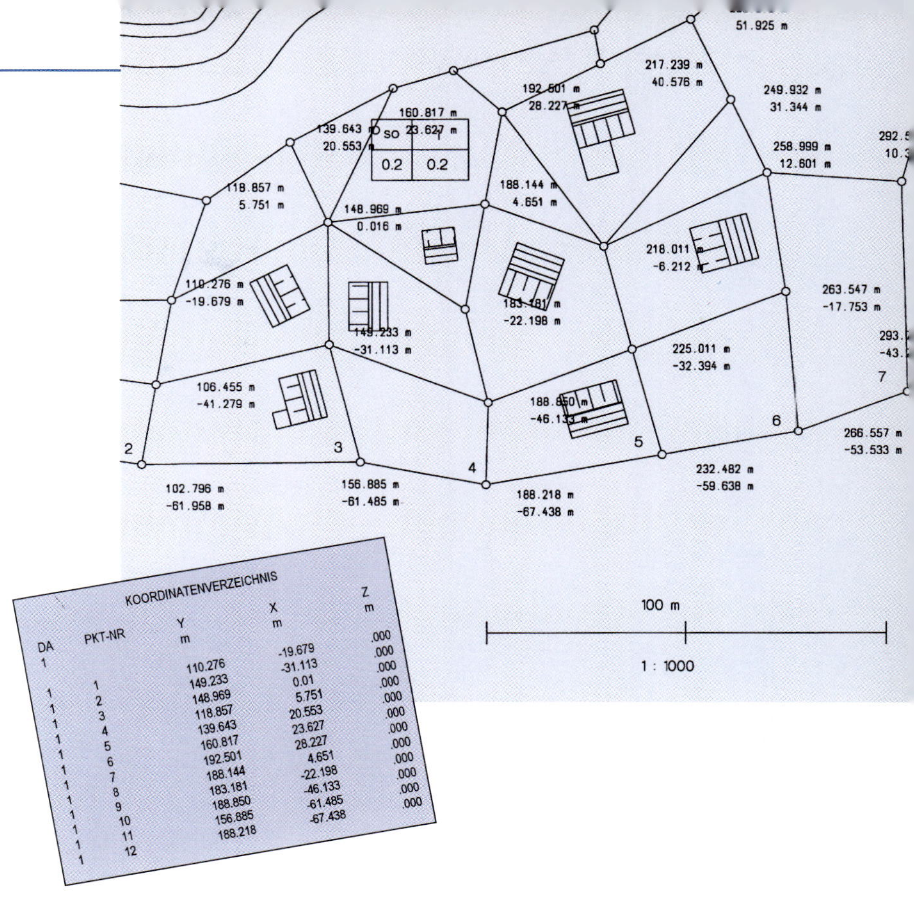

KOORDINATENVERZEICHNIS

DA	PKT-NR	Y m	X m	Z m
1	1	110.276	-19.679	.000
1	2	149.233	-31.113	.000
1	3	148.969	0.01	.000
1	4	118.857	5.751	.000
1	5	139.643	20.553	.000
1	6	160.817	23.627	.000
1	7	192.501	28.227	.000
1	8	188.144	4.651	.000
1	9	183.181	-22.198	.000
1	10	188.850	-46.133	.000
1	11	156.885	-61.485	.000
1	12	188.218	-67.438	.000
1				

Lageplan und Koordinatenliste in den Datenformaten des Vermessers

Bei kleineren und mittleren Projekten ergibt sich oft erst im Planungsprozeß die Chance, den Datenaustausch zu testen. Bei großen Projekten gehört dies zur Aufgabe des Projektmanagements im Vorfeld des Planungsprozesses. Es wird dann meistens ein „Schnittstellen-Pool“ gebildet, der vom Projektmanagement ausführlich reglementiert ist.

In den Regeln sollte unter anderem festgelegt werden: die Folien- oder Layerstruktur, der Textstil (Schriftfonts), Strich- und Farbzuordnungen, Art der Schraffuren, Art und Einheit der Bemaßung.

3.2.1 In welcher Form können CAD-Daten ausgetauscht werden

Zunächst sollte mit allen am Datenaustausch Beteiligten festgelegt werden, was ausgetauscht werden soll. So ist es zum einen möglich, nur Plotfiles auzutauschen. Sie entsprechen den Plänen, die als Papier ausgetauscht werden und können lediglich über ein entsprechendes Ausgabegerät (Plotter) in Papierform umgewandelt werden. Der Empfänger erhält damit nur die Daten, die auf dem Plan zusammengestellt wurden und muß die vorhandene Bemaßung und Beschriftung übernehmen. Ein direkter Zugriff auf die Daten im CAD-System ist nicht möglich. Der Austausch von Plotdateien ist damit die am wenigsten effektive Form des Datenaustausches.

Eine Verbesserung der Kommunikation bedeutet es, wenn Zeichnungsdateien ausgetauscht werden. Dafür ist zwar mehr Organisation bei Planungsbeginn erforderlich, der Nutzen ist dann aber um so größer. Zeichnungen des CAD-Systems bestehen aus Kombinationen von Folien. Erhält der Fachplaner komplette Zeichnungen, so hat er Zugriff auf alle Daten des Architekten. Normalerweise benötigt der Fachingenieur jedoch gar nicht alle Informationen für seine Arbeiten, so daß er mit den Architekten festlegen kann, welche Folien er bekommt. So reduziert sich die Datenmenge und wird damit übersichtlicher und leichter zu verarbeiten. Darüber hinaus ist es den Planungsbeteiligten im CAD-System möglich, nicht benötigte Folien auszublenden oder nur im Hintergrund sichtbar zu halten.

Ebenso klar und verbindlich abgesprochen werden muß aber auch die Folienstruktur. Mit am wichtigsten dabei ist, daß der Fachplaner keine Änderungen in den Architekturplänen vornehmen darf, weshalb festgelegt werden muß, welche Pläne auf welchen Folien liegen. Nur so kann vermieden werden, daß es bei der Koordination und Aktualisierung der

Die Folienstruktur muß für alle Planungsbeteiligten verbindlich sein. Nur so kann die Übersicht über die Daten im Planungsprozeß erhalten werden

Pläne durch den Architekten zu Überschneidungen der Folien kommt. Bei dieser Form des Datenaustausches ist eine Rückübernahme der Planungsdaten der Fachingenieure in Form von neuen Folien möglich. Grundsätzlich ist darauf zu achten, daß beim Einlesen von Daten die eigenen Folien nicht überschrieben werden und eigene Zeichnungen immer als solche erkennbar bleiben.

Die Ergänzungen der Fachingenieure können vom Architekten übernommen und anderen Fachplanern zur Verfügung gestellt werden. So kann gewährleistet werden, daß die Pläne auf dem neuesten Stand sind und es bei den Planungen von Architekt und Fachingenieuren nicht zu Überschneidungen kommt.

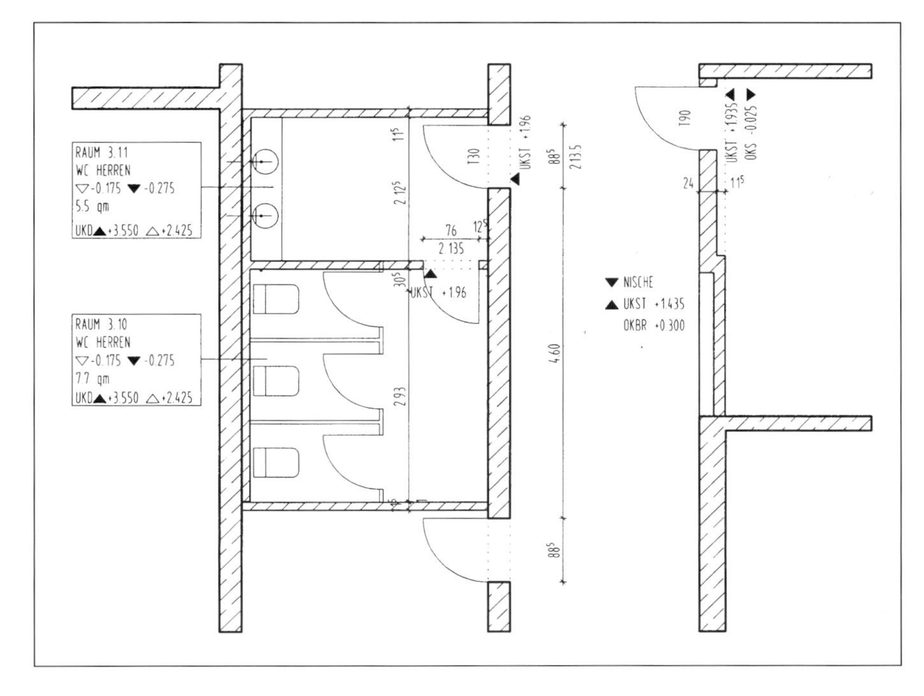

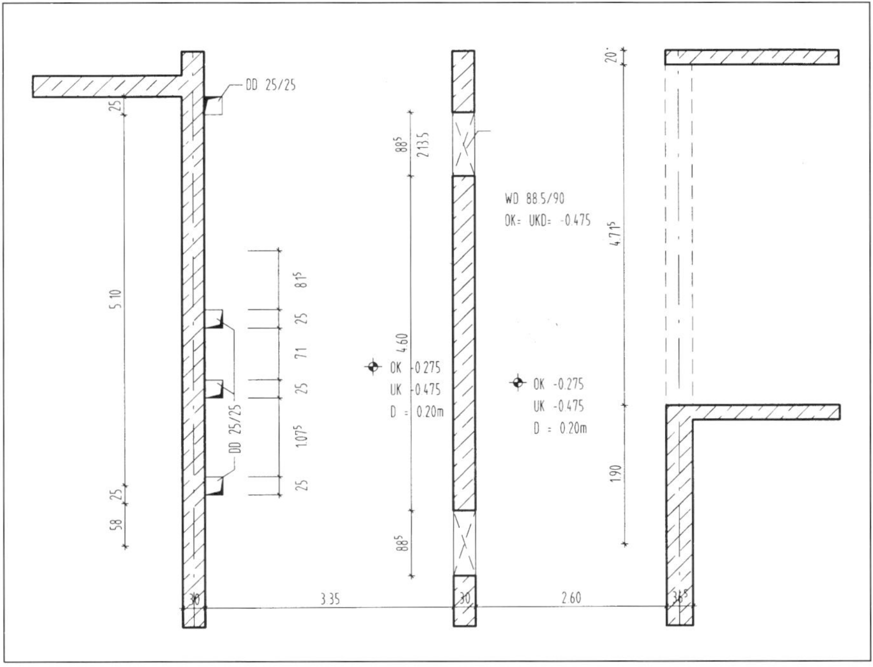

Durch die Belegung der Folien kann sichergestellt werden, daß alle Planungsbeteiligten die Daten erhalten, die sich für ihre Arbeit benötigen.
Oben: Alle Folien, mit denen der Architekt arbeitet.
Unten: Die Folien, die der Tragwerksplaner vom Architekten erhält.

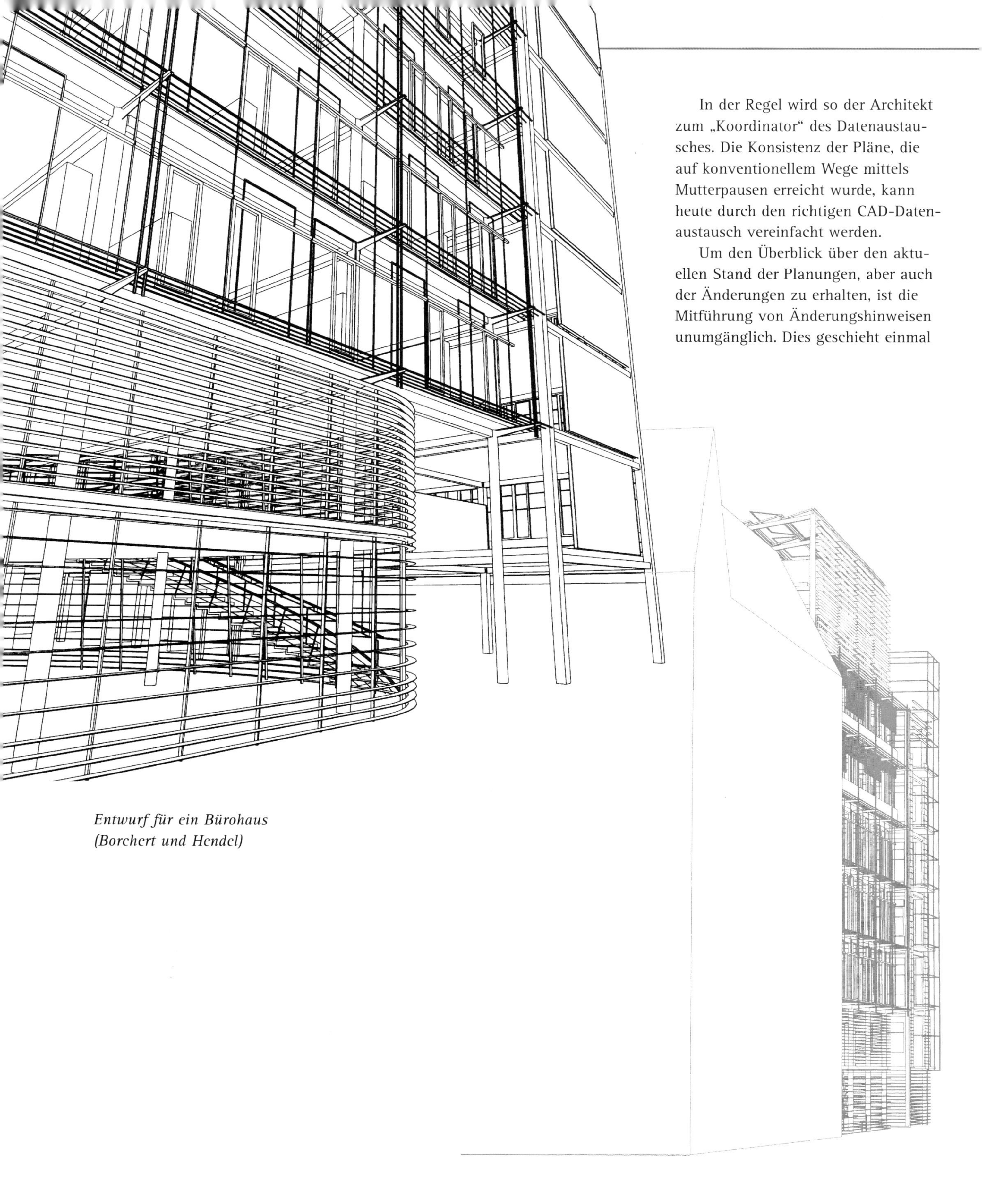

In der Regel wird so der Architekt zum „Koordinator" des Datenaustausches. Die Konsistenz der Pläne, die auf konventionellem Wege mittels Mutterpausen erreicht wurde, kann heute durch den richtigen CAD-Datenaustausch vereinfacht werden.

Um den Überblick über den aktuellen Stand der Planungen, aber auch der Änderungen zu erhalten, ist die Mitführung von Änderungshinweisen unumgänglich. Dies geschieht einmal

Entwurf für ein Bürohaus (Borchert und Hendel)

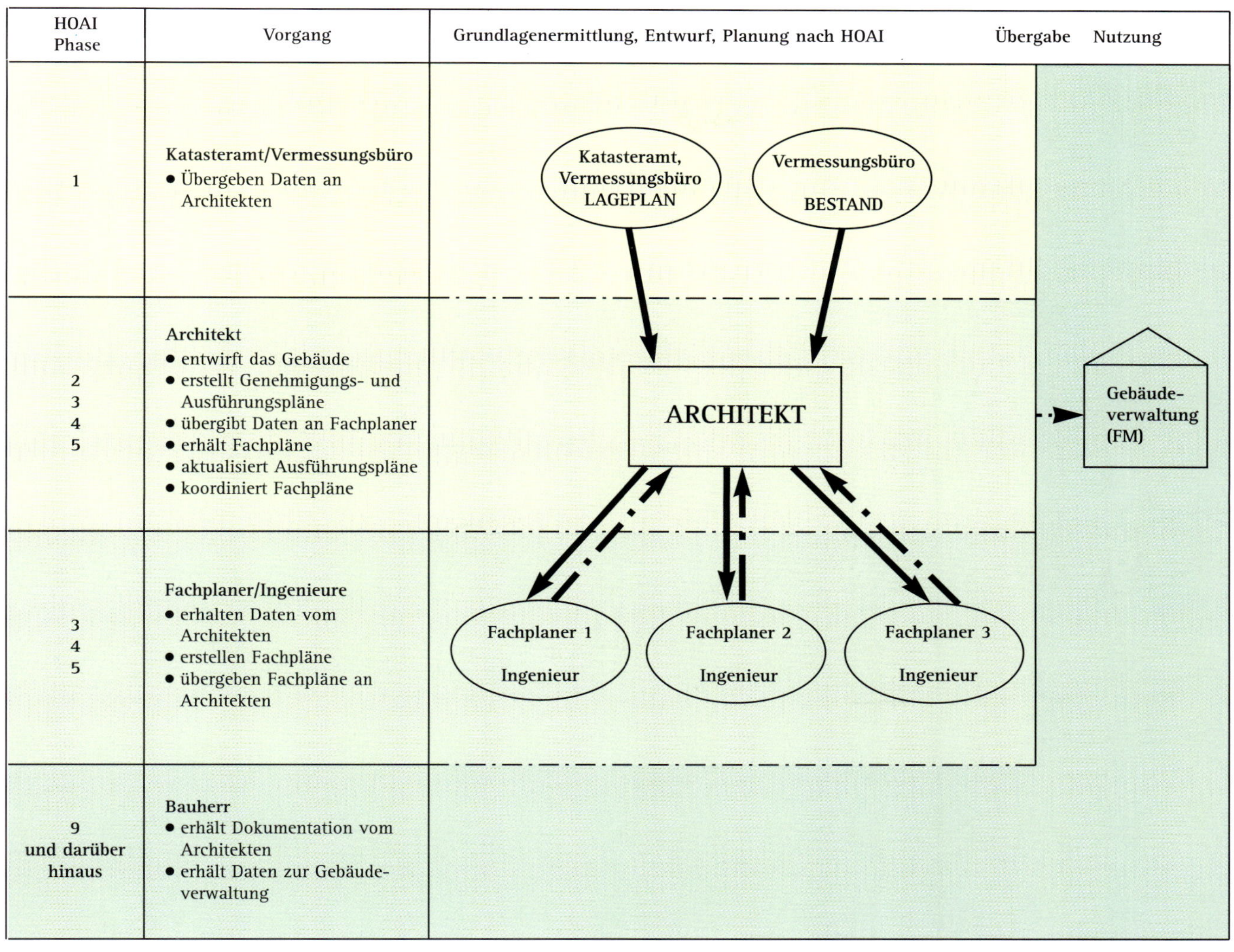

Der Bauprozeß nach der HOAI stellt den Architekten in den Mittelpunkt des Datenaustausches

auf den Plänen im Plankopf, beim Austausch von Zeichnungen oder Folien sollten diese aber zusätzlich indiziert werden. Zur ergänzenden Information über Datenformate und Attributeinstellungen sowie zur Erleichterung der Kommunikation ist darüber hinaus noch die schriftliche Fixierung in einem Übertragungsformular sinnvoll.

Insofern entspricht die einzuhaltende Ordnung im CAD-Datenaustausch der konventionellen Planliste und Indizierung wie sie auch bei Plänen in Papierform üblich war.

Während der Austausch von Plotdateien noch sehr an der traditionellen Weitergabe von Mutterpausen orientiert ist, so ist der Austausch von Zeichnungen, also Folien oder Teilbildern, eher CAD-typisch. Diese Form des Datenautausches ist mittlerweile in den meisten Fällen, in denen CAD-Daten weitergegeben werden, üblich.

Dem Werkzeug CAD noch entsprechender wäre der Austausch des 3D-Datenmodells bzw. von Teilen dieses Modells. Dieser ist jedoch aufgrund fehlender Standards für das Datenmodell und fehlender Schnittstellen dafür noch nicht möglich.

3.2.2 Der CAD-Datenaustausch

Entscheidend dafür ist – wenn Daten zwischen zwei CAD-Systemen von unterschiedlichen Herstellern ausgetauscht werden sollen – daß die Schnittstellen beider Systeme über ein gemeinsames Datenformat verfügen, in dem Daten ausgegeben und eingelesen werden können. Jeder Anbieter eines CAD-Systems hat normalerweise für sein Programm ein eigenes Datenformat entwickelt, in dem die Daten des jeweiligen Systems am besten gespeichert werden. Unter Datenformat versteht man also die Art und Weise, wie ein CAD-System seine Daten ablegt. Sind die CAD-Zeichnungen in Form von Dateien abgelegt, so erhalten diese meistens als Endung ein Kürzel, das das Datenformat beschreibt. Zu den bekanntesten Formaten gehören DXF, DWG, IGDS und STEP, die weiter unten näher erläutert werden.

Eine Möglichkeit der Grundlagenermittlung im Bestand ist die Fotogrammetrie. Die Ergebnisse liegen als CAD-Datei vor (Wohnhaus in Leipzig, Institut Dr. Pflugbeil, München)

3.2.2.1 Datenaustausch zwischen Programmen des gleichen Herstellers

Beim Aufrufen von Daten aus dem CAD-Programmen ein und desselben Herstellers treten deshalb in der Regel keine Probleme auf. Das heißt, alle auf einer Folie, in einem Teilbild, einer Zeichnung, einem Plan oder gar einem ganzen Projekt gesicherten Informationen bleiben erhalten. Beachten muß man jedoch, daß bei der Weitergabe von CAD-Daten vorhandene bürospezifische Voreinstellungen einer CAD-Anlage nicht mit übernommen werden. Sollen also Einstellungen über bestimmte Schraffuren oder ähnliches mit übernommen werden, muß darauf geachtet werden, daß die Daten so übergeben werden, daß auch diese Informationen erhalten bleiben. Ein weiteres Problem beim Datenaustausch zwischen zwei CAD-Arbeitsplätzen des gleichen Anbieters kann auftreten, wenn unterschiedliche Versionen des gleichen Programms vorliegen. Komfortable CAD-Programme bieten deshalb für den Benutzer „unsichtbare" Datenwandlungsprogramme an, die eine Übernahme von Daten in neuere Versionen sicherstellen. Die durch die Weiterentwicklung verfügbaren Verbesserungen sind natürlich nach „unten" nicht kompatibel.

3.2.2.2 Datenaustausch zwischen Programmen verschiedener Hersteller

Unterschiedliche Versionsnummern stellen manchmal auch ein Problem beim Datenaustausch zwischen CAD-Systemen verschiedener Hersteller dar. So ist es möglich, daß eine Schnittstelle, die die Datenübergabe zwischen zwei Programmen bisher gewährleistet hat, plötzlich nicht mehr funktioniert, weil ein Hersteller eine neue Version seines Programmes auf den Markt gebracht hat und damit auch die Schnittstellen verändert hat. Deshalb ist es wichtig, auf dem Übertragungsformular, das dem Austauschdatenträger beiliegen sollte, auch Informationen über die Versionsnummer der beteiligten Programme festzuhalten.

Außer den unterschiedlichen Versionsnummern stellen oft auch die unterschiedlichen Betriebssysteme eine Hürde bei der Übernahme von Daten aus CAD-Systemen des gleichen Herstellers dar. Es ist deshalb darauf zu achten, daß die Speichermedien immer im Betriebssystem des Austauschpartners lesbar sind. Die meisten CAD-Systeme verfügen über Ausgabemöglichkeiten für die Datenformate der gängigen Betriebssysteme.

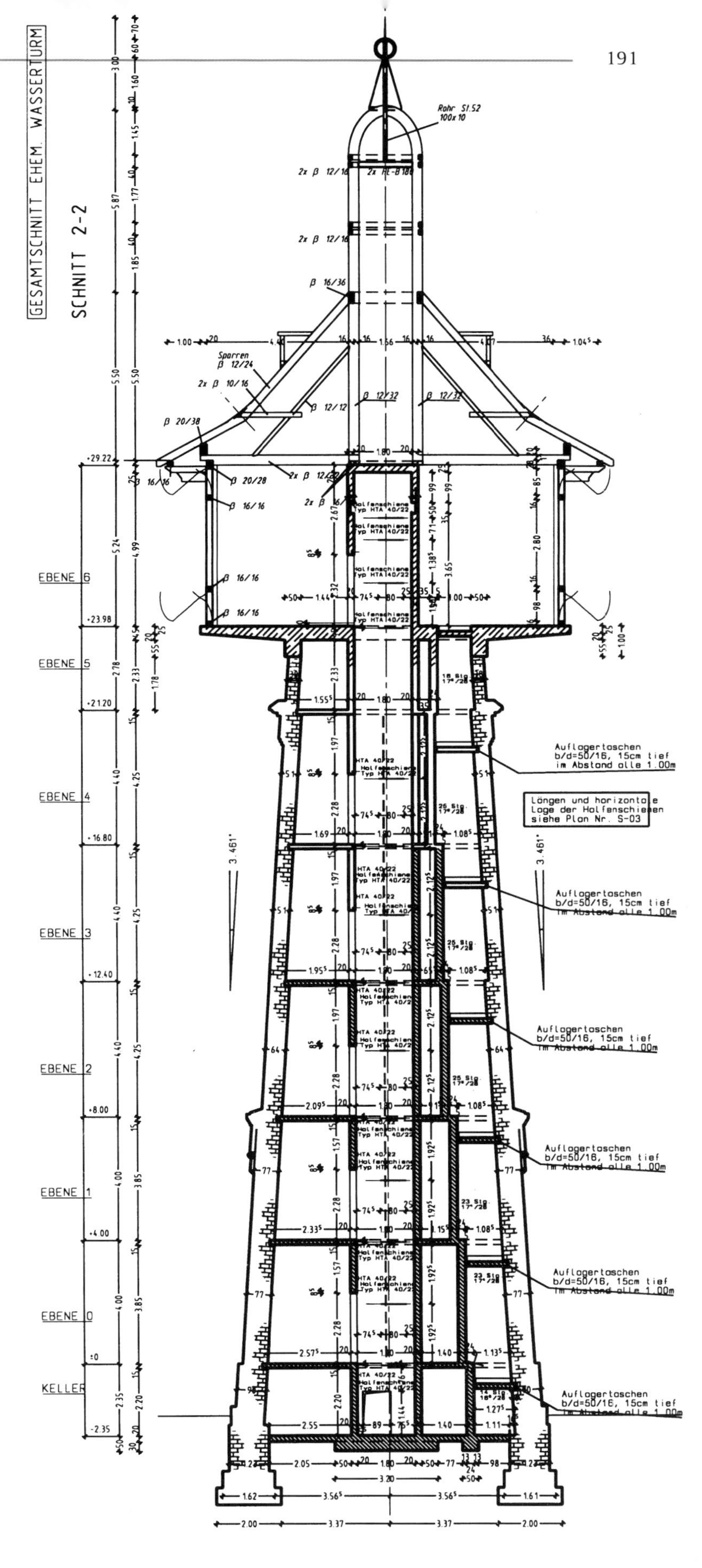

Bestandsdokumentation des Wasserturms von Schwedt an der Oder (Dipl.-Ing. Glawa, Mühlacker)

3.2.2.3. Austauschformate

Zum Senden und Empfangen von Zeichnungsinformationen zwischen CAD-Programmen gibt es verschiedene Austauschformate. Sie sind notwendig, weil jedes CAD-System Daten in sein internes Format binär abspeichert, seine Angaben ohne Austauschformate für andere CAD-Systeme mithin nicht verständlich sind. Der Begriff Austauschformat bezeichnet die Regeln, nach denen die CAD-Daten beschrieben werden.

Ähnlich einer Chiffrier- und Dechiffriermaschine arbeiten Austauschformate: Für den Datenaustausch werden die CAD-Vektordaten von einem kleinen Programm im Ausgangs-CAD-System so in das Austauschformat verwandelt, daß sie jetzt für andere CAD-Systeme, die über einen passenden "Dechiffrieranschluß" verfügen, verständlich sind. Derart gespeichert, stellen die CAD-Daten ein Austauschfile dar. Das empfangende CAD-System verwandelt die Angaben über die entsprechende Entschlüsselungsstelle in „seine“ digitale Sprache.

Die Chiffrier- und Dechiffrierstellen heißen in der Fachsprache Konverter oder auch Pre- und Postprozessoren.

Architekten und Bauingenieure verwenden in der CAD-Praxis hauptsächlich die Austauschformate DXF (DXG), DWG, STEP-2DBS, IGDS und IGES.

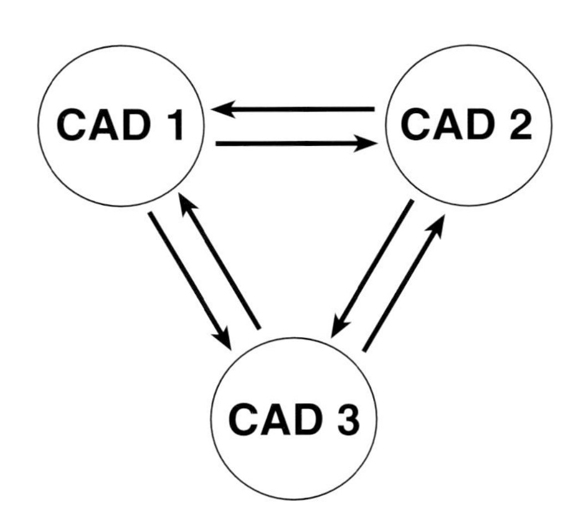

Der Datenaustausch mittels Direktübersetzer in ein anderes System ist zwar sicher, seine Möglichkeiten sind jedoch begrenzt

DXF

Das Austauschformat DXF wurde von der Firma Autodesk als Übertragungsformat für Vektordateien entwickelt. DXF war gedacht als externes Format zum Austausch von AutoCAD-Daten zwischen unterschiedlichen Hardware-Plattformen und zur Unterstützung des Zeichnungsaustauschs zwischen AutoCAD und anderen Programmen. Durch die ursprünglich quasi konkurrenzlose Position als Austauschformat ist DXF in den letzten Jahren der de-facto-Standard für den Datenaustausch geworden.

DXF übersetzt grundsätzlich alle Zeichnungsinformationen, die das interne AutoCAD-Format enthält, ins externe Austauschformat. So werden von DXF viele Elemente, wie Punkte, Linien und Kreise übertragen; Ellipsen nur teilweise; Symbole, Makros und 3D Attribute gar nicht berücksichtigt. Damit ist bereits eine Schwierigkeit von DXF angesprochen: Autodesk ist bestrebt, sein Produkt nur entsprechend der Spezifikationen des eigenen CAD-Programms zu gestalten. Anders gesagt, DXF unterstützt nur die Funktionen, die mit AutoCAD ausgeführt werden können.

Die Herkunft aus den Entwicklungslabors eines Softwareunternehmens hat obendrein zur Folge, daß es allein Autodesk in der Hand hat, mit jeder neuen Version seiner CAD-Software auch das DXF-Format zu verändern. Hersteller anderer CAD-Software, die DXF-Konverter für ihr Programm anbieten wollen (bzw. wegen der Verbreitung von DXF oft eher müssen), sind gezwungen, deswegen regelmäßig ihre DXF-Schnittstellen an die geänderte Fassung anzupassen.

STEP-2DBS

Das Austauschformat STEP-2DBS wurde als deutsche Vorabversion eines internationalen Standards für den digitalen Informationsaustausch erstellt. STEP-2DBS wird mit dem Ziel weiterentwickelt, Teil eines weltweit gültigen ISO-Standards für den Datenaustausch auf Grundlage eines neutralen Austauschformates zu sein. Dies ist wohl auch der entscheidende Unterschied zum DXF-Format: Sobald STEP als internationaler Standard feststeht, und nach einigen kleineren Änderungen, die aufgrund von Praxiserfahrungen nötig werden, wird das neutrale Austauschformat in seinen Spezifikationen nicht mehr verändert und gewährleistet damit eine große Verbindlichkeit für den Datenaustausch.

Mit der noch aktuellen Version STEP-2DBS können 2D-Zeichnungselemente strukturiert zwischen CAD-Programmen ausgetauscht werden. Aufgliedern lassen sich diese austauschbaren Elemente in Biliothekselemente, Geometrie, Sachdaten, Bemaßung, Beschriftung, Schraffur und schließlich Strukturinformationen (und Planzusammenbau). Eine differenzierte Übertragung von 2D-Daten ist so möglich.

IGES

Das US-amerikanische Standardisierungsinstitut entwickelte diesen Konverter für den Austausch von Fertigungsdaten in der Automobilindustrie. Durch den breiten Ansatz, den die Entwickler des Formats verfolgen – alle Branchen und unterschiedlichen Arten von CAD-Systemen sollen mit diesem Austauschformat erreicht werden – hat IGES auch eine Bedeutung für den Architekturbereich erlangt. Keine sehr große allerdings, weil gerade der umfassende Ansatz von IGES die Konverter fehleranfällig machte. Das Austauschformat IGES kann von seiner Grundanlage her 2D- und 3D-Geometriebeschreibungen, Bemaßung und Zeichnungslayout übertragen. Im Vordergrund steht dabei die Übertragung von 2D-Geometrie und Zeichnungsinformation.

DWG und IGDS

Bei dem Format DWG handelt es sich um das Original-AutoCAD-Format. Damit wird eine Datenübergabe direkt in das CAD-System von AutoCAD möglich, ohne den Umweg über einen Importfilter. IGDS ist das Datenformat der CAD-Software Microstation. Mit dieser Schnittstelle ist eine direkte Datenübertragung in dieses CAD-System möglich.

„Intelligente" Schnittstellen

Neben den Informationen zur Geometrie eines Gebäudes oder Bauteils und ihrer Darstellung auf dem Plan, geben sie zusätzliche Informationen für die computergestützte Fertigung mit. Die Daten können somit auch von Produktionsprogrammen von Fertigteilherstellern, Holzbauern oder Baustahlanbietern genutzt werden. So kann automatisch ermittelt werden, wie viele Bauteile mit welchen Abmessungen man von einem bestimmten Hersteller einsetzen muß.

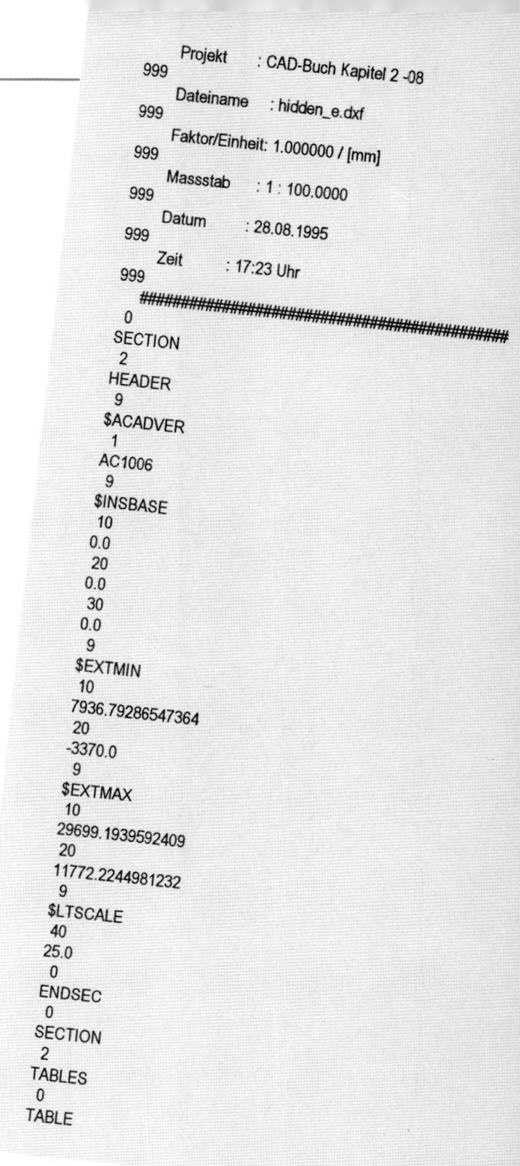
```
999
Projekt        : CAD-Buch Kapitel 2 -08
999
Dateiname      : hidden_e.dxf
999
Faktor/Einheit: 1.000000 / [mm]
999
Massstab       : 1 : 100.0000
999
Datum          : 28.08.1995
999
Zeit           : 17:23 Uhr
999
##########################################
0
SECTION
2
HEADER
9
$ACADVER
1
AC1006
9
$INSBASE
10
0.0
20
0.0
30
0.0
9
$EXTMIN
10
7936.79286547364
20
-3370.0
9
$EXTMAX
10
29699.1939592409
20
11772.2244981232
9
$LTSCALE
40
25.0
0
ENDSEC
0
SECTION
2
TABLES
0
TABLE
```

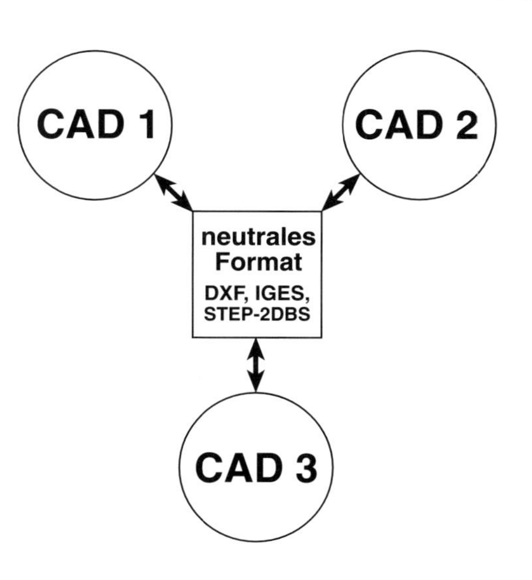

Oben: Inhalt einer DXF-Datei im Textformat
Unten: Mit Schnittstellen in einem neutralen Format können die Daten unterschiedslos in alle beteiligten CAD-Systeme eingelesen werden.

3.2.2.4. Der Transport der Daten

Zwischen CAD-Systemen können Daten auf zwei Wegen ausgetauscht werden: erstens mit transportablen Datenträgern und zweitens via Datenfernübertragung über analoge Leitungen, etwa das Telefonnetz oder digital, mit einem ISDN-Anschluß. Die erste Variante ist heute gängige Praxis des Datenaustauschs mit den in Kapitel 2.7 beschriebenen Wechselmedien. Die zweite Möglichkeit ist für viele noch Zukunftsmusik, erweist sich aber bei genauerem Hinschauen als die Datenaustauschtechnik mit der vielversprechenderen Perspektive.

Zunächst zum „klassischen" Datenaustausch. Benutzt werden zu diesem Zweck meistens Bandlaufwerke, DAT-Laufwerke und magneto-optische Laufwerke. Je nachdem wie groß diese Speichermedien sind, desto mehr Informationen eines bestimmten Projektes können sie aufnehmen.

Will man nun die umfangreichen Daten eines Großprojektes austauschen und stellt fest, daß der Datenträger nicht genügend Platz bietet, schafft die Datenkompression Abhilfe. Es gibt verschiedene Programme, die die Größe von Dateien um ein vielfaches verringern können. So können mehr Informationen auf demselben Datenträger versandt werden. Voraussetzung dafür ist allerdings, daß der Empfänger der Dateien die entsprechende Software zum Dekomprimieren der Dateien hat.

Der Datenaustausch über Datenfernübertragung (DFÜ) ist sicherlich all denen zu empfehlen, die täglich sich ändernde Planungsstände mit den an einem Projekt Beteiligten abstimmen müssen. Ob es dabei um Kooperationen in der Planungsphase mit Partnern in anderen Städten oder auch um den Datenaustausch mit den Handwerkern vor Ort geht, ist dabei unerheblich.

Erstes Hindernis ist die allgemeine Verbreitung der hierfür notwendigen Hardware. Bei der Neuanschaffung eines CAD-Systems denken nur wenige Architekten an den Kauf und die Installation von entsprechenden Einrichtungen für die Datenfernübertragung. Solch eine Anschaffung sollte aber selbstverständlich sein/werden, wobei eine Nachrüstung mit den entsprechenden Geräten und Softwarekomponenten nicht mehr viel kostet und jederzeit möglich ist.

Mindestens genauso schwer wiegt wohl noch für längere Zeit, daß gerade in der Bauausführung die Papierpläne die einzige akzeptierte Form darstellen, nicht nur mangels fehlender Anschlüsse für den Datenaustausch, sondern vielmehr weil vor Ort die Skepsis angesichts der neuen Technik noch sehr groß ist. Dabei kann die Datenfernübertragung zu erheblichen Zeitgewinnen führen.

Das Modem ist ein Gerät, das beim Sender die digitalen Informationen des CAD-Programms in analoge, über

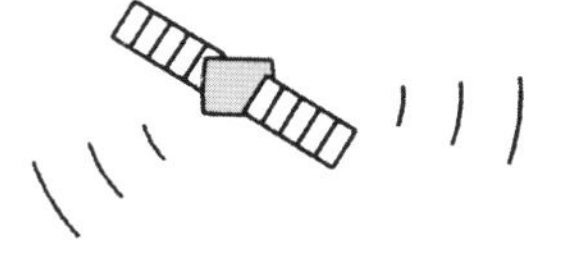

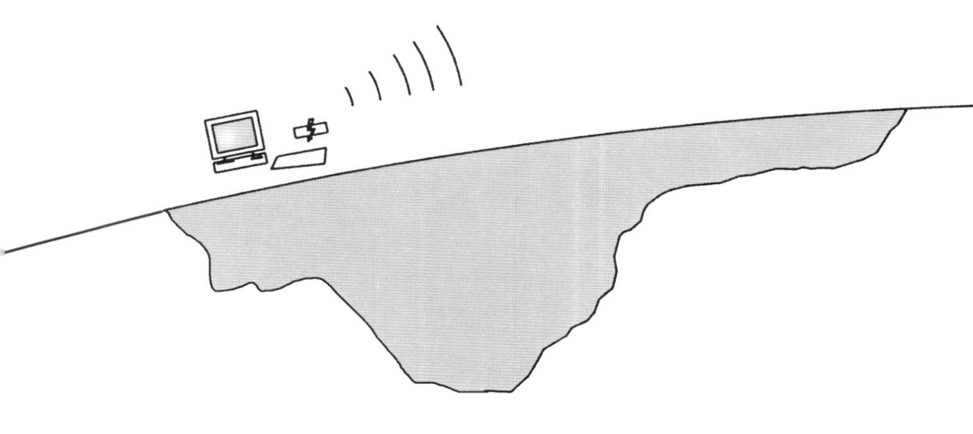

das Telefonnetz übertragbare Signale umsetzt. Ein weiteres Modem beim Empfänger „übersetzt“ die analogen Signale zurück in die digitale, für den Computer verständliche Form.

Das Bewertungskriterium, nach dem die Leistungsfähigkeit von Modems beurteilt wird, ist die Übertragungsgeschwindigkeit der Daten; sie wird Übertragungsrate genannt und in Baud angegeben. Ohne viel auf technische Details einzugehen, sei hier nur erwähnt, daß sie mindestens 14 440 Baud, besser aber dem zur Zeit aktuellen Standard entsprechend 28 000 Baud betragen sollte. Wobei davon auszugehen ist, daß die Übertragungsraten der Modems weiter steigen werden. Da die analogen Telefonleitungen maximal 9 600 Baud (1 Baud = 1 Bit pro Sekunde) übertragen können, werden die Daten vom Modem für größere Übertragungsraten nach verschiedenen Verfahren komprimiert. Modems, die die Komprimierung verstehen sollen, müssen mit demselben Verfahren arbeiten.

ISDN

Mit dem Kürzel ISDN wird das digitale Telefon- und Datenübermittlungsnetz der Deutschen Telekom AG bezeichnet. Über das ISDN-Netz können Sprache, Text, Bilder und Daten versandt werden, und zwar bedeutend schneller als es über das analoge Netz mit Modem möglich ist. ISDN ist ungefähr siebenmal schneller als ein Modem mit 9 600 Baud. Darüber hinaus ist das ISDN-Netz sehr sicher: Es ist wesentlich wahrscheinlicher, daß bei der analogen Datenübertragung ein Fehler unterläuft als umgekehrt.

Für das ISDN-Netz wird eine spezielle ISDN-Karte benötigt, die die digitalen Signale des Computers in die des ISDN-Netzes übersetzt. Hinzu kommt noch eine Kommunikationssoftware, die die Karte in ihrer Funktion unterstützt. Ein Modem kann nur über einen speziellen Adapter an das ISDN-Netz angeschlossen werden, wobei allerdings die schnellen ISDN-Übertragungsraten nicht ausgenutzt werden können.

Allerdings lohnt ein ISDN-Anschluß erst bei regelmäßiger Benutzung des Telefonnetzes zur Datenfernübertragung, dann aber besonders, denn die stark verkürzten Übertragungszeiten für Projektdaten amortisieren rasch die höhere Grundgebühr und die Anschaffungskosten. Der Datenaustausch per ISDN ist immer dann der analogen Leitung überlegen, wenn große Datenmengen über weite Strecken verschickt werden sollen.

Manche Programme, wie das CAD-System ALLPLAN, unterstützen diese Kommunikation über an der Anwendung orientierte Zusatzprogramme.

Neben dem bloßen Datenaustausch läßt sich mit dem ISDN-Netz außerdem eine netzwerkweite Kommunikation verwirklichen. Das Kommunikationsprogramm Teamlink der Firma Nemetschek verbindet über weite Entfernungen zusammenarbeitende Arbeitsgruppen per ISDN und regelt die Übermittlung der Dateien.

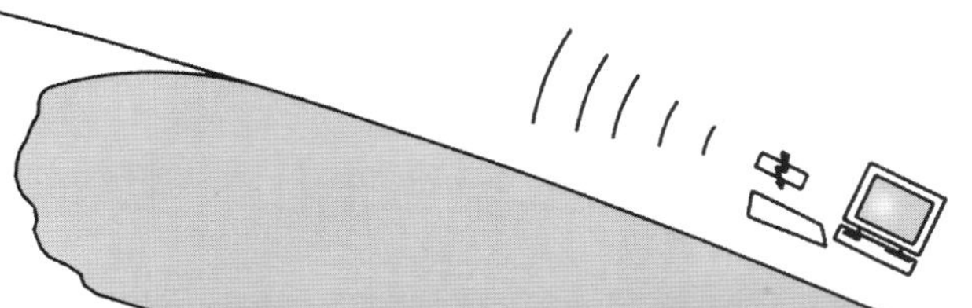

3.3. Weitere Einsatzgebiete von EDV im Bauwesen

Neben dem oben geschilderten Weg der Daten vom Vermesser über den Architekten zum Fachplaner schließen sich im Computerzeitalter zwei weitere Nutzungsmöglichkeiten der CAD-erstellten Plandaten an. In der Bauausführung ist es mittlerweile möglich, die CAD-Daten an Maschinen zur computergestützten Fertigung zu übergeben. Das bedeutet, daß die mit Hilfe des mit CAD-System exakt ermittelten Daten zur Gebäudegeometrie es möglich machen, Bauteile präzise und paßgenau mit computergesteuerten Maschinen herzustellen. Dies ist zum Beispiel bei Fassadenbauteilen oder im Fertigteilbau möglich. Mit dieser Vorgehensweise werden zum einen die notwendigen Nacharbeiten von Bauteilen auf der Baustelle minimiert, zum anderen können noch vor Fertigstellung eines Bauabschnitts Bauteile nach genauen Vorgaben gefertigt werden, womit ein Bauablauf ohne Verzögerung möglich wird. Auch bei Berechnung von Bewehrungsplänen ist eine Übergabe von CAD-Daten für das computergesteuerte Biegen und Zuschneiden möglich.

Die zweite Möglichkeit der Nutzung von CAD-Daten geht über die traditionellen Aufgaben des Architekten hinaus. Dieser hatte bisher mit der Übergabe des Bauwerks und der zugehörigen Dokumentation nach Phase 9 der HOAI seine Arbeit abgeschlossen. Alle Daten zum Gebäude, die im Laufe des Planungsprozesses angefallen sind, waren damit auf dem Stand der Bauübergabe eingefroren und sind

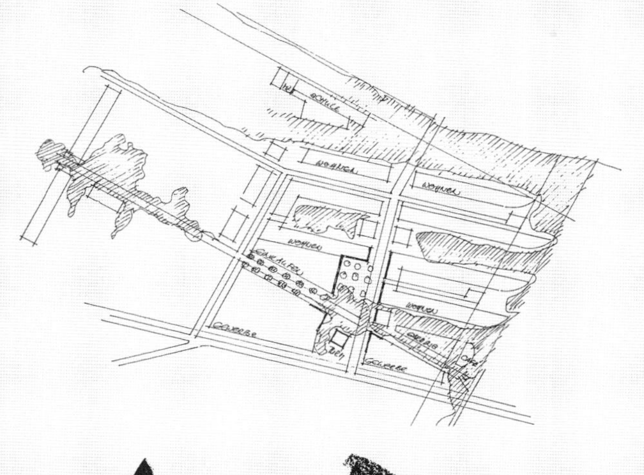

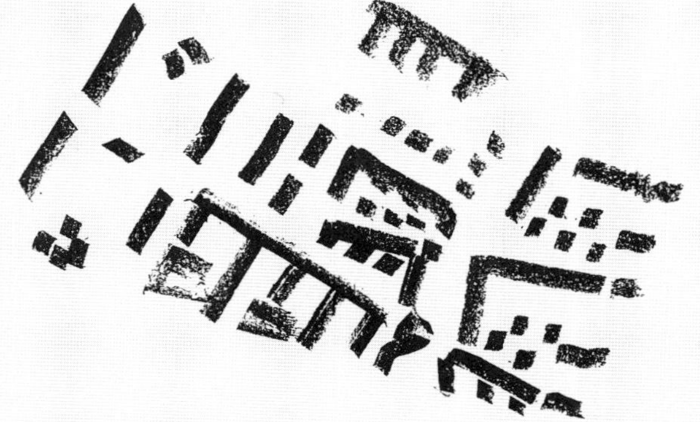

Skizze und Modellfoto zum städtebaulichen Gutachterverfahren für die „Kaserne Kirschallee", Potsdam (Entwurf: Architekturbüro +plus, Prof. Hübner, Neckartenzlingen)

nicht weitergenutzt worden. Steht nun aber ein 1:1-Modell eines Gebäudes im Computer zur Verfügung, so bietet es sich als Grundlage für die computergestützte Gebäudeverwaltung an. Vor allem Büro- und Verwaltungsbauten, aber auch Industriebauten können so effizienter genutzt werden, wenn die Gebäudedaten jederzeit im Computer abrufbar sind und zusätzlich über ein Rauminformationssystem ergänzt werden. Die Möglichkeiten dieses sogenannten Facility Managements werden weiter unten ausführlicher beschrieben.

Die Übernahme von Architekturplänen in ein System zur Gebäudeverwaltung erfordert jedoch eine entsprechende Aufbereitung der Pläne. Anweisungen zur Ausführungsplanung und die Vermaßung von Einbaudetails können aus den Plänen entfernt werden, sofern sie nicht für den weiteren Betrieb des Gebäudes notwendig sind. Die Daten müssen weiterhin in eine Form gebracht werden, daß sie mit den weitergehenden Informatione des Gebäudeinformationssystem, in Übereinstimmung gebracht werden. Denn zusätzlich zu den geometrischen Angaben über ein

Städtebauliches Entwurfskonzept für die Neugestaltung des Bahnhofs Göteborg (Entwurf: Dipl.-Ing. Sanchez, Düsseldorf)

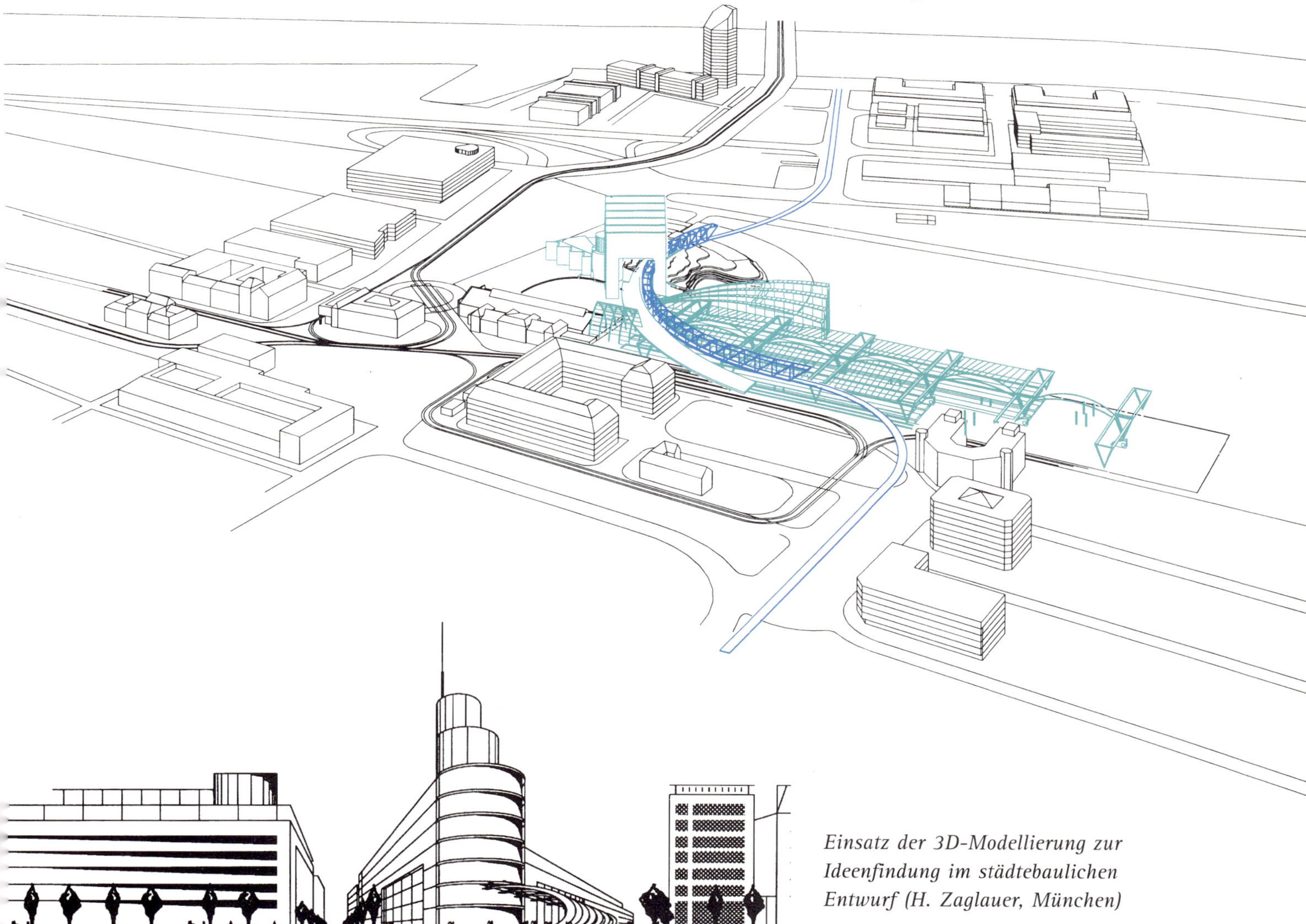

Einsatz der 3D-Modellierung zur Ideenfindung im städtebaulichen Entwurf (H. Zaglauer, München)

Gebäude werden in Programme für das Facility Management auch Inventarlisten, Angaben zur technischen Gebäudeausstattung und vieles mehr eingetragen.

Hier stellt sich für den Architekten das grundsätzliche Problem, daß diese zusätzlichen Leistungen bis jetzt nicht von der Honorarordnung abgedeckt werden. Dies gilt nicht nur bei dieser letzten Stufe der Nutzung der Gebäudedaten, sondern im Verlauf des ganzen Bauprozesses, wo dem Architekten im Prinzip die Aufgabe zukommt, den Datenaustausch zu organisieren und zu koordinieren.

3.3.1 Stadtplanung/Landschaftsplanung

In allen Bereichen der Gestaltung, wo grafische Daten anfallen oder benötigt werden, bietet sich die Arbeit mit CAD-Systemen an, so auch in der Stadt- und Landschaftsplanung. Neben den Möglichkeiten des Sichtbarmachens von Gebäudevolumen zur Darstellung von städtebaulichen Situationen, wie sie in zahleichen Abbildungen dieses Buches bereits vorgestellt wurde, sind auch in diesem Bereich die Funktionen von Symbolen eine wesentliche Unterstützung.

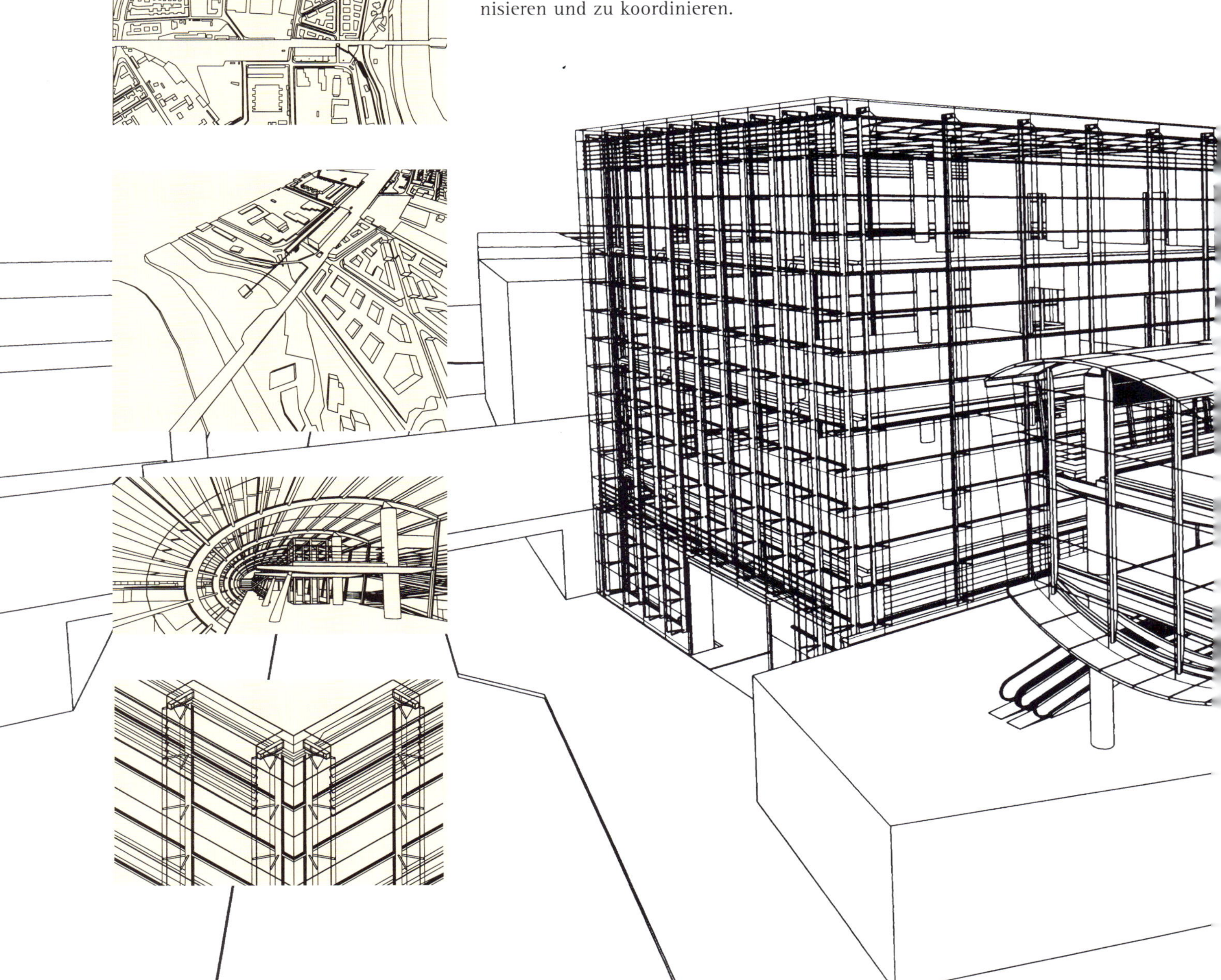

Vor allem, wenn es darum geht, rechtsgültige Bebauungs- oder Flächennutzungspläne nach den dafür üblichen Richtlinien zu erstellen. Alle Zeichen für Flächendarstellungen, Grenzlinien und sonstige Symbole, die in diesen Plänen eingesetzt werden dürfen, sind dafür in denen der Planzeichenverordnung 90 entsprechenden Symbolbibliotheken vorhanden. So ist die Erstellung von Legenden und deren Beschriftung kein Problem mehr. Die Grundlage für derartige Rechtspläne bilden Vermessungsdaten, die durch die oben geschilderten Möglichkeiten des Datenaustausches übernommen werden können.

Besonders für den Stadtplaner eröffnen sich neue Möglichkeiten durch den Einsatz von Farbplottern. Mit der Funktion der Filling-Flächen lassen sich so die unterschiedlichen Nutzungsarten in den Plänen farblich hervorheben und damit entsprechende Themenpläne generieren.

Auch die Fähigkeit eines CAD-Programmes wie ALLPLAN, Mengen und Stücklisten zu automatisch zu ermitteln, läßt sich im Bereich Stadtplanung einsetzen. Damit wird die Ermittlung von Grundstücksflächen und Gebäudevolumen möglich, die sich dann als Listen ausgeben lassen.

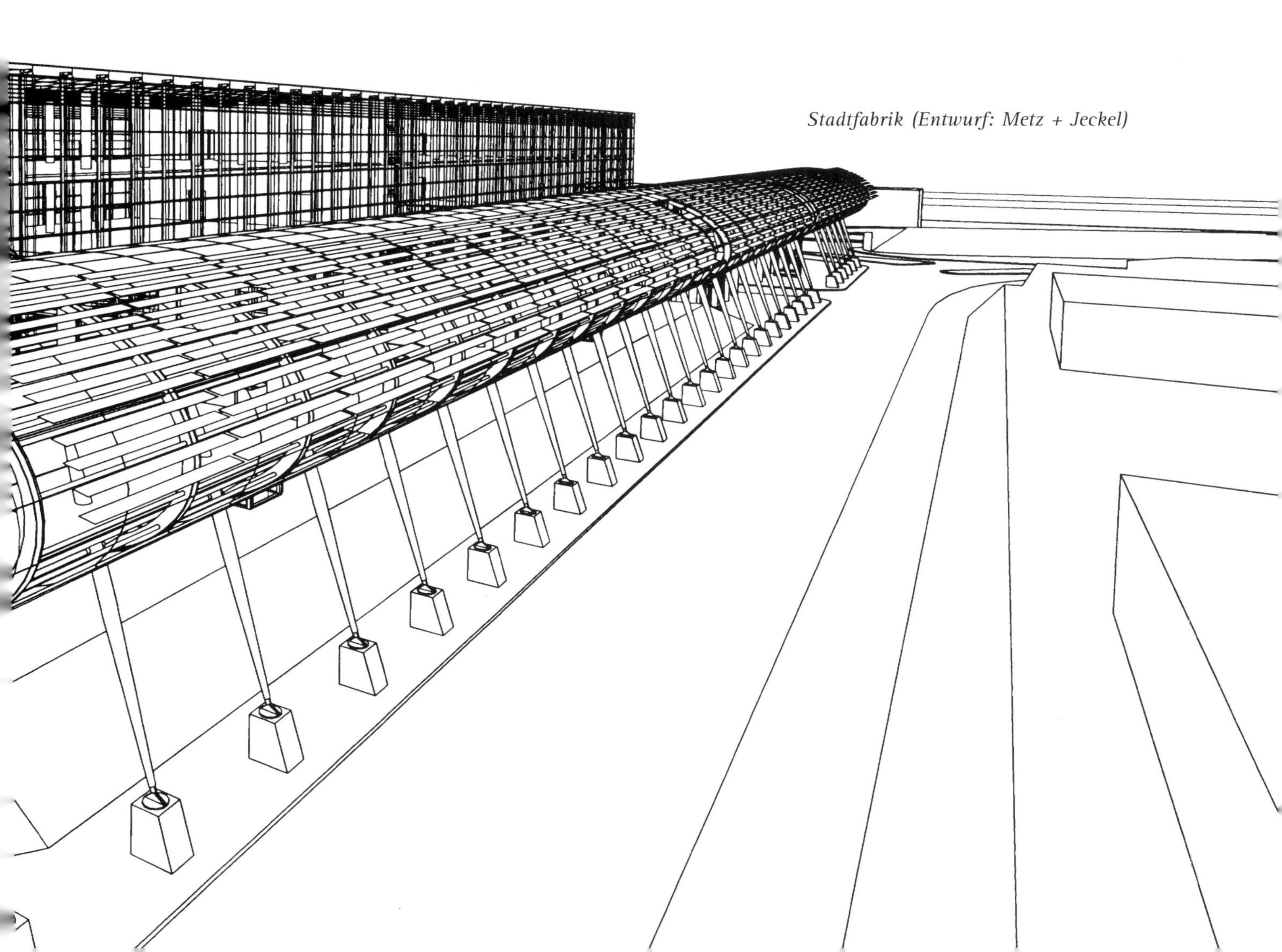

Stadtfabrik (Entwurf: Metz + Jeckel)

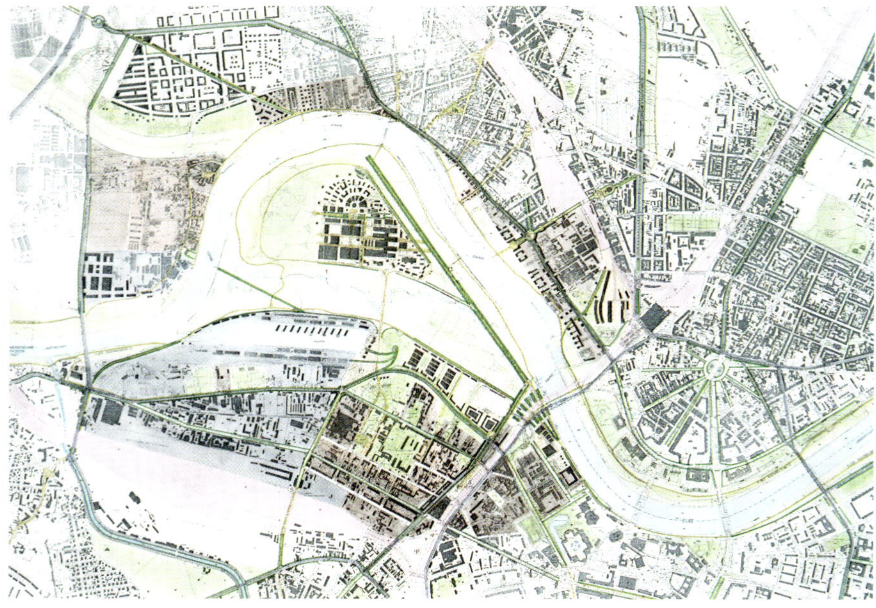

Städtebaulicher und landschaftsplanerischer Ideenwettbewerb für das Große Ostragehege in Dresden. Auf dem 200 ha großen Gebiet soll im Jahr 2003 die Internationale Gartenbauausstellung (IGA) stattfinden.
Oben: Der Ist-Zustand des Geländes
Unten: Handkolorierte CAD-Zeichnung des Lageplans

Landschaftsplanung

Computerunterstützte Landschaftsplanung wird unter anderem mit dem digitalen Geländemodell möglich. Verschiedenste Baumaßnahmen können damit in allen Phasen, vom Entwurf über die Plandarstellung bis hin zur Präsentation, eingebettet in geplante und vorhandene Geländezustände, mit Computerhilfe bearbeitet werden.

Ausgehend von den Angaben der Koordinaten des aufgemessenen Bestandsgeländes kann das digitale Geländemodell berechnet werden. Eine Dreiecksvermaschung besorgt beispielsweise bei dem Modul für Geographie und Geländedaten der Firma Nemetschek die Berechnung des räumlichen Modells des Geländes.

Solche Programme bieten darüber hinaus viele Möglichkeiten der Berechnung oder Präsentation des Geländemodells. So können Massenberechnungen angestellt werden, die Bestands- und Planungsgeländezustand vergleichen. Beliebige Kurvenverläufe mit konstanten oder variablen Neigungen lassen sich für Böschungen berechnen, was sich etwa für die Planung von Golfplätzen anbietet.

Die Präsentation kann mit allen im CAD benutzten Werkzeugen durchgeführt werden, so daß das Gelände z. B. in abgestuften Farbdarstellungen entsprechend dem Höhenverlauf am Bildschirm erscheint. Bei CAD-Programmen, die entweder eigene Präsentationsmodule oder Schnittstellen zu anderen haben, sind weitere Darstellungen, wie Animationen mit eingepaßten Baukörpern möglich.

Visualisierung des Entwurfs von Prof. Dielitzsch, Prof. May und Dr. Rank (CAD-Bearbeitung: cad&art, Weimar)

3.3.2 Innenarchitektur

Ausgangspunkt der Arbeit mit dem CAD-System ist auch hier das CAD-Modell der Architektur. Ist der Entwurf soweit gediehen, daß Wände, Begrenzungen und Fenster in ihren Ausmassen bekannt sind, kann der Innenarchitekt die Innenräume mit Hilfe des 3D-Modellierers gestalten. Alle Möglichkeiten der in Kapitel 2.4.2 ausführlich beschriebenen Funktionen stehen ihm dafür zur Verfügung.

Die so erstellten Räume und Einrichtungen lassen sich als 3D-Modell am Bildschirm darstellen, um die Beleuchtungssituation der Räume zu simulieren.

Die Lichtsimulation gibt dem Innenarchitekten neue Entscheidungshilfen zur Innenraumgestaltung an die Hand. Fußten früher seine Kenntnisse auf manuell durchgeführten, mitunter langwierigen Berechnungen und seinen eigenen Erfahrungswerten, berechnet der Computer jetzt unterschiedliche Beleuchtungssituationen unter verschiedensten Einflüssen, wie Sonnenstand, Lichteinfallswinkel künstlicher Lichtquellen und den dadurch hervorgerufenen Schattenwurf.

Darüber hinaus können selbstverständlich auch Symbole aus Bauteilbibliotheken mit Einrichtungsgegenständen eingesetzt werden. Ordnet man ihnen Materialien zu, beispielsweise für den Boden Parkett oder Teppichboden, läßt sich die Wirkung der gewählten Materialien für die Beleuchtung des Raumes testen. Mit den

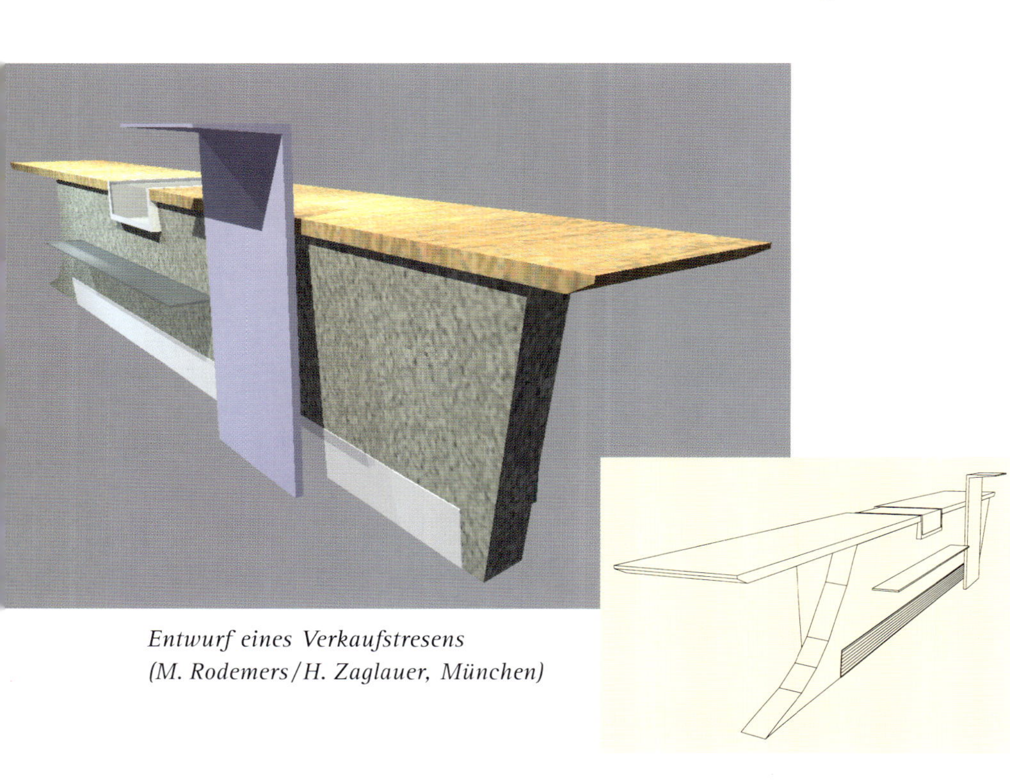

Entwurf eines Verkaufstresens (M. Rodemers/H. Zaglauer, München)

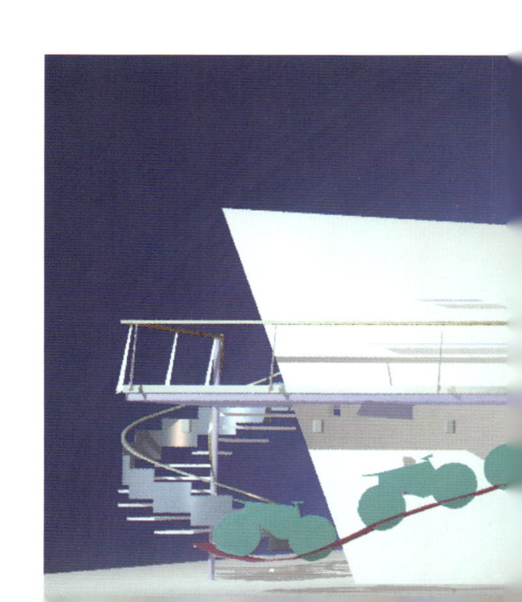

Umgestaltung einer Reithalle als Verkaufs- und Präsentationsraum für ein Fahrradgeschäft.
Kleines Bild rechts: Handskizze des Treppenentwurfs (M. Rodemers/ H. Zaglauer, München)

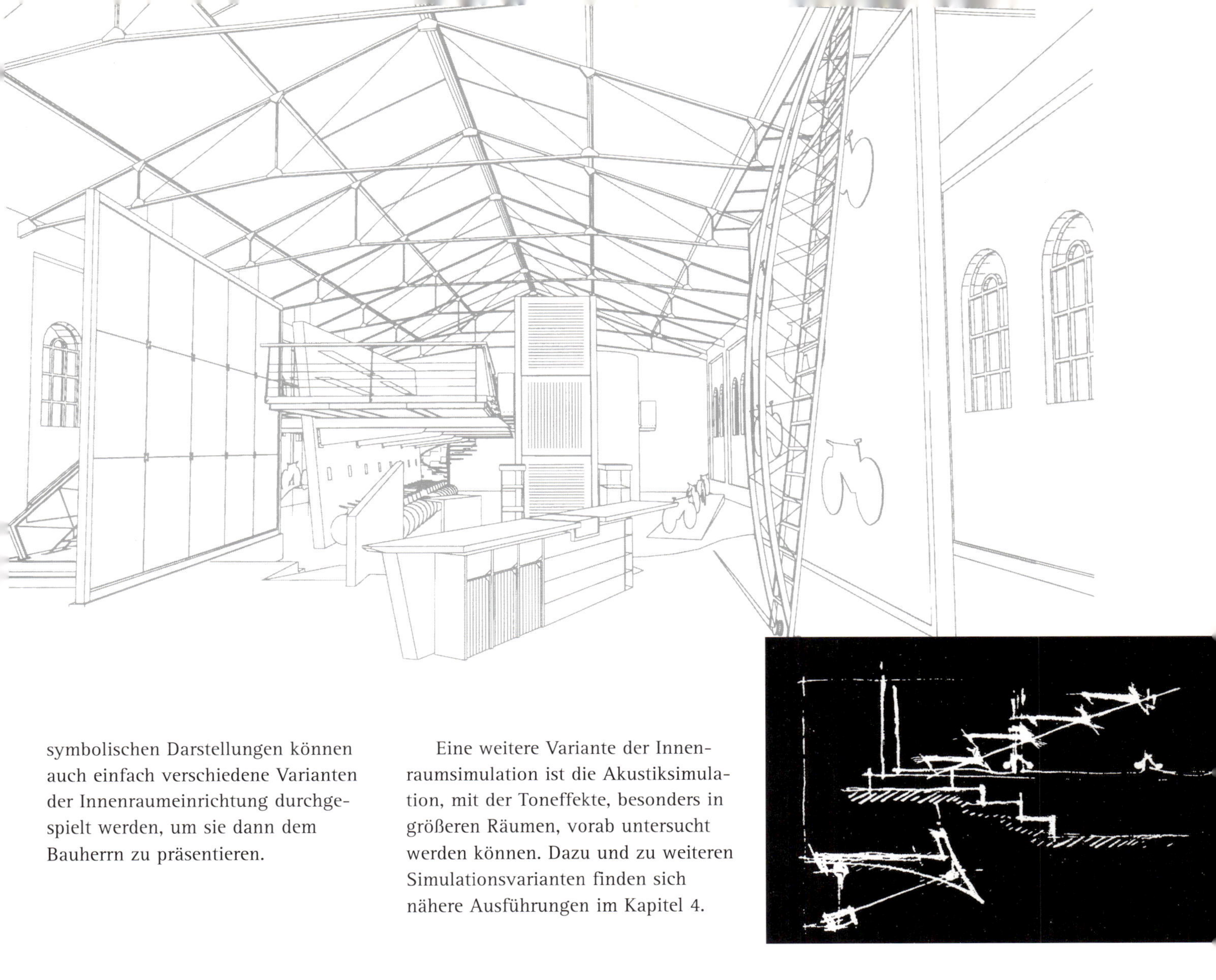

symbolischen Darstellungen können auch einfach verschiedene Varianten der Innenraumeinrichtung durchgespielt werden, um sie dann dem Bauherrn zu präsentieren.

Eine weitere Variante der Innenraumsimulation ist die Akustiksimulation, mit der Toneffekte, besonders in größeren Räumen, vorab untersucht werden können. Dazu und zu weiteren Simulationsvarianten finden sich nähere Ausführungen im Kapitel 4.

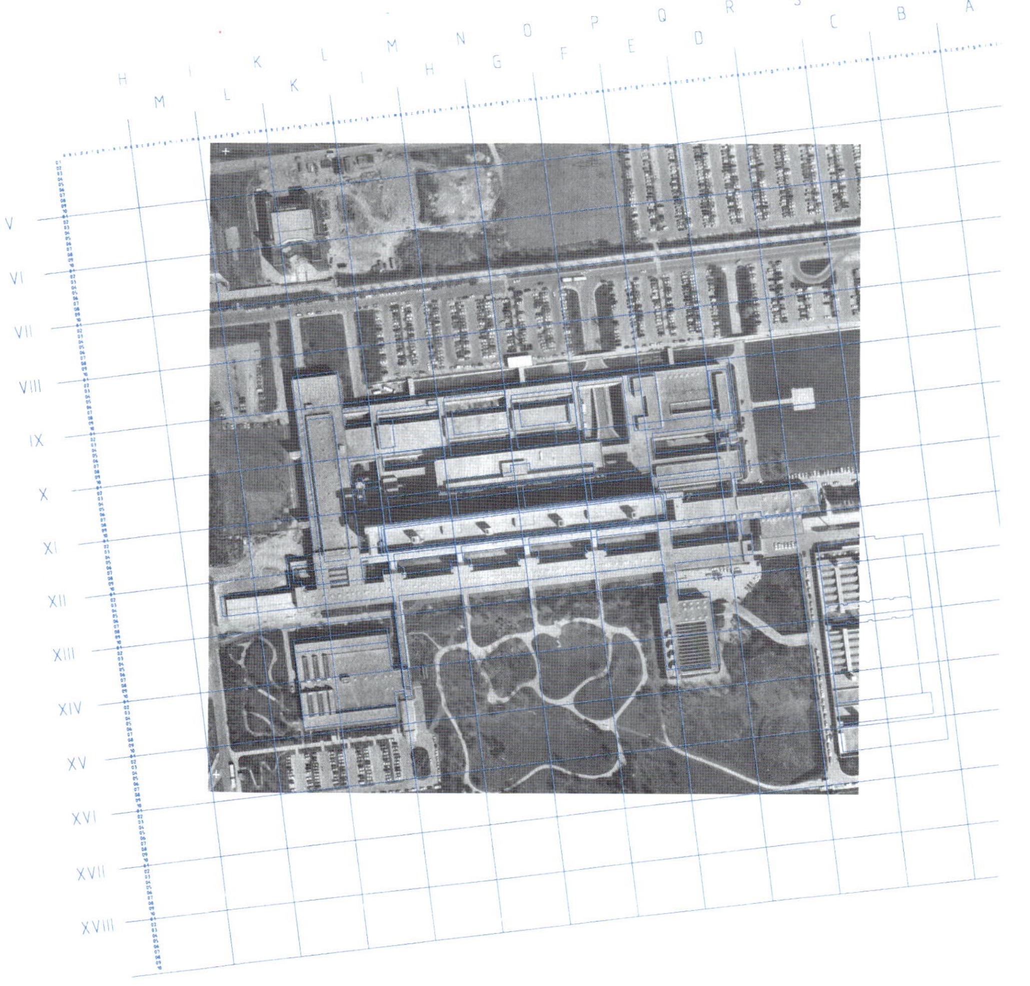

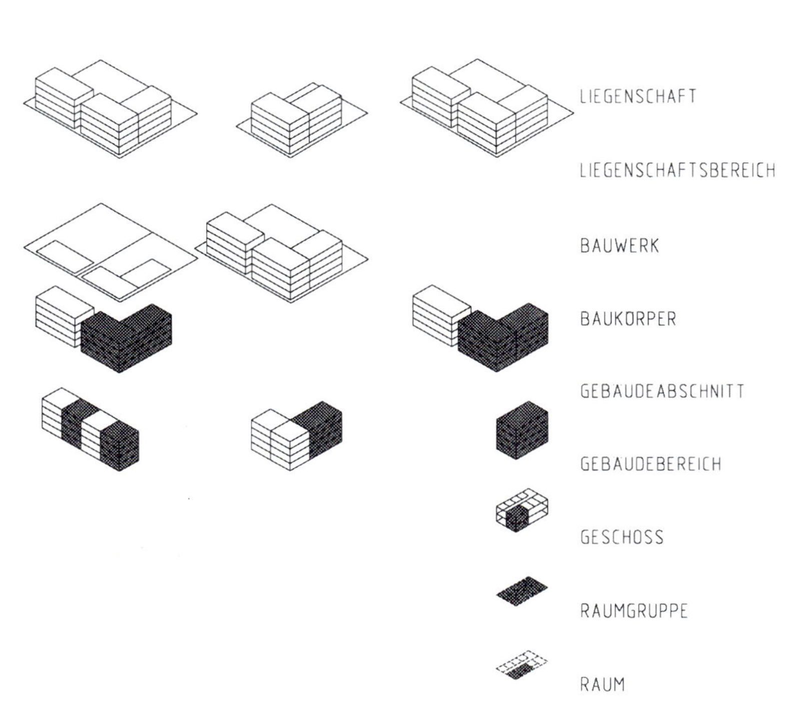

3.3.3 Gebäudeverwaltung (FM) und Geografisches Informationssystem

Informations- und Objektmanagement

Unter die Oberbegriffe Informations- und Objektmanagement lassen sich die Bereiche Facility Management (FM) und Geographische Informationssysteme (GIS) zusammenfassen. Die sinnvolle Verknüpfung von Informationen – graphische Darstellungen eines Objektes und ergänzende Beschreibungen – zu einem Organisationssystem ist ihre Aufgabe. Es kann dabei um (größere) Gebäude aller Art wie Krankenhäuser, Industriebetriebe, Stadtverwaltungen oder auch um Biotope, Grundstücke und Liegenschaften gehen. Die Informations- und Objektmanagementsysteme zielen auf die rationelle und effektive Verwaltung dieser Objekte. Jederzeit und immer auf dem aktuellen Stand sollen die dafür notwendigen Daten am Computer nach unterschiedlichen Ordnungssystemen abgefragt werden können, um differenzierte, für die jeweilige Aufgabe zugeschnittene Angaben zur Verfügung zu haben.

Ausführlicher wird im folgenden auf das Gebäudemanagement eingegangen, da dieses näher am Aufgabenfeld des Architekten liegt als die Geographischen Informationssysteme.

Oben: Luftaufnahme des Krankenhauses Großhadern in München. Darüber liegt ein Orientierungsraster. Unten: Die Funktionsweise von Facility-Management grafisch dargestellt

Gebäudeverwaltung (FM)

Die Hintergründe für die Entwicklung von Facility Management-Systemen sind im vorhergehenden Kapitel angesprochen worden. Neben dem Aspekt der wirtschaftlicheren Gebäudenutzung in Zeiten knapper werdender Ressourcen ist hier der neue ganzheitliche Ansatz, der den gesamten „Gebäudelebenszyklus" umfaßt, zu nennen.

Facility Management-Programme müssen flexibel sein. Ein Mindestmaß an Angaben sollte für die Gebäudenutzungsphase immer verfügbar sein und je nach Bedarf erweitert werden können. Beim Anlegen eines solchen Systems muß also erst genau geklärt sein, für welche Bereiche es eingesetzt werden soll. Abhängig davon müssen auch die Zugriffsrechte genau geregelt sein, damit nicht jeder sensible Personaldaten – die auch miterfaßt werden können – einsehen kann.

Entsprechend dem Grundgedanken der durchgängigen Gebäudeverwaltung, beginnt die Aufnahme des Datenbestandes für das Gebäudeverwaltungssystems (FM-System) bereits mit dem CAD-Gebäudeentwurf. Dafür braucht ein FM-System eine leistungsfähige Datenbank und möglichst dieselbe Datenstruktur wie das zur Konstruktion eingesetzte CAD-System. Damit wird sichergestellt, daß die Daten ohne Probleme für die Gebäudeverwaltung übernommen werden können.

Falls die Angaben der CAD-Planung in der Bauausführung modifiziert werden oder aber das Gebäude ohne CAD geplant wurde, bieten manche Facility Management-Systeme, wie Allfa von Nemetschek, die Möglichkeit, mit tragbaren Computern (Notebooks) vor Ort den Bestand zu erfassen, um sehr zuverlässige Bestandsdaten zu erhalten.

Über aller Planungsphasen hinweg wird für das FM-System auch ein Raum- und Gebäudebuch mitgeführt. Vom Erstellen des Raumprogramms in der Grundlagenermittlung, über das Anlegen eines Planungsraumbuches während der Entwurfs- und Ausführungplanung bis zur Übergabe des fertigen Bestandsraumbuches an den Nutzer werden die Angaben kontinuierlich aktualisiert und parallel zur Detailierung im Planungsprozeß präziser und aussagekräftiger.

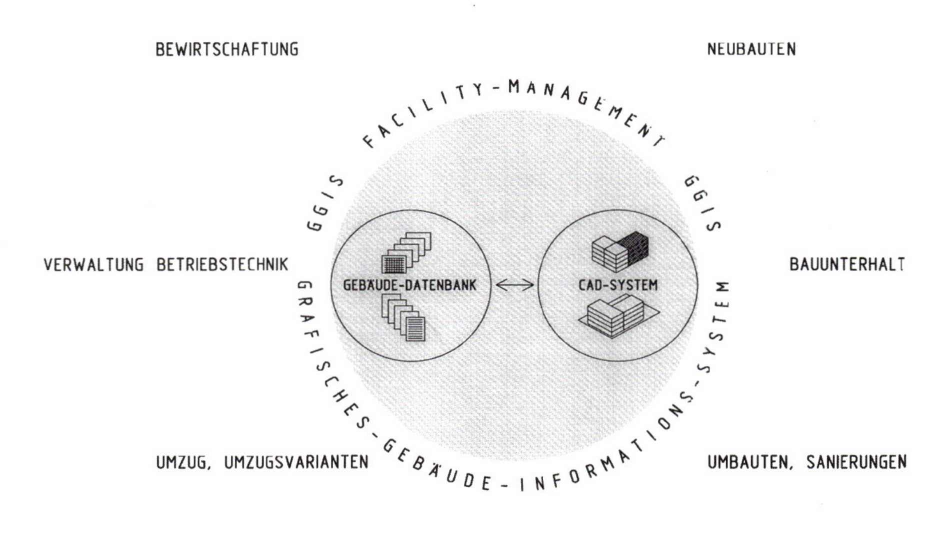

Oben: Komponenten des Gebäudeinformationssystems, LMU-Leibniz-Rechenzentrum, München
Unten: Ansicht des Krankenhauskomplexes München-Großhadern

Nach der Objektübergabe kommen die vielfältigen Nutzungsmöglichkeiten des FM-Systems während des täglichen Gebäudebetriebs zum Tragen. Aus diesem weiten Feld soll hier ein konkretes Beispiel heraugegriffen werden.

In einem Büro soll für ein zeitlich begrenztes Projekt eine Arbeitsgruppe gebildet werden. Weder sollen dafür Räume angemietet noch neue Mitarbeiter eingestellt werden. Es sollen vielmehr die vorhandenen Kapzitäten ausgenutzt werden.

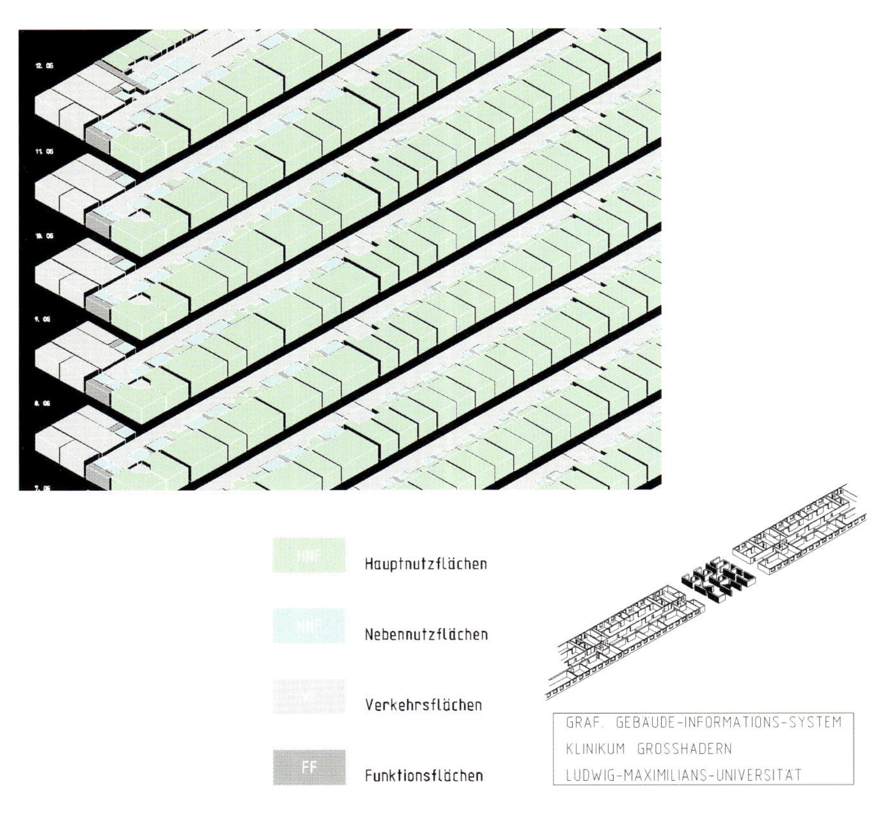

Teilausschnitt einer Visualisierung für das FM der Räume des Krankenhauses. Rechts davon die Legende für die Flächenauswertung (Universitätsbauamt München)

Da in der Datenbank des FM-Systems alle für den Betrieb relevanten Objekte erfaßt sind – sie können noch um Informationen über die Mitarbeiter ergänzt werden – kann das vorhandene Inventar für diese Aufgabe über verschiedene Listen ausgewertet werden. Die bereits eingesetzten Computer mit Software können mit den Anforderungen verglichen werden und falls Geräte dabei sind, die mit den entsprechenden Anforderungen übereinstimmen und entbehrlich sind, können diese ausgewählt werden. Im anderen Fall können jetzt neue Geräte gekauft werden, wobei durch den Vergleich mit dem Bestand Mehrfachanschaffungen auf jeden Fall vermieden werden können.

Je nachdem wie aussagekräftig die im FM-System gespeicherten Informationen zu den Mitarbeitern sind, kann anhand der Anforderungen an den Arbeitsplatz eine Vorauswahl der Projektmitarbeiter getroffen werden. In jedem Fall kann aber über die Raumbelegungslisten ermittelt werden, wo Freiflächen oder wenig genutzte Flächen sind, die der Arbeitsgruppe zur Verfügung gestellt werden können.

Die meisten FM-Programme enthalten auch Module zur Umzugsplanung. Der Umzug der neuen Projektgruppe kann damit durch einfaches Erstellen von Varianten und deren Darstellung am CAD-System durchgespielt werden. Verfügt das Facility Management-System obendrein über ein Kabelmanagement, kann auch gleich die Verlegung der elektrischen Einrichtungen entworfen und später leicht ohne langes Kabelsuchen durchgeführt werden.

FM-Systeme können für vielfältige weitere Aufgaben eingesetzt werden. Mit ihnen kann beispielsweise auch die Gebäudereinigung effektiver werden. Dadurch, daß mit den genauen

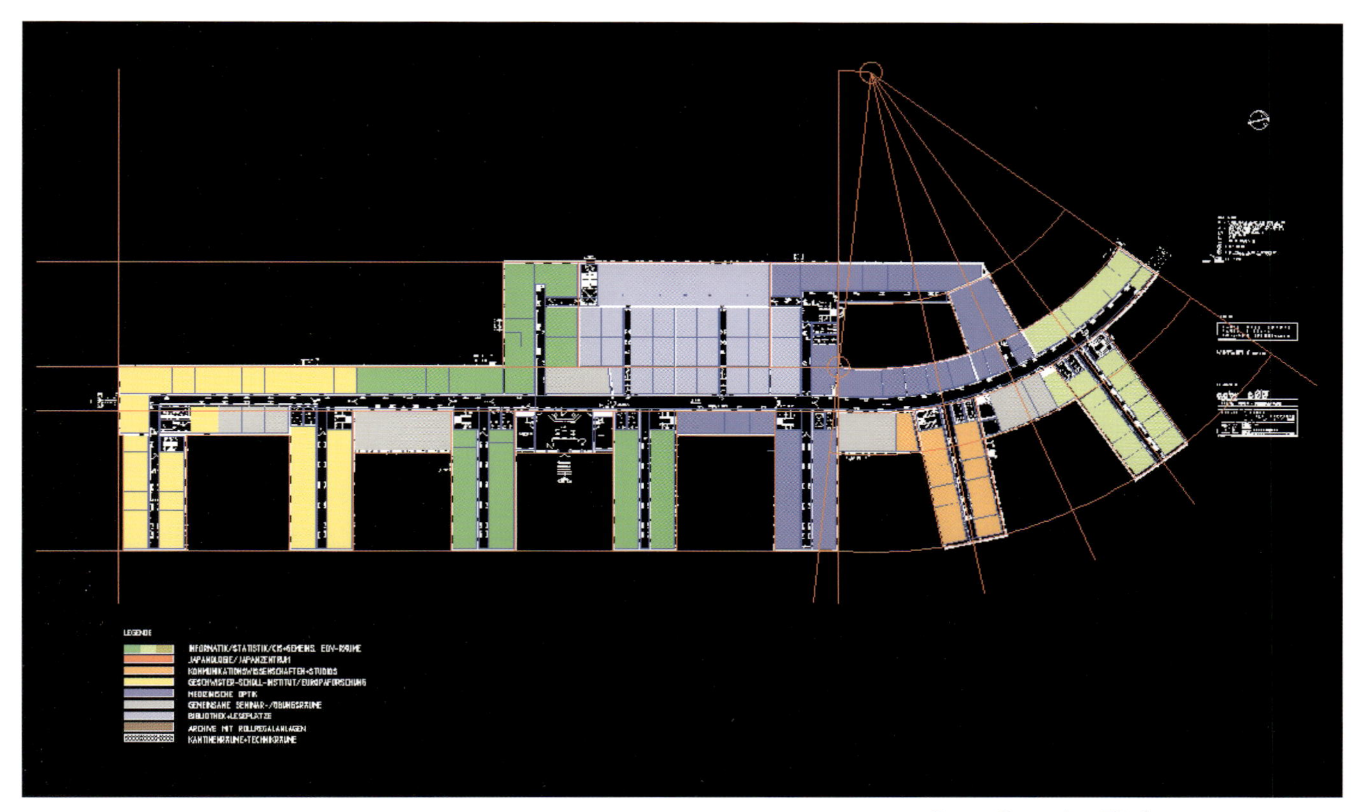

Darstellung der Flächennutzungen eines Stockwerks

Angaben über Raumbelegung die tatsächlich zu reinigende Fläche ermittelt ist, werden nicht die Raumgrößen, sondern die Raumgrößen abzüglich von Regal- und sonstigen Stellflächen abgerechnet. Bei größeren Gebäuden sind damit nicht unerhebliche Kosteneinsparungen zu realisieren.

Geographische Informations-Systeme

Nach den gleichen Prinzipien wie im Facility Management können hier beispielsweise kommunale Flächen, wie Grundstücke und Liegenschaften nach verschiedenen Kriterien bewirtschaftet werden. Solche Kriterien können u. a. Bestandsaufnahme und Bestandsführung, Wertermittlung, Unterhaltung, Nutzungsart, Budgetierung oder Planung sein.

Ihrem Einsatz in der täglichen Praxis stehen allerdings noch die ungenügende Vernetzung der Verwaltungen bzw. die noch nicht erfolgte Einführung EDV-gestützter Systeme im allgemeinen entgegen. Verbundnetze müssen hier erst noch geschaffen werden, damit Daten nicht mehr in mehreren Ämtern zusammengesucht werden müssen, sondern schnell über EDV verfügbar sind.

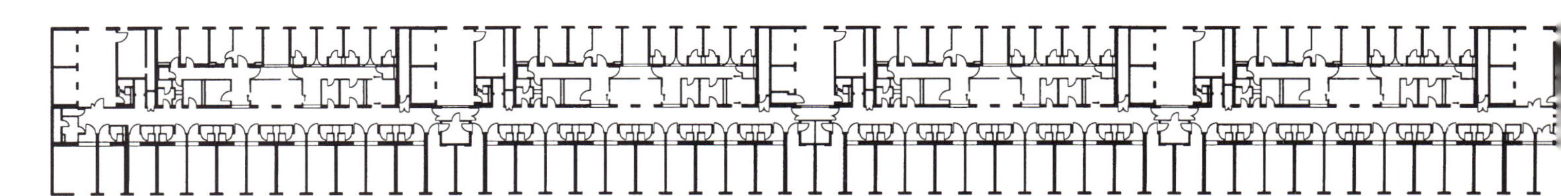

Mattenverlegung für die Bewehrung einer Stahlbetondecke

3.3.4 Tragwerksplanung

Heute sind in den meisten Ingenieurbüros in der Tragwerksplanung Berechnungsprogramme eingeführt. CAD-Software, die diese Programme ergänzt, wird in naher Zukunft ein ebenso unverzichtbares Werkzeug für den Ingenieur darstellen. Ebenso werden spezifische, integrierbare Programme, z. B. für den Holz- und Stahlbau, als auch Automatikprogramme, die zur Berechnung grafische Darstellungen und Listen ausgeben, eine immer weitere Verbreitung finden.

In anderen Industriezweigen, etwa dem Automobil- oder Flugzeugbau, werden bereits alle Planungen an einem Datenmodell durchgeführt, was im Bauwesen noch Zukunft ist. Gelingt es aber alle Planer auf gemeinsame Planunterlagen oder ein Datenmodell festzulegen, so kann es – zumindest theoretisch – keine Fehler in den Planungsunterlagen mehr geben und die Planungszeit läßt sich darüberhinaus drastisch reduzieren. In einfacher Form findet im Bauwesen heute der CAD-Datenaustausch statt, indem Architekten, Tragwerksplaner und andere Fachplaner ihre Pläne in digitaler Form austauschen.

So erhält der Tragwerksplaner das Hundertstel des Architekten und entwickelt daraus seine Positions- und Schalpläne. Viel Zeichenarbeit und Übertragungsfehler können dadurch verringert werden. CAD für Tragwerksplaner bedeutet aber mehr als nur die Erstellung von Positions- und

Schalungsplänen. Die Vorteile bauspezifischer CAD-Software werden hier besonders deutlich, da eine Bewehrungszeichnung im CAD-System wesentlich mehr Informationen bereithält als nur Darstellung der Bewehrung. Die zugeordneten Attribute geben Aufschluß über Stahlart, Durchmesser, Stückzahlen und enthalten – in Form von Schemaplänen – auch Anweisungen für die Verlegung. Als Ergebnis der Arbeit mit einem derartigen CAD-Programm erhält man neben den Plänen auch Biege-, Stahl- und Mattenlisten.

Eine zusätzliche Möglichkeit sind darüber hinaus 1:1-Darstellungen, die es dem Konstrukteur am Bildschirm erlauben, die Bewehrung exakt so zu sehen, wie sie auf der Baustelle verwirklicht werden wird. Kollisionen können so vermieden werden und der problemlose Einbau auf der Baustelle ist gewährleistet.

Grafische Darstellungen von Berechnungsergebnissen nach der Methode der Finiten Elemente

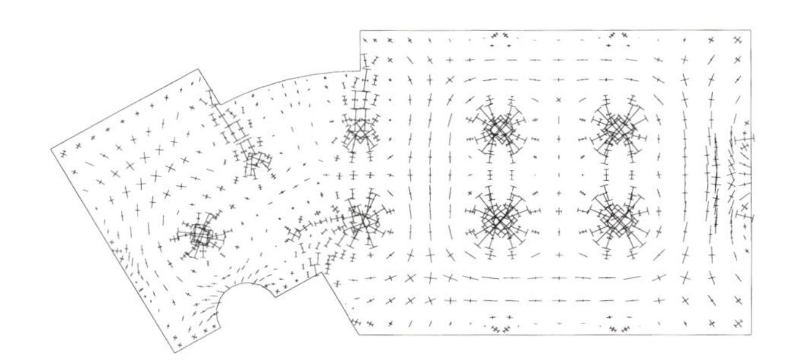

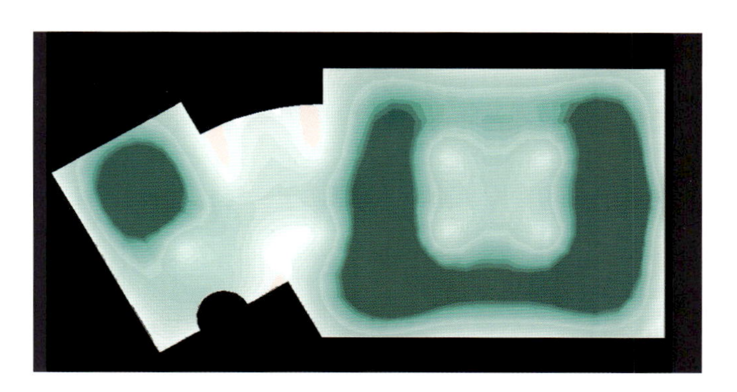

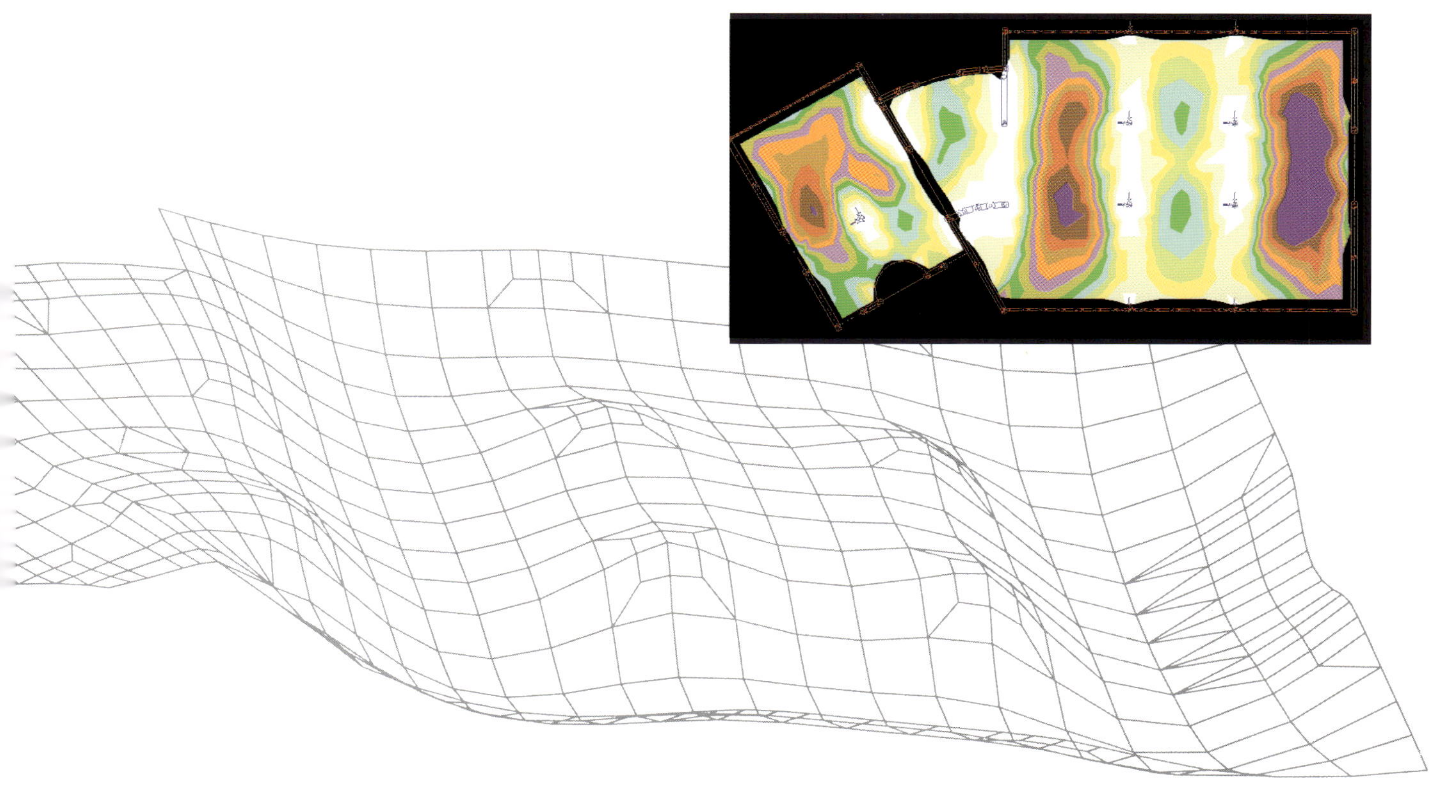

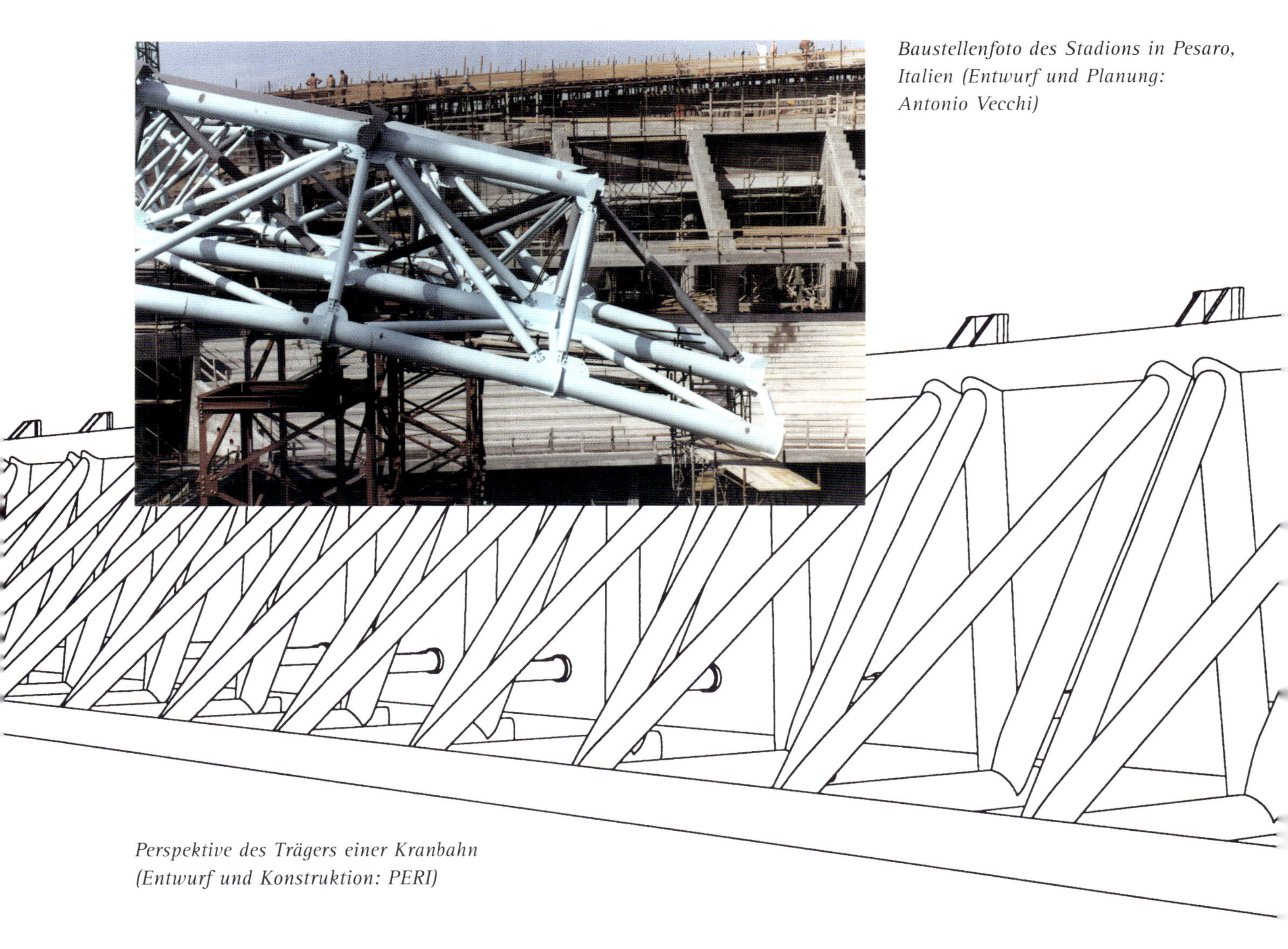

Baustellenfoto des Stadions in Pesaro, Italien (Entwurf und Planung: Antonio Vecchi)

Perspektive des Trägers einer Kranbahn (Entwurf und Konstruktion: PERI)

Besonders für die Anforderungen des Ingenieurbaus bei der Planung von Tunneln oder Brücken sind ingenieurspezifische CAD-Programme geeignet. Die Darstellung schwieriger geometrischer Verhältnisse sowie von Zeichen- und Trassierungselementen wie Klothoiden und die entsprechenden Modifikationsmöglichkeiten sind hier in integrierter Form möglich. So kann der Ingenieur sofort betrachten, welche Auswirkung die Veränderung einer Achse auf die Baumaßnahme hat.

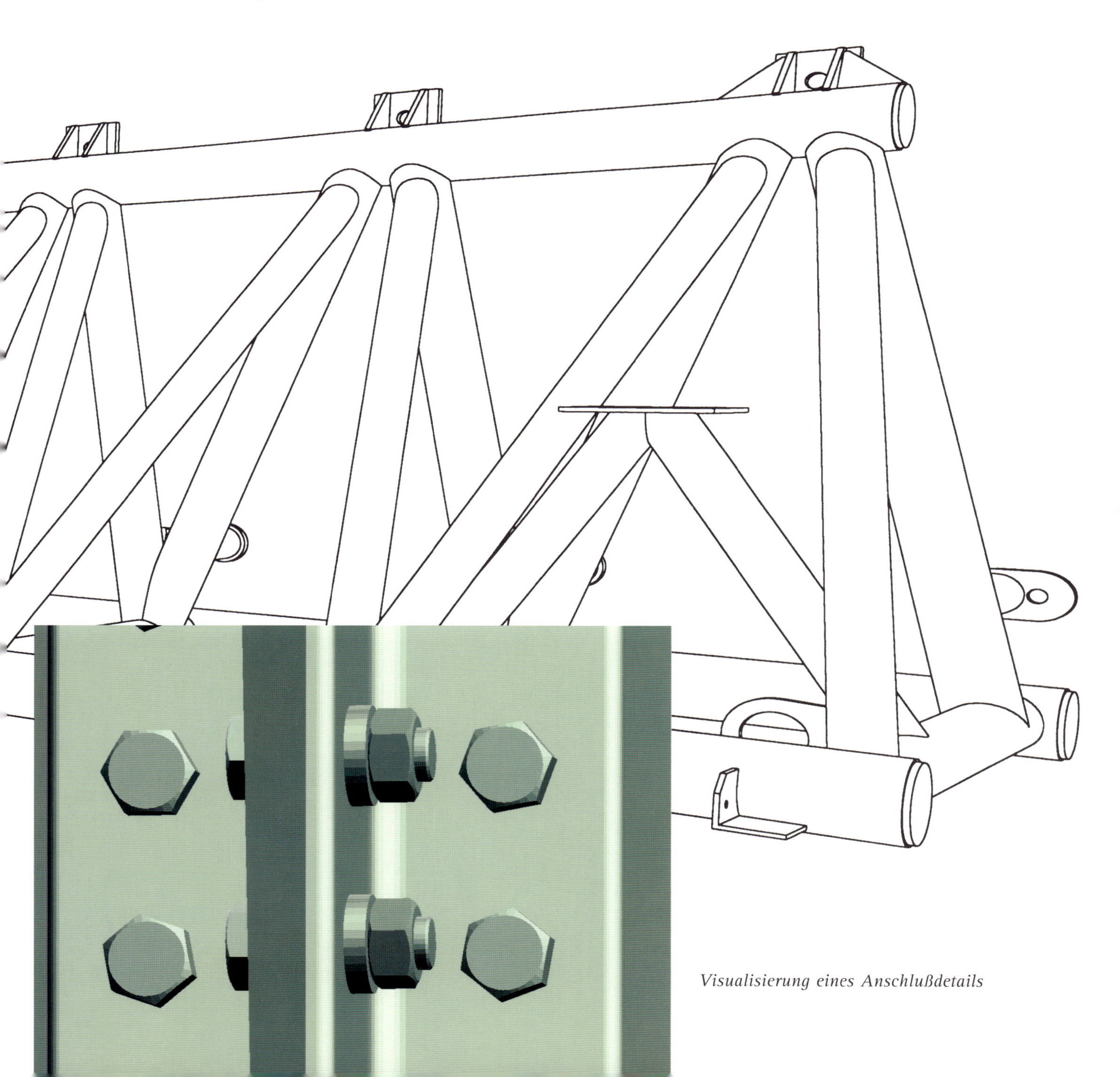

Visualisierung eines Anschlußdetails

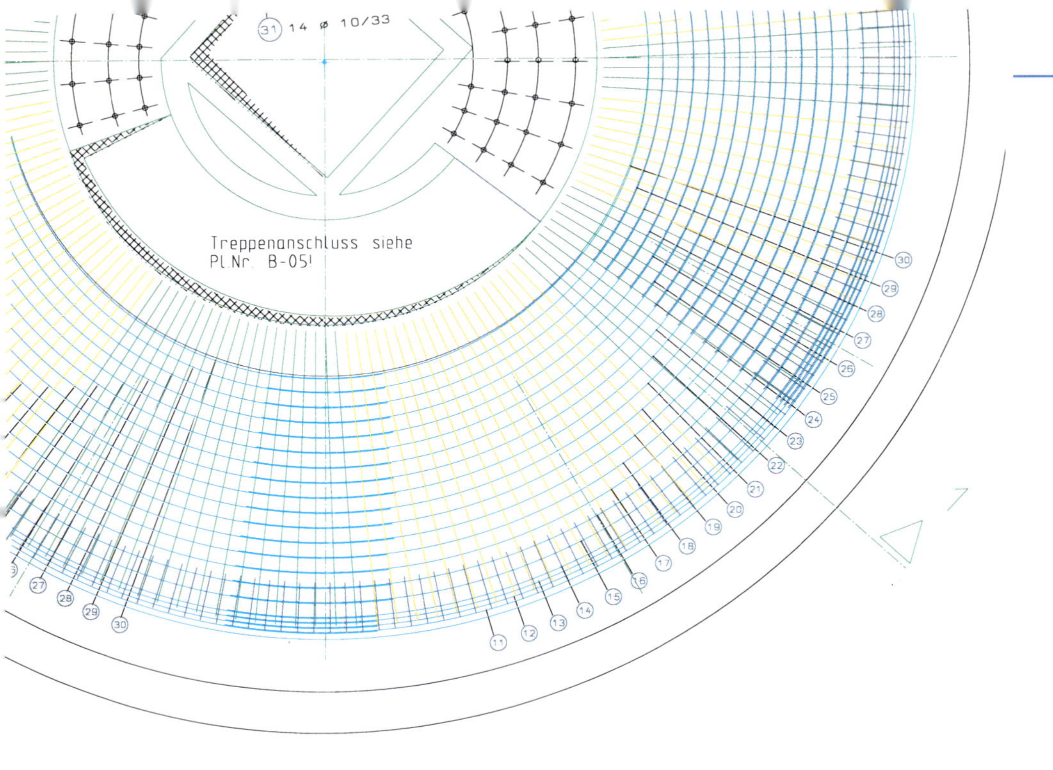

Bewehrung eines Wasserturms (Dipl.-Ing. Glawa, Mühlacker)

Einen wesentlichen Beitrag im Hinblick auf die Gestaltung, aber auch auf mögliche Massen- und Kostenersparnisse, leisten integrierte Finite-Elemente-Programme. Stahlbetondecken sind geometrisch gesehen sehr komplexe Tragwerke. Mit der entsprechenden Software können solche Berechnungsprobleme relativ einfach gelöst werden. Die Eingabe erfolgt interaktiv, das Berechnungsprogramm löst quasi im Hintergrund das Gleichungssystem und setzt die Ergebnisse sofort auch grafisch und plastisch um. Diese Auswertung kann vom Ingenieur sofort für die Bewehrung herangezogen werden. Die interaktive Arbeitsweise erlaubt dabei die heute erforderlichen Optimierungen bezüglich Materialmengen und Kosten. CAD- und Finite-Elemente-Programme können heutzutage dem Tragwerksplaner wertvolle Unterstützung bei seiner Arbeit geben.

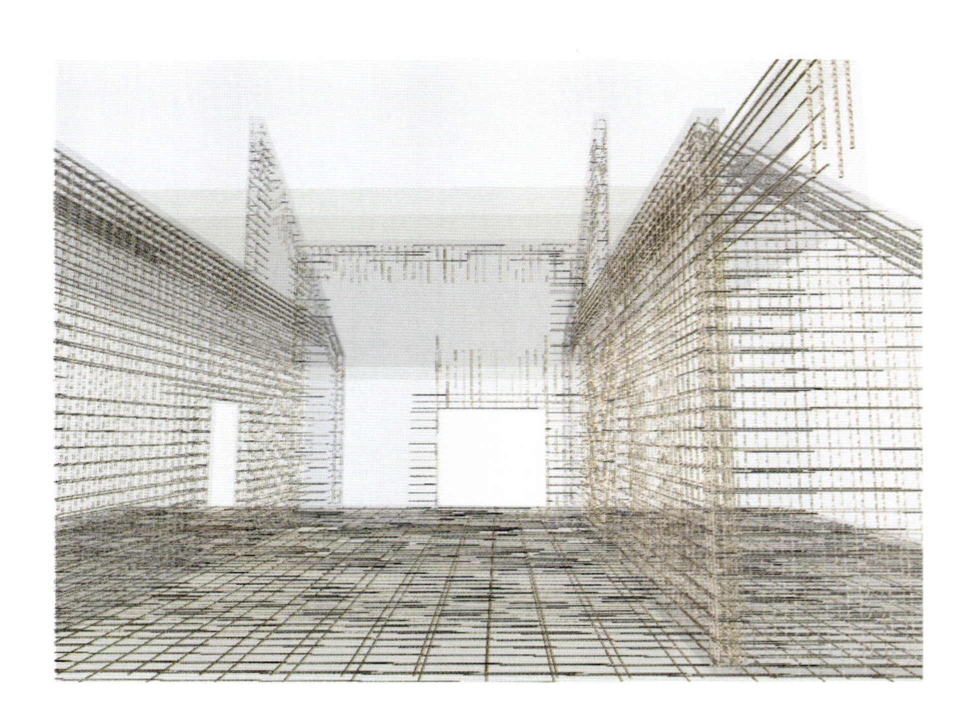

Darstellung der Bewehrung in der Animation

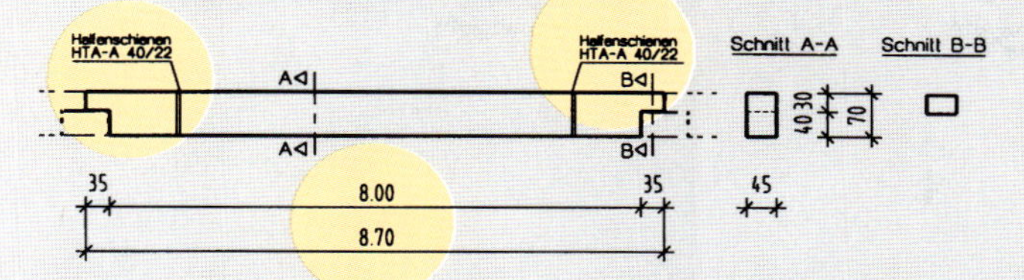

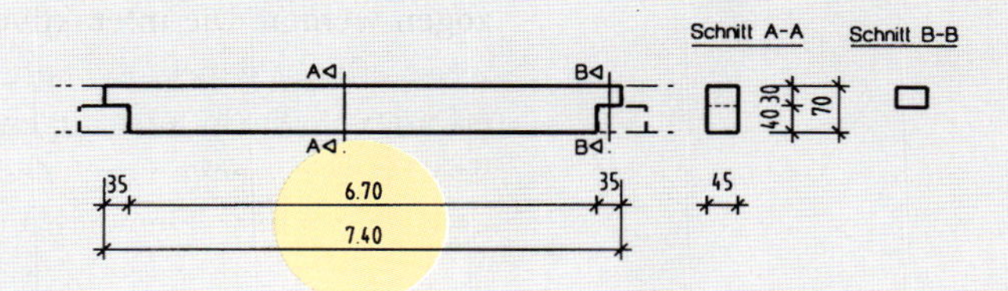

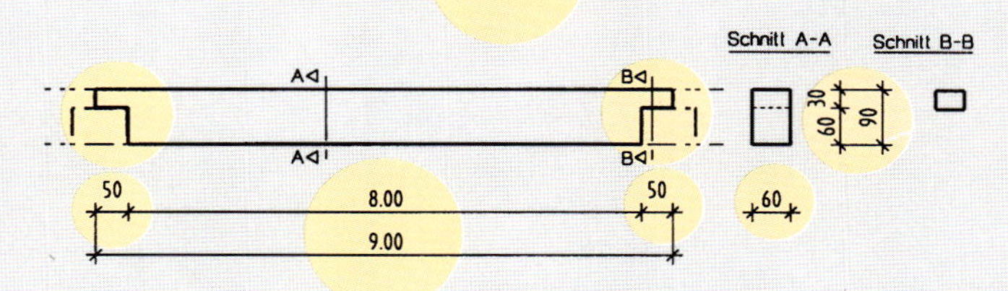

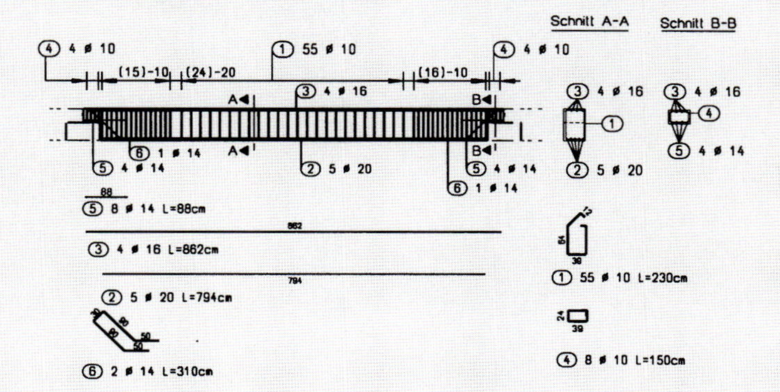

Nach einmaliger Erstellung eines Variantenmakros liegt die Konstruktion in parametrisierter Form vor

3.3.5. Haustechnik

Den Bereich der Haustechnik, also die sanitären, heizungs- und lüftungstechnischen Gewerke berücksichtigen besondere Programme. Sie sind im Aufbau oft recht unterschiedlich, decken teilweise nur einen Bereich ab, wie beispielsweise Programme für die Heizungstechnik, mitunter umfassen sie aber auch alle Felder der Haustechnik.

Die meisten Programme dieser Art sind Module zu allgemeinen CAD-Programmen. Sie umfassen oft Funktionen zur schematischen Zeichnung und auch für Planungen von Grundrissen. Darüber hinaus enthalten sie oft auch 3D-Module zum Erstellen realitätsgetreuer Modelle der haustechnischen Anlage.

Rendering eines Betriebsraumes. Neben den räumlichen Gegebenheiten werden auch die Anlagenelemente dargestellt (Entwurf: Architekten Kleine, Ripken, Teicher; Hannover)

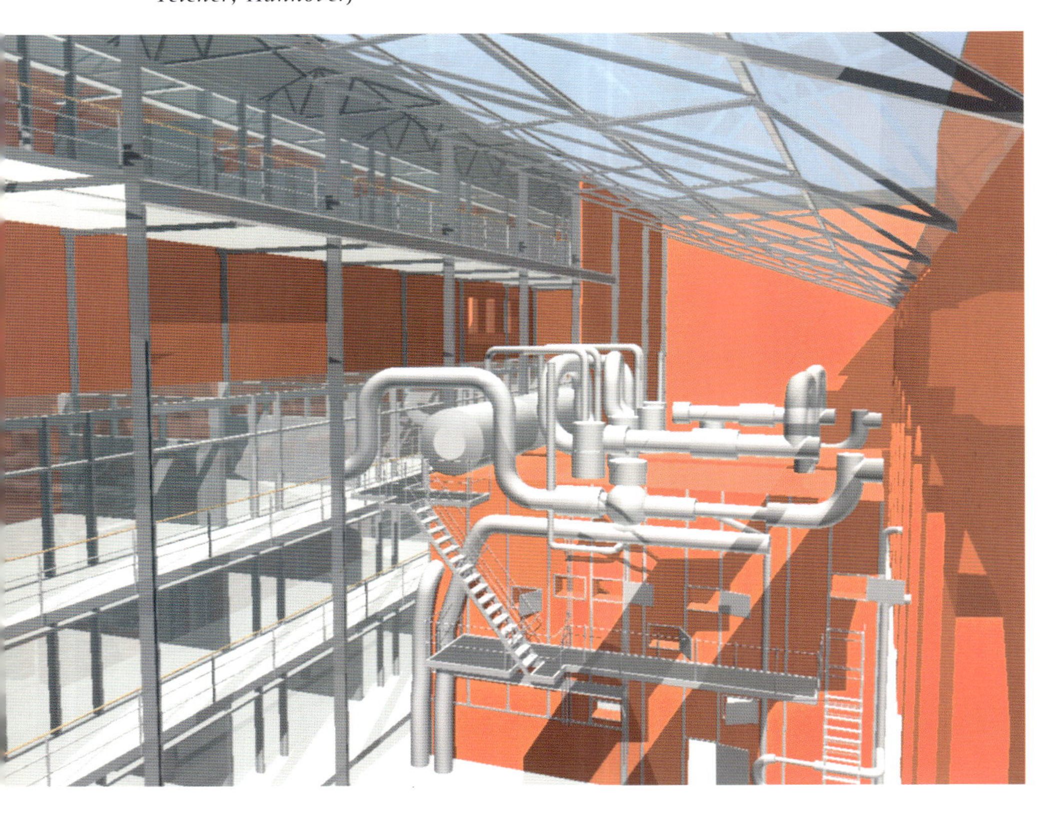

Schemaplan einer Prinzipschaltung für Sanitäreinrichtungen

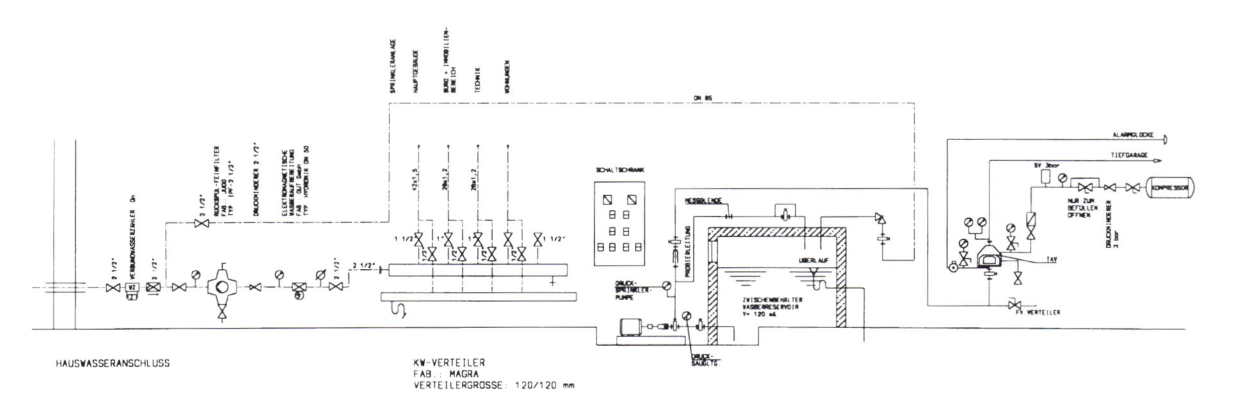

Auch hier gibt es Bauteilbibliotheken mit den gängigen Symbolen für Installationen, wie Wasseranschlüsse, Duschen oder Belüftungsschächte.

Haustechnik-Programme sind über Schnittstellen zu den gängigen CAD- und AVA-Programmen sowie zu Tabellenkalkulationen verbunden, so daß beispielsweise technische Berechnungen, wie Druckverlustberechnungen in diesen Programmen durchgeführt und in das Haustechnik-Programm übernommen werden können.

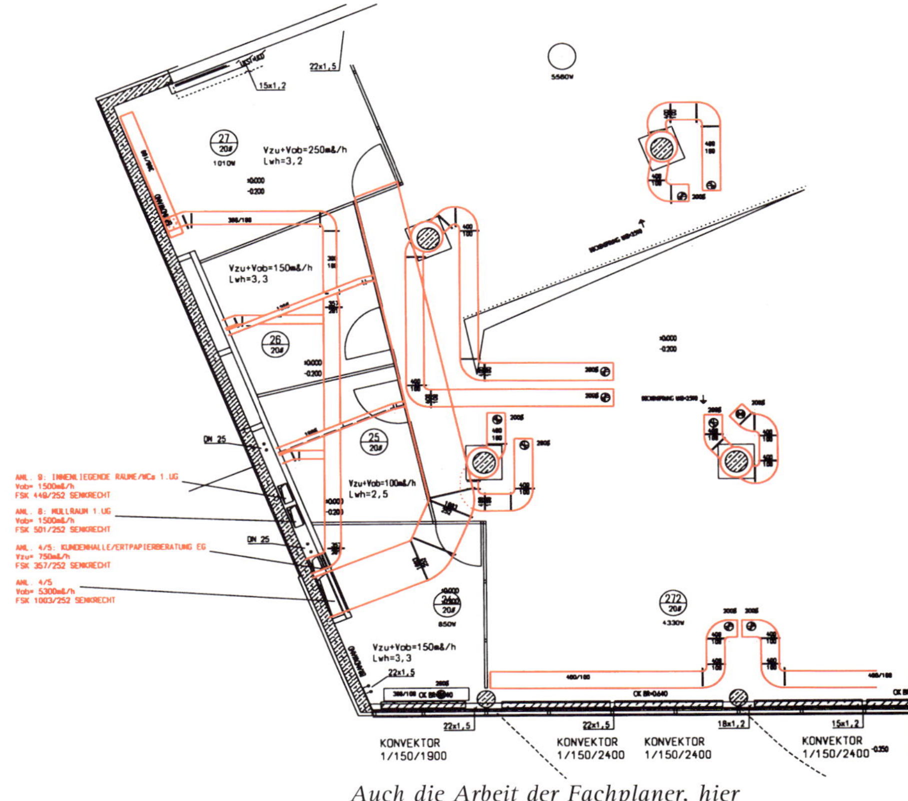

Auch die Arbeit der Fachplaner, hier etwa für Heizung und Lüftung, kann im CAD stattfinden

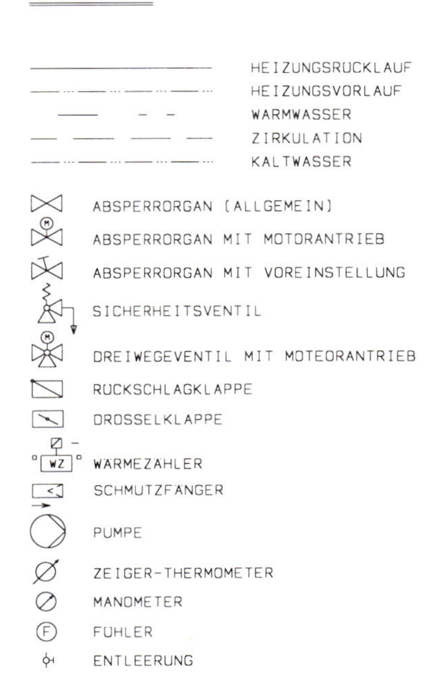

Legende für ein Heizungsschema

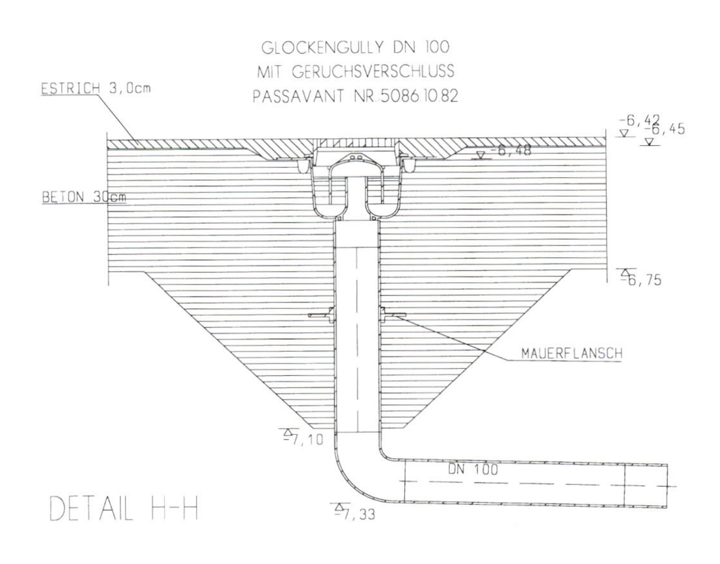

Detailplanung Sanitär

Die Zukunft des Architektur-CAD

Was zukünftige CAD-Systeme leisten werden, wird zum einen von den Programmanbietern entschieden, zum anderen findet aber Grundlagenforschung in Universitäten und weiteren Forschungseinrichtungen statt. Während die Softwarehäuser bereits vorhandene Produkte weiterentwickeln, gehen die Wissenschaftler neuen Wegen nach, die höchstens langfristig in neue Produkte münden. Ansätze aus beiden Richtungen werden hier vorgestellt. Dazu gehört auch die Beschreibung der Möglichkeiten virtueller Architektur.

Heute vorhandene CAD-Systeme bilden zwangsläufig die Ausgangsbasis für die Weiterentwicklung der Programme. Wie schnell technologische Trends, neue technische Möglichkeiten und die Ergebnisse der Grundlagenforschung in diese Programme integriert werden können, hängt jedoch von den Ressourcen der Softwarehäuser ab. Nur wenn diese über entsprechende Kapazitäten in der Enwicklung verfügen und auch bereit sind, sie einzusetzen, kann der Anwender sicher sein, daß seine Investitionen auch in Zukunft geschützt sind.

4.1 Kurz- und mittelfristiger Ausblick aus der Entwicklerperspektive

Die Ansätze der meisten Entwicklungen, die sich auf dem Architektur-CAD-Sektor kurz- oder mittelfristig ergeben werden, sind bereits erkennbar. So zum Beispiel die Integration des gesamten Planungsprozesses von der Ideenfindung in der Entwurfsphase über alle Planungsphasen der HOAI bis hin zur Gebäudeverwaltung. Die „Lebenszeit" eines Bauwerks wird damit von Anfang bis Ende durch das einmal geschaffene Modell begleitet. Der Einsatz des CAD-Systems als reines 2D-Zeicheninstrument in der Planungsphase wird damit durch einen ganzheitlichen Ansatz abgelöst.

Foto: Palazzi-Verlag, Bremen/NASA
Visualisierung: Büro Addenda, Paris

In der Planungsphase werden sich zukünftige Versionen von CAD-Systemen immer mehr an die immer kürzer werdenden Planungszyklen und die sich dadurch verändernden Planungsabläufe anpassen müssen. Die Planungsbeteiligten werden mehr und mehr parallel arbeiten müssen, wobei ihnen der Computer wesentliche Vorteile bietet. Durch die geschilderten Möglichkeiten moderner Kommunikationstechniken wie ISDN fallen die Zeitverluste durch die lange Transportdauer weg. Aktuelle Pläne sind für alle Beteiligten bei Bedarf ständig verfügbar. Die Integration aller Abläufe am Bau mit Hilfe der EDV wird denkbar, so daß architekturspezifische Aufgaben, Projektmanagement und die Steuerung der Büro- und Arbeitsorganisation innerhalb einer EDV-Welt erledigt werden können.

Bedingung dafür ist natürlich, daß die Programme untereinander kommunizieren können, was bedeutet, daß die Schnittstellen noch leistungsfähiger werden müssen. Durch sogenannte offene Systeme kann sichergestellt werden, daß alle Planungsbeteiligten mit ihrer jeweiligen EDV-Umgebung in den Planungsprozeß integriert werden können.

Statt nur zeichnungsorientierte Daten auszutauschen, wäre es möglich, das komplette Datenmodell allen Planungsbeteiligten zur Verfügung zu stellen. Mit diesem Verfahren könnte jeder Fachplaner durchgehend konsistente Daten, die er für seinen Planungsabschnitt benötigt, aus dem Modell ableiten. Das Modell stellt, wie in Kapitel 1 erklärt wurde, ein 1:1-Abbild des zu bauenden Originals dar. Es enthält lediglich die geometrischen Angaben des Objekts, nicht aber Attribute, die die geometrischen Daten erst zu Zeichnungen oder Plänen machen, wie Stricharten, Schraffuren oder Bemaßung. So kann jeder Fachplaner die Daten aus dem Modell extrahieren, die er braucht, und zusätzlich noch in dem von ihm geforderten Umfang aufbereiten. Hier stellt sich jedoch im besonderen das Problem einer geeigneten Schnittstelle für die Übergabe von dreidimensionalen Modelldaten.

Neben den erweiterten Möglichkeiten in bezug auf die Funktionalität werden die zukünftigen CAD-Systeme auch in ihrer Bedienerfreundlichkeit weiterentwickelt werden. Die Programme werden immer leichter zu erlernen sein, indem sie sich den üblichen Standards für Benutzeroberflächen annähern, die viele Anwender schon von Standardsoftware her kennen. So wird auch die Nutzung der Kommunikationsmöglichkeiten immer leichter werden und zu einer Verbesserung des internen und externen Arbeitsablaufs führen.

Alle Programmentwicklungen, die in die aufgeführten Richtungen gehen, zielen auf die Erhöhung der Produktivität des einzelnen Anwenders und damit auch ganzer Architektur- und Ingenieurbüros.

4.2 Von der Zeichenmaschine zum „intelligenten" Zeichenroboter

Solange es Computer gibt, beschäftigen sich Programmierer damit, Software zu entwickeln, mit der Handeln und Entscheiden, entsprechend den menschlichen Fähigkeiten, nachvollzogen werden kann. Damit soll der Computer den Menschen nicht ersetzen, sondern ihm bessere Grundlagen für seine Arbeit schaffen. Ihm also zeitraubende und mühsame Routinearbeit ersparen oder ihm Entscheidungshilfen anbieten.

Der Computer bietet dank hoher Rechnerleistung und großer Speicherfähigkeit die Möglichkeit, Denk- und Entscheidungsprozesse des Menschen mit Programmen nachbilden zu können.

4.2.1 Intelligente Bauteile und parametrisiertes Konstruieren

Um sich diese Möglichkeiten im Architekturbereich zunutze zu machen, ist es jedoch notwendig, daß den rein geometrisch orientierten Zeichnungselementen zusätzlich Wissen über ihre Funktion und Bedeutung zugeordnet wird. Dieses Wissen entspricht dem, was normalerweise in Form von Symbolen und Texten einem Plan mitgegeben wird, und dem, was Architekten und Fachplaner aufgrund ihrer Ausbildung und Berufserfahrung aus einem Plan herauslesen können bzw. in ihn hineininterpretieren.

Gibt man den Zeichnungselementen Wissen über ihre Funktion und Bedeutung mit, so entfernt man sich von dem rein zeichnungsorientierten CAD und gelangt zu einem grafischen Programm, das wesentlich mehr Informationen bereitstellen kann als nur die Geometrie eines Gebäudes.

Bei einigen wenigen, weit entwickelten CAD-Systemen sind die intelligenten Bauteile, in der Computersprache allgemeiner als intelligente Objekte bezeichnet, bereits im Einsatz. Wie im Kapitel 2.4.2 beschrieben, verhalten sich beispielsweise im CAD-System ALLPLAN Fenster beim Einsetzen in Wände automatisch geometrisch richtig. Das heißt, die Fenster „wissen", daß sie sich nur in der Wand befinden dürfen, können also vom Anwender gar nicht falsch plaziert werden. Dieses Beispiel zeigt, wie allein durch „Intelligenz" auf verhältnismäßig niedrigem Niveau die Arbeit mit dem CAD-System erleichtert werden kann. Dadurch, daß Wand und Fenster über sich und ihre Beziehung zueinander Bescheid wissen, ist es nicht mehr in allen Fällen notwendig, Wand und Fenster extra zu modifizieren. Die Art und Weise der Programmierung, die ein solches „intelligentes" Verhalten der Bauteile ermöglicht, bezeichnet man als objektorientiert.

CAD-Bearbeitung: H. Zaglauer

Ebenfalls ein Schritt in Richtung „intelligenter" Software ist die Parametrisierung von Konstruktionsvorgängen. Das heißt, daß das Programm weiß, wie bestimmte Bauteile konstruiert werden, und der Anwender muß nur noch die Abmessungen eingeben. Die einzelnen Bauteile werden damit zu sogenannten Prototypen, die alle das Wesentliche einer bestimmten Konstruktion, wie etwa einer Treppe, beinhalten. Diese Prototypen werden dann entsprechend den Anforderungen des jeweiligen Entwurfs angepaßt.

Computerprogramme, die dies zu leisten vermögen, vermitteln so den Eindruck, als ob der Computer „intelligent" wäre. Da es sich dabei um Intelligenz handelt, die vom Menschen dem Computer erst in Form von Programmen eingegeben wurde und sich nur im Rahmen dieser Eingaben bewegen kann, bezeichnet man diese „Intelligenz" des Computers als künstliche Intelligenz, in der Computerbranche als KI abgekürzt.

Die oben geschilderte „Intelligenz" von Wand und Fenster oder Treppen- und Dachmodul bezieht sich jedoch nur auf die rein geometrische Erscheinungsform der beiden Bauteile, bleibt also lediglich zeichnungsbezogen. Mittlerweile versucht man in den Entwicklungslabors von Universitäten und CAD-Herstellern, den Bauteilen darüber hinausgehendes Wissen zu „vermitteln", um den Informationsgehalt der „intelligenten" Bauteile zu erhöhen und damit entsprechend vielfältigere Auswertungen zu erhalten.

4.2.2 Simulationen

Diese Informationen können beispielsweise Angaben über das energetische und akustische Verhalten von Bauteilen (und Kombinationen von Bauteilen) sowie ihre Lichtwirkung enthalten. So wird es möglich, Aussagen über den notwendigen Heizbedarf eines Gebäudes zu treffen, das Gebäude energetisch günstiger zu planen oder die Beleuchtungskörper richtig zu plazieren. Ergänzend und unterstützend zu den Aussagen der Fachingenieure können dann die entsprechenden Simulationen herangezogen werden.

Unter Simulation versteht man die wirklichkeitsgetreue Nachbildung von realen oder möglichen realen Vorgängen im Computer. Vorteil der grafischen Vorgehensweise ist dabei, daß die Ergebnisse nicht nur in Form von Diagrammen oder rein numerischen Tabellen vorliegen, sondern auch visualisiert werden können. Das bedeutet beispielsweise, daß die Ausbreitung der Schallwellen innerhalb des Gebäudemodells in Form von farbigen Flächen mit unterschiedlicher Intensität auf dem Bildschirm dargestellt werden kann.

Mögliche Ausbreitung von Schall bei gleicher Geometrie und unterschiedlichem Standpunkt des Klangkörpers. Die Ausbreitung des Schalls wurde durch eine farbige Fläche simuliert

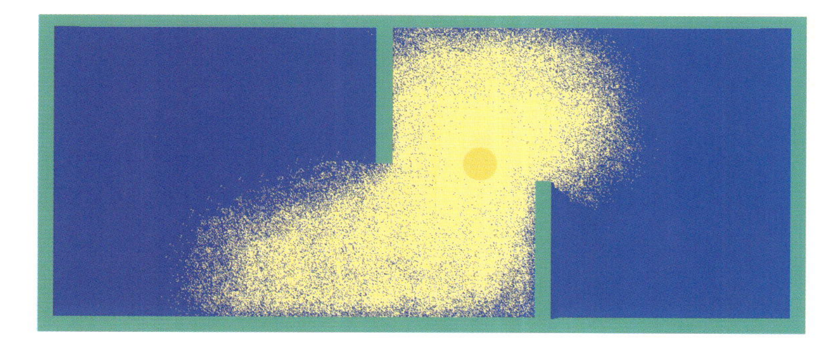

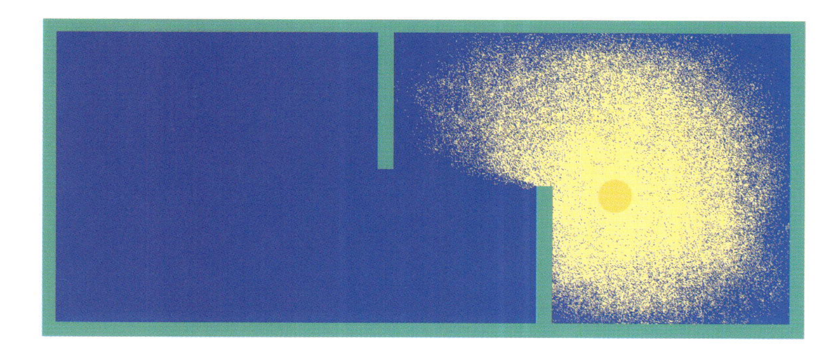

Zur Verbesserung der Erdbebensicherheit von Gebäuden bieten sich Simulationen des statischen Verhaltens eines Gebäudes an (Foto: dpa, Frankfurt)

Die Ermittlung des akustischen Verhaltens bestimmer Räume ist besonders bei dem Entwurf und der Planung von Gebäuden für Großveranstaltungen und Versammlungen interessant, wie Konzerte oder Kongresse.

Ähnlich wie bei der Beleuchtungssimulation wird bei diesem Verfahren auf physikalische Gesetzmäßigkeiten und Meßmethoden der Akustik zurückgegriffen. Ausgehend vom 3D-Gebäudemodell wird ein virtuelles Raummodell konstruiert und mit unterschiedlichen Böden, Wand- und Deckenverkleidungen auf seine Klangeigenschaften hin getestet. Dabei werden die vielfältigen Schalleffekte vom Direktschall über Wandreflektionen, die erst über einen Umweg den Zuhörer erreichen, bis hin zu Echoeffekten in die Untersuchung mit einbezogen. Entsprechend den Anforderungen an den Raum können so die für die gewünschte Akustik optimalen Verkleidungen und Böden ausgesucht werden. Ebenso kann dann die Beschallungsanlage geplant werden.

Die Wirkungsweise von Heizungs- und Lüftungsanlagen kann ebenso wie die Akustik am Computermodell berechnet werden. Die Bestimmungen der Wärmeschutzverordnungen können dabei genauso in die Berechnungen integriert werden wie zu erwartende Außenlufteinflüsse. Auch Schwachstellenanalysen existierender Gebäude können als Grundlage für Klimaszenarien dienen. Ergebnis dieser Berechnungen ist dann ein Energiekonzept, das neben materiellen Komponenten, wie eine an energetischen Kriterien orientierte Fassadengestaltung, auch Hinweise zum jahreszeitlichen Klima enthält. Diese können sich auf Regelungen zur Heizungsnutzung oder auch zum Vermeiden von Überhitzungserscheinungen in den Sommermonaten beziehen. Raumklimasimulationen können somit wertvolle Hinweise zur effizienten und kostensparenden Heizung und Belüftung von Gebäuden geben.

Von erheblicher Bedeutung können auch Informationen über die feuerhemmende Wirkung einzelner Baustoffe sein. Die Ausbreitung eines Brandes und des dabei entstehenden Rauches kann so im Computer simuliert werden. Mit den Ergebnissen können dann Feuerschutzmaßnahmen, Notausgänge und Rettungswege geplant oder an die nach der Simulation zu erwartenden Verhältnisse angepaßt werden. Im Prinzip können mit entsprechendem Programmieraufwand und leistungsfähiger Software alle Prozesse, die an einem Gebäude ablaufen, simuliert werden. Dazu gehören beispielsweise noch Simulationen zur Statik eines Gebäudes, etwa zur Überprüfung der Erdbebensicherheit, die Darstellung von Alterungsprozessen bestimmter Baustoffe oder die Ermittlung der Einflüsse von Umweltbelastungen.

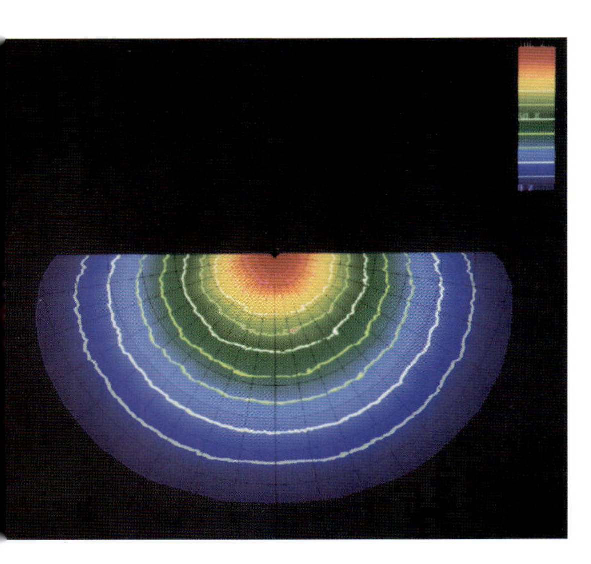

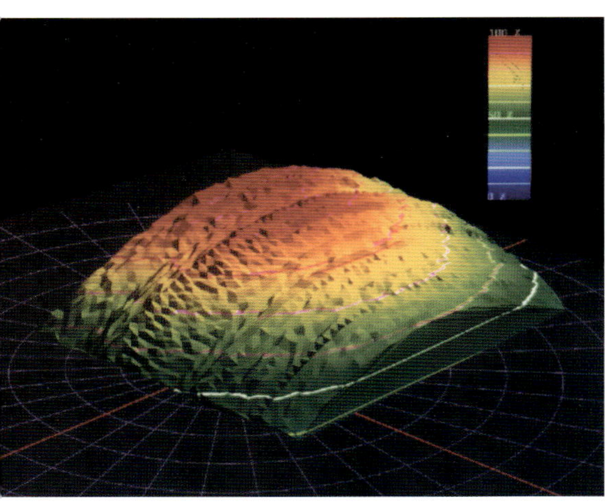

Auswertung der Ausbreitung und Intensität von Licht. Die grafische Aufarbeitung veranschaulicht die Ergebnisse (Fraunhofer Institut für Solare Energiesysteme, Freiburg; P. Apian-Bennerwitz)

Zu den ersten und bekanntesten Simulationen gehören die in diesem Buch vielfach gezeigten und erwähnten Visualisierungen von geplanten Gebäuden. An ihnen wird die Wirkung von Licht, Schatten und Materialien realitätsnah nachvollzogen und sichtbar gemacht. Für Visualisierungen wird üblicherweise das sogenannte Raytracing-Verfahren herangezogen. Es errechnet die Leuchtdichte, die vom Auge als Helligkeit wahrgenommen wird. Im Ergebnis entsteht ein Computerbild, das bei sehr guter Qualität wie eine Photographie der dargestellten Szene aussieht.

Bei dem zweiten Verfahren, Radiosity, wird die Beleuchtungsstärkeverteilung auf der Bildoberfläche visualisiert dargestellt. Auch hier erscheint die Darstellung photorealistisch, sie entspricht aber nur dann wahrnehmbaren Leuchtdichten, wenn die Oberflächen das Licht diffus reflektieren.

Die Zusammensetzung der Bilder aus numerisch generierten Informationen führt nun zu den neuen, erweiterten Möglichkeiten. Aus jedem von ihnen kann eine Vielzahl energetischer und thermischer Informationen herausgezogen werden, die dann z. B. dem Beleuchtungstechniker helfen können.

Als Falschfarbenbilder oder Isoliniendiagramme können hiermit energetische und visuelle Bestrahlungsstärken in Watt und Lumen oder auch die Leuchtdichteverteilungen gezeigt werden. Der größte Vorteil und Fortschritt ist dabei die Exaktheit der Angaben und Flexibilität bei den Berechnungsvarianten. Die genaue Kenntnis der Lichtverteilung von Kunstlichtquellen, die numerisch festliegt, erlaubt es, durch einfaches Austauschen der Lichtquellen im Computermodell, die Veränderungen sofort sichtbar zu machen. In Verbindung mit der Möglichkeit, den Wechsel von Licht und Schatten im Tages- und Jahresgang bei verschiedenen Fenstertypen und -größen zu simulieren, können theoretisch sogar die Kostenunterschiede beim Einsatz verschiedener Materialien annäherungsweise vorausberechnet werden.

Die Lichtsimulation ist damit ein erster Schritt hin zu neuen Instrumenten, die den Planungsalltag des Architekten innovativ erweitern können. Die anderen erwähnten Einsatzgebiete der Simulation werden sich höchstwahrscheinlich dementsprechend durchsetzen.

Ebenso wie in Architekturbüros die Computersimulation Einzug halten wird, wird der Architekt, in seiner Funktion als Kommunikator zwischen Bauherren, Fachplanern und Behörden, sich die Möglichkeiten moderner Telekommunikation zu Nutze machen. Die vielfältigen Möglichkeiten dieser neuen Informationstechnologien wurden im Verlauf des Kapitels 3 bereits angedeutet.

4.3 Virtuelle Simulationen im Cyberspace

Wie soll man aber den Begriff „Virtuelle Architektur“ verstehen? „Virtuell“ heißt der Möglichkeit nach vorhanden, nicht real, nur scheinbar vorhanden. Böswillig interpretiert könnten damit alle Entwürfe gemeint sein, die nicht zur Ausführung gelangt sind. Möglich sind sie, gebaut werden sie nie.

Tatsächlich steht der Begriff zwar auch für „mögliche“, (noch) nicht materiell realisierte Architektur, die aber je nach Zielsetzung in reale Bauwerke umgesetzt werden kann oder gar nicht mehr diesen Zweck verfolgt, sondern als architektonisches Versatzstück in einer im Computer existierenden – eben „virtuellen“ – Realität, abgekürzt VR, eingesetzt wird.

In den vorhergehenden Kapiteln des Buches wurden bereits einige Varianten der virtuellen Architektur vorgestellt. Jede Visualisierungszeichnung, die durch Texturen, Materialzuordnungen, Rendering und ähnliche Techniken „fotorealistisch“ geworden ist, stellt genau genommen eine virtuelle Realität dar. Solch ein virtuelles Konstrukt täuscht eine Realität durch ihre Darstellung vor, die es so eigentlich nicht gibt. Im besten Fall glaubt man, die Fotografie eines noch nicht gebauten Gebäudes oder einen davon gedrehten Film vor sich zu haben.

Der Nutzen solcher Methoden ist heute nicht mehr sonderlich umstritten, auch wenn es noch Stimmen gibt, die sie ablehnen. Ergebnisse würden mit CAD vorgegaukelt, die in einem frühen Stadium der Bauplanung so genau noch gar nicht absehbar seien. Der Architekt würde, an die einmal festgelegten Darstellungen der Visualisierung gebunden, das fertige Gebäude später damit vergleichen.

Diese Kritik trifft sicherlich zu, wenn der Architekt die Visualisierung ohne Einschränkung als die exakte Vorwegnahme des geplanten Gebäudes präsentiert. Wie stark der Architekt an die Visualisierung gegenüber dem Bauherrn gebunden ist, hängt also entscheidend von der Verbindlichkeit ab, mit der die Visualisierung gesehen wird.

Daß Architekten die Möglichkeiten der „Virtuellen Architektur“ vielfältig nutzen können, und in Zukunft sich daraus möglicherweise gänzlich neue Betrachtungselemente für den Entwurf ergeben, zeigt sich schon bei neueren Entwicklungen in der Visualisierung. Fast jedes Architektur-CAD-Programm hat dafür heute mehr oder weniger leistungsstarke Visualisierungswerkzeuge entweder direkt im System integriert oder bietet ein Zusatzmodul dafür an.

Oben: Ein Modell-Querschnitt durch den Entwurf für das Guggenheim Museum in Salzburg
Unten: Speziell entwickelte Simulationsprogramme, genannt Cophographien, erlauben dem Architekten, verschiedene Lichtquellen realitätsnah darzustellen. Hier die Visualisierung des Museumsentwurfs (Fa. Zumtobel Licht)

Für den Einstieg in virtuelle Welten, den sogenannten Cyberspace, sind Datenhelm und Datenhandschuh notwendig (Foto: dpa, Frankfurt)

Im Grunde ist ein Animationsfilm mit einem Kinofilm vergleichbar. Eine Kamera fährt in einem oder um ein Gebäude herum und ermöglicht so eine „Besichtigung" des geplanten Objektes. Dies geschieht in Echtzeit, d. h. die Berechnung der Bilder durch den Computer und der Bildaufbau vollziehen sich so schnell, daß sich keine Verzögerungen bei der Darstellung auf dem Bildschim ergeben.

Egal an welcher Stelle, steht es dem Betrachter frei, den Film anzuhalten und das Objekt besonders in Augenschein zu nehmen oder es aus einem anderen Blickwinkel zu betrachten. Steuern kann der Betrachter den Rundgang bzw. die Kamerafahrt um und durch das Gebäude mit der Maus oder speziellen 3D-Eingabegeräten.

Die Vorteile für den Bauherrn liegen auf der Hand. Die 3D-Darstellung erleichtert es ihm, räumliche Maßstäblichkeiten leichter zu verstehen. Die Wirkung von Fensteröffnungen und unterschiedlichen Wandhöhen werden deutlicher und der Einfluß verschiedener Lichtquellen bei der Bewegung im Raum wird nachvollziehbar. Proportionen, Materialien und Lichtwirkungen können so wesentlich besser als mit Modellen und Musterstücken kontrolliert werden.

Werden in der Animation Geräusche und Töne mit eingesetzt, geht der Eindruck, den der Betrachter gewinnt, schon deutlich in die Richtung des Cyberspace.

Diese zweite Variante der „Virtuellen Architektur" bringt den späteren Nutzer des Bauwerks noch näher an die physische Vorstellung des tatsächlichen „Erlebens" und Beeinflussens virtueller Räume heran und kann dem Architekten neue Eindrücke für seine Planungen vermitteln. Im Gegensatz zu Animationen und fotorealistischen Abbildungen, die auf dem ebenen Bildschirm dargestellt werden, ermöglicht der Cyberspace räumliches „Erleben". Dazu muß der Anwender in die Datenwelt mit einbezogen werden. Neben Datenhelm und Datenhandschuhen gehört dazu noch ein leistungsfähiger Computer für die Berechnung der virtuellen Welt.

Im Datenhelm vermitteln zwei Bildschirme dem Benutzer zwei im Blickfeld erweiterte stereoskopische Bilder, die die Blickwinkel für das rechte bzw. linke Auge simulieren. Die Bilder werden aus den dreidimensional im Computer gespeicherten Rauminformationen erzeugt und werden vom Benutzer bei jeder Richtungsänderung entsprechend verändert über die Bildschirme wahrgenommen. Kleine Lautsprecher im Helm

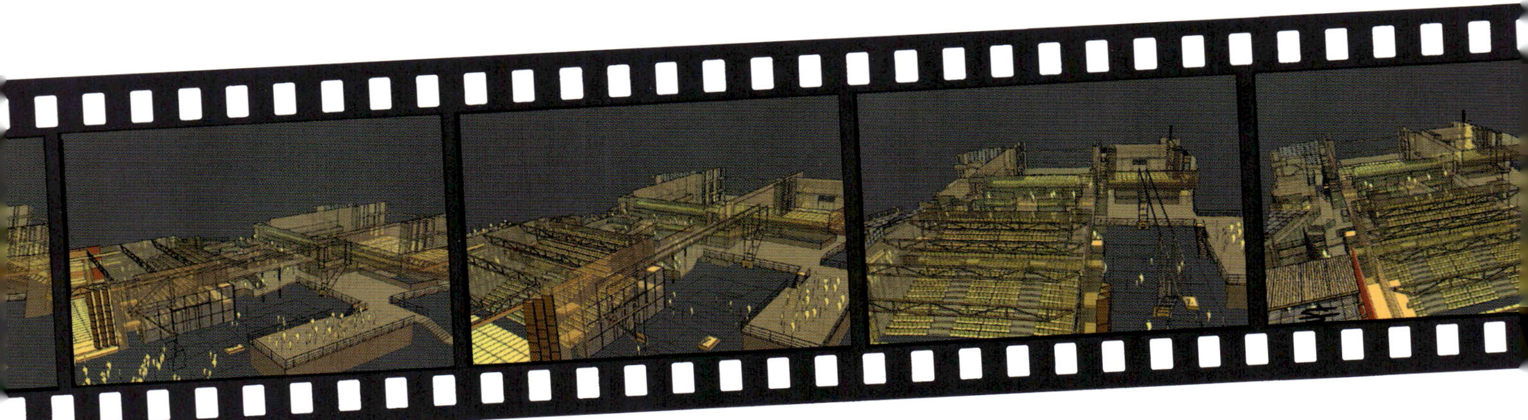

erzeugen auf ähnliche Weise einen Raumton, der den Eindruck, sich in einem virtuellen Raum zu befinden, verstärkt.

Jede Änderung der Richtung, ob durch Drehen des Kopfes oder Bewegen der Hand, „erkennt" der Computer über Sonden an Helm und Handschuh. In Sekundenbruchteilen berechnet das VR-Programm die Auswirkung der jeweiligen Bewegung auf den Raumeindruck des Benutzers und setzt sie in diese veränderte Bild- und Toneindrücke um.

Im Unterschied zu Animationen können in dieser virtuellen Welt Gegenstände bewegt, Töne erzeugt oder verändert oder auch Funktionen von Programmen im Programm ausgelöst werden. Und dies alles in Echtzeit, d. h., durch die sehr hohen Rechenleistungen des Computers wird es möglich, daß praktisch keine Zeitverzögerung zwischen dem Impuls einer Körperbewegung und der Umsetzung auf die Bildschirme des Datenhelms mehr bemerkbar ist. Die gesamte Informationsmenge wird also interaktiv dargestellt und manipulierbar: Die Simulation nähert sich dadurch fast der materiellen Realität an.

Diese neue Methode der wirklichkeitsnahen Demonstration ist nur sehr bedingt mit den konventionellen Modellen von Gebäuden, aber auch nur mit Einschränkungen mit Visualisierungen und Animationsfilmen zu vergleichen, da hier dem Auftraggeber, beispielsweise dem Bauherrn, die Möglichkeit geboten wird, vorab sein geplantes Bauwerk selbst zu begehen und zu erleben. Die Regie liegt also nicht mehr in der Hand des CAD-Bedieners, sondern in der Hand desjenigen, der in die virtuelle Welt „eintaucht".

Bis die virtuelle Architektur einen ähnlichen Stellenwert hat, wie sie klassische Modellbauten heute haben, wird es sicherlich noch einige Zeit dauern. Erst wenn die Anschaffung der passenden Hardware auch für mittlere Büros erschwinglich und unter Kosten-Nutzen-Aspekten sinnvoll geworden ist, und wenn die Möglichkeiten des Cyberspace bei Architekten und Auftraggebern akzeptiert und als Bereicherung erkannt sind, wird es soweit sein.

Werden CAD-Bilder in Fernsehqualität berechnet und in entsprechender Folge hintereinandergereiht, können Animationsfilme erstellt werden. Dazu sind jedoch leistungsfähige Computer notwendig

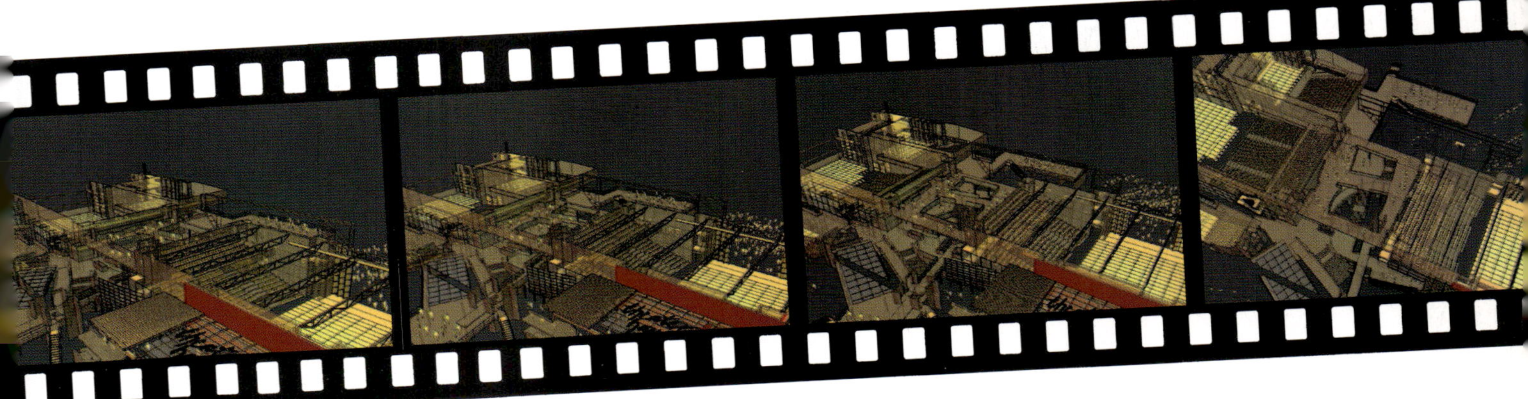

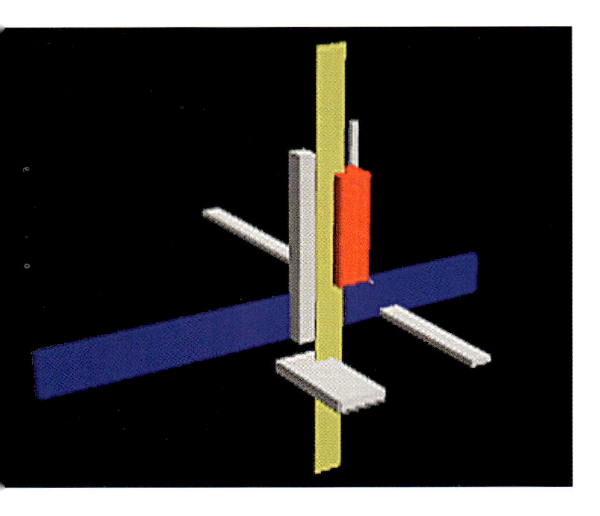

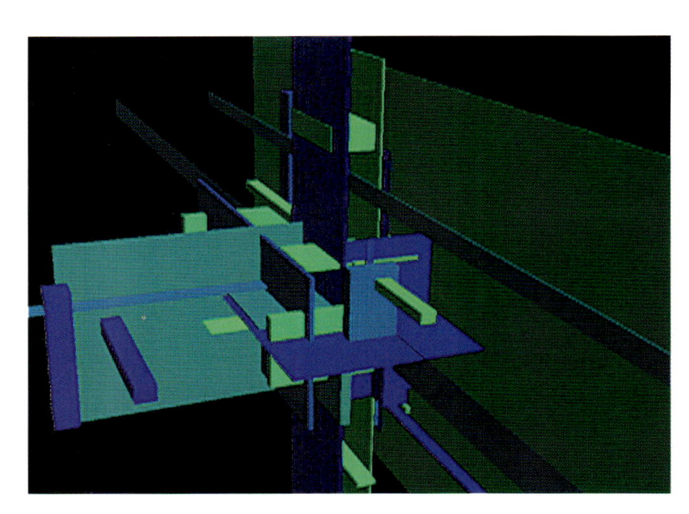

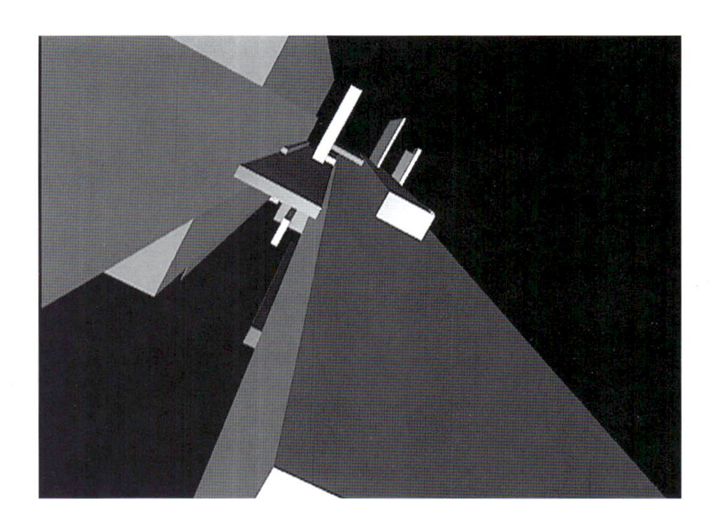

4.4 Computerunterstützes Entwerfen?!

Während sich die bis jetzt beschriebenen Vorgänge durchwegs auf die Planung eines bereits entworfenen Gebäudes beziehen, gibt es in der Grundlagenforschung für Architektur-CAD-Systeme Ansätze, mit Hilfe der künstlichen Intelligenz des Computers auch den Entwurfsprozeß nachzuvollziehen und zu ergänzen.

Formengrammatiken:

Dafür werden dem Computer beispielsweise bestimmte Regeln des Entwerfens, deren sich der Architekt – bewußt oder unbewußt – bedient, eingegeben. Dazu beschäftigen sich Wissenschaftler aus verschiedenen Bereichen mit der theoretischen Erforschung des Entwurfsprozesses. Sie wollen herausfinden, ob, und wenn ja, welche Regelmäßigkeiten im Entwurfsprozeß beim Architekten auftreten. Diese Regelmäßigkeiten werden Formengrammatiken genannt.

Hat man nun einige dieser Regeln herausgefunden und diese in den Computer eingegeben, so kann ein entsprechendes Programm nach Eingabe von weiteren Nebenbedingungen, innerhalb derer sich der Entwurf bewegen muß (z. B. Zweck des Baus, Grundfläche, Geschoßflächenzahl usw.), selbst Entwurfsvorschläge berechnen. Es kann sich dabei wohlgemerkt nur um Vorschläge handeln, da es in den meisten Fällen unmöglich bleiben wird, alle Randbedingungen eines Projekts und alle Wünsche eines Bauherren computergerecht zu erfassen. Niemand wird also auf die Idee kommen, den Architekten durch den Computer zu ersetzen.

Der Computer soll vielmehr die Anzahl der möglichen Varianten unter den gegebenen Randbedingungen ermitteln und diese dem Architekten als Grundlage für seine weiteren Entwürfe grafisch aufbereitet präsentieren. Dabei reicht die Bandbreite der Vorschläge, die ein Computer anbieten kann, von möglichen räumlichen

Varianten (indem er 3D-Körper nach Entwurfsregeln und Vorgaben kombiniert) bis hin zur Berechnung von Möglichkeiten der Innenraumaufteilung. Es ist denkbar, von dieser Möglichkeit Gebrauch zu machen bei Projekten, die nach sehr funktionalen Gesichtspunkten oder sehr regelmäßig gegliedert sein sollen. Dies kann etwa eingesetzt werden bei der Raumaufteilung von Reihenhäusern, bei denen innerhalb der festgelegten Grundfläche und der nichtvariablen Lage von Gebäudeinstallationen die möglichen Varianten schnell aufgezeigt werden können. Ebenso vorstellbar ist, daß man sich beispielsweise im Krankenhausbau nach Eingabe funktionaler und hierarchischer Zusammenhänge zwischen Räumen nach dem Konzept der kürzesten Wege mögliche räumliche Alternativen berechnen läßt.

Gegenüber der manuellen Vorgehensweise des Entwerfers bei der Ermittlung von Varianten hat der Computer den Vorteil, daß er durch seine Rechenleistung in der Lage ist, alle Möglichkeiten schnell zu berechnen und darzustellen. Ein Problem dabei ist allerdings, daß die Anzahl der möglichen Alternativen, die vom Computer ermittelt werden können, oftmals in die Millionen geht. So taucht erneut die Schwierigkeit auf, unter diesen Varianten die für den gegebenen Fall beste herauszusuchen. Auch dieses Problem kann man mit Hilfe des Computers lösen, indem man ihn so programmiert, daß er sich „merkt", welche Varianten der Benutzer ausgewählt hat. Hat der Computer die Auswahlkriterien „gelernt", so wird er bei der nächsten Ermittlung von Varianten nur noch die vorstellen, die, nach den „gelernten" Kriterien, den Vorstellungen des Anwenders entsprechen.

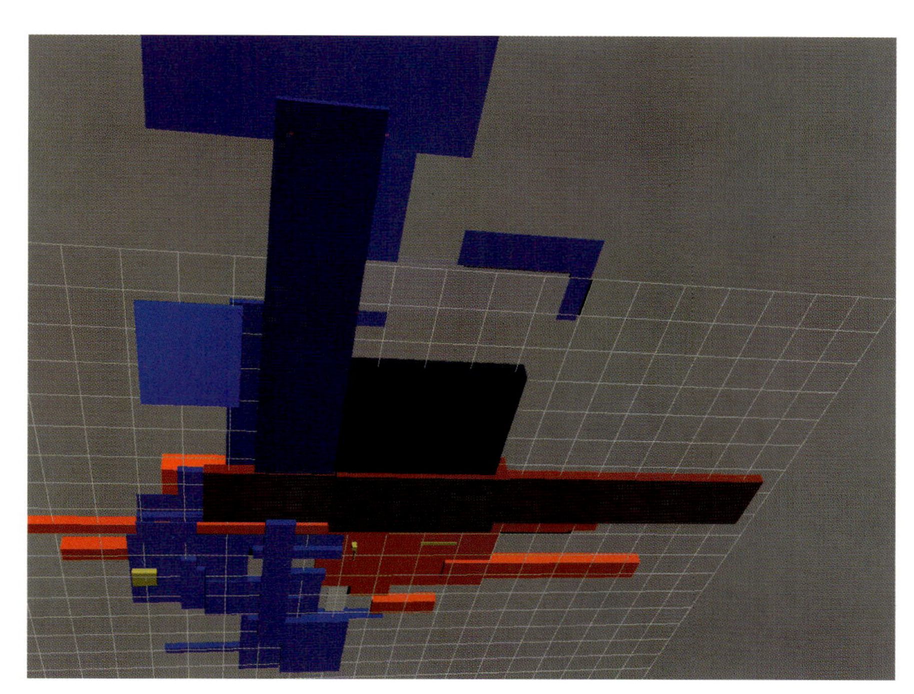

Das Computerprogramm „Sculptor" wurde von der ETH Zürich entwickelt. Es erlaubt ein direktes Modellieren von architektonischen Objekten und Räumen. Dabei liegt der Schwerpunkt auf dem interaktiven und intuitiven Entwerfen in einer 3D-Umgebung (Prof. David Kurmann)

Wissensbasierte Systeme/ Expertensysteme

Weniger „intelligent“ sind sogenannte wissensbasierte oder Expertensysteme. Im Gegensatz zu den regelbasierten Programmen arbeiten diese nicht nach allgemein gültigen Regeln, sondern auf der Grundlage von Vergleichen.

Auf den Architekturbereich übertragen bedeutet dies, daß bei Expertensystemen nicht die Regeln, nach denen ein Entwurf erfolgt, in den Computer eingegeben werden, sondern die Ergebnisse einer Vielzahl von Entwürfen. Auf der Basis vorhandenen Wissens über bereits erfolgte Entwürfe ermittelt das entsprechende Programm Vorschläge für neue Entwürfe.

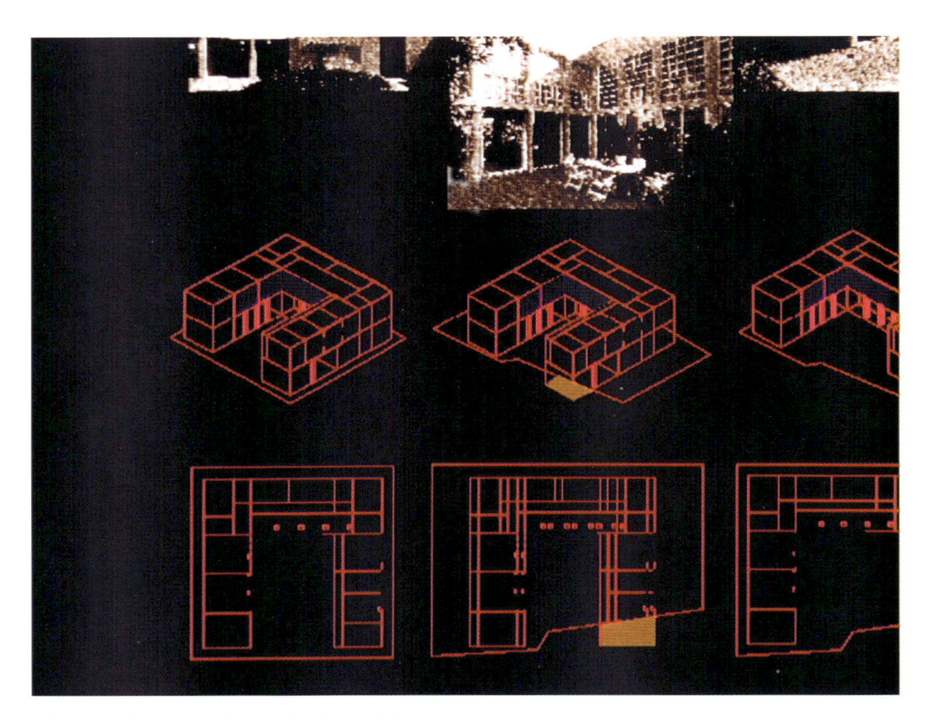

„Case Adaptation“ als ein Beispiel für Künstliche Intelligenz in Computerwerkzeugen für Architekten: Das Modell des bestehenden Baus wird automatisch dem veränderten Grundstück angepaßt (Prof. Bharat Dave)

Grundlage für dieses wissensbasierte computergestützte Entwerfen bildet eine Datenbank, in der die bereits erarbeiteten Entwürfe abgelegt sind. Die Entscheidung darüber, welche Entwürfe in die Datenbank aufgenommen werden, entscheidet also auch darüber, wie aus diesen Entwürfen abgeleitete, neue Entwürfe aussehen. Es ist beispielsweise auch möglich, nicht gebaute Objekte in die Datenbank einzugeben.

Ebenso wie bei den Formengrammatiken ist zunächst die Eingabe von Randbedingungen notwendig, innerhalb derer die automatische Entwurfsermittlung erfolgen soll. Der Computer vergleicht dann die Anforderungen des neuen Entwurfs mit den Entwürfen, die bereits in der Datenbank abgelegt sind, und ermittelt daraus nach allen Vergleichen mögliche Lösungen für einen neuen Entwurf. Auch in diesem Fall ermöglicht erst die hohe Rechenleistung den Vergleich einer Vielzahl von Entwürfen nach verschiedenen Kriterien. Sehr differenzierte Programme erarbeiten sogar Lösungsvorschläge, wenn sie keine passenden Vergleichsentwürfe finden. Sie unterteilen die Entwurfsfindung dazu in kleinere Einheiten und versuchen, Lösungen für Teilprobleme zu finden und diese Teillösungen zu einem neuen Entwurf zu kombinieren. Während dieses Vorgangs wird ständig überprüft, ob die ermittelten Teillösungen noch zu den Anforderungen, die insgesamt an den neuen Entwurf gestellt wurden, passen. Damit ist gewährleistet, daß die Randbedingungen eingehalten werden.

Ergebnis wird ein oder werden mehrere Entwurfsvorschläge sein, die der Computer aus den Entwürfen der Datenbank abgeleitet hat. Auch hier-

Das berühmteste Fraktal, die Mandelbrotmenge, ist als Sinnbild der Ordnung im Chaos weit über die Naturwissenschaften hinaus bekannt. Bildende Künstler, Grafiker und Architekten ließen sich davon inspirieren, neue Wege einzuschlagen und begannen in Computern mehr zu sehen als nur ein Zeichengerät

bei handelt es sich um eine logische Vorgehensweise, die durch die Rechengeschwindigkeit des Computers in kürzester Zeit erfolgt, deren Ergebnisse aber für den Architekten nur Vorschläge sind, auf die er eingehen kann, aber nicht muß.

Ergänzt werden müssen die angeführten technischen Möglichkeiten des Werkzeugs Computer und die Fähigkeit seiner Programmierer aber immer noch durch das kreative Potential des Architekten, das die Maschine (noch!?) nicht besitzt. Um dieses Potential auszunutzen, stehen dem Architekten aber heute schon leistungsfähige CAD-Systeme zur Seite.

Nemetschek
Ihr Partner im Bauwesen

Die Nemetschek Programmsystem GmbH kann auf ein solides und dynamisches Wachstum zurückblicken. Innerhalb von drei Jahrzehnten entwickelte sich aus dem von Prof. Dipl.-Ing. Georg Nemetschek 1963 gegründeten Planungsbüro das innovative, solide Entwicklungsunternehmen für CAD- und CAE-Software mit über 400 Mitarbeitern und 14 Niederlassungen in Europa und den USA. Die Kooperation mit Experten aus dem Bauwesen in Verbindung mit hochmotivierten Mitarbeitern haben das Unternehmen zum Marktführer in Deutschland werden lassen. Die Nemetschek Programmsystem GmbH bietet Architekten und Bauingenieuren leistungsfähige und moderne Lösungen für die Bauplanung. Die Vision der Unternehmensführung besteht darin, "Denkzeuge" (Friedrich Dürrenmatt) zu schaffen, die es dem Menschen erlauben, Aufgaben aus den Bereichen des Planens, des Bauens, der Verwaltung und der Instandhaltung von Bauprojekten durch innovative Systeme ausführen zu lassen, ohne den Anspruch die Energie der Kreativität ersetzen zu wollen.

Deutschland

Sitz der Nemetschek Programmsystem GmbH ist München. Niederlassungen in Deutschland befinden sich in Berlin, Stuttgart, Düsseldorf, Weimar, Aschaffenburg und München. Weitere Nemetschek Geschäftsstellen gibt es in Hannover, Bremen, Dortmund, Karlsruhe, Mannheim, Augsburg, Regensburg und Dresden - Stand Oktober 1995.

Europa

Europaweit sind Nemetschek Tochtergesellschaften in Österreich, der Schweiz, in Frankreich, Italien, den Niederlanden, der Slowakei und in Spanien vertreten. Zusätzlich ergänzen zahlreiche System- und Vertriebspartner im In- und Ausland die flächendeckende Marktpräsenz.

Das Nemetschek Technologiezentrum in München

In den letzten Jahren konnte der Nemetschek Konzern kontinuierlich einen europaweiten Umsatzzuwachs von etwa 30% verzeichnen. Diese Tatsache und die große Anzahl der CAD-Arbeitsplätze (13.500 Installationen, Stand 1994) gilt als Indiz für die Qualität der Produkte und die Solidität des Unternehmens.

Forschung und Entwicklung

Mehr als 200 Architekten und Ingenieure arbeiten im Nemetschek Team für Forschung und Entwicklung. Ihr Einsatz führt auch in der Zukunft zu innovativen Lösungen für Software im Bauwesen.

Service

Die Teams von Nemetschek bieten Architekten und Fachingenieuren europaweit überzeugende Soft- und Hardwarelösungen, die durch ein leistungsstarkes Angebot an Dienstleistungen ergänzt werden.

Schulung

Das Schulungsprogramm stellt sicher, daß die Vorteile von ALLPLOT und ALLPLAN so schnell wie möglich genutzt werden können. Auf Wunsch erstellt das Schulungsteam auch einen individuellen Ausbildungsplan für alle Aufgabenbereiche bauspezifischer Planung. Schulungsorte sind die Nemetschek Niederlassungen, externe Dienstleistungsunternehmen oder auch Ihr Büro.

Hotline im Team

Bei Fragen zu Soft- und Hardware ist der direkte Kontakt zu den Experten entscheidend. Die Teams bei Nemetschek stellen sicher, daß die fachspezifischen Spezialisten sofort erreichbar sind. Diesen Service bietet Nemetschek nicht nur im Technologiezentrum München, sondern auch in den Niederlassungen.

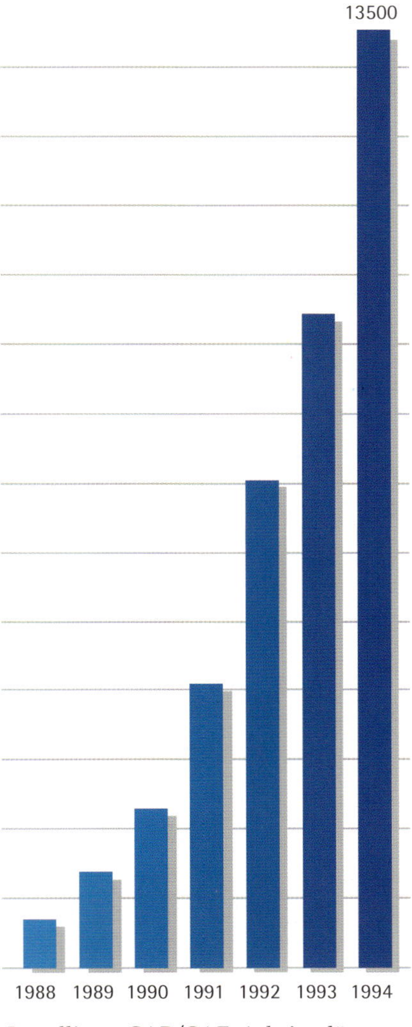

Installierte CAD/CAE Arbeitsplätze

Autor, grafischer Gestalter und die Firma
Nemetschek bedanken sich bei allen, die
freundlicherweise Abbildungen für dieses Buch
zur Verfügung gestellt haben:
Architektur- und Ingenieurbüros, Architekturstudenten sowie Soft- und Hardwarefirmen.
(Quellenangaben befinden sich bei den Bildern.)

Andere Bücher dieser Serie

Schweigel
EUROplus Statikprogramme nach EC 2
1995. 312 S. mit 150 farb. Abb.
DM 98,--/ öS 765,--/ SFr 98,--
ISBN 3-528-08127-9

Faszination Bauen
ALLPLAN/ALLPLOT
CAD Basis
Praktische Beispiele
für Einsteiger

Oswald
ALLPLAN/ALLPLOT CAD-Basis
1995. 288 S. mit 690 farb. Abb.
DM 78,--/ öS 609,--/ SFr 78,--
ISBN 3-528-08130-9

Degenhart
ALLPLAN in der Architektur
1995. 288 S. mit 530 farb. Abb.
DM 78,--/ öS 609,--/ SFr 78,--
ISBN 3-528-08129-5

Leischner
ALLPLOT im Ingenieurbau
1995. 288 S. mit 870 farb. Abb.
DM 78,--/ öS 609,--/ SFr 78,--
ISBN 3-528-08128-7